金属塑性加工过程有限元数值模拟及软件应用

梅瑞斌 编著

科学出版社

北京

内 容 简 介

本书共6章，第1章主要讲述金属塑性加工工艺及求解方法；第2章主要讲述塑性力学及有限元理论基础；第3章分别采用有限元商用软件ANSYS、MSC.Marc、ABAQUS和DEFORM求解圆柱体等温压缩过程，详细讲述四款软件求解步骤，并对比分析不同软件、几何模型、摩擦类型等对计算结果的影响；第4章详细讲解ANSYS软件求解板坯空冷过程、试样多阶段热处理过程、砂型铸造过程、焊接过程温度变化规律；第5章利用ANSYS的非线性求解LS-DYNA模块对带孔薄板反复加载、盒形件拉深、板料冲孔过程力学行为进行有限元求解分析，并详细讲解求解步骤；第6章利用ANSYS软件分析板坯冷却过程和焊接过程的热-应力耦合场，利用DEFORM软件分析镁合金热轧过程及车轮锻造过程的变形-热耦合场。

本书可以作为材料成型及控制工程专业本科生以及材料工程、材料加工工程专业研究生塑性加工数值模拟及相关课程的教材，也可作为相关专业教师、工程技术及科研开发人员的参考书。

图书在版编目（CIP）数据

金属塑性加工过程有限元数值模拟及软件应用／梅瑞斌编著．—北京：科学出版社，2020.3

ISBN 978-7-03-064571-5

Ⅰ．①金…　Ⅱ．①梅…　Ⅲ．①有限元法－应用－金属压力加工－塑性变形－数值模拟　Ⅳ．①TG301

中国版本图书馆CIP数据核字（2020）第036649号

责任编辑：王喜军　陈　琼／责任校对：彭珍珍

责任印制：徐晓晨／封面设计：壹选文化

科学出版社出版

北京东黄城根北街16号

邮政编码：100717

http://www.sciencep.com

北京凌奇印刷有限责任公司印刷

科学出版社发行　各地新华书店经销

*

2020年3月第　一　版　开本：720 × 1000　1/16

2021年4月第二次印刷　印张：18

字数：360 000

定价：68.00元

（如有印装质量问题，我社负责调换）

前　言

自 2003 年第一次接触 ANSYS 5.7 开始到现在，我与有限元结识已经整整 16 年了，但比起有限元的前辈和专家，我学到的仅仅是皮毛。刚刚接触有限元的时候确实无从下手，好在软件“帮助”给了我很多启示，让我能够在所谓的“黑暗道路”上摸索。尽管这期间经历了很多辛酸，曾经有一段时间我宁愿与之分开，但总算将困难一一克服了下来。现在想来应该很庆幸自己早期就接触了这样强大的分析工具，正是它陪伴我从本科生、硕士研究生、博士研究生乃至现阶段的学习和工作。

十分感谢库兰特、克拉夫、特纳、监凯维奇、小林史郎等这些有限元的奠基人和为我国有限元发展做出巨大贡献的冯康、李建华、谢干权、徐芝纶、谢水生、刘相华等专家教授，听到有限元这个响亮的名字和发展历史就足以让我仰慕他们一生，没有他们就没有有限元今天的辉煌！

有限元是伴随着计算技术的发展迅速壮大的，从 ANSYS 5.7 到如今的 ANSYS 19.0，不得不承认有限元的发展速度令人惊叹。

16 年前，当我因有限元的艰深而一个月都弄不明白一个例子的时候，我暗暗给自己打气，如果 10 年后我还从事与有限元有关的事情，那我一定要将这段经历写下来，给一些刚入门的学弟学妹看看，让他们少走一些弯路。

十分荣幸也十分巧合，攻读硕士研究生和博士研究生时，我的强有力的学习科研工具仍然和有限元相关。我在硕士研究生阶段主要研究叶片锻造过程数值模拟，由于涉及大的体积塑性变形，虽然当时曾尝试用 ANSYS、MSC.SuperForm 等软件进行分析，但是结果均不理想。后来我才渐渐明白，如果想快速模拟某一个工艺过程，还是要找一些比较“对路”的软件。

十分感谢我的导师刘相华、李长生、齐广霞、王忠堂以及专家丁桦、张士宏、杜凤山等教授，他们在我学习有限元和从事科研工作的道路上给予了我极大的关怀、支持和帮助。

十分感谢我的父母和爱人，他们在生活上给予我无微不至的照顾，使我能够在烦琐的家庭生活之外有时间做一些自己想做的事情，我的爱人包立女士也在本书成稿、修订中付出了大量的心血！感谢我指导过的优秀的研究生和本科生，他们对知识的渴求、对某些问题的看法以及细心翻阅、修正为本书的思维脉络及最终定稿奠定了坚实基础。

最后，感谢东北大学秦皇岛分校在资金方面给予的鼎力支持！

塑性加工过程影响因素众多，求解复杂，希望未来能够有时间重点整理关于复合材料塑性变形、复杂热应力分析、组织预测与分析、快速有限元理论等更为复杂的有限元数值模拟理论与实现方法与诸君分享。

本书即将出版之际，我的内心忐忑不安，因水平有限，不足之处在所难免，还望读者谅解并提出宝贵意见与建议，在此表示诚挚的感谢！

作　者

2019 年 3 月

目　录

第1章 绪　　论

1.1　金属塑性加工工艺分类

在外力作用下，利用金属材料塑性能力使其产生变形从而获得一定力学性能和组织的加工方法称为塑性成形，也称为塑性加工或压力加工。按照变形温度，金属塑性成形可以分为热变形（变形温度在动态再结晶温度以上）、温变形（变形温度在动态再结晶温度和动态回复温度之间）和冷变形（变形温度在动态回复温度以下）。根据金属塑性成形的特点，金属塑性成形可以分为体积成形和板料成形，体积成形又包括锻造、挤压、轧制、拉拔等，而板料成形一般指冲压[1]。

1.1.1　基本塑性加工工艺

1. 锻造

锻造是指依靠锻压机械设备对金属坯料施加压力使其产生塑性变形从而获得所需几何形状、尺寸及性能的锻件或坯料的一种加工方法。相比一般铸件，锻件的内部组织和力学性能较优，因而比较重要的零件都选用锻造工艺生产。原则上任何一种金属材料都可用锻造工艺制成锻件，然而锻造过程中金属通常经历大的塑性变形，故除了塑性非常好或者变形量小的零件，一般锻造过程都需要对坯料进行加热。随着加热温度的升高，金属材料的塑性升高、变形抗力降低，即其锻造性能变好[2]。金属材料在锻造生产时允许加热的最高温度称为始锻温度（钢铁的始锻温度一般比固相线低 150～250℃）；必须及时停止锻造的温度称为终锻温度，终锻温度一般要高于再结晶温度 50～100℃（碳钢的终锻温度高于铁碳相图 A_{r1} 线 20～80℃，A_{r1} 为冷却时奥氏体向珠光体转变的开始温度）。

金属锻造通常分为自由锻和模锻两种。自由锻不需专用模具，靠平锤和平砧间工件的压缩变形使工件镦粗或拔长，其加工精度低，材料利用率和生产效率也不高，主要用于轴类、曲柄和连杆等单件的小批量生产或其他成形工艺的毛坯下料。模锻是利用模具使坯料变形而获得锻件的锻造方法。模锻可以加工形状复杂和尺寸精度较高的零件，适于大批量生产，生产率也较高，是机械零件制造业实现少切削或无切削加工的重要途径。按照模膛数，模锻可以分为单模膛模锻和多模膛模锻。如果一副模具上只有一个模膛，此模膛称为单模膛模锻；如果一副模具上有多个模膛，从初始模膛到终锻模膛，每个模膛各完成一个模锻工步，此模锻称为多模膛模锻。

按照成形工步的成形方法，模锻又可以分为开式模锻［图 1.1.1（a)]、闭式模锻［图 1.1.1（b)］和顶镦［图 1.1.1（c)]。开式模锻具备容纳多余金属的飞边槽，锻造后形成横向飞边，飞边既能帮助锻件充满模膛，也可放宽对坯料体积的要求。飞边是工艺废料，一般在后续工序中切除。闭式模锻即无飞边模锻，与开式模锻相比，锻件的几何形状、尺寸精度和表面品质最大限度地接近产品，省去了飞边，可以大大提高金属材料的利用率。顶镦指杆件的局部镦粗工艺过程，因为顶镦工艺过程常常在平锻机上完成，有时也称为平锻。根据模具结构和金属流动方式，平锻可分为闭式平锻和开式平锻。顶镦的生产效率较高，螺钉、汽车半轴等零件常用顶镦工艺生产。

随着锻造工业的发展，锻件的精度和表面粗糙度逐步达到了车床、铣床加工的水平。特别是粗糙度，有的精锻件甚至超过磨削加工的水平。锻造的发展趋势主要有：锻造设备正在向巨型化、专门化、精密化和程控化发展；提高锻压件的精度和模具寿命，实现锻压件的标准化、系列化和通用化；促进锻压计算机辅助设计（computer aided design，CAD）/计算机辅助工程（computer aided engineering，CAE）/计算机辅助制造（computer aided manufacturing，CAM）技术的发展与应用，从微观角度（显微研究）或有限元模拟角度进行理论模拟或模型预报；研究锻造新工艺，如精锻、等温成形、精密碾压、电镦、旋锻、辊锻、摆动碾压、超塑性成形等。

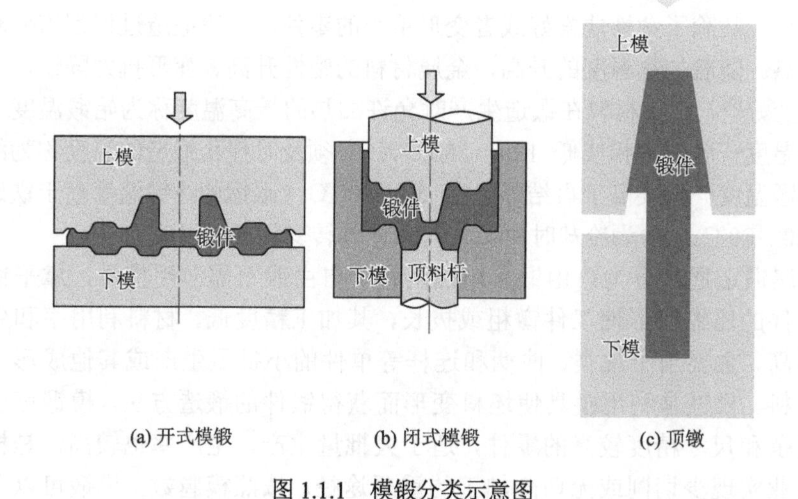

(a) 开式模锻　(b) 闭式模锻　(c) 顶镦

图 1.1.1　模锻分类示意图

2. 轧制

轧制是金属在轧机上两个或两个以上旋转轧辊的作用下产生连续塑性变形，其横断面面积减小、形状改变，而纵向长度增加且组织性能得到控制和改善的一种加工方法。根据轧辊与轧件的运动关系，轧制包括纵轧、横轧和斜轧三种方式（图 1.1.2）。纵轧中两个轧辊旋转方向相反，轧件的纵轴线与轧辊轴线垂直［图 1.1.2（a)]。金属在热态或冷态都可以进行纵轧，纵轧是常用的生产矩形断面的板、带、箔材以及复杂断面的型材的金属材料加工方法，具有很高的生产效率，能加工长度很大和质量较高的产品。横轧中两个轧辊旋转方向相同，轧件的纵轴与轧辊轴线平行，轧件获得绕纵轴的旋转运动［图 1.1.2（b)]。横轧可加工旋转体工件，如变断面轴、丝杆、周期断面型材以及钢球等。斜轧中两个轧辊旋转方向相同，轧件纵轴线与轧辊轴线成一定倾斜角度［图 1.1.2（c)]。轧件在轧制过程中除有绕其轴线的旋转运动外，还有前进运动，斜轧是生产无缝钢管的基本方法。按照轧制产品种类，轧制工艺大致可以分为热轧带钢、冷轧带钢、中厚板轧制、钢轨和型钢轧制（图 1.1.3)、棒线材轧制、管材轧制等。

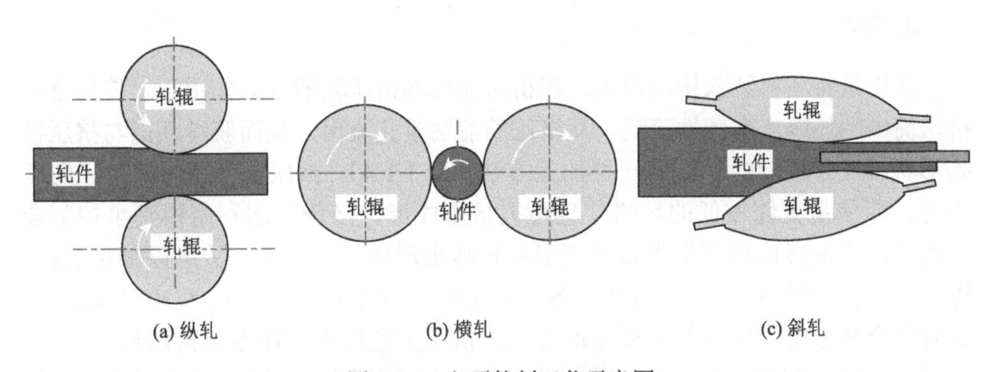

图 1.1.2 主要轧制工艺示意图

随着改革开放和轧制装备技术的引进，我国 2013 年的粗钢产量已经超过了世界总产量的 1/2，但供给不足问题较为严重。在资源方面，我国拥有占世界土地面积 6.44%的国土面积，生产占世界总产量 50%的钢材，铁矿石对外依存度≥87%，合金多数依赖进口；在能耗方面，我国钢铁工业能耗占工业总耗能的 10%，吨钢能耗比世界平均水平高 10%～15%；在环境方面，我国吨钢 CO_2 排放比世界先进水平高 20%，其中 12%的废气排放仅为 GDP 的增长提供 7%的贡献，是雾霾的重要源头之一；在工装方面，我国主要工艺技术与装备依靠引进或仿制，缺乏自主创新和特色，难以应对资源、能源、环境方面的巨大压力。钢铁行业未来的发展趋势为绿色化和智能化[3]，主要包括：①节省资源和能源，减少排放、环境友

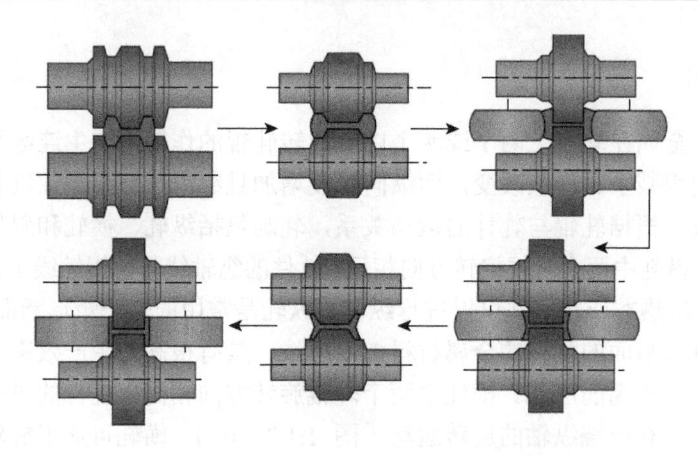

图 1.1.3 型钢轧制过程示意图

好、易于循环；②提高材料性能，调整产品结构，实现低成本、高质量、高性能；③构建自学习、自适应、智能化、稳定、高效的调控机制，实现轧制过程智能化、信息化、网络化控制与管理。

3. 挤压

挤压是将坯料装入挤压筒内，在挤压筒后端挤压轴的推力作用下，使放置在挤压筒中的坯料产生塑性流动，从挤压筒前端模孔流出，从而获得断面与挤压模孔形状、尺寸相近的产品的一种加工方法（图 1.1.4）。挤压时，坯料产生三向压应力，即使是塑性较低的坯料，也可被挤压成形。挤压工艺利用模具来控制金属流动，使金属体积产生大塑性变形和转移来形成所需零件，故可以细化晶粒，提高组织性能[4]。挤压工艺可加工各种复杂断面实心型材、棒材、空心材和管材，是有色金属型材、管材的主要生产方法。挤压工艺过程可在专用挤压机上进行，也可在一般机械压力机、液压机及高速空气锤上进行。按照坯料变形温度，挤压可以分为冷挤压、温挤压和热挤压。根据挤压时金属流动方向和挤压杆运动方向，挤压可以分为正挤压、反挤压、复合挤压及其他挤压。正挤压时挤压杆运动方向与金属流动方向一致［图 1.1.4（a)］，是应用最为广泛的一种挤压方法。反挤压是为解决正挤压中出现的严重摩擦问题而提出的，反挤压过程中挤压杆运动方向与金属流动方向相反［图 1.1.4（b)］。复合挤压为正挤压和反挤压的一种结合方式［图 1.1.4（c)］。其他挤压包括减径挤压（类似于正挤压）、径向挤压等，其中径向挤压的金属流动方向与挤压杆运动方向不在一个轴线上［图 1.1.4（d)］。

金属挤压具有理论性强、技术性高、品种多样及生产灵活等特点，是金属材料（管、棒、线、型材）工业生产和各种复合材料、粉末材料、高性能难加工材料等新材料与新产品制备加工的重要方法。金属挤压领域未来的发展方向可以概括为3个方面：①基于智能化思想，利用CAD/CAE/CAM等数字化集成技术实现挤压产品组织性能与形状尺寸的精确控制，提高挤压产品性能与质量；②加强理论探索和技术创新，开展高性能难加工材料挤压工艺与应用研究，支撑高新技术发展和重大工程建设；③实现挤压生产的绿色化、高效率化和低成本化，提高行业竞争力。

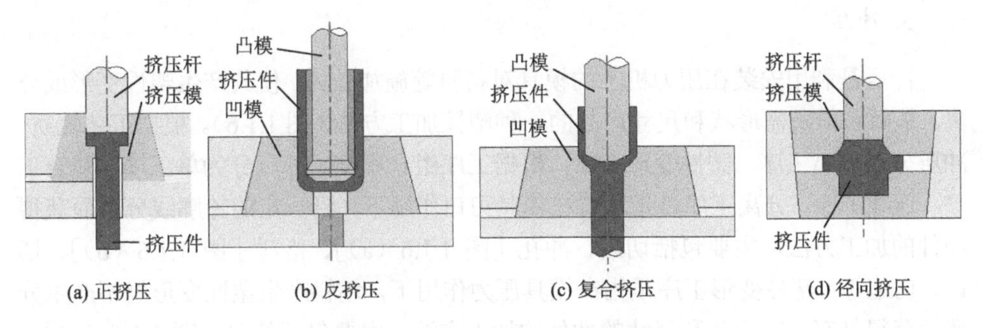

图 1.1.4 部分挤压工艺示意图

4. 拉拔

拉拔是在金属坯料前端施加一定的作用力，将金属坯料从模孔中拉出，从而获得产品断面形状、尺寸与模孔相同的一种加工方法（图1.1.5）。根据有无模具，拉拔工艺可分为有模拉拔［图1.1.5（a)］与无模拉拔［图1.1.5（b)］。通常所说的拉拔工艺为有模拉拔，拉拔工具和设备简单，可以连续高速生产小断面拉拔件，但道次变形量有限。无模拉拔是一种不使用传统拉拔模具，而依靠金属变形抗力随温度变化的性质实现塑性加工的柔性加工技术[5]。它采用感应加热（或其他方式）将工件局部加热到高温，以设定的速度拉拔工件，通过冷却控制局部变形，从而获得恒截面或者变截面的拉拔制品。拉拔一般在冷态下进行，只有室温塑性差的合金（如钨合金、锌合金等）才进行热拉拔，可拉拔各种断面的线材、管材

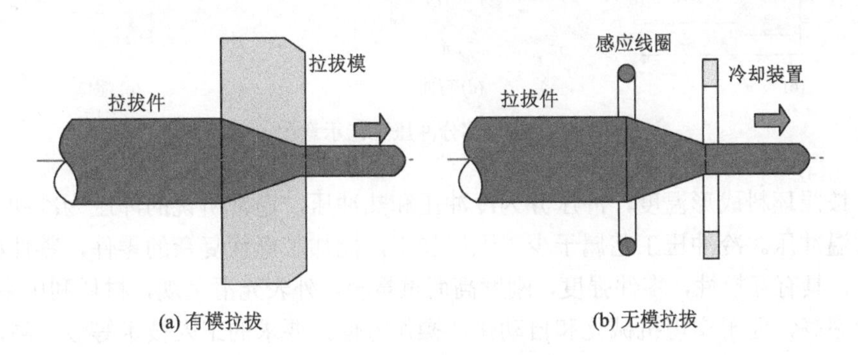

图 1.1.5 拉拔工艺示意图

（包括断面尺寸很小的线材、管材）和型材，广泛应用于电线、电缆、金属网线和各种管材生产。拉拔制品的尺寸精度高，表面光洁度极高。拉拔过程的应力状态为两向压应力、一向拉应力，不利于塑性变形的继续，因而受到了一定限制。拉拔工艺的未来发展主要集中在润滑技术研究、超细线材拉拔工艺和理论研究以及基于计算技术的拉拔过程组织性能预测与优化等方面。

5. 冲压

冲压是利用安装在压力机上的模具对材料等施加外力，使其产生塑性变形或分离，从而获得所需形状和尺寸产品的一种塑性加工方法（图 1.1.6）。根据工艺性质，冲压分为分离工序、塑性变形工序；根据工序组合程度，冲压分为单工序、复合工序、连续工序。分离工序是指坯料在模具刃口作用下，沿一定的轮廓线分离而获得冲件的加工方法，主要包括切断、冲孔［图 1.1.6（a）］、落料［图 1.1.6（b）］、切口、切边等；塑性变形工序是指在模具压力作用下，坯料产生塑性变形但不产生分离而获得具有一定形状和尺寸的冲件的加工方法，主要包括拉深［图 1.1.6（c）］、弯曲［图 1.1.6（d）］、缩口［图 1.1.6（e）］、起伏、翻边、胀形、整形等。

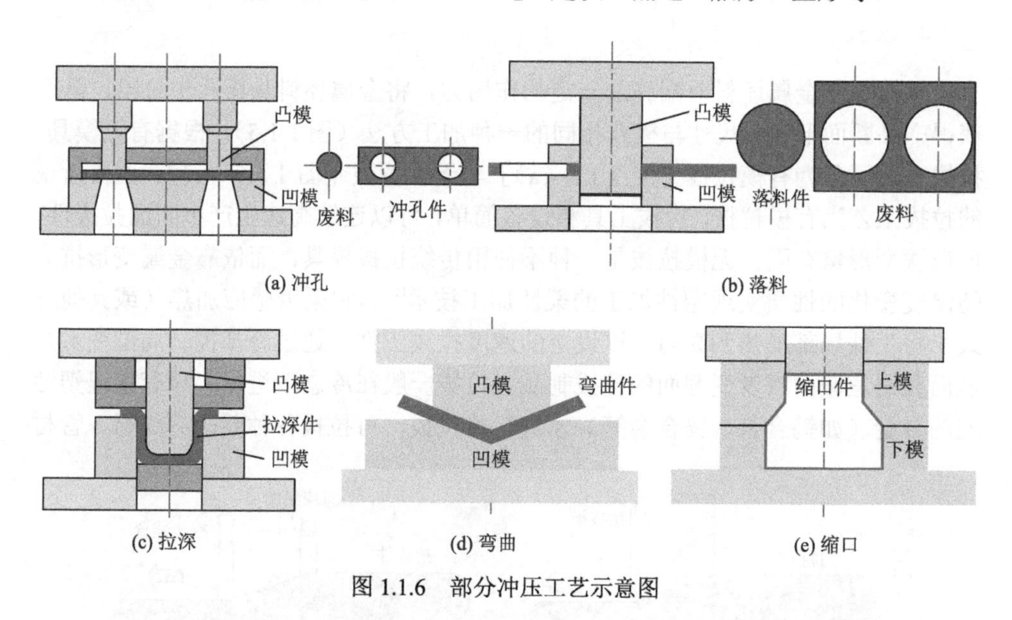

图 1.1.6 部分冲压工艺示意图

按照坯料成形温度，冲压分为冷冲压和热冲压，通常所说的冲压为冷冲压，即常温冲压。冷冲压工艺属于少、无屑加工，能加工形状复杂的零件，零件精度较高，具有互换性，零件强度、刚度高而重量轻，外表光滑美观，材料利用率高，生产率高，便于实现机械化和自动化，操作方便，要求的工人技术等级不高，产品的成本低。冷冲压工艺的缺点是模具要求高、制造复杂、周期长、制造费昂贵，因而在小批量生产中受到限制，且生产中有噪声。热冲压工艺是将高强度钢板加热到奥氏体温度范围，钢板组织完成转化后，快速移动到模具，快速冲压，在压机保压状态下，通过模具中布置的冷却回路保证一定的冷却速度，对零件进行淬火冷却，最后获得超高强度冲件（组织为马氏体，抗拉强度为1500MPa甚至更高）的成形工艺。采用热冲压工艺后，轿车车身所用高强度或超高强度钢板的厚度可以降低，同时由于部件的强度得到大幅度提高，车身上的加强板、加强筋可以大量减少，从而减少了车身的重量，同等条件下提高了车身的防撞安全性。热冲压工艺使钢板的热变形能力得到大幅提高，有效降低了冲压变形所需的冲压载荷。另外，在热状态下冲压也降低了回弹的程度，因而热冲压后的板材基本没有回弹。相对冷冲压而言，热冲压的不足之处在于需要加热炉对钢板进行前处理，增加了加热设备及其能耗。此外，热冲压工艺过程由于需要加热和保压（淬火），延长了生产时间，降低了生产效率。目前，热冲压在汽车用高强度钢板生产应用方面得到了较快发展，如门内侧梁/柱、底板中央通道、车身纵梁和横梁、门槛、保险杠等安全防撞件。

随着经济全球化和信息化时代的深入发展，中国逐渐成为世界制造大国和跨国企业的全球采购中心。尤其是我国汽车制造业迅猛发展，对冲压零件、冲压设备、冲压模具、冲压材料等的需求量急剧增长[6]。冲压未来的发展方向可以概括为：①板材成形的数字化柔性成形技术、液压成形技术、高精度复合化成形技术以及适应新一代轻量化车身结构的型材弯曲成形技术及相关设备；②基于CAD/CAE/CAM一体化数字技术的冲压模具设计制造信息化、高速化、高精度、标准化；③基于轻量化的高强、高耐蚀、多规格薄钢板和铝、镁等有色金属冲压工艺及理论研究，以实现与快速增长的汽车制造业协调发展。

1.1.2 特种塑性加工工艺

1. 激光成形

激光成形技术主要用于板料成形（图 1.1.7），包括激光热应力成形（laser thermal-stress forming，LTF）和激光冲击成形（laser shock forming，LSF）。激光热应力成形是通过局部瞬态加热产生不均匀的内部热应力而导致板料变形的一种无模成形技术［图 1.1.7（a)］。激光热应力成形的机理分为温度梯度机制、增厚机制、翘曲机制和弹性膨胀机制。由于具备回弹小、成形精度高、周期短、生产柔性大以及易于实现与激光切割/激光焊接等工序的同工位复合等优点，激光热应力成形在板料弯曲成形中有较为成熟的应用[7, 8]。激光冲击成形是一种新兴的冷成形技术，是集材料改性强化和成形于一体的复合成形技术，也是在激光冲击强化基础上发展起来的一种全新的板料成形技术［图 1.1.7（b)］。激光冲击成形的原理是将高功率密度、短脉冲的强激光作用于覆盖在金属板料表面上的能量转换体，使其气化电离形成等离子体，产生向金属内部传播的强冲击波。冲击波压力远远大于材料的动态屈服强度，从而使材料产生屈服和冷塑性变形。

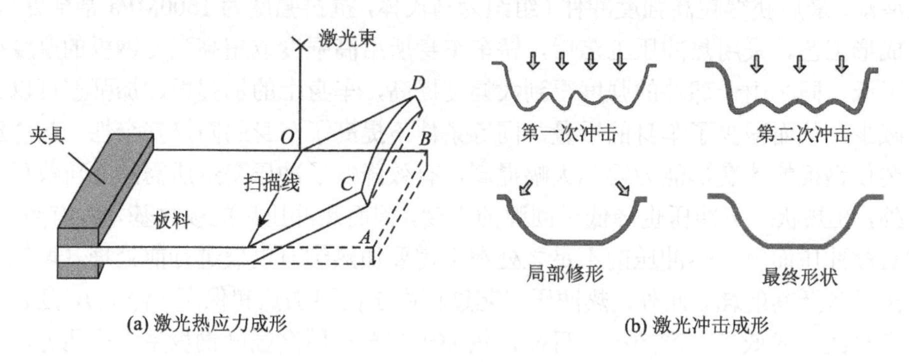

图 1.1.7　激光成形示意图

2. 电磁成形

电磁成形也称磁脉冲成形，是一种高能率非接触成形工艺。该工艺主要利用金属材料在交变电磁场中产生感应电流（涡流），而感应电流又受到电磁场的作用力，在电磁力的作用下坯料或工件产生塑性变形（图 1.1.8）。由于电磁成形以磁场为介质，无需工件与工具的表面接触，成形件表面质量较好。另外，工件变形受力均匀，残余应力小，加工后通常不需要热处理，成形精度高。最后，电磁成

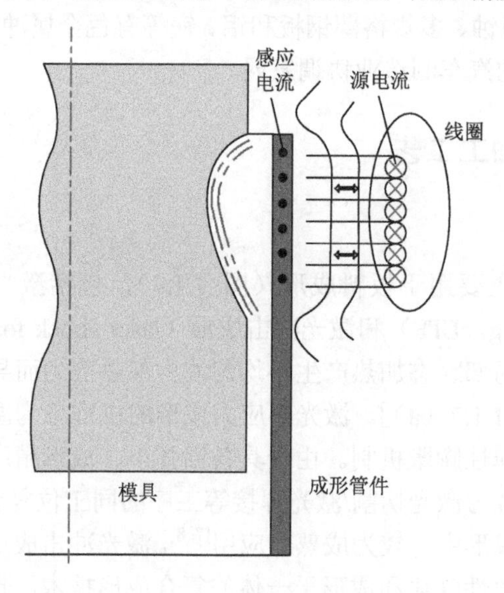

图 1.1.8　电磁成形示意图

形方法是一种绿色的加工方法，成形过程中不会产生废气、废渣、废液等污染物，有利于环境保护和绿色制造。

3. *超声成形*

超声成形是指对经典的塑性加工系统中的模具或材料施加一定方向、频率和振幅的可控超声振动，使之产生共振，进而利用超声能量辅助完成各种塑性成形的工艺过程（图 1.1.9）。与常规塑性成形工艺相比，超声成形能够显著降低成形载荷，减小模具与工件之间的接触摩擦，提高加工速度，减少中间处理环节，并能有效提高制品表面质量和尺寸精度[9]。由于超声成形可提高材料的塑性变形能力和成形性能，它在高硬度、高强度及难变形材料的塑性加工方面具有独特优势。超声成形在棒料拉丝、管材拉拔、板料成形、挤压成形、粉末成形、冷锻、旋压、摆动辗压等塑性成形工艺中的应用得到了一定的研究，超声辅助拉丝和拔管工艺已获得实际工程应用。

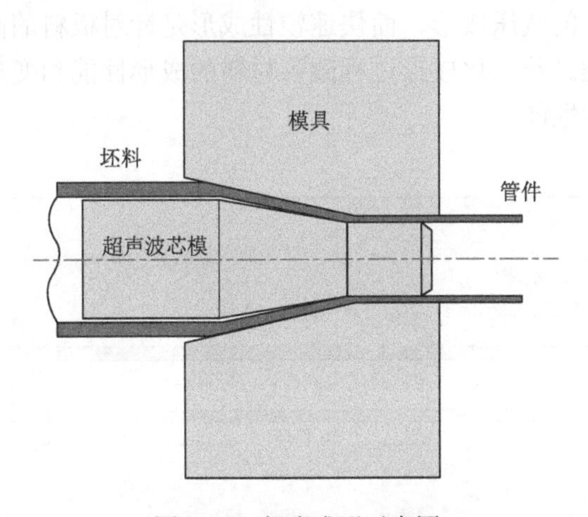

图 1.1.9 超声成形示意图

4. *高压成形*

高压成形是主要利用气体或者液体产生的高压力作用使坯料产生塑性变形，从而获得所需形状、尺寸和性能的产品的一种成形技术，主要有液压成形（图 1.1.10）、气压成形（图 1.1.11）等。液压成形技术通过液体压力的直接作用使材料产生塑性变形，又可以分为板材液压成形技术、管件液压成形技术与流体引伸技术。由于高压成形的构件质量轻、性能好，加上产品设计灵活，工艺过程简捷，又具备近净成形与绿色制造等特点，它在汽车轻量化领域中获得了广泛的应用。

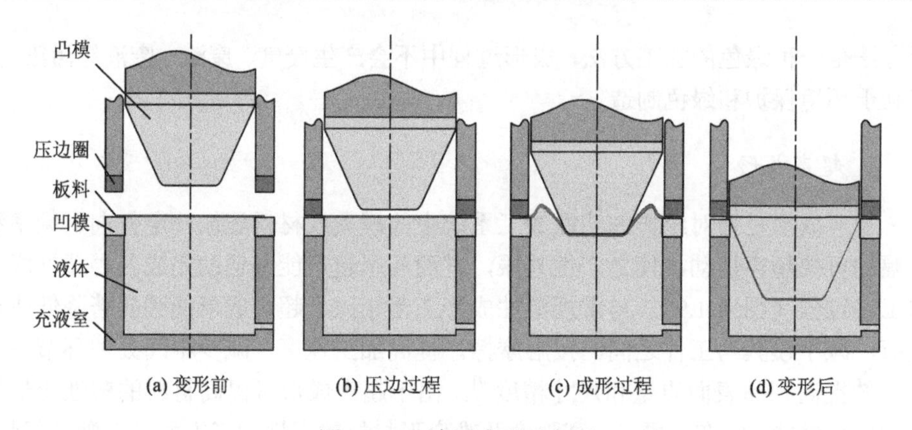

图 1.1.10　液压成形示意图

气压成形技术主要包括热态金属气压成形（hot metal gas forming，HMGF）技术和快速塑性成形（quick plastic forming，QPF）技术。热态金属气压成形主要是针对管状结构件的气压成形，而快速塑性成形是针对板料的高温气压成形。气压成形工艺主要通过热活化成形过程改善材料的成形性能和变形机制，进而获得优化的热处理力学性能。

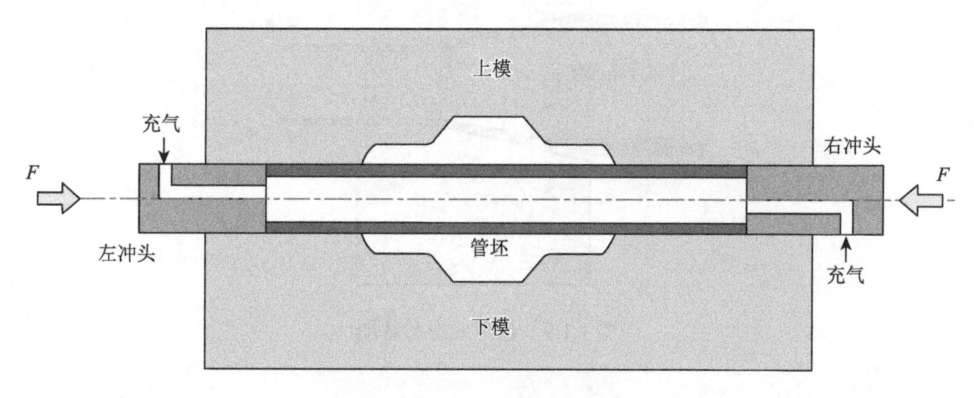

图 1.1.11　气压成形示意图

5. 爆炸成形

爆炸成形是利用爆炸物质在爆炸瞬间释放出的巨大化学能量对金属坯料进行加工的高能率成形方法（图 1.1.12）。爆炸成形时，爆炸物质的化学能在极短时间内转化为周围介质（空气或水）中的高压冲击波，并以脉冲压力波的形式作用于坯料，使其产生塑性变形并以一定速度贴模，完成塑性成形过程。

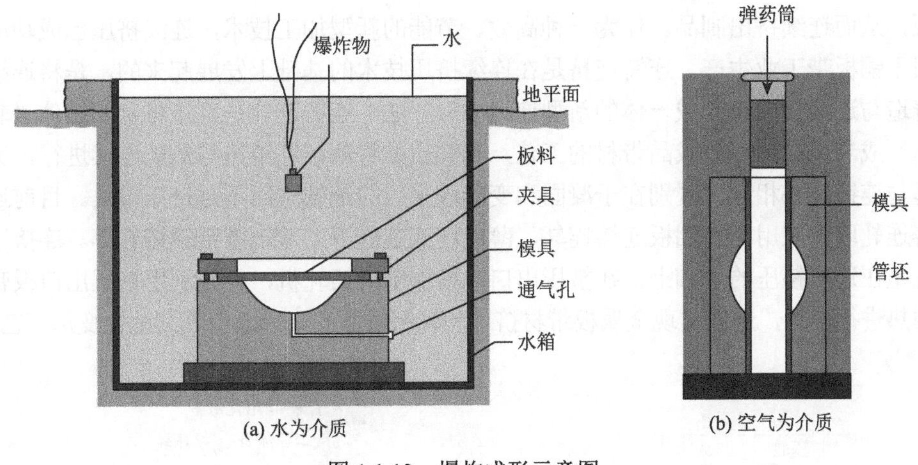

(a) 水为介质　(b) 空气为介质

图 1.1.12　爆炸成形示意图

6. 多点成形

传统板料塑性成形过程利用模具对整个坯料施加变形载荷，这种加载方式对于厚尺寸大零件成形较为困难。多点成形主要借助高度可调的基本体（或称冲头）群构成离散的上、下工具表面，从而替代传统的上、下模具进行板材的曲面成形[10]。传统模具成形的板材由模具曲面来成形，而多点成形的板材则由基本体群的包络面（或称成形曲面）来成形（图 1.1.13）。多点成形实质是将传统的整体模具离散成一系列规则排列、高度可调的基本体，并结合现代控制技术，实现板材三维曲面的无模化生产与柔性制造，也属于连续局部塑性加工技术。

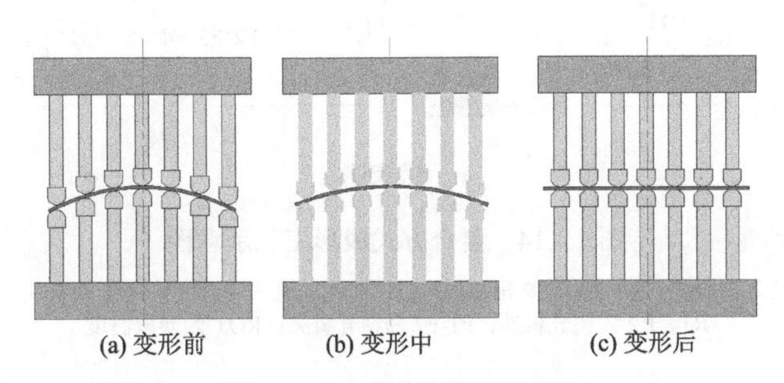
(a) 变形前　(b) 变形中　(c) 变形后

图 1.1.13　多点成形示意图

7. 复合方式成形

复合方式成形是塑性加工技术与其他材料加工技术融合而产生的新技术，在提高生产效率、节约能耗等方面发挥了巨大优势，如连续挤压［图 1.1.14（a）］、连铸连挤［图 1.1.14（b）］、连铸连轧［图 1.1.14（c）］、连挤连轧等工艺。连续挤压巧妙地将在塑性加工中通常做无用功的摩擦力转化为变形的驱动力和使坯料升温的热源，从而连续挤出制品。作为一种高效、节能的新型加工技术，连续挤压已成功应用于铜板带工业生产。连铸连挤是在连续挤压技术的基础上发展起来的，是将连续铸造与连续挤压结合成一体的新型连续成形方法。连铸连轧是直接将金属熔体“轧制”成半成品带坯或成品带材的工艺，其实质是将薄锭坯铸造与热轧连续进行，原理与连铸连挤相近，区别在于凝固和变形段采用的是轧辊而不是挤压模具。目前连铸连轧取得应用的有铝板连铸连轧、薄板坯液芯压下、双辊薄带钢铸轧等。连挤连轧是在连续挤压的基础上，在挤压出口端增加单机架轧机，充分利用挤压出口板带预热进行热轧，进而实现金属板带材挤压和轧制过程的一种新型连续塑性变形工艺。

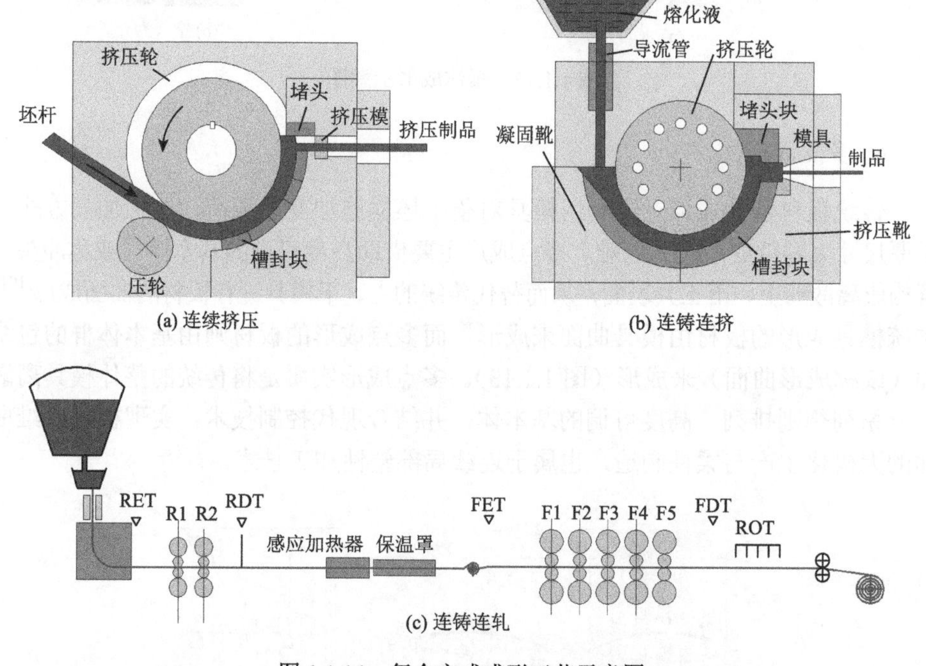

图 1.1.14　复合方式成形工艺示意图

RET 为粗轧入口温度；RDT 为粗轧出口温度；FET 为精轧入口温度；FDT 为精轧出口温度；R1、R2 为粗轧机架；F1-F7 为精轧机架；ROT 为卷取温度

8. 超塑性成形

超塑性是指在特定的条件下，即在低的应变速率（$\varepsilon=10^{-4}\sim10^{-2}\mathrm{s}^{-1}$）、一定的变形温度（约 $0.5T_{\mathrm{m}}$，T_{m} 为材料熔点温度）和稳定而细小的晶粒度（0.5～5μm）的条件下，某些金属或合金呈现低强度和大伸长率（伸长率超过 100%）的一种特性。超塑性成形就是利用各种成形方法对这种具备优异塑性能力和极低流动应力的金属或合金进行塑性变形，从而高效加工出来形状复杂或者变形量大的零

部件的工艺。目前比较常用的超塑性成形包括薄板气压/真空塑性成形、薄板模压成形（图 1.1.15）、拉伸成形、超塑性模锻成形、超塑性滚压成形等。

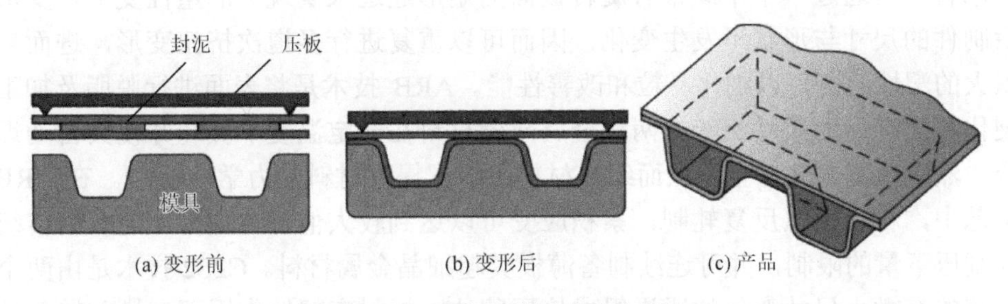

图 1.1.15 薄板模压成形示意图

1.1.3 剧烈塑性变形技术

晶粒尺寸作为材料的关键微观结构特征，与化学成分一样，对金属的物理及机械行为具有重要影响，因此控制晶粒尺寸对调控材料的综合性能至关重要。晶粒细化是提高金属材料综合性能的有效途径，因而获得亚微晶和纳米晶等超细晶材料迅速成为世界各国科技界和产业界关注的焦点。基于传统熔体阶段细化晶粒效果有限，故利用固态塑性变形特别是剧烈塑性变形（severe plastic deformation，SPD），即在塑性变形过程中引入大的应变量从而有效细化金属，进而获得同时具备高强度与大塑性的块体超细晶或纳米金属及其合金块体材料一直是塑性成形领域的研究热点。目前，利用 SPD 技术已经在镁及镁合金、铝及铝合金、铜及铜合金、纯铁、碳钢、镍等材料中获得了块体亚微晶乃至纳米晶组织[11]。SPD 技术主要有等径角挤压变形［equal channel angular pressing，ECAP，图 1.1.16（a）］、高压扭转［high pressure and torsion，HPT，图 1.1.16（b）］、多向锻造［multi-directional forging，MDF，图 1.1.16（c）］、挤扭［twist extrusion，TE，图 1.1.16（d）］、累积叠轧［accumulative roll bonding，ARB，图 1.1.16（e）］、连续带材剪切［continuous confined strip shearing，C2S2，图 1.1.16（f）］、反复折皱–压直［repetitive corrugation and straightening，RCS，图 1.1.16（g）］、往复挤压–镦粗法［cyclic extrusion and compression，CEC，图 1.1.16（h）］等。利用 ECAP 技术，坯料在通道截面相同的模具转角处受到强烈剪切变形，而横截面尺寸基本保持不变，故可反复进行挤压，从而积累大的应变，细化材料晶粒。HPT 技术是在变形体高度方向施加压力的同时，通过主动摩擦在其横截面上施加扭矩，促使变形体产生轴向压缩和切向剪切变形的特殊塑性变形工艺。经过高压下的严重扭转变形，材料内部形成了大角度晶界的均匀纳米结构，材料的性能也发生了质的变化。这一成果使 HPT 成为制备块体纳米材料的一种新方法。MDF 技术是在自由锻基础上发展的一种 SPD

方法，形变过程中外加载荷轴向随道次旋转变化，而坯料随外加载荷轴向变化而不断被压缩和拉长，进而实现反复变形，达到细化晶粒、改善性能的效果。TE技术将坯料通过一个中间带有旋转截面的矩形通道来实现大的塑性变形，变形后制件的尺寸与形状不发生变化，因而可以重复进行多道次挤扭变形，进而累积大的塑性应变，以细化晶粒和改善性能。ARB 技术是将表面进行脱脂及加工硬化等处理后的尺寸相等的两块金属薄板材料在一定温度下叠轧并使其自动焊合，然后反复叠轧焊合，从而细化材料组织，提高材料的力学性能[12]。在 ARB工艺中，材料可以反复轧制，累积应变可以达到较大值，在理论上能突破传统轧制压下量的限制，并可连续制备薄板类超细晶金属材料。C2S2 技术是由两个相交的有微小尺寸变化的通道组成挤压腔体，板材在辊轮作用下在模腔转角处发生强烈的近似于纯剪切的变形，而后从模腔另一侧挤出。出口处板材的厚度和原材料相同，因而可以在同一模具内反复对板材进行多道次的剪切变形，每道次的剪切应变量可以叠加，最终实现大的应变积累，进而细化板材晶粒，提高材料性能。RCS 技术是在不改变工件断面形状的情况下，工件经过多次反复折皱（剪切变形）、压直后获得很大的塑性变形，从而细化晶粒。CEC 技术是集挤压和镦粗为一体的 SPD 工艺。挤压过程中，试样在冲头作用下受到正挤压变形，挤压后的试样在另一个模腔冲头作用下发生镦粗变形。当试样金属塑性流动至另一个型腔后，该型腔冲头将试样按反方向压回，完成一个挤压和镦粗循环，材料经过反复挤压和镦粗后可以获得足够大的应变量而没有破裂危险，变形后材料能恢复到原始尺寸。该技术适合制备组织均匀的大块细晶合金材料。另外，异步轧制技术［图 1.1.16（i）］虽不属于 SPD 技术范畴，但也可以制备细晶板

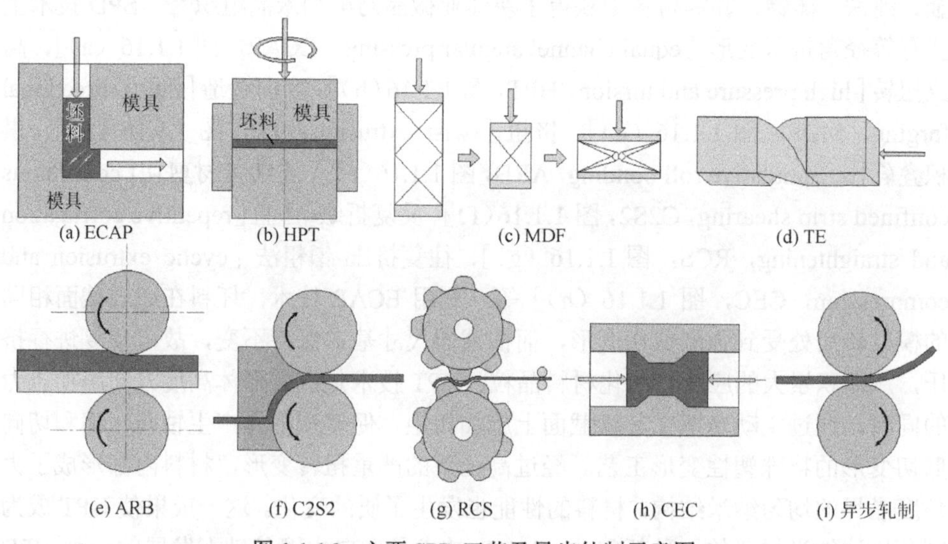

图 1.1.16　主要 SPD 工艺及异步轧制示意图

带材。异步轧制技术是一种非对称轧制技术，又可以分为异径异步轧制和异速异步轧制，异径异步轧制是上、下轧辊转速相同而直径不同，而异速异步轧制是上、下轧辊直径相同而转速不同。近年来，还出现了上、下轧辊具有相同的直径与转速，但依靠上、下表面摩擦系数不同或者温度不同实现异步轧制的技术。异步轧制过程中接触变形区形成“搓轧”，不仅能够显著减少轧制力，而且产生的强烈剪切能够细化晶粒。异步轧制技术可以有效细化镁合金带材晶粒并弱化其基面织构[13]。

1.2 金属塑性加工主要分析方法简介

塑性加工工艺分析方法可分为数学解析法、物理实验解析法、数值分析法等。常用的主应力法、滑移线法、极限分析法属于塑性加工工艺过程经典力学求解中的数学解析法；物理实验解析法包括相似理论性法、视塑性法等；有限元法、有限差分法、边界元法、无网格法等属于数值分析法。

1.2.1 数学解析法

1. 主应力法

主应力法是最早广泛应用于工程上计算变形力的一种近似解析法，又称为切块法。该方法在对实际工程问题进行系列简化假设的基础上，通过建立平衡微分方程、联立屈服准则、利用边界条件等获得所需要的力能参数。主应力法的实质是在对实际工程问题进行简化假设的基础上将平衡微分方程和屈服准则进行联立求解。该方法通过公式推导能定性描述各因素对变形力的影响规律，因而广泛应用于各种工程问题求解，其求解要点包括：①根据实际情况将问题简化成平面问题或轴对称问题，对于变形复杂问题可以分成若干部分，每一部分按照轴对称问题或者平面问题进行处理，最后进行组合得到整个问题解；②根据金属的瞬间流动趋势和所定坐标系选取典型微元体，接触面上的正应力假定为主应力，且均匀分布，由静力平衡条件建立平衡微分方程，并简化为常微分方程；③由于任意应力分量表示的塑性条件是非线性的，引入屈服准则时不考虑切应力的影响，然后联立求解简化的平衡微分方程和屈服准则，并利用边界条件确定积分常数，进而获得应力分布和变形力值。因此，主应力法求解过程的关键问题包括平衡微分方程的建立、屈服准则的选取以及边界条件的确定。

2. 滑移线法

塑性变形过程中，变形体内金属质点的最大剪应力的轨迹成对正交出现，因而按行程，变形体内滑移线形成两族互相正交的网络，塑性变形体内各点最大剪应力的轨迹即滑移线。滑移线理论包括应力场理论和速度场理论。该方法通过对具体塑性变形过程的分析所建立的滑移线场来求解塑性变形问题，可以确定变形体内的应力分布、变形力、变形等参数。滑移线法对于理想刚塑性体的平面应变问题的求解是精确的，且能近似处理轴对称问题，但无法研究温度、应变速率、时间等参量对变形的影响。

3. 极限分析法

金属塑性成形过程中应力应变的真实解需要满足静力平衡方程、几何方程、协调方程、体积不变条件、物理方程、边界条件，但是实际工程问题解析中满足上述条件十分困难，因而在极值定理的基础上放松其中一些条件，寻求最终真实解的上限中最小值或者下限中最大值的方法称为极限分析法，均依据最大塑性功原理和虚功原理得出。在工件变形区设定一个只满足几何方程、体积不变条件与速度边界条件的速度场称为许可速度场，上限法按运动学许可速度场来确定变形载荷的近似解，该近似解总是大于真实解；在工件变形区设定一个只满足静力平衡方程、应力边界条件且不破坏屈服条件的应力场，称为许可应力场，下限法按静力学许可应力场来确定变形载荷的近似解，该近似解总是小于真实解。

1.2.2 物理实验解析法

研究金属塑性变形时，除对于尺寸较小的工件可以用实物进行实验外，通常都必须选择适当的模型来进行实验，一般称为物理模拟实验。物理模拟实验条件简单，易于实现，且能够对结果进行直观观察和分析。物理模拟实验以相似理论为基础，规定模型与实物之间在几何（形状与尺寸）、物理（化学成分、微观组织、温度、等效应变等）和接触、摩擦系数等三个方面的相似条件后，按所设计的模型进行模拟实验，并根据实验结果和相似度对实际生产进行指导。

视塑性法是一种实验与理论计算相结合的方法，首先通过实验与测量分析建立变形体内的位移场和速度场，然后借助塑性理论的基本方程计算各点的应力、应变和应变率。该法一般用来分析平面变形、轴对称变形等塑性加工过程的应变和应力分布，在挤压、拉拔等工艺分析中已获得较好的应用。

1.2.3 人工智能法

在塑性力学早期，数学解析法在塑性变形过程力能参数预测与分析中得到了长足发展，但由于受到边界条件、静力平衡方程、速度场许可条件等限制，其更多应用于求解理想刚塑性材料的平面问题和轴对称问题，而对于复杂的金属塑性变形过程求解较为困难。随着计算技术的进步和塑性力学的发展，人们把进一步求解复杂金属塑性变形过程寄希望于人工智能和数值分析等新方法。

人工智能法避开了对轧制过程深层规律的无止境探求，通过模拟人脑来处理那些实实在在发生了的事情，它主要以大量事实数据作为依据，这些数据可以是物理实验数据，也可以是数学解析数据，通过寻找和回归已知数据结果与影响因素之间的内在关联，从而预测和分析定量影响因素条件下的力能参数变化。人工智能法主要包括模糊理论与模糊控制、专家系统、神经网络和遗传算法等。神经网络有很好的非线性映射功能，可以建立任意非线性函数自变量和应变量之间的关系，具有良好的非线性逼近、自学习以及快速计算的特点，广泛应用于工程计算和力能参数预测分析。

1.2.4 数值分析法

现代制造业的快速发展对塑性成形工艺分析提出了更高的要求。由于塑性成形工艺影响因素（摩擦与润滑、变形过程中材料的本构关系等）甚多，这些因素的影响机理尚未被人们完全认识和掌握，因而目前还未能对各种材料、形状的制件成形过程进行准确的定量判定。如果不掌握摩擦条件、材料性能、工件几何形状、成形力等工艺参数对成形过程的影响，就不可能正确地设计模具和选择加工设备，更无法预测和防止缺陷的生成。然而，传统的数学解析法已不能满足金属工业和塑性加工领域发展的要求，利用数值分析法研究现代金属塑性成形工艺已成为当前塑性力学问题求解的主流。数值分析法是计算理论数学非常重要的一个分支。近几十年来，数值分析法得到了极大的发展，主要包括有限差分法、有限元法、边界元法、无限元法、无网格法、拉格朗日元法、非连续变形分析法等。目前，应用于塑性成形力学分析的数值分析法有有限差分法、边界元法、无网格法和有限元法等。有限元法可由实验和理论方法给出的本构关系、边界条件、摩擦关系式，按变分原理推导场方程，根据离散技术建立计算模型，从而实现对复杂成形问题的数值模拟，分析成形过程中的应力应变分布及其变化规律，提供较为可靠的主要成形工艺参数，因而在塑性成形工艺分析领域得到了广泛应用。工程问题求解的数值分析法引入优势对比如图 1.2.1 所示。

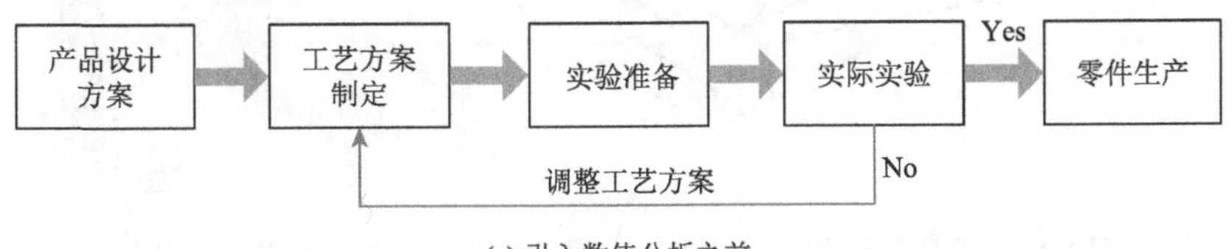

(a) 引入数值分析之前

(b) 引入数值分析之后

图 1.2.1　工程问题求解的数值分析法优势对比

Yes 指合格；No 指不合格

1.3　有限元模拟技术

有限元（finite element，FE）基本思想的出现最早要追溯到 1943 年，库兰特（Courant）曾尝试应用一系列三角形区域上定义的分片连续函数和最小位能原理相结合来求解 St.Venant 扭转问题。1956 年，特纳（Turner）和克拉夫（Clough）等将刚架分析中的位移法推广到求解弹性力学平面问题，并应用于飞机结构强度分析；1960 年，克拉夫进一步求解弹性力学平面问题，并首次提出有限元法（finite element method，FEM）。随着电子计算机的发展，有限元法得到了迅速发展和应用，目前有限元法已是工程领域应用最广泛的一种现代数值计算方法。它不但可以解决工程中的结构分析问题，而且已成功地解决了传热学、流体力学、电磁学和声学等领域的问题。有限元法的基本原理是将求解未知场变量的连续介质体（变形体或工件）划分为有限个单元，单元用节点连接，如图 1.3.1 所示。每个单元内用插值函数表示场变量，插值函数由节点值确定，单元之间的作用由节点传递，以此建立物理方程。将全部单元的插值函数集合成整体场变量的方程组，然后进行数值计算。

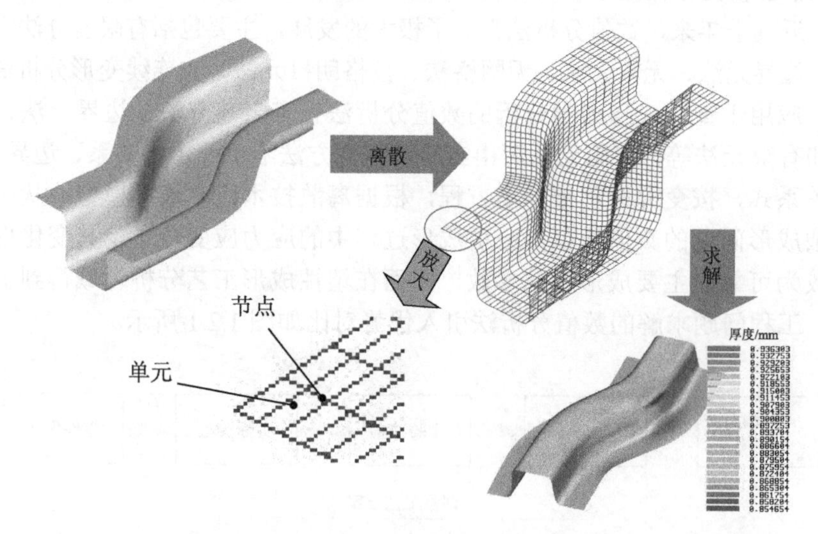

图 1.3.1　有限元法的单元节点及求解示意图（彩图见封底二维码）

有限元法分析过程大体分为前处理、求解分析、后处理三大步骤，如图1.3.2所示。将实际的连续体经过离散化就建立了有限元模型，这一过程是有限元法的前处理过程。在这一阶段，要构造计算对象的几何模型，划分有限元网格，生成有限元分析的输入数据，该阶段是有限元法分析的关键。有限元法的求解分析过程主要包括单元分析、整体分析、载荷移置、引入约束、求解约束方程等。这一过程是有限元法分析的核心，有限元理论主要体现在这一过程。有限元法的后处理过程主要包括对计算结果的加工处理、编辑组织和图形表示三个方面。它可以把有限元法分析得到的数据进一步转换为人们直接需要的信息，如应力分布状况、结构变形状态等，并绘成直观的图形。

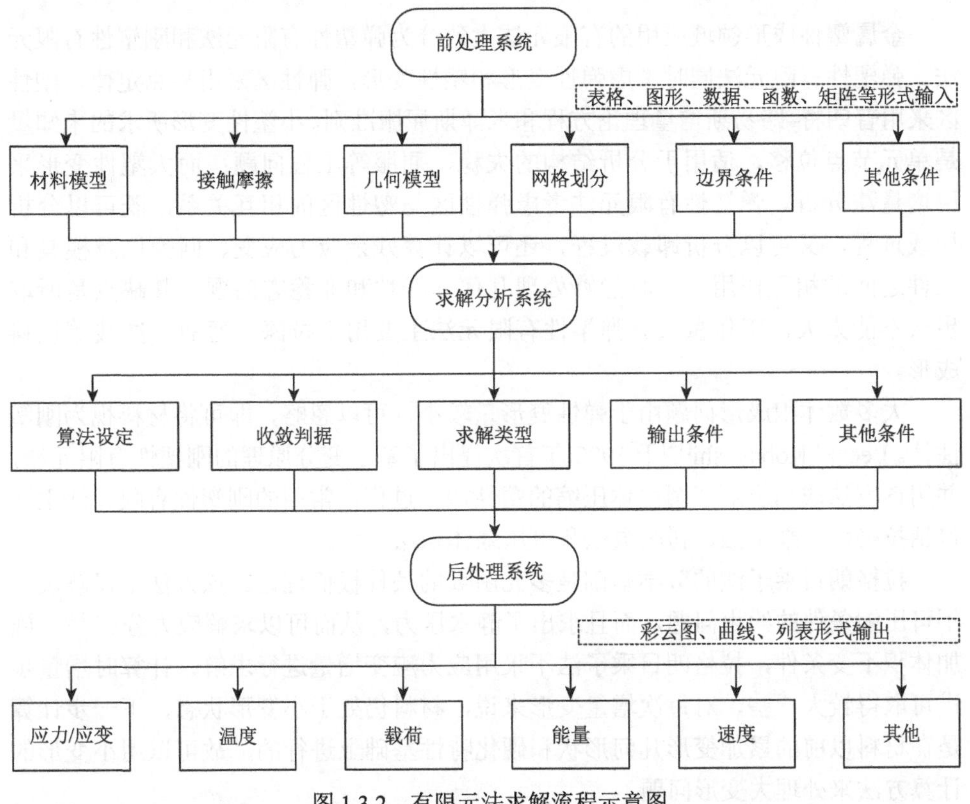

图1.3.2 有限元法求解流程示意图

有限元法的基础是用有限个单元体的集合来代替原有的连续体，因此首先要对分析体进行必要的简化，再将分析体划分为有限个单元组成的离散体。单元之间通过单元节点相连接，由单元、节点、节点连线构成的集合称为网格。通常把平面划分成三角形或四边形单元的网格［图1.3.3（a）和（b）］，而把三维实体划分成四面体或六面体单元的网格［图1.3.3（c）和（d）］。

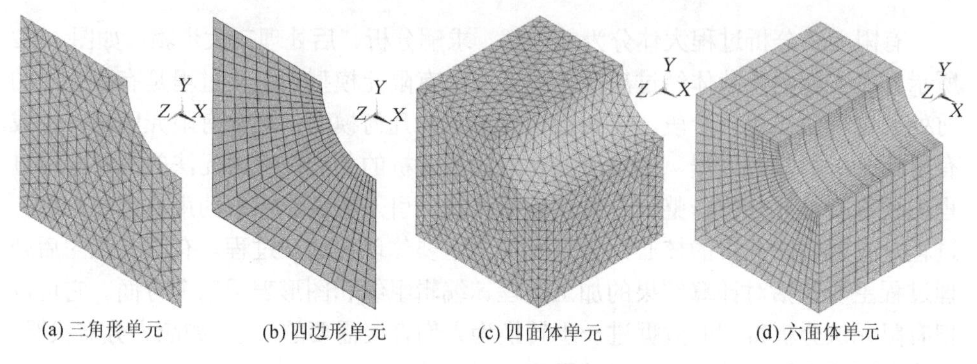

(a) 三角形单元 (b) 四边形单元 (c) 四面体单元 (d) 六面体单元

图 1.3.3 单元和网格示意图

金属塑性成形领域应用的有限元法大致分为弹塑性有限元法和刚塑性有限元法。弹塑性有限元法同时考虑弹性变形和塑性变形，弹性区采用胡克定律，塑性区采用普朗特–路易斯增量理论方程和米泽斯屈服准则。小塑性变形所求的未知量是单元节点位移，适用于分析结构的失稳、屈服等工程问题；而大塑性变形采用增量法分析。弹塑性有限元法考虑弹性区与塑性区的相互关系，既可以分析加载过程，又可以分析卸载过程，还可以计算残余应力应变、回弹以及模具和工件之间的相互作用，同时能够处理几何非线性和非稳态问题，其缺点是所取步长不能太大，工作量大。弹塑性有限元法主要用于拉深、弯曲、冲裁等板料成形。

大多数体积成形问题由于弹性变形量较小，可以忽略，即可将材料视为刚塑性体。Lee 和 Kobayashi[14]于 1973 年首次提出了基于变分原理的刚塑性有限元法，并用该方法成功求解了圆柱体压缩的塑性加工过程。常用的刚塑性有限元法主要包括拉格朗日乘子法、罚函数法和可压缩体积法三种。

拉格朗日乘子法的数学基础是多元函数的条件极值理论。该方法不仅解决了不可压缩条件的约束问题，而且求出了静水压力，从而可以求解应力分布[15]。施加体积不变条件，拉格朗日乘子法不采用应力应变增量进行求解，计算时增量步进可取得较大一些，对每次增量变形来说，材料仍处于小变形状态，下一步计算是在材料以前的累加变形几何形状和硬化特性基础上进行的，故可以用小变形的计算方法来处理大变形问题。

为处理体积不可压缩条件的约束，Zienkiewicz 和 Godbole[16]在 1975 年提出有限元分析中的罚函数法，后来许多学者对利用罚函数法求解金属塑性加工过程开展了大量的研究工作。罚函数法求解塑性加工过程中，只有当惩罚因子无穷大时，才能满足体积不变条件，得出正确的静水压力值，而实际上进行数值计算时，惩罚因子只能取有限值。如何选取合适的惩罚因子会极大影响刚塑性有限元法的迭代求解过程和计算结果。

塑性力学求解的体积不可压缩条件必然得出屈服与静水压力无关的条件，使得刚塑性有限元法求解时不能由变形速度场直接求出应力场，而且体积不可压缩也增加了初始速度场的设定难度。事实上，塑性变形中的体积并非绝对不可压缩，体积不可压缩只是一种近似处理。1973年，大矢根守哉等[17]在研究粉末冶金烧结材料的塑性理论时提出了与静水压力有关的屈服条件。Osakada等[18]、Mori等[19]首次使用可压缩法求解了圆柱体压缩、薄板压缩过程，后来又采用可压缩法求解了轧制过程。可压缩法既有严密的数学推导，又有相应明确的物理概念，解决体积不可压缩约束条件的同时又求解了应力。东北大学刘相华[20]首次使用刚塑性可压缩有限元法求解三维平板轧制过程和板坯立轧过程轧制问题，后来又采用该法成功求解了万能孔型中轧制H型钢问题。在此基础上，刘相华课题组推导了对于屈服条件与静水压力有关的刚塑性可压缩材料的变分原理，证明了总能率泛函在给定的初值附近区域仅有一个极小值点且是真实解理论，并成功应用于板坯立轧、孔型轧制、异型板坯轧制等三维刚塑性有限元法分析。

基于有限元的算法有直接解法和迭代解法。直接解法总能收敛，但不能保证快速求解；迭代解法求解速度很快，但不能保证算法收敛。有限元法求解塑性加工过程主要通过开发专用有限元计算程序或使用ANSYS、MSC.Marc、ABAQUS、DEFORM等商用有限元软件两大途径。专用有限元计算程序可以有效提高计算效率，利于在线预测与分析，但应用范围较窄，且需要基于塑性力学基础理论进行程序开发，难以掌握。商用有限元软件功能强大，能够分析各类工程问题，操作和学习简单，但部分特殊的边界条件不易施加，需要通过二次开发满足特殊要求，求解精度不易保证，且求解效率比专用有限元计算程序低。尽管如此，随着计算机技术的发展，商用有限元软件的便捷性使越来越多的学者将注意力转移到了商用有限元软件的使用，这些商用有限元软件在优化分析工艺过程和预测塑性成形过程的应力、应变及组织性能方面发挥了巨大效用。

1.4 常用有限元软件简介

ANSYS公司成立于1970年，其产品和服务在全球众多行业中被工程师和设计师广泛采用。ANSYS公司和其全球网络渠道的合作伙伴为客户提供销售、培训和技术支持一体化服务。ANSYS公司总部位于美国宾夕法尼亚州匹兹堡，全球拥有60多个代理、1700多名员工，在40多个国家和地区销售产品。2006年，ANSYS公司收购了在流体仿真领域处于领导地位的美国Fluent公司。2008年，ANSYS公司收购了在电路和电磁仿真领域处于领导地位的美国Ansoft公司。通过整合，ANSYS公司成为全球最大的仿真软件公司。ANSYS公司整个产品线包括结构分析（ANSYS Mechanical）系列、流体动力学［ANSYS CFD（FLUENT/CFX）］系列、电子设计（ANSYS ANSOFT）系列以及 ANSYS Workbench 和 EKM 等，产品广泛应用于航空航天、电子、车辆、船舶、交通、通信、建筑、医疗、国防、石油、化工等众多行业。ANSYS 主要包括结构静力学分析、结构动力学分析、结构非线性分析、动力学分析、热分析、电磁分析、流体力学分析、声场分析、压电分析等功能模块。其中，结构静力学分析模块用来求解外载荷引起的位移、应力和力。ANSYS 程序中的静力学分析不仅可以进行线性分析，而且可以进行非线性分析，如塑性、蠕变、膨胀、大变形、大应变及接触分析。结构动力学分析用来求解随时间变化的载荷对结构或部件的影响。与结构静力学分析不同，结构动力学分析要考虑随时间变化的力载荷以及它对阻尼和惯性的影响。ANSYS 中的结构动力学分析包括瞬态动力学分析、模态分析、谐波响应分析及随机振动响应分析。结构非线性分析主要是指结构非线性导致结构或部件的响应随外载荷不成比例变化。ANSYS 程序中的结构非线性分析可求解材料非线性、几何非线性和单元非线性三种静态与瞬态非线性问题。ANSYS 经典主界面如图 1.4.1 所示。

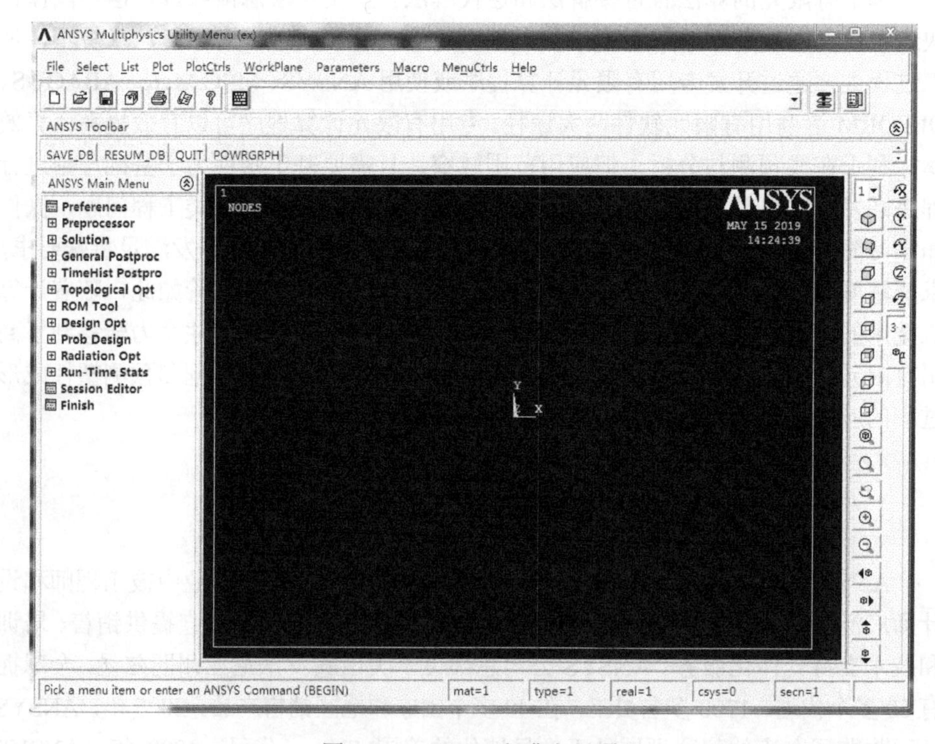

图 1.4.1　ANSYS 经典主界面

MSC 软件公司创建于 1963 年，总部设在美国洛杉矶，全球拥有 1200 多名员工，分布在 23 个国家和地区，作为虚拟产品开发（virtual product development,

VPD）技术提供商。50 多年来，MSC 软件公司的 VPD 软件和服务帮助企业界在产品开发过程中改善产品的设计、测试、制造和服务流程，应用于航空航天、汽车、国防、通用机械、兵器、船舶、铁道、电子、石化、能源、材料工程等领域，可以处理线性/非线性静力学分析、模态分析、简谐响应分析、频谱分析、随机振动分析、动力响应分析、静/动力接触分析、屈曲/失稳分析、失效和破坏分析、传热过程分析、压电分析以及热-机、热-电-固、磁-热、扩散-应力、流体-土壤、流-热-固等多场耦合分析等。MSC 解决方案有多体动力学解决方案（Adams）、声学仿真解决方案（Actran）、控制仿真工具（Easy5）、非线性解决方案（Marc）、多学科仿真解决方案（SimXpert）、结构化与多学科有限元分析（Nastran）、显式动力学与流-固耦合（Dytran）、基于有限元的耐久性仿真工具（Fatigue）、高级热分析解决方案（Sinda）、非线性/多尺度的材料与结构建模平台（Digimat）、嵌入式多学科仿真（SimDesigner）、有限元分析解决方案（Patran）、仿真数据和流程管理（SimManager）。MSC.Marc 经典主界面如图 1.4.2 所示。

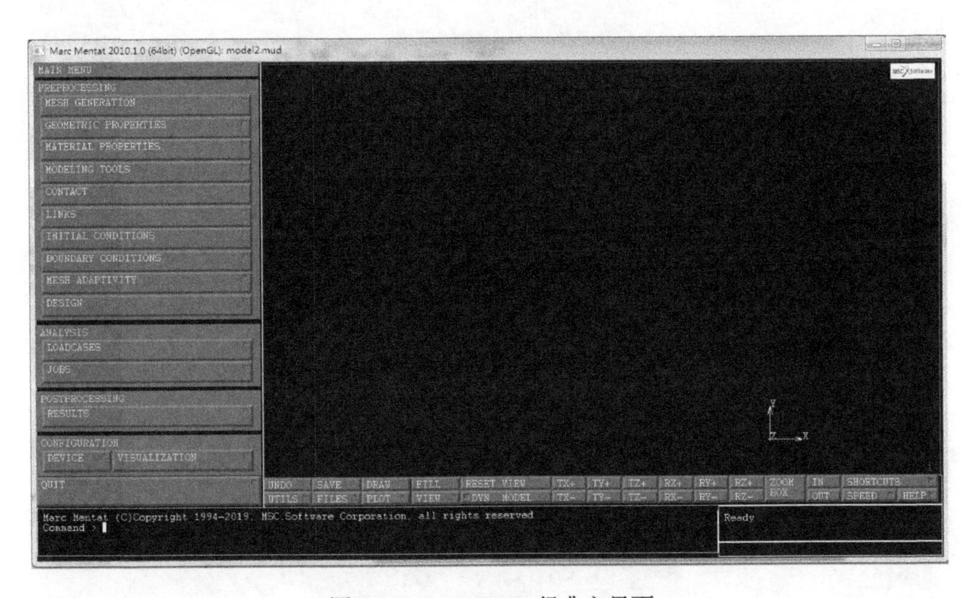

图 1.4.2　MSC.Marc 经典主界面

ABAQUS 软件公司（现与法国达索集团合并，称为达索 SIMULIA 公司）成立于 1978 年，总部位于美国罗得岛州，专门从事非线性有限元力学分析软件 ABAQUS 的开发与维护。ABAQUS 软件公司最早的产品为 ABAQUS/Standard。ABAQUS/Standard 是一个通用分析模块，它能够求解广泛的线性和非线性问题，包括结构的静态、动态、热和电响应等，对于同时发生作用的几何、材料和接触非线性采用自动增量控制技术处理。1991 年 ABAQUS 软件公司推出了 ABAQUS/Explicit。

ABAQUS/Explicit 利用对时间变化的显式积分求解动力学方程。该模块适合于分析冲击和爆炸等短暂、瞬时的动态事件，对高度非线性问题的求解也非常有效，包括模拟加工成形过程中接触条件改变的问题。1999 年 ABAQUS 软件公司推出了 ABAQUS/CAE。ABAQUS/CAE 是 ABAQUS 有限元分析的前后处理模块，也是建模、分析和仿真的人机交互平台。该模块可以构建结构的几何模型、分配材料和截面特性、施加载荷和边界条件、划分网格，进一步将生成的模型投入后台的分析模块运行，对运行情况进行监测，并对计算结果进行后处理。ABAQUS 软件可以分析复杂的固体力学和结构力学系统，特别是能够处理庞大复杂的问题和模拟高度非线性问题。ABAQUS 软件的分析功能有静态应力/位移分析（线性、材料和几何非线性及结构断裂分析等）、动态分析、黏弹性/黏塑性响应分析、热传导分析、质量扩散分析、耦合分析（热-力耦合、热-电耦合、压-电耦合、流-固耦合等）、非线性动态应力/位移分析、瞬态温度/位移分析、准静态分析、退火成形过程分析、海洋工程结构分析、水下冲击分析等。ABAQUS 经典主界面如图 1.4.3 所示。

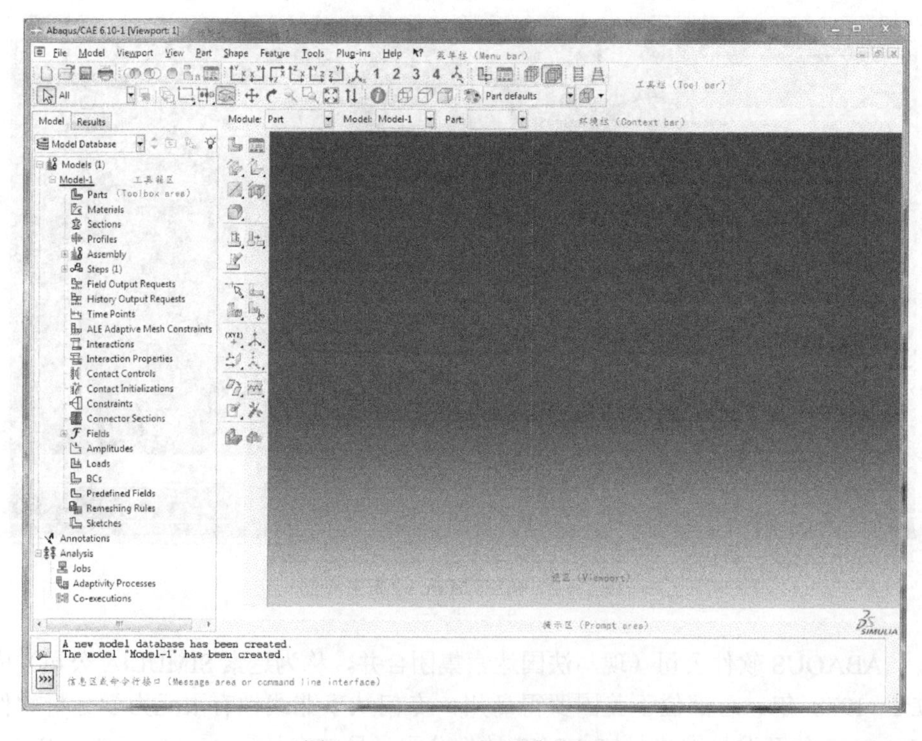

图 1.4.3　ABAQUS 经典主界面

DEFORM（design environment for forming）软件是由美国 Battelle Columbus 实验室在 20 世纪 80 年代早期着手开发的一套有限元分析软件，主要应用于挤压、锻造、拉拔等大塑性变形过程工艺计算。早期的 DEFORM-2D 软件只能局限于分析等温变形的平面问题或者轴对称问题。随着有限元技术的日益成熟，DEFORM 软件也在不断发展和完善。目前，DEFORM 软件已经成功用于分析考虑热–力–组织耦合的非等温变形问题和热处理过程，主要模块有 DEFORM-2D、DEFORM-3D 和 DEFORM-HT 等，不仅可以分析塑性变形过程和金属切削过程，还可以分析热处理过程的硬度、晶相组织分布、扭曲、残余应力、含碳量等。DEFORM 经典主界面如图 1.4.4 所示。

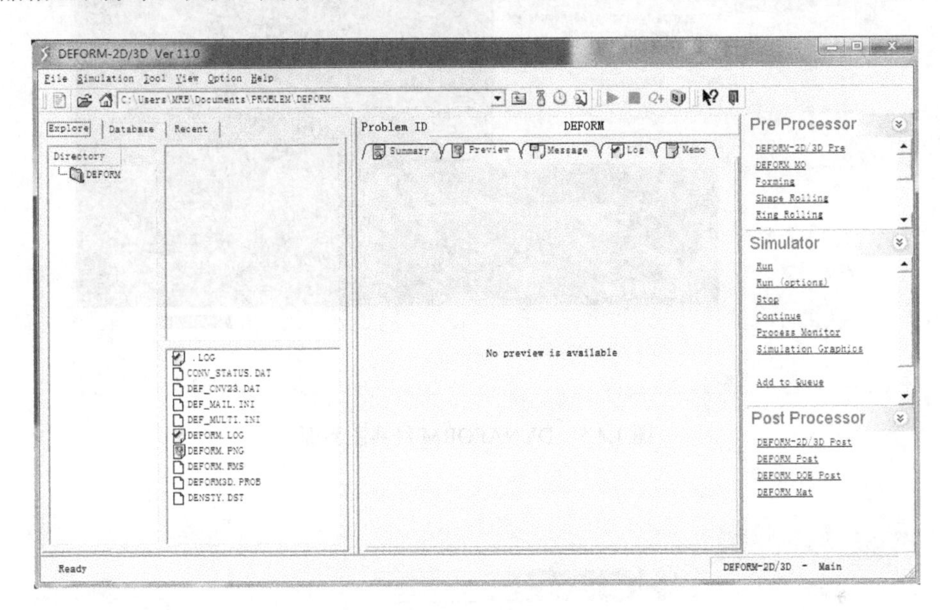

图 1.4.4 DEFORM 经典主界面

DYNAFORM 软件是美国 ETA 公司和 LSTC 公司联合开发的板料成形数值模拟专用软件。DYNAFORM 软件应用于汽车、航空航天、家电、厨房卫生等领域，可以预测成形过程中板料的裂纹、起皱、减薄、划痕、回弹、成形刚度、表面质量，评估板料的成形性能，从而为板料成形工艺及模具设计提供帮助。DYNAFORM 软件适用的设备有单动压力机、双动压力机、无压边压力机、螺旋压力机、锻锤、组合模具和特种锻压设备等。DYNAFORM 软件经典主界面如图 1.4.5 所示。

FORGE 软件由法国 CEMEF(材料成形研究中心)研究开发，由 TRANSVALOR 公司负责销售和支持。FORGE 软件基于有限元法建立，用于模拟热、温和冷锻金属成形工艺。FORGE 软件既可以进行三维模拟，也可以进行二维模拟（二维模拟应用于长零件成形），用于研究横断面的变形（平面变形）、轴对称零件成形、径向切面变形（轴对称变形）过程。FORGE 软件能够进行成形分析（将开式模锻和闭式模锻分开）、热处理分析、缺陷点追踪、偏析模拟、中心疏松区模拟、晶粒流动、孔隙度预测等。FORGE 软件主界面如图 1.4.6 所示。

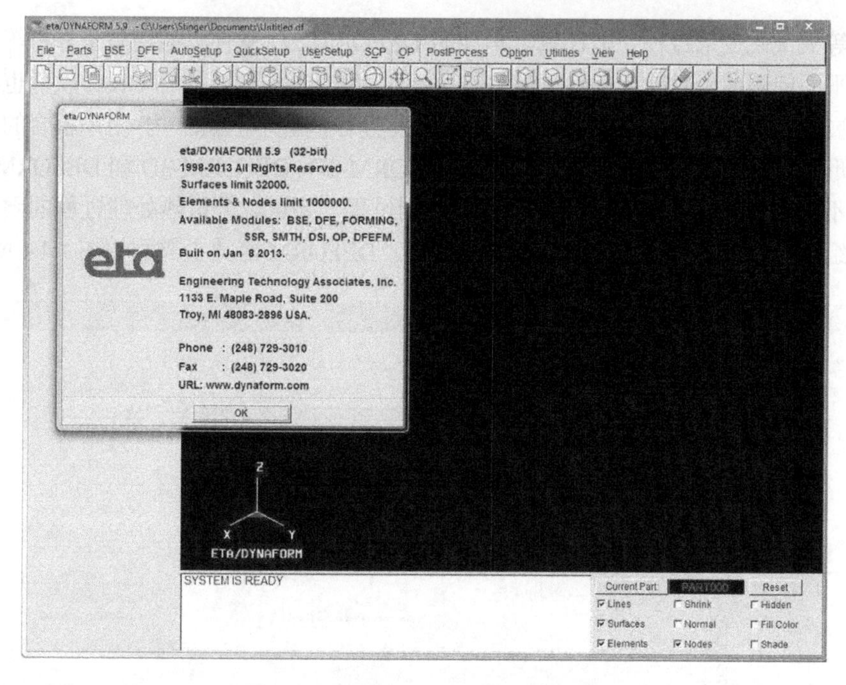

图 1.4.5　DYNAFORM 经典主界面

图 1.4.6　FORGE 软件主界面

SYSWELD 软件的开发最初源于核工业领域的焊接工艺模拟，当时核工业需要揭示焊接工艺中的复杂物理现象，以便提前预测裂纹等重大危险。1980 年，法国法码通公司和 ESI 集团共同开展了 SYSWELD 软件的开发工作。热处理工艺中同样存在与焊接工艺类似的多相物理现象，所以 SYSWELD 软件很快也应用到热处理领域中并不断增强和完善。随着应用的发展，SYSWELD 软件逐渐扩大了应用范围，并迅速被汽车、航空航天、国防和重型工业所采用。1997 年，SYSWELD 正式加入 ESI 集团，法码通公司成为 SYSWELD 软件在法国最大的用户并继续承担软件的理论开发与工业验证工作。SYSWELD 软件经典主界面如图 1.4.7 所示。

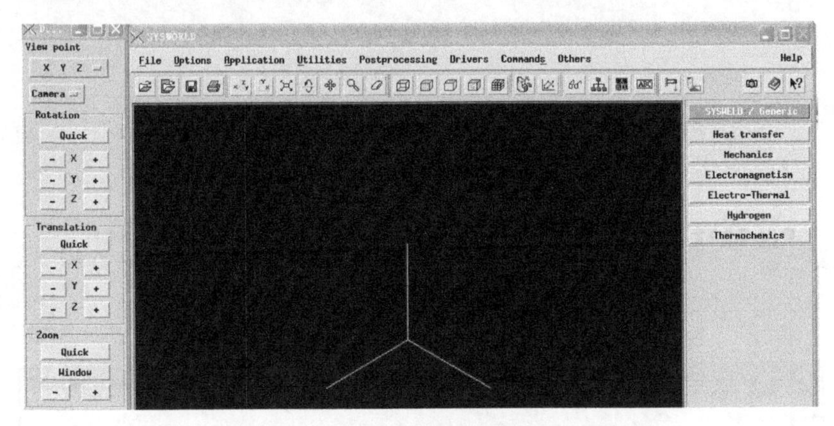

图 1.4.7 SYSWELD 软件经典主界面

ProCAST 软件是美国由美国 USE 公司于 1985 年开发的铸造过程的模拟软件，采用基于有限元的数值计算和综合求解方法对铸件充型、凝固、冷却过程等提供模拟。基于强大的有限元分析，ProCAST 软件能够预测严重畸变和残余应力，并能用于半固态成形、吹芯工艺、离心铸造、消失模铸造、连续铸造等特殊工艺。ProCAST 软件可以分析缩孔、裂纹、裹气、冲砂、冷隔、浇不足、应力、变形、模具寿命、可重复性及进行工艺开发。ProCAST 软件几乎可以模拟分析所有铸造生产过程中可能出现的问题，为铸造工程师提供新的途径来研究铸造过程，从而产生新的设计方案。ProCAST 软件广泛涵盖了各种铸造工艺与合金种类，包括高压铸造、低压铸造、砂型铸造、金属型铸造及倾斜浇注、熔模铸造、壳模铸造、消失模铸造、离心铸造、连续和半连续铸造等。ProCAST 软件经典主界面如图 1.4.8 所示。

Moldflow 软件是美国欧特克（Autodesk）公司开发的一款用于塑料产品、模具设计与制造的行业软件。Moldflow 软件提供了两大模拟分析软件：AMA 和 AMI。AMA 简便易用，能快速响应设计者的分析变更，因此主要针对注塑产品设计工程师、项目工程师和模具设计工程师，用于产品开发早期快速验证产品的制造可行性。AMA 主要关注外观质量（熔接线、气穴等）、材料选择、结构（壁厚等）优化、浇口位置和流道（冷流道和热流道）优化等问题。AMI 用于注塑成形的深入分析和优化，是全球应用最广泛的模流分析软件。Moldflow 软件主界面如图 1.4.9 所示。

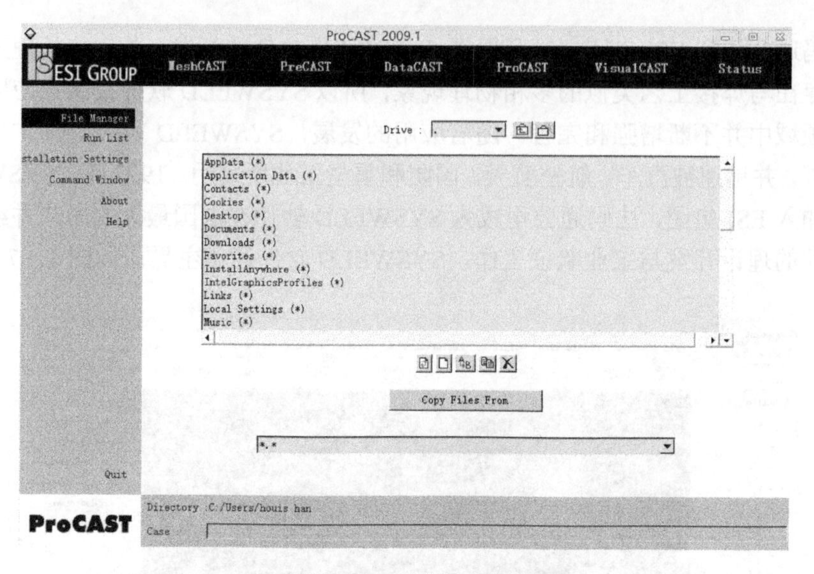

图 1.4.8　ProCAST 软件经典主界面

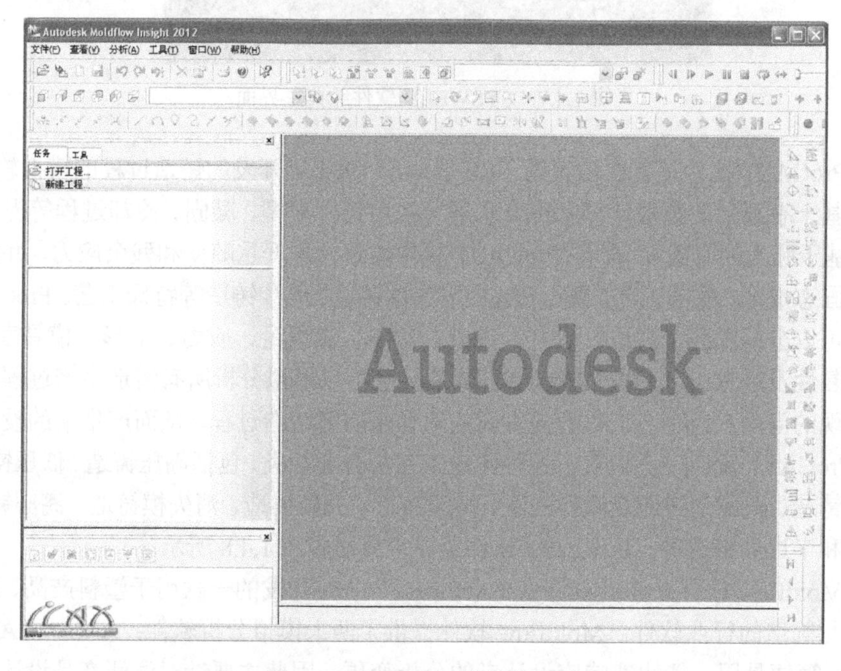

图 1.4.9　Moldflow 软件主界面

1.5 小　　结

智能制造是“中国制造 2025”和德国“工业 4.0”的终极目标，塑性加工作为制造工业的重要一环，在中国工业迈向“中国制造2025”的道路上具有举足轻重的作用。随着新工业革命的到来，新工艺与新材料是未来研究发展的核心内容，了解传统生产工艺，掌握新工艺特征，对理解塑性加工过程主要参数的数值解析十分关键。学习有限元法和人工智能法对未来智能制造核心——智能模型构建具有重要影响。本章主要介绍了一些传统塑性成形工艺以及在此基础上的一些改进工艺，新工艺革新和提出的前提是工艺的合理性与可行性，有限元法在塑性工艺中的最深刻应用便是工艺的分析与优化。

参 考 文 献

[1] 柳百成，沈厚发. 21世纪的材料成形加工技术与科学[M]. 北京：机械工业出版社，2004.

[2] 姚泽坤. 锻造工艺学与模具设计[M]. 3版. 西安：西北工业大学出版社，2013.

[3] 王国栋. 轧制技术发展趋势和创新重点建议[C]. 第十一届中国钢铁年会，北京，2017.

[4] 谢建新. 金属挤压技术的发展现状与趋势[J]. 中国材料进展，2013，32（5）：257-263.

[5] 孙小桥，杨丽红. 金属拉拔成形的发展现状[J]. 热加工工艺，2011，40（9）：20-23.

[6] 周贤宾，严致和. 中国冲压成形行业的发展[J]. 锻压装备与制造技术，2005，40（1）：10-16.

[7] 段园培，张海涛，余小鲁，等. 304不锈钢板料激光热应力成形试验研究[J]. 应用激光，2012，（5）：403-407.

[8] 张青来，王荣，洪妍鑫，等. 金属板料激光冲击成形及其破裂行为研究[J]. 中国激光，2014，41（4）：115-120.

[9] 刘艳雄，华林. 高强度超声波辅助塑性加工成形研究进展[J]. 塑性工程学报，2015，22（4）：8-14.

[10] 李明哲，蔡中义，崔相吉. 多点成形——金属板材柔性成形的新技术[J]. 精密成形工程，2002，20（6）：5-9.

[11] Estrin Y，Vinogradov A. Extreme grain refinement by severe plastic deformation：A wealth of challenging science [J]. Acta Materialia，2013，61（3）：782-817.

[12] Schwarz F，Eilers C，Krüger L. Mechanical properties of an AM20 magnesium alloy processed by accumulative roll-bonding[J]. Materials Characterization，2015，105：144-153.

[13] Watanabe H，Mukai T，Ishikawa K. Differential speed rolling of an AZ31 magnesium alloy and the resulting mechanical properties [J]. Journal of Materials Science，2004，39（4）：1477-1480.

[14] Lee C H，Kobayashi S. New solution to rigid-plastic deformation problems using a matrix method [J]. Journal of Engineering for Industry，1973，95：865-869.

[15] 谢水生，李雷. 金属塑性成形的有限元模拟技术及应用[M]. 北京：科学出版社，2008.

[16] Zienkiewicz O C，Godbole P N. A penalty function approach to problems of plastic flow of metals with large surface deformation[J]. Journal of Strain Analysis，1975，10：180-187.

[17] 大矢根守哉，岛进，鸿野雄一郎. 粉末烧结体の塑形基础式[J]. 日本机械学会论文集，1973，39（317）：86-89.

[18] Osakada K，Nakano J，Mori K. Finite element method for rigid-plastic analysis of metal forming-formulation for finite deformation [J]. International Journal of Mechanical Sciences，1982，24（8）：459-468.

[19] Mori K，Osakada K，Fukuda M. Simulation of severe plastic deformation by finite element method with spatially fixed elements [J]. International Journal of Mechanical Sciences，1983，25（11）：775-783.

[20] 刘相华. 刚塑性有限元及其在轧制中的应用[M]. 北京：冶金工业出版社，1994.

第 2 章　塑性力学及有限元理论基础

本章简要介绍塑性加工过程求解的力和变形参数，从自身的理解和思考出发简要介绍平衡微分方程、屈服准则、问题简化等塑性力学理论以及有限元法理论基础。

2.1　应力与应变

2.1.1　点的应力状态

金属塑性成形是在一定外力作用下使具备一定塑性的金属产生变形从而得到所需尺寸规格和组织性能的过程。塑性变形过程中变形体所受外力可以分成两类：一类是作用在物体表面上的力，称为面力或接触力，可以是集中力或分布力；另一类是作用在物体每个质点上的力，如重力、磁力、惯性力，称为体积力。除高速锻造、爆炸成形、磁力成形等少数情况外，大部分塑性成形过程的外力属于面力。在外力作用下，物体内各质点之间就会产生与外力平衡、抵抗变形的力，称为内力，如图 2.1.1 所示。设物体内有任意一点 Q，过 Q 作一法线为 N 的平面 A，将物体切开而移去上半部。这时 A 面即可看作下半部的外表面，A 面上作用的内力应该与下半部其余的外力保持平衡。这样，内力问题就可以当成外力问题来处理。

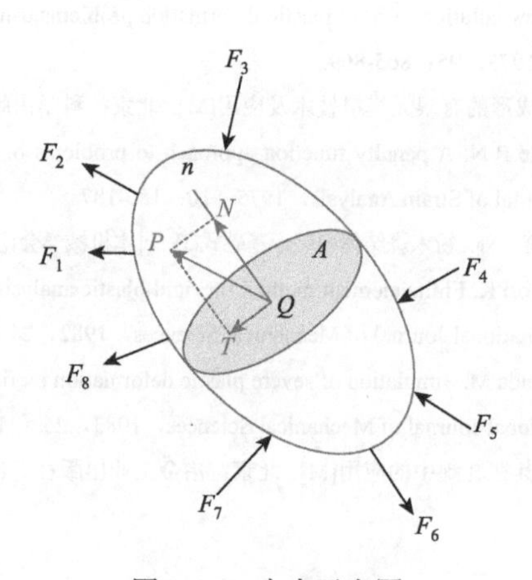

图 2.1.1　内力示意图

单位面积上的内力称为应力。内力是指作用在微元面上，为抵消外力的综合作用而产生的合力，内力不一定垂直于微元面，所以通常称为全应力[1]。全应力 S 可以分解为正应力 σ 和剪应力 τ，在图2.1.1中的 A 面上围绕 Q 点取很小的面积 ΔA，设该面积上内力的合力为 ΔP，则全应力、正应力和剪应力分别表示为

$$S=\lim_{\Delta A\to 0}\left(\frac{\Delta P}{\Delta A}\right)=\frac{\mathrm{d}P}{\mathrm{d}A};\ \sigma=\lim_{\Delta A\to 0}\left(\frac{\Delta N}{\Delta A}\right)=\frac{\mathrm{d}N}{\mathrm{d}A};\ \tau=\lim_{\Delta A\to 0}\left(\frac{\Delta T}{\Delta A}\right)=\frac{\mathrm{d}T}{\mathrm{d}A} \tag{2.1.1}$$

为获得变形体内任意点的应力，可以假想把变形体切割成无数个极其微小的微元体（或称为单元体），一个单元体可代表变形体的一个质点。根据单元体的平衡条件写出平衡微分方程，然后考虑其他必要的条件进行求解。为达到目的，需要研究物体质点在各个方向上所受应力的表现形式，因而引入一个能够完整地表示质点受力情况的物理量，这就是点的应力状态。

2.1.2　应力分析

对于某一受力物体或物体中某一微小单元体，其面上所受应力有很多种，通过物体内一点的各个截面上的应力状况称为物体内一点的应力状态（也称本面的应力分布），可以分为单向应力状态（一维）、平面应力状态（二维）和三向应力状态（三维），如图 2.1.2 所示。只有一个面上存在应力或各面上应力都沿一个方向的应力状态称为单向应力状态；所有应力作用面和作用方向位于一个平面内的应力状态为平面应力状态；应力既不在一个面上又不在一个方向上的应力状态称为三向应力状态。点的应力状态通常用二阶对称应力张量来表示：

$$\sigma_{ij}=\begin{bmatrix}\sigma_{xx} & \tau_{yx} & \tau_{zx}\\ \tau_{xy} & \sigma_{yy} & \tau_{zy}\\ \tau_{xz} & \tau_{yz} & \sigma_{zz}\end{bmatrix} \text{或} \begin{bmatrix}\sigma_{x} & \tau_{yx} & \tau_{zx}\\ \tau_{xy} & \sigma_{y} & \tau_{zy}\\ \tau_{xz} & \tau_{yz} & \sigma_{z}\end{bmatrix} \tag{2.1.2}$$

式中，σ,τ 分别为正应力和剪应力，第一个下标为应力作用面，第二个下标为应力作用方向。当作用面外法线方向和作用方向同为正或同为负时，应力为正，反之为负。另外，对正应力来说，可以根据拉应力为正、压应力为负进行判断。通过力矩平衡定理可以证明剪应力大小相等、成对出现。

如果某一个微分面上的剪应力为零，则该面上的正应力称为主应力，该平面称为主平面。该平面的法线方向为主方向，和三个主方向一致的坐标轴为主轴。主应力能够直观简洁地描述金属塑性变形过程力能参数变化规律，因而是有限元分析中主要参考参数之一。需要注意的是，尽管主应力坐标系下应力张量分量数值发生了变化，但该点的应力状态并没有发生变化，这就是应力状态的唯一性和应力张量分量的多样性。

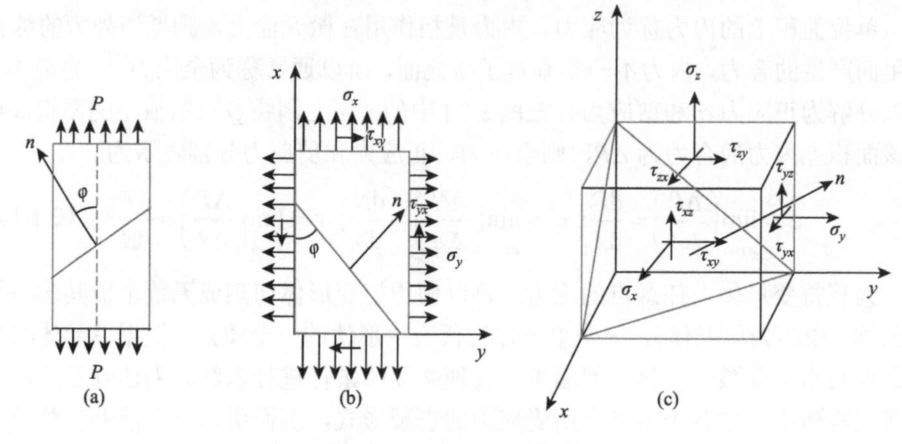

图 2.1.2　应力状态示意图

由于主应力面上的剪应力为零，可以假定图 2.1.3 中 ABC 面为主平面，则此时全应力和主应力大小相等、方向相同，通过推导可得到主应力求解的应力特征方程：

$$\sigma^3 - I_1 \cdot \sigma^2 + I_2 \cdot \sigma - I_3 = 0 \tag{2.1.3}$$

式中，I_1, I_2, I_3 分别为应力张量第一、第二、第三不变量，表达式为

$$\begin{cases} I_1 = \sigma_x + \sigma_y + \sigma_z \\ I_2 = \sigma_x \cdot \sigma_y + \sigma_x \cdot \sigma_z + \sigma_y \cdot \sigma_z - \tau_{xy}^2 - \tau_{xz}^2 - \tau_{zy}^2 \\ I_3 = \sigma_x \cdot \sigma_y \cdot \sigma_z + 2\tau_{xy} \cdot \tau_{xz} \cdot \tau_{zy} - \sigma_x \cdot \tau_{zy}^2 - \sigma_y \cdot \tau_{xz}^2 - \sigma_z \cdot \tau_{xy}^2 \end{cases} \tag{2.1.4}$$

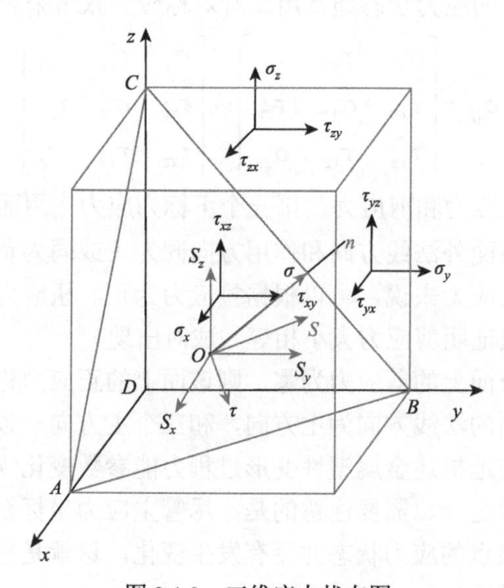

图 2.1.3　三维应力状态图

对应力特征方程来说，一般存在不相等的三个根$\sigma_1,\sigma_2,\sigma_3$，根据数值由大到小进行排序，即$\sigma_1>\sigma_2>\sigma_3$，分别称为第一、第二、第三主应力。可以证明三个根均为实根，且三个主应力的作用面相互垂直。

如果取三个主方向为坐标轴，则一般用1、2、3代替x、y、z，此时坐标系称为主应力坐标系，主应力坐标系下的应力张量可以表示为

$$\sigma_{ij}=\begin{bmatrix}\sigma_1 & 0 & 0\\ 0 & \sigma_2 & 0\\ 0 & 0 & \sigma_3\end{bmatrix} \tag{2.1.5}$$

根据式（2.1.4）可得主应力坐标系下的应力不变量为

$$\begin{cases}I_1=\sigma_1+\sigma_2+\sigma_3\\ I_2=\sigma_1\cdot\sigma_2+\sigma_1\cdot\sigma_3+\sigma_2\cdot\sigma_3\\ I_3=\sigma_1\cdot\sigma_2\cdot\sigma_3\end{cases} \tag{2.1.6}$$

在三个主应力中，两个主应力为零称为单向应力状态，单向拉伸和压缩即单向应力状态；只有一个主应力为零称为平面应力状态，薄板拉伸、圆管拉伸扭转等为平面应力状态；三个主应力均不为零称为三向应力状态，锻造、轧制等属于三向应力状态。在主应力坐标系下，可以证明全应力轨迹为椭球面，当三个主应力相等时，该椭球面演化为球面，此时也称为球应力状态[2]。主应力状态只有三个分量，可使运算大为简化，用主应力图除能直观地分析质点的受力状态外，还能衡量金属塑性变形工艺的优劣，故对研究塑性成形有很大的用处。利用主应力表示的应力状态图称为主应力图，根据正负号不同，主应力图有9种，分别是单向应力状态（一向拉、一向压）、两向应力状态（一向拉一向压、两向拉、两向压）、三向应力状态（一向拉两向压、两向拉一向压、三向拉、三向压）。

当某一个微元体斜面上的剪应力为驻值时，该剪应力称为主剪应力，该平面为主剪平面；而当某一个微元体斜面上的正应力为零时，该剪应力称为纯剪应力。需要注意的是主剪平面并非纯剪平面，而纯剪应力也不等同于主剪应力。在主应力坐标系下，主剪应力发生在主平面和主平面平分角平面上，其值为

$$\tau_{12}=\pm\frac{\sigma_1-\sigma_2}{2};\ \tau_{23}=\pm\frac{\sigma_2-\sigma_3}{2};\ \tau_{13}=\pm\frac{\sigma_1-\sigma_3}{2} \tag{2.1.7}$$

由式（2.1.7）和主应力顺序可得最大剪应力为

$$\tau_{\max}=\frac{\sigma_1-\sigma_3}{2},\ \sigma_1>\sigma_2>\sigma_3 \tag{2.1.8}$$

2.1.3　应变分析

金属在外力作用下产生塑性变形时，变形体内产生质点的金属流动，各质点

在所有方向上都会产生应变。工程生产中为了简单直观表述变形体的变形量，通常运用工程应变（也称相对变形或名义应变）来表示：

$$\varepsilon = \frac{|l - l_0|}{l_0} \times 100\% \tag{2.1.9}$$

式中，l, l_0 分别为变形后尺寸与变形前尺寸。一般情况下金属发生塑性变形时，三个方向尺寸均会发生变化，但通常以变形量最大的方向为主方向进行工程应变计算。

尽管工程应变能够简单快捷地计算出变形量，但对变形的计算要求较高时，工程应变不具备应变可加性、可比性等。例如，一个圆棒原始长度为 l_0，经过一次拉伸变形后长度为 l_1，经过二次拉伸变形后长度为 l_2，则总的应变为

$$\varepsilon = \frac{l_2 - l_0}{l_0} \times 100\% \neq \left(\frac{l_2 - l_1}{l_1} + \frac{l_1 - l_0}{l_0} \right) \times 100\% \tag{2.1.10}$$

由于工程应变不能准确反映真实的变形程度，随着变形量增加，误差会变得更大，因而需要引入真实应变（对数应变）来表示变形：

$$\delta = \ln \frac{l_1}{l_0} \tag{2.1.11}$$

经过数学推导，名义应变和真实应变满足：

$$\varepsilon = \mathrm{e}^{\delta} - 1 \tag{2.1.12}$$

由式（2.1.12）可以看出，当变形量非常小时，真实应变和名义应变基本接近；随着变形量增加，真实应变和名义应变差值变大。可以证明，真实应变满足可加变形、可比变形及塑性变形的体积不变定理。

单元体在外力作用下产生变形，单元体或者质点的变形可分为两种形式：一种是线尺寸的伸长或缩短，称为正变形或线变形；另一种是单元体的偏斜，称为剪变形或角变形。塑性力学分析的假设建立在微小变形的基础上，在微小变形时认为变形是均匀的，且物体变形过程中产生的平移和转动仅代表刚性体的位移，不代表变形。由于产生变形的变形体各质点位移发生了显著变化，变形的应变表示方法和位移紧密相关。

描述直角坐标系下的三维应变状态的几何方程（也称柯西方程）为

$$\begin{cases} \varepsilon_x = \dfrac{\partial U_x}{\partial x}; \quad \gamma_{xy} = \dfrac{\partial U_x}{\partial y} + \dfrac{\partial U_y}{\partial x} \\ \varepsilon_y = \dfrac{\partial U_y}{\partial y}; \quad \gamma_{xz} = \dfrac{\partial U_x}{\partial z} + \dfrac{\partial U_z}{\partial x} \\ \varepsilon_z = \dfrac{\partial U_z}{\partial z}; \quad \gamma_{zy} = \dfrac{\partial U_z}{\partial y} + \dfrac{\partial U_y}{\partial z} \end{cases} \tag{2.1.13}$$

式中，U_x,U_y,U_z 分别表示三个方向上和坐标有关的位移函数，也可以证明 $\gamma_{xy} = \gamma_{yx},\gamma_{xz} = \gamma_{zx},\gamma_{zy} = \gamma_{yz}$。

对于同一变形的质点，尽管变形量相同，但随着切取单元体的方向不同，单元体表现出来的变形数值也不同，因而和应力分析一样，引入点的应变状态概念，用二阶对称应变张量表示：

$$\varepsilon_{ij} = \begin{bmatrix} \varepsilon_x & \varepsilon_{yx} & \varepsilon_{zx} \\ \varepsilon_{xy} & \varepsilon_y & \varepsilon_{zy} \\ \varepsilon_{xz} & \varepsilon_{yz} & \varepsilon_z \end{bmatrix} \text{或} \begin{bmatrix} \varepsilon_x & \dfrac{1}{2}\gamma_{yx} & \dfrac{1}{2}\gamma_{zx} \\ \dfrac{1}{2}\gamma_{xy} & \varepsilon_y & \dfrac{1}{2}\gamma_{zy} \\ \dfrac{1}{2}\gamma_{xz} & \dfrac{1}{2}\gamma_{yz} & \varepsilon_z \end{bmatrix} \tag{2.1.14}$$

式中，$\varepsilon_x,\varepsilon_y,\varepsilon_z$ 为正应变；$\varepsilon_{xy},\varepsilon_{yz},\varepsilon_{zx},\varepsilon_{yx},\varepsilon_{zy},\varepsilon_{xz}$ 为去除刚性转动分量的纯剪应变；$\gamma_{yx},\gamma_{yz},\gamma_{zx},\gamma_{xy},\gamma_{zy},\gamma_{xz}$ 为考虑刚性转动的剪应变。对正应变来说，伸长为正，压缩为负；对剪应变或角应变来说，夹角变大为正，夹角变小为负。第一个下标为线单元原始方向，第二个下标为转向方向，例如，ε_{xy} 表示变形前后线元由 x 方向转向 y 方向，而 ε_{yx} 表示变形前后线元由 y 方向转向 x 方向。

应变和应力一样，主应变坐标系下的主应变能够简单直观地分析金属塑性成形过程的变形，而应变参数的推导思路和应力的推导思路相同，唯一需要注意的是使用 γ_{xy} 或 ε_{xy} 描述时的区别。因为塑性变形过程满足体积不变条件，即

$$\varepsilon_x + \varepsilon_y + \varepsilon_z = \varepsilon_1 + \varepsilon_2 + \varepsilon_3 = 0 \tag{2.1.15}$$

所以主应变图仅有三种可能，即一向压缩一向延伸、两向延伸一向压缩、两向压缩一向延伸，如图 2.1.4 所示。

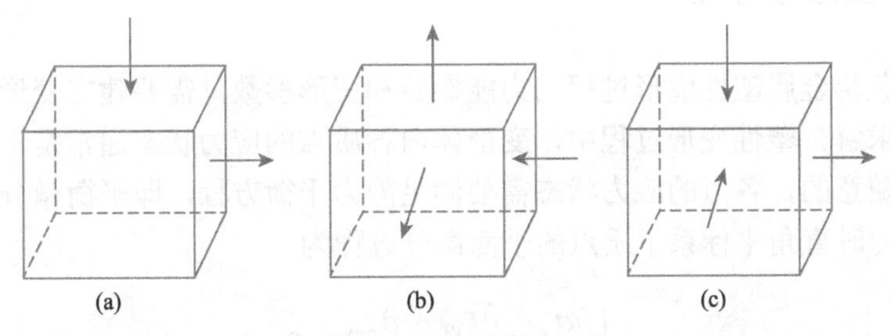

图 2.1.4　主应变图

在塑性变形过程求解分析中，质点流动速度对变形的影响至关重要。例如，爆炸冲击也可以认为是一种高压成形，但爆炸压力属于瞬间响应，因而成形过程金属质点流动特点和普通的气体高压成形有较大区别；自由锻造速度很快，而模锻速度相对较慢，不仅有利于延长模具寿命，而且有利于提高锻件的成品质量。

另外，一些材料的超塑性在成形速度较低的时候才能体现出来。应变速率可以表示变形速度对塑性成形过程的影响。应变速率是应变对时间的变化率，也称为变形速度或应变速度。

$$\begin{cases} \dot{\varepsilon}_x = \dfrac{\partial \varepsilon_x}{\partial t} = \dfrac{\partial U_x}{\partial x \cdot \partial t} = \dfrac{\partial v_x}{\partial x};\ \dot{\varepsilon}_{xy} = \dfrac{1}{2}\left(\dfrac{\partial v_x}{\partial y} + \dfrac{\partial v_y}{\partial x}\right) \\ \dot{\varepsilon}_y = \dfrac{\partial \varepsilon_y}{\partial t} = \dfrac{\partial U_y}{\partial y \cdot \partial t} = \dfrac{\partial v_y}{\partial y};\ \dot{\varepsilon}_{xz} = \dfrac{1}{2}\left(\dfrac{\partial v_x}{\partial z} + \dfrac{\partial v_z}{\partial x}\right) \\ \dot{\varepsilon}_z = \dfrac{\partial \varepsilon_z}{\partial t} = \dfrac{\partial U_z}{\partial z \cdot \partial t} = \dfrac{\partial v_z}{\partial z};\ \dot{\varepsilon}_{zy} = \dfrac{1}{2}\left(\dfrac{\partial v_z}{\partial y} + \dfrac{\partial v_y}{\partial z}\right) \end{cases} \tag{2.1.16}$$

应变速率表示变形的快慢，单位是 s^{-1}，实质上应变速率反映了变形体内质点位移速度的差别，取决于工具运动速度和物体形状尺寸，仅用工具速度或者单个质点速度并不能表示应变速率。工程上通常用最大主要变形方向上的平均应变速率表示变形过程的应变速率，例如，轧制和锻造时用厚度方向应变速率表示，即

$$\bar{\dot{\varepsilon}} = \frac{\mathrm{d}\varepsilon}{\mathrm{d}t} = \frac{\mathrm{d}h_x}{h_x \mathrm{d}t} = \frac{1}{h_x} \cdot \frac{\mathrm{d}h_x}{\mathrm{d}t} = \frac{v_y}{h_x} \tag{2.1.17}$$

式中，h_x为厚度方向轧件和锻件的瞬时厚度；v_y为工具瞬间移动速度。

2.2　平衡微分方程与屈服准则

2.2.1　平衡微分方程

为了获得金属塑性成形过程的力能参数和变形参数，需要建立变形力学相关方程进行求解。塑性变形过程中，变形体内各质点的应力状态通常是不相同的，但又不是随意的，各点的应力状态需要满足静力平衡方程，即平衡微分方程。不考虑体积力时直角坐标系下质点的平衡微分方程为

$$\begin{cases} \dfrac{\partial \sigma_x}{\partial x} + \dfrac{\partial \tau_{yx}}{\partial y} + \dfrac{\partial \tau_{zx}}{\partial z} = 0 \\ \dfrac{\partial \tau_{xy}}{\partial x} + \dfrac{\partial \sigma_y}{\partial y} + \dfrac{\partial \tau_{zy}}{\partial z} = 0 \\ \dfrac{\partial \tau_{xz}}{\partial x} + \dfrac{\partial \tau_{yz}}{\partial y} + \dfrac{\partial \sigma_z}{\partial z} = 0 \end{cases} \tag{2.2.1}$$

式（2.2.1）所列的平衡微分方程中，三个式子包含六个未知应力分量，所以是超静定的。

金属塑性变形过程中，如果变形前是连续的，变形后仍然连续，即不出现“撕裂”或“套叠”现象，则应变之间需要满足一定关系，也就是应变协调方程，从数学的观点来看是要求位移函数在定义域内为单值连续函数[1]。由几何方程（2.1.13）进行二阶求导和合并，可得到三维条件下的应变协调方程：

$$\begin{cases}\dfrac{\partial^2\varepsilon_x}{\partial y^2}+\dfrac{\partial^2\varepsilon_y}{\partial x^2}=\dfrac{\partial^2\gamma_{xy}}{\partial x\partial y};\ 2\dfrac{\partial^2\varepsilon_x}{\partial y\partial z}=\dfrac{\partial}{\partial x}\left(\dfrac{\partial\gamma_{xy}}{\partial z}-\dfrac{\partial\gamma_{yz}}{\partial x}+\dfrac{\partial\gamma_{xz}}{\partial y}\right)\\ \dfrac{\partial^2\varepsilon_y}{\partial z^2}+\dfrac{\partial^2\varepsilon_z}{\partial y^2}=\dfrac{\partial^2\gamma_{yz}}{\partial y\partial z};\ 2\dfrac{\partial^2\varepsilon_y}{\partial z\partial x}=\dfrac{\partial}{\partial y}\left(\dfrac{\partial\gamma_{xy}}{\partial z}+\dfrac{\partial\gamma_{yz}}{\partial x}-\dfrac{\partial\gamma_{xz}}{\partial y}\right)\\ \dfrac{\partial^2\varepsilon_z}{\partial x^2}+\dfrac{\partial^2\varepsilon_x}{\partial z^2}=\dfrac{\partial^2\gamma_{xz}}{\partial z\partial x};\ 2\dfrac{\partial^2\varepsilon_z}{\partial x\partial y}=\dfrac{\partial}{\partial z}\left(\dfrac{\partial\gamma_{yz}}{\partial x}+\dfrac{\partial\gamma_{xz}}{\partial y}-\dfrac{\partial\gamma_{xy}}{\partial z}\right)\end{cases} \tag{2.2.2}$$

应变协调方程又称相容方程，其物理意义是如果将变形体分解为许多单元体，每个单元体的变形可用六个应变分量表示，若应变分量不满足应变协调方程，则单元体不能组成连续体；若满足，则可得证变形前后物体是连续的。另外，利用应变协调方程可检验给定的应变状态是否存在。

2.2.2　屈服准则

金属塑性变形过程通常经历弹性变形、塑性变形和断裂三个阶段，如图 2.2.1 所示。在弹性变形阶段，应力和应变成正比。在塑性变形初始阶段，如果变形温度较低，则随着变形量增加，产生显著加工硬化现象，即强度和硬度升高而塑性和韧性降低；如果变形温度高于再结晶温度，则发生动态再结晶或者动态回复等软化现象，应力下降或者保持稳定状态。当变形量较大时，试样内部出现微裂纹，塑性变形结束，然后快速扩展直到出现宏观裂纹。屈服准则是描述不同应力状态

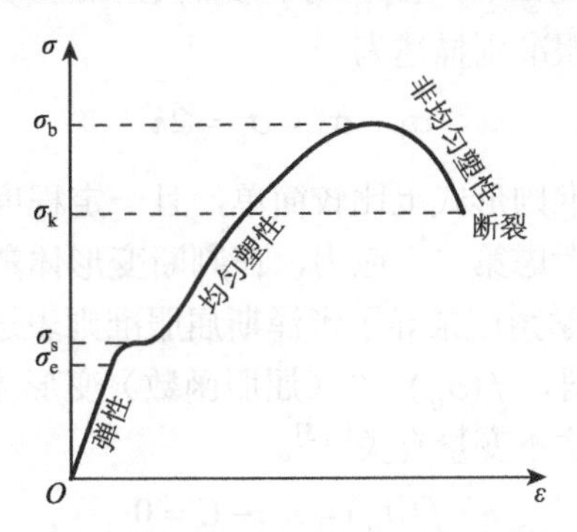

图 2.2.1　碳钢单向拉伸过程应力–应变曲线

下变形体某点进入塑性状态和使塑性变形继续进行的一个判据。通俗地讲就是当变形过程中材料应力达到初始屈服强度时，材料发生塑性变形，而如果希望使塑性变形继续发生，则需要进一步施加外力保证内部应力达到屈服强度，所以严格来说，任何一种材料的屈服强度都不是固定的，屈服强度随着塑性变形过程的进行可能增加（加工硬化作用），也可能减小（软化作用），我们通常说的屈服强度仅表示某一种材料常温条件下初始屈服强度。弹性极限、弹性模量、屈服强度、抗拉强度等材料参数可以通过单向拉伸试验曲线获得。

1864 年，法国工程师屈雷斯加提出最大剪应力理论[3]，即对同一金属在同样的变形条件下，无论是简单应力状态还是复杂应力状态，只要最大剪应力达到极值就发生屈服。

$$\tau_{\max}=\frac{\sigma_1-\sigma_3}{2}=C \tag{2.2.3}$$

式中，C 为常数，通常由单向拉伸或者薄壁管扭转试验确定。单向拉伸和薄壁管扭转示意图如图 2.2.2 所示。

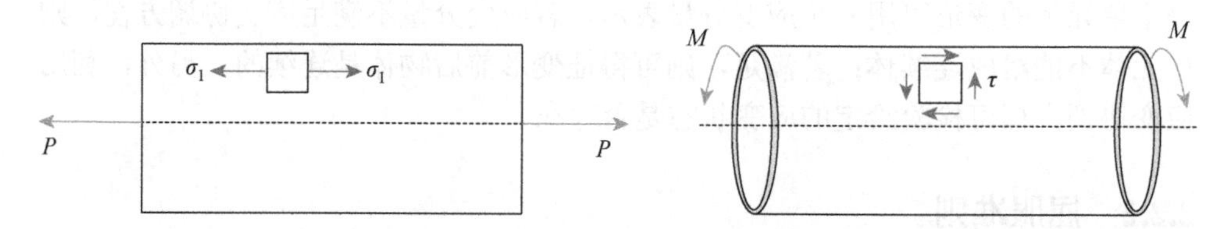

图 2.2.2　单向拉伸和薄壁管扭转示意图

当材料常数由单向拉伸试验确定时，$\sigma_1=\sigma_s$，$\sigma_2=\sigma_3=0$，此时 $C=0.5\sigma_s$。

当材料常数由薄壁管扭转试验确定时，薄壁管受力过程管内质点应力状态为平面纯剪应力状态（管厚方向尺寸较薄，可以看作自由表面，法线方向应力为零），所以 $\sigma_x=\sigma_y=\sigma_z=0$，$\tau_{yz}=\tau_{zx}=0$，可以利用应力特征方程或者平面应力条件下主应力计算式得到 $\sigma_1=\tau$，$\sigma_2=0$，$\sigma_3=-\tau$，此时 $C=k$（剪切屈服强度）。

因此，屈雷斯加屈服准则描述为

$$\sigma_1-\sigma_3=\sigma_s=2k \tag{2.2.4}$$

虽然屈雷斯加屈服准则形式上比较简单，且一定程度上能够满足塑性力学求解要求，但该准则没有考虑第二主应力，在判断变形体塑性屈服时精度略低。因此，1913 年米泽斯从数学角度推导了米泽斯屈服准则表达式。金属屈服是物理现象，因而对各向同性材料，$f(\sigma_{ij})=0$（屈服函数）变形体内某点发生屈服，也就是说屈服与偏差应力二次不变量有关[4, 5]。

$$f(\sigma_{ij})=I_2'-C=0 \tag{2.2.5}$$

式（2.2.5）为I_2'与屈服的关系表述。对同一金属，在相同的变形温度、应变速率和预判加工硬化条件下，无论采用什么样的变形方式，也不管采用什么坐标系，只要偏差应力二次不变量I_2'达到某一值，金属便由弹性变形过渡到塑性变形。

$$I_2' = \frac{1}{6}[(\sigma_x - \sigma_y)^2 + (\sigma_y - \sigma_z)^2 + (\sigma_z - \sigma_x)^2 + 6(\tau_{xy}^2 + \tau_{yz}^2 + \tau_{zx}^2)] = C \quad (2.2.6)$$

如果取主轴为坐标轴，则式（2.2.6）变为

$$I_2' = \frac{1}{6}[(\sigma_1 - \sigma_2)^2 + (\sigma_2 - \sigma_3)^2 + (\sigma_3 - \sigma_1)^2] = C \quad (2.2.7)$$

式中，C为常数，由单向拉伸或者薄壁管扭转试验确定。

当材料常数由单向拉伸试验确定时，$\sigma_1 = \sigma_s$，$\sigma_2 = \sigma_3 = 0$，此时$C = \sigma_s^2 / 3$。

当材料常数由薄壁管扭转试验确定时，$\sigma_1 = \tau$，$\sigma_2 = 0$，$\sigma_3 = -\tau$，此时$C = k^2$。

因此，米泽斯屈服准则描述为

$$(\sigma_1 - \sigma_2)^2 + (\sigma_2 - \sigma_3)^2 + (\sigma_3 - \sigma_1)^2 = 2\sigma_s^2 = 6k^2 \quad (2.2.8)$$

式（2.2.8）为著名的米泽斯屈服准则，1913 年米泽斯从数学角度推导这个公式的时候并不清楚该公式的物理意义及应用，直到 1924 年汉基从能量角度证明了该式可以作为塑性变形过程的判据，并通过实验证明了该理论的准确性[1, 2, 6]。米泽斯屈服准则的物理意义可以描述为：对各向同性材料来说，当变形体内部所积累的单位体积弹性变形能达到一定值时材料发生屈服且该变形能只与材料性质有关，而与应力状态无关。

2.3　变形抗力与条件简化

2.3.1　变形抗力模型

材料变形过程的变形抗力模型主要可以用来计算塑性变形过程载荷，而某一种材料的变形抗力模型通常由单向拉伸、单向压缩、平面应变等试验数据通过线性拟合和非线性回归而得。万能试验机上单向拉伸过程的原始数据曲线通常为载荷–位移曲线，如图 2.3.1（a）所示。通过应变和应力公式计算可以将载荷–位移曲线分别转换为工程（名义）应力–应变曲线［图 2.3.1（b）］、真应力–应变曲线［图 2.3.1（c）］以及塑性阶段真应力–应变曲线［图 2.3.1（d）］。

金属塑性变形过程中，工件可能受到各种复杂应力状态作用，在任何应力状态下，屈服或塑性变形过程的继续屈服采用一个统一的应力σ_e（或者$\bar{\sigma}$，称为等效应力）来表示，得

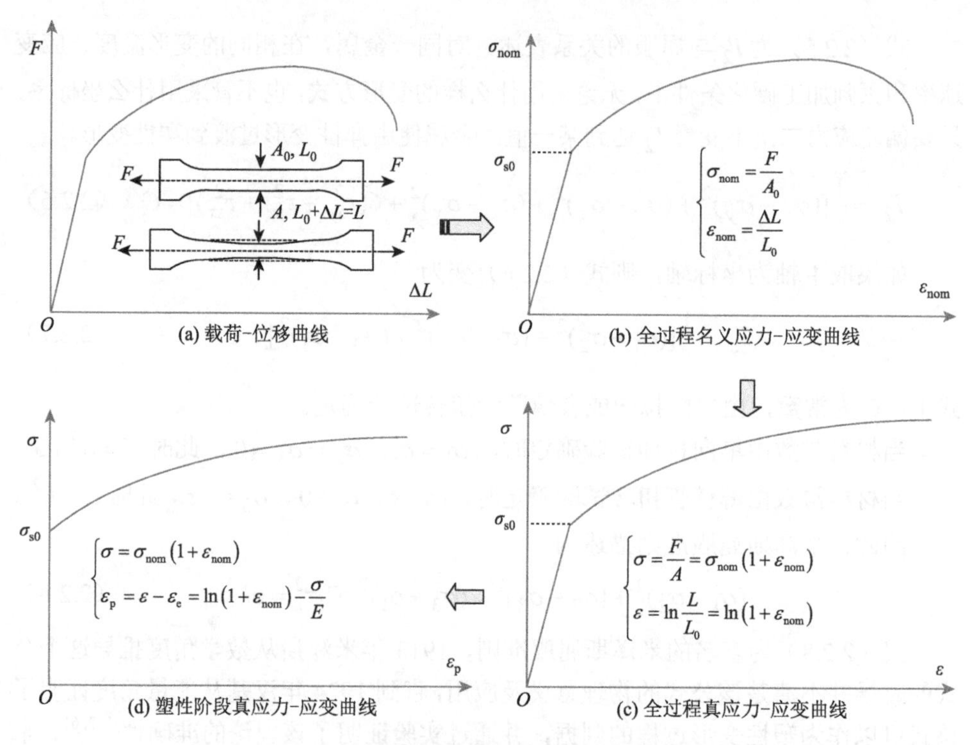

图 2.3.1　单向拉伸过程不同曲线表示方法

$$\sigma_e=\frac{1}{\sqrt{2}}\sqrt{(\sigma_x-\sigma_y)^2+(\sigma_y-\sigma_z)^2+(\sigma_z-\sigma_x)^2+6(\tau_{xy}^2+\tau_{yz}^2+\tau_{zx}^2)}=\sigma_s=\sqrt{3}k \tag{2.3.1}$$

主坐标系下，式（2.3.1）可表述为

$$\sigma_e=\frac{1}{\sqrt{2}}\sqrt{(\sigma_1-\sigma_2)^2+(\sigma_2-\sigma_3)^2+(\sigma_3-\sigma_1)^2}=\sigma_s=\sqrt{3}k \tag{2.3.2}$$

对应变来说，等效应变有增量形式和全量形式，非主轴时增量等效应变和全量等效应变分别表述为

$$\begin{aligned}\mathrm{d}\varepsilon_e&=\frac{\sqrt{2}}{3}\sqrt{(\mathrm{d}\varepsilon_x-\mathrm{d}\varepsilon_y)^2+(\mathrm{d}\varepsilon_y-\mathrm{d}\varepsilon_z)^2+(\mathrm{d}\varepsilon_z-\mathrm{d}\varepsilon_x)^2+6(\mathrm{d}\varepsilon_{xy}^2+\mathrm{d}\varepsilon_{yz}^2+\mathrm{d}\varepsilon_{zx}^2)}\\ \varepsilon_e&=\frac{\sqrt{2}}{3}\sqrt{(\varepsilon_x-\varepsilon_y)^2+(\varepsilon_y-\varepsilon_z)^2+(\varepsilon_z-\varepsilon_x)^2+6(\varepsilon_{xy}^2+\varepsilon_{yz}^2+\varepsilon_{zx}^2)}\end{aligned} \tag{2.3.3}$$

当主轴为主坐标系时，增量等效应变可以表述为

$$\mathrm{d}\varepsilon_e=\frac{\sqrt{2}}{3}\sqrt{(\mathrm{d}\varepsilon_1-\mathrm{d}\varepsilon_2)^2+(\mathrm{d}\varepsilon_2-\mathrm{d}\varepsilon_3)^2+(\mathrm{d}\varepsilon_3-\mathrm{d}\varepsilon_1)^2} \tag{2.3.4}$$

全量等效应变可以描述为

$$\varepsilon_{\mathrm{e}}=\frac{\sqrt{2}}{3}\sqrt{(\varepsilon_1-\varepsilon_2)^2+(\varepsilon_2-\varepsilon_3)^2+(\varepsilon_3-\varepsilon_1)^2} \tag{2.3.5}$$

塑性变形过程中体积不变，利用 $\varepsilon_1+\varepsilon_2+\varepsilon_3=0$，可将式（2.3.5）变为

$$\varepsilon_{\mathrm{e}}=\sqrt{\frac{2}{3}({\varepsilon_1}^2+{\varepsilon_2}^2+{\varepsilon_3}^2)} \tag{2.3.6}$$

无论是简单的应力状态还是复杂的应力状态，由等效应力和等效应变表示的关系曲线称为变形抗力曲线或加工硬化曲线。一般情况下，冷加工过程变形程度是影响变形抗力的主要因素，常用的变形抗力模型为

$$\overline{\sigma}=\sigma_{\mathrm{e}}=\sigma_{\mathrm{s}}=A+B\overline{\varepsilon}^n \tag{2.3.7}$$

式中，A、B 为由试验确定的材料常数；n 为硬化指数，由试验数据非线性回归获得。单向拉伸或者压缩试验中，拉伸或压缩方向的应力即等效应力。应指出，当应变速率很高时，由于变形热效应和惯性会影响材料塑性变形过程，温度和应变速率也应给予考虑。

热加工时，变形抗力受到变形温度、应变速率和变形程度的影响，理论和试验都证明，常用的变形抗力模型可以用式（2.3.8）表述：

$$\sigma_{\mathrm{s}}=A\varepsilon^a\dot{\varepsilon}^b\mathrm{e}^{-cT} \tag{2.3.8}$$

式中，A、a、b、c 为取决于变形材料和变形条件的系数或指数，由试验确定。应指出，由于塑性成形过程中塑性变形很大，此时弹性变形可以忽略。

实际上，在进行塑性成形力学问题数值解析时，常把实际变形体（工件）理想化而采用以下简化的应力–应变模型。图 2.3.2（a）为理想弹塑性模型，通常用来分析进入塑性阶段金属质点塑性流动不受太大限制的受力问题。例如，受内压作用的厚筒，塑性区由内壁开始扩展至外表面，一旦整个界面进入塑性状态，无限制的塑性流动成为可能，此时利用该模型不仅简便而且能反映问题的力学特征。图 2.3.2（b）为理想弹塑性强化模型，常用于超弹性设计构件，该模型考虑了加工硬化，适用于所有的常温塑性加工问题分析。图 2.3.2（c）为理想刚塑性模型，通常用来分析高温大塑性变形过程，实质是忽略弹性变形过程，如热锻。图 2.3.2（d）为理想塑性强化模型，通常用来分析常温大塑性加工问题。

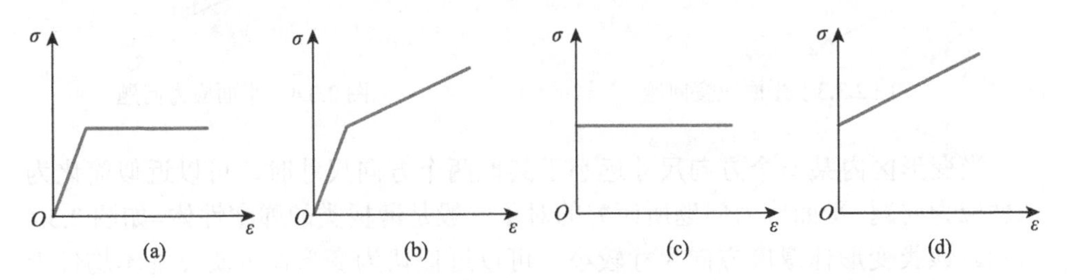

图 2.3.2　几种简化的应力–应变模型

2.3.2　平面问题

在运用有限元法分析实际工程问题时，在保证计算精度条件下，模型简化是提高计算效率的有效途径，而模型简化的前提条件是变形过程的应力状态可以简化，当应力或者应变与某一个方向的关系可以忽略时，三维应力、应变状态自然可以简化为二维状态。

平面问题主要包括平面应力问题和平面应变问题。当变形区内某一个方向尺寸远大于其他两个方向尺寸时，该问题可以近似简化为平面应变问题。图 2.3.3 为一个简单的平面应变问题，需要指出的是，z 方向的尺寸应远大于 x 和 y 方向的尺寸，且 z 方向侧面不受外力作用，此时认为 z 方向变形相对较小，可以忽略，因而 $\varepsilon_z, \varepsilon_{yz}=\varepsilon_{zy}, \varepsilon_{zx}=\varepsilon_{xz}$ 均为零，但该方向的应力不为零。需要注意的是：如果 z 方向受到外力，则 z 方向必然产生应变，该问题不能简化为平面应变问题。实际生产工艺（宽板轧制、板材弯曲、平面应变挤压和平面应变拉拔等）均可以简化为平面应变问题。对于平面应变问题，与某一个方向相关的应变和应变增量均为零。如果是塑性过程平面应变问题，假设与 z 方向有关的应变均为零，则根据体积不变和增量理论，$\sigma_z=\sigma_{\mathrm{m}}=\dfrac{1}{2}(\sigma_x+\sigma_y)$。在主应力坐标系下，当三个主应力满足 $\sigma_1 \geqslant \sigma_2 \geqslant \sigma_3$ 时，第二主应力为第一主应力和第三主应力和的 1/2，即 $\sigma_2=\dfrac{1}{2}(\sigma_1+\sigma_3)$。

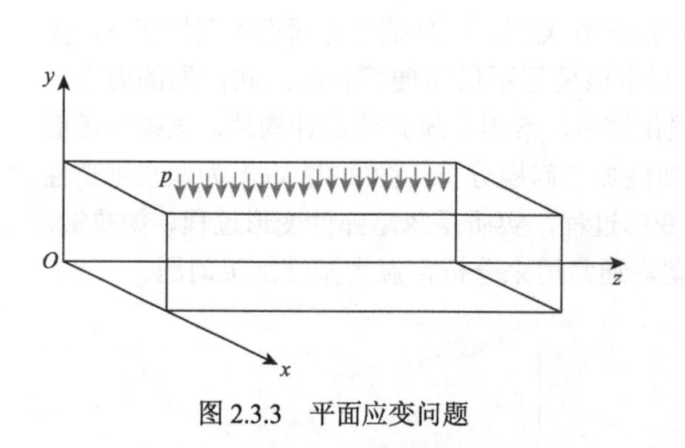

图 2.3.3　平面应变问题

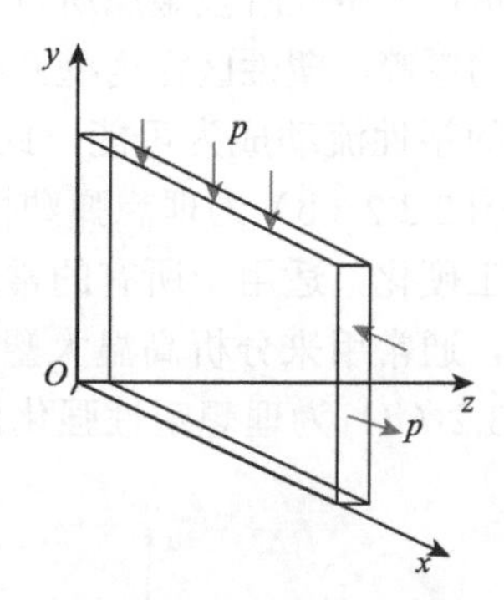

图 2.3.4　平面应力问题

当变形区内某一个方向尺寸远小于其他两个方向尺寸时，可以近似简化为平面应力问题。平面应力问题所研究的对象一般是薄板类的弹塑性体，如图 2.3.4 所示。该类变形体厚度方向尺寸较小，可以近似认为变形体内质点基本均位于自由表面，应力分量与 z 轴无关，即 $\sigma_z, \tau_{yz}=\tau_{zy}, \tau_{zx}=\tau_{xz}$ 均为零，但该方向应变不为零。需要指出的是：如果 z 方向受到外力或者位移作用，则该模型不能简化为平面应力问题。实际生产中常见的薄壁管扭转、薄板拉伸等都属于平面应力问题。

2.3.3　轴对称问题

轴对称问题就是应力和应变的分布以 z 轴对称，如压缩、挤压和拉拔圆柱体等。

由于应变具有轴对称性，在 θ 方向无位移，即 $\mu_\theta = 0$； z-r 面变形时不弯曲，即 $\mathrm{d}\varepsilon_{\theta z} = \mathrm{d}\varepsilon_{\theta r} = 0$ 。尽管圆周方向的位移为零，但 $\mathrm{d}\varepsilon_\theta = \mathrm{d}\mu_r / r \neq 0$ ，可见径向位移对圆周方向应变增量有所贡献。需要指出的是：在解圆柱体镦粗、挤压、拉拔等轴对称问题时，由于圆周方向应变与径向应变相同，所以 $\sigma_r = \sigma_\theta$ 。例如，假设原始半径为 r，径向增量为 $\mathrm{d}r$，则径向应变为 $\varepsilon_r = \mathrm{d}r / r$ ，圆周方向应变为 $\varepsilon_\theta = \dfrac{2\pi(r + \mathrm{d}r) - 2\pi r}{2\pi r} = \dfrac{\mathrm{d}r}{r}$，故应变相同。由增量理论可知，径向和圆周方向的应力近似相等。

2.3.4　边界条件

边界条件是指在塑性变形过程中某边界上的参数为已知或者可判断，该已知或可判断的边界条件对数值分析过程中载荷施加以及数值分析结果评价非常重要。边界条件通常可以分为位移边界条件、应力边界条件和混合边界条件。常用的边界条件是位移已知、速度已知或者外力已知，可由式（2.3.9）描述：

$$u_\mathrm{s} = \overline{u}(x,y,z,t);\ v_\mathrm{s} = \overline{v}(x,y,z,t);\ F_\mathrm{s} = \overline{F}(x,y,z,t) \tag{2.3.9}$$

式中，已知的位移、速度或者力的条件可以是常数，也可以是与坐标和时间有关的变化函数。

如图 2.3.5 所示，对金属圆柱体压缩过程来说，边界施加的载荷形式有三种：①位移边界已知，DC 面 y 方向位移为 h_0–h_1；②速度边界已知，DC 面 y 方向速度是 DC 面下行位移与时间的比值；③力边界已知，作用在上砧或 DC 面上的力或压力为已知值。另外，无论载荷边界通过何种形式加载，下砧或者 AB 面上 y 方向的位移恒为 0。

在塑性变形过程的任一时刻，AD 和 BC 侧表面均为自由表面，法线方向上的正应力均为 0，坯料与工具接触的 AB 面和 DC 面上的剪应力主要由摩擦产生，接触摩擦形式包括库伦摩擦、剪切摩擦和最大黏着摩擦。

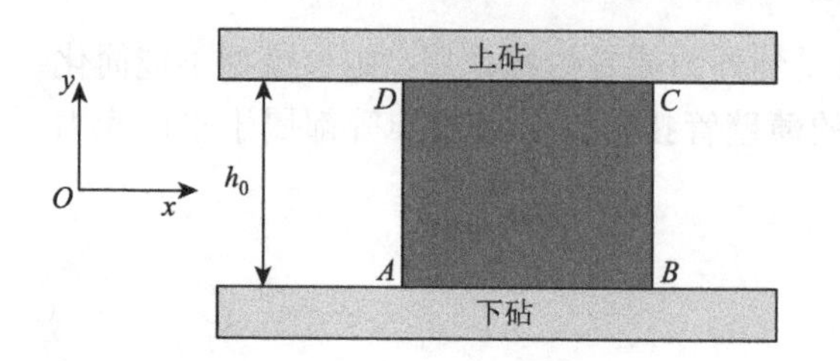

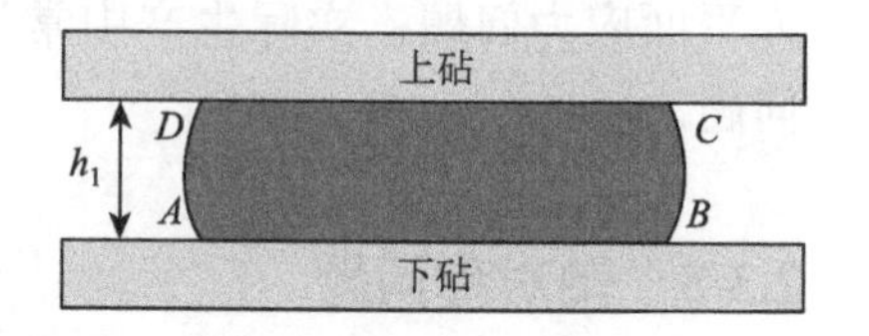

图 2.3.5　圆柱体镦粗示意图

2.4　弹塑性有限元变刚度法

线弹性力学基本方程的特点有：①几何方程的位移和应变的关系是线性的；②物理方程的应力和应变的关系也是线性的；③建立于变形前的平衡方程也是线性的。不符合任何一个上述线性力学特点的方程或边界条件的问题就是非线性问题，通常包括几何非线性、边界非线性和材料非线性[7]。

结构在经受大变形之后，其变化的几何形状可能引起结构的非线性响应。几何非线性的特点就是“大”位移或“大”转动，以致出现非线性问题。边界非线性通常情况下是由接触引起的，接触是状态非线性中一个特殊而重要的子集，是一种高度非线性行为。材料非线性最常见的就是弹塑性材料，即材料产生塑性变形而引起的非线性响应。影响材料应力–应变曲线的因素通常有加载历史（如弹塑性响应）、环境状况（如温度）、加载时间总量（如蠕变响应）等，此时 $\sigma = D\varepsilon$ 的关系矩阵不是常数。

当物体产生塑性变形后，与弹性变形相比，塑性变形区内的几何方程和平衡方程相同，但应力与应变关系则由线性变为非线性，应力与应变也不再一一对应，应变与应力增量之间的关系为

$$\mathrm{d}\{\sigma\} = [D]_{\mathrm{ep}}\,\mathrm{d}\{\varepsilon\} \tag{2.4.1}$$

把全部外载荷分为若干部分，进入屈服之后，每次所加的载荷增量足够小时，可将式（2.4.1）写成增量形式：

$$\Delta\{\sigma\} = [D]_{\mathrm{ep}}\,\Delta\{\varepsilon\} \tag{2.4.2}$$

式中，弹塑性矩阵 $[D]_{\mathrm{ep}}$ 只与加载前的应力水平有关，而与应力增量无关。因此式（2.4.2）表示 $\Delta\{\sigma\}$ 和 $\Delta\{\varepsilon\}$ 之间的线性关系。又由于位移插值函数、位移–应变的几何关系与弹性变形时相同，对于每次加载过程，求解弹塑性问题都可用与弹性有限元完全相同的计算格式进行，即解基本方程：

$$[K]\Delta\{u\} = \Delta\{F\} \tag{2.4.3}$$

式中，$\Delta\{u\}$ 为由作用的载荷增量而得到的节点载荷增量列阵；$\Delta\{F\}$ 为每次加载引起的节点位移增量列阵；$[K]$ 为由单元刚度矩阵 $[K^{\mathrm{e}}]$ 叠加起来而成的整体刚度矩阵。

2.5　刚塑性有限元法

对于实际的金属成形加工过程，弹性变形部分远小于塑性变形部分（弹性应变与塑性应变之比通常为 1/1000～1/100），因而可忽略弹性变形，将材料模型简化为刚塑性模型，以大大简化有限元列式和求解过程。理论上来说，通过求解由静力平衡方程、屈服准则、几何方程、本构方程、塑性条件方程联立的方程组并借助边界条件等能够求解变形体在塑性变形时的场变量，但实际上很困难，只有几种简单情况才能求解出解析解。

刚塑性有限元法是 1973 年提出来的。这种方法虽然也基于小应变的位移关系，但忽略塑性变形中的弹性变形，而考虑材料在塑性变形时的体积不变条件。它可用来计算较大变形的问题，所以近年来发展迅速，现在已广泛应用于分析各种金属塑性成形过程。刚塑性有限元法的理论基础是变分原理，它认为在所有动可容速度场中，使泛函取得驻值的速度场就是真实的速度场。根据这个速度场可以计算出各点的应变和应力。按照处理方法的不同，刚塑性有限元法大致分为流函数法、拉格朗日乘子法、罚函数法、泊松系数接近 0.5 法、可压缩体积法五种方法。

要确定材料成形的力能参数与变形参数，必须在一定的初始条件和边界条件下求解有关的方程组，也就是求解塑性加工力学的边值问题。对于由表面 S 所围成的体积 V，应力场、应变场及应变速率场 $\sigma_{ij},\varepsilon_{ij},\dot{\varepsilon}_{ij}$ 应满足下列基本方程。

平衡微分方程或运动方程：$\sigma_{ij,j}=0$。

速度–应变速率关系：$\varepsilon_{ij}=\frac{1}{2}(u_{i,j}+u_{j,i})$，$\dot{\varepsilon}_{ij}=\frac{1}{2}(v_{i,j}+v_{j,i})$。

满足米泽斯屈服准则的应力–应变速率关系：$S_{ij}=\dfrac{\sqrt{2}k}{\sqrt{\dot{\varepsilon}_{ij}\dot{\varepsilon}_{ij}}}\dot{\varepsilon}_{ij}$。

体积不可压缩条件（对理想塑性材料）：$\dot{\varepsilon}_{ij}\delta_{ij}=0$。

边界条件：$\sigma_{ij}n_j=p_r$，$v_i=\overline{v}_i$，$u_i=\bar{u}_i$。

利用上述方程和边界条件，从理论上说是可以求解解析解的，但实际上很困难，只有几种简单情况才能求解出解析解。

2.5.1　刚塑性材料变分原理

刚塑性材料的第一变分原理又称为马尔可夫（Markov）变分原理，可以描述为在满足速度–应变速率关系 $\dot{\varepsilon}_{ij}=\frac{1}{2}(v_{i,j}+v_{j,i})$、体积不可压缩条件 $\dot{\varepsilon}_V=\dot{\varepsilon}_{kk}=0$ 及

速度边界条件 $v_i = \overline{v}_i$ 的一切运动学许可速度场 v_i^* 和 ε_{ij}^* 中使泛函[8]

$$\phi_1 = \sqrt{\frac{2}{3}}\sigma_{\rm s}\int_V \sqrt{\dot{\varepsilon}_{ij}\dot{\varepsilon}_{ij}}\,{\rm d}V - \int_{S_p} \overline{p}_i v_i^*\,{\rm d}S \tag{2.5.1}$$

的变分为零，即 $\delta\phi_1 = 0$，且 ϕ_1 取最小值的 v_i 必为本问题的真实解。

在第一变分原理中，所选择的速度场必须满足速度–应变速率关系、体积不可压缩条件及速度边界条件，实际问题中，有些条件比较容易满足，而有些条件则不易满足。为了使速度场选择更为容易，利用条件变分的概念，引入拉格朗日乘子 $\alpha_{ij}, v_i, \lambda$，将运动学许可解所必须满足的条件引入泛函中，则得到新的泛函为

$$\begin{aligned}\phi_1^* = &\sqrt{\frac{2}{3}}\sigma_{\rm s}\int_V \sqrt{\dot{\varepsilon}_{ij}\dot{\varepsilon}_{ij}}\,{\rm d}V - \int_{S_p} \overline{p}_i v_i {\rm d}S - \int_V \alpha_{ij}\left[\dot{\varepsilon}_{ij} - \frac{1}{2}(v_{i,j} + v_{j,i})\right]{\rm d}V \\ &+ \int_V \lambda\dot{\varepsilon}_{ij}\delta_{ij}{\rm d}V - \int_{S_v} \mu_i(v_i - \overline{v}_i){\rm d}S\end{aligned} \tag{2.5.2}$$

在一切 $\sigma_{ij}, v_i, \dot{\varepsilon}_{ij}$ 的函数中，使式（2.5.2）泛函取驻值的 $\sigma_{ij}, v_i, \dot{\varepsilon}_{ij}$ 是真实解，此即刚塑性材料完全的广义变分原理。由第一变分原理计算的近似解较广义变分原理得到的解更精确，但前者在预选满足运动学许可条件的速度场时比后者困难。在选择运动学许可求解 v_i 和 $\dot{\varepsilon}_{ij}$ 时，可将其应满足的三个条件中的任意两个或一个事先得到满足，而将其余的一个或两个通过拉格朗日乘子引入泛函中，组成新的泛函，真实解使泛函取驻值，这就是不完全的广义变分原理。由于预先设定速度场时几何方程与速度边界条件容易满足，体积不变条件不易满足，只把体积不变条件用拉格朗日乘子 λ 引入泛函中，可以得到新泛函为

$$\phi_1^{**} = \sqrt{\frac{2}{3}}\sigma_{\rm s}\int_V \sqrt{\dot{\varepsilon}_{ij}\dot{\varepsilon}_{ij}}\,{\rm d}V - \int_{S_p} \overline{p}_i v_i {\rm d}S + \int_V \lambda\dot{\varepsilon}_{ij}\delta_{ij}{\rm d}V \tag{2.5.3}$$

可以证明，在一切满足速度–应变速率关系以及速度边界条件的 v_i 中，使式（2.5.3）取驻值的 u_i 为真实解，这就是刚塑性材料不完全的广义变分原理。

刚塑性材料第二变分原理又称为希尔（Hill）变分原理，在满足平衡微分方程、屈服条件和应力边界条件的一切静力学许可应力场 $\sigma_{ij}{}^*$ 中，使泛函

$$\phi_2 = -\int_{S_v} \sigma_{ij} n_j \overline{v}_i {\rm d}S \tag{2.5.4}$$

取最小值的 σ_{ij} 必为本问题的真实解。

2.5.2　常用刚塑性有限元法

刚塑性有限元法最初从上限法和变分原理发展而来，根据处理体积不可压缩

条件的方法不同，常用的刚塑性有限元法主要包括拉格朗日乘子法、罚函数法和可压缩体积法三种。

为了使有限元计算方便，把刚塑性材料不完全的广义变分原理式（2.5.3）写成列阵形式，并用ϕ代替ϕ_1^{**}，可得

$$\phi=\sqrt{\frac{2}{3}}\sigma_s\iiint_V\sqrt{\{\dot{\varepsilon}\}^T\{\dot{\varepsilon}\}}\,dV-\iint_{S_p}\{v\}^T\{p\}\,dS+\iiint_V\lambda\{\dot{\varepsilon}\}^T\{C\}\,dV \tag{2.5.5}$$

式中，$\{\dot{\varepsilon}\}$为应变速率列阵；$\{v\}$为速度列阵；$\{p\}$为应力边界 S_p 上给定的表面力列阵；$\{C\}$为矩阵记号，$\{C\}=[1\ 1\ 1\ 0\ 0\ 0]^T$。$\phi$可看作速度场和拉格朗日乘子的函数。可以证明使泛函$\phi$取驻值的速度场$\{v\}$是真实的，且拉格朗日乘子等于平均应力（负的静水压力），即$\lambda=\sigma_m$。

拉格朗日乘子法在假设初始速度场时，可以不满足体积不可压缩条件，这对选择初始速度场有很大方便。拉格朗日乘子有明确的物理意义，即收敛时的拉格朗日乘子就是对应单元的静水压力。在变分运算中，假设剪切屈服应力k是常数。当计算有加工硬化的材料时，每次取的移动量不能太大，特别对于硬化显著的材料要尽可能取较小的步长。在线性化中采用摄动法，并应用二项式展开且略去高阶微量，因此在计算中每次的修正量要小，否则影响收敛性。

刚塑性有限元法的一个基本假设是体积不变，罚函数法从这一点入手，引入一个很大的正数乘以体积应变速率的平方，使得到的新泛函取极值时$\dot{\varepsilon}_V$趋于零。取$M=\frac{\zeta}{2}$（ζ是一个足够大的数），则新泛函为

$$\phi_p=\iiint_V\bar{\sigma}\dot{\bar{\varepsilon}}dV-\iint_{S_p}\bar{p}v_i dS+\iiint_V\frac{\zeta}{2}\dot{\varepsilon}_V^2dV \tag{2.5.6}$$

应指出，当使用四节点四边形单元时，单元体积内体积应变速率呈线性分布。若体积应变速率由正到负呈线性变化，则可实现$\iiint_V\dot{\varepsilon}_V dV=0$的约束条件，然而式（2.5.6）的惩罚项$\iiint_V\frac{\zeta}{2}\dot{\varepsilon}_V^2dV$中$\dot{\varepsilon}_V$是平方项，需要在每个单元内每一点$\dot{\varepsilon}_V$都为零，才能实现$\iiint_V\frac{\zeta}{2}\dot{\varepsilon}_V^2dV=0$。对于这种过分的约束，若不加以修正，则得不到正确解。于是便把式（2.5.6）改写成

$$\phi_p=\iiint_V\bar{\sigma}\dot{\bar{\varepsilon}}dV-\iint_{S_p}\bar{p}v_i dS+\frac{\zeta}{2}\left(\iiint_V\dot{\varepsilon}_V^2dV\right)^2 \tag{2.5.7}$$

式中，$\frac{\zeta}{2}\left(\iiint_V\dot{\varepsilon}_V^2dV\right)^2$排除过分约束的可能。对式（2.5.7）在无约束条件下求驻值便可得到近于正确解的速度场，这种方法称为罚函数法。

罚函数法的计算程序与拉格朗日乘子法类似，仅由于ζ取某一大数，而使方程数减少了m个。与罚函数法相比，由于拉格朗日乘子法引入了附加的拉格朗日乘子λ，若单元数目很大，这个附加的未知量λ将会增加联立方程数目或增加系数矩阵带宽，从而增加计算时间。罚函数法虽然避免了附加的未知量，但若初始速度场设定不好，会导致$\zeta\dot{\varepsilon}_{V_m}$非常大，而难以得到正确解。

可压缩体积法认为材料是微可压缩的，依据变分原理，求解能耗率泛函在许可速度场下的极小值点，即可获得真实的速度场，能耗率泛函表示为[9]

$$\phi = \iiint_V \bar{\sigma}\dot{\bar{\varepsilon}}\mathrm{d}V - \iint_{S_p} v_i \bar{p}_i \mathrm{d}S \tag{2.5.8}$$

式中，等效应力和等效应变速率可表示为

$$\begin{cases} \bar{\sigma} = \sqrt{\left(\dfrac{3}{2}\sigma'_{ij}\cdot\sigma'_{ij} + \dfrac{1}{g}\sigma_{\mathrm{m}}^2\right)} \\ \dot{\bar{\varepsilon}} = \sqrt{\left(\dfrac{2}{3}\dot{\varepsilon}_{ij}'\cdot\dot{\varepsilon}_{ij}' + \dfrac{1}{g}\dot{\varepsilon}_V^2\right)} \end{cases} \tag{2.5.9}$$

式中，g为可压缩因子，一般取0.0001～0.01，取g=0.01时，比较接近米泽斯屈服准则的条件，且此时体积变化较小。

2.6　温度场有限元法

在塑性变形的同时伴随热的产生和传导，轧制过程中金属内部的应力、应变与温度有密切的关系。对热轧过程来说，温度对热轧带钢再结晶晶粒的尺寸、析出物数量和形态所产生的影响，将导致金属的微观组织发生变化，所以温度是决定成品带钢加工性能、力学性能和物理性能的重要的工艺参数之一，研究热轧过程的温度演变规律十分重要。传热问题需要满足热传导微分方程和边界条件，应用有限元时，可采用变分法来建立求解方程。

2.6.1　热传导微分方程

热传导微分方程的建立是以热力学第一定律为依据的，假设材料热传导系数各向同性，热传导的基本方程为[9]

$$k\left(\frac{\partial^2 T}{\partial x^2} + \frac{\partial^2 T}{\partial y^2} + \frac{\partial^2 T}{\partial z^2}\right) + \dot{q} - \rho c\frac{\partial T}{\partial t} = 0 \tag{2.6.1}$$

式中，T为微元体瞬时温度（K）；ρ为材料密度（$\mathrm{kg/m^3}$）；c为材料比热容[J/(kg·K)]；

t 为时间（s）；k 为热传导系数[W/(m·K)]；$\dot{q}$ 为内热源强度（J/m^3）。

2.6.2　热应力有限元

弹性体承受载荷时产生应变，弹性应力对应于弹性应变 $[D]^{-1}\{\sigma\}$。温度变化也产生相应的应变，称为初应变 $\{\varepsilon_0\}$。弹性体上的总应变是上述两部分的和：

$$\{\varepsilon\}=[D]^{-1}\{\sigma\}+\{\varepsilon_0\} \tag{2.6.2}$$

$$\{\varepsilon_0\}=[\alpha T \quad \alpha T \quad \alpha T \quad 0 \quad 0 \quad 0]^{\mathrm{T}} \tag{2.6.3}$$

式中，$[D]$ 为弹性常数矩阵[10]；α 为线膨胀系数；而温度函数为

$$T=\sum_{i=1}^{n} N_i T_i \tag{2.6.4}$$

单元 e 上的热应力为

$$\{\sigma\}=[D]\left(\{\varepsilon\}-\{\varepsilon_0\}\right)=[D][B]\{\delta\}-[D]\{\varepsilon_0\} \tag{2.6.5}$$

式中，$[B]$为应变矩阵；$\{\delta\}$为节点位移矩阵。

2.7　小　　结

自 2009 年从东北大学轧制技术及连轧自动化国家重点实验室毕业到东北大学秦皇岛分校任教以来，我一直担任材料成型及控制工程专业塑性力学课程的教师。从最初讲授《弹性与塑性力学基础》（哈尔滨工业大学王仲仁教授等编著）、《金属塑性加工原理》（中南大学彭大暑教授编著）到 2013 年开始讲授《金属塑性成型力学》（东北大学王平教授编著），又回想起了自己读大学时学习的《材料成型原理》，这些教材关于塑性力学基本理论的描述在很多地方是大同小异的。力学课程教学内容较为烦琐、枯燥，能够让学生在一定的课时内吸收这些知识并且在未来的实际生活中有所应用一直是我教学中追求的目标。

实践应用是新工科时代高等教育的主要标签，学习塑性力学的本质不在于掌握多少公式和多少理论，重要的是如何将塑性力学理论应用到工程实践中。知识只有通过实践才能上升为智慧，才具备真正的力量，因此，学习、理解、掌握并应用塑性力学的基础知识对塑性工艺研究及改进提升至关重要。尽管这些力学基础知识及公式形成已久，但实现应用却需要不同的人通过各个视角去领悟，只有具备扎实的理论知识和灵活的思维拓展能力才能对有限元数值模拟结果进行有效分析和评价，才能对现场实际生产中相关产品产生的缺陷进行评估和工艺改进，

才能实现更进一步的创新和创造。学习、理解塑性力学的相关知识对有限元数值模拟技术应用内涵的理解与把握能够起到事半功倍的作用，脱离了塑性力学理论而成为单纯的有限元数值模拟软件学习者，将无从谈起工程问题的分析、解决乃至创新理论的应用。

如果想学好有限元数值模拟就应该对其基本理论有一些了解，以期未来更深入地了解与掌握。有限元基本理论相比力学基本理论来说更为复杂，但这些离散、集合、方程组求解及最优化理论是有限元法的精髓，也是有限元数值模拟软件运行的黑匣子，未来中国有限元数值模拟软件的发展需要更多的有限元学者投身到基础理论研究与程序软件开发中，这样在类似“芯片危机”的时刻才不至于被别人“卡脖子”。在基础理论方面，包括我在内的大多数人都需要更为沉静地去学习和领悟。由于担心写得过多、过细难免会出现一些疏漏，所以参考了文献中极少部分我还能理解的一些论述。基础理论是大厦的根基，不能仅仅了解皮毛，还是要多学习、多领悟，再学习、再创造。

参考文献

[1] 王仲仁，苑世剑，胡连喜，等. 弹性与塑性力学基础[M]. 2 版. 哈尔滨：哈尔滨工业大学出版社，2007.
[2] 王平. 金属塑性成型力学[M]. 2 版. 北京：冶金工业出版社，2013.
[3] 汪大年. 金属塑性成形原理（修订版）[M]. 北京：机械工业出版社，1986.
[4] 俞汉青，陈金德. 金属塑性成形原理[M]. 北京：机械工业出版社，1999.
[5] 陈平昌，朱六妹，李赞. 材料成形原理[M]. 北京：机械工业出版社，2001.
[6] 李言祥，吴爱萍. 材料加工原理[M]. 北京：清华大学出版社，2005.
[7] 王国栋，赵德文. 现代材料成形力学[M]. 沈阳：东北大学出版社，2004.
[8] 谢水生，李雷. 金属塑性成形的有限元模拟技术及应用[M]. 北京：科学出版社，2008.
[9] 刘相华. 刚塑性有限元及其在轧制中的应用[M]. 北京：冶金工业出版社，1994.
[10] 王勖成. 有限单元法[M]. 北京：清华大学出版社，2002.

第3章　不同软件及方法求解圆柱体等温压缩过程

本章主要基于实际实验数据，利用主应力法、ANSYS软件、ABAQUS软件、MSC.Marc软件以及DEFORM软件进行圆柱体镦粗过程有限元分析，并对求解结果进行对比分析，以帮助大家对典型软件求解金属塑性成形问题进行认识和学习。

3.1　实验材料及方法

本章分析用原材料为真空熔炼的Fe-6.5%Si钢铸锭，主要化学成分为（以质量分数计，%）：C-0.021，Si-6.5，Mn-0.037，P-0.017，S-0.005，Al-0.02，Fe-余量。铸态高硅钢热塑性变形过程峰值应力本构方程见相关文献描述。本章主要分析变形温度为800℃、变形速率为$1s^{-1}$的等温变形过程，该变形条件下的应力–应变曲线与本构模型简化如图3.1.1所示。由图可知，变形初始阶段加工硬化的主导作用使流动应力迅速增加，流动应力在极小的变形范围内达到峰值。流动应力达到峰值后，动态软化机制和加工硬化基本保持平衡，随着应变继续增加，流动应力保持一定的稳定状态[1]。根据真实应力–应变曲线的特点将铸态高硅钢800℃变

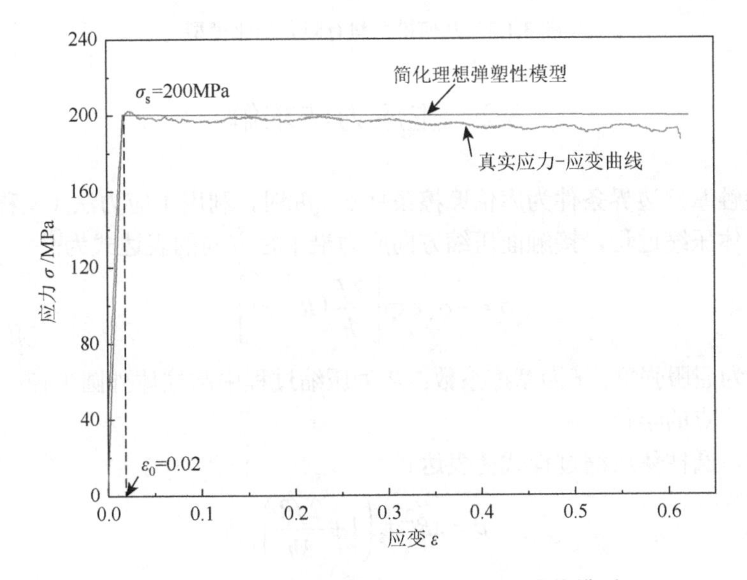

图3.1.1　真实应力–应变曲线与简化的本构模型

形温度和 $1s^{-1}$ 变形速率下的物理方程简化为理想弹塑性模型。该变形条件下的弹性模量约为 10GPa，屈服强度 σ_s 约为 200MPa，临界应变 ε_0 约为 0.02。计算中设定的模具材料为 H13 钢，弹性模量为 210GPa，泊松比为 0.3。

计算用试样直径为 10mm，高度为 12mm，压缩过程上模下行位移为 5mm。计算分析用其他参数设定如下：密度为 $7700kg/m^3$。采用库伦摩擦形式，摩擦系数设定为 0.3。压缩变形过程求解中忽略塑性变形做功和摩擦生热。所有软件若非特殊情况均采用默认设置，上、下砧设定为刚性体（ANSYS 多物理模块没有刚性体设置选项，故而增大模具弹性模量以提升其模具刚度），试样设置为弹塑性体。由于几何形状为对称圆柱体，为提高计算效率，可以简化为平面对称问题进行求解，计算用几何模型和有限元简化模型如图 3.1.2 所示。网格划分后，试样单元共 240 个，节点共 273 个。

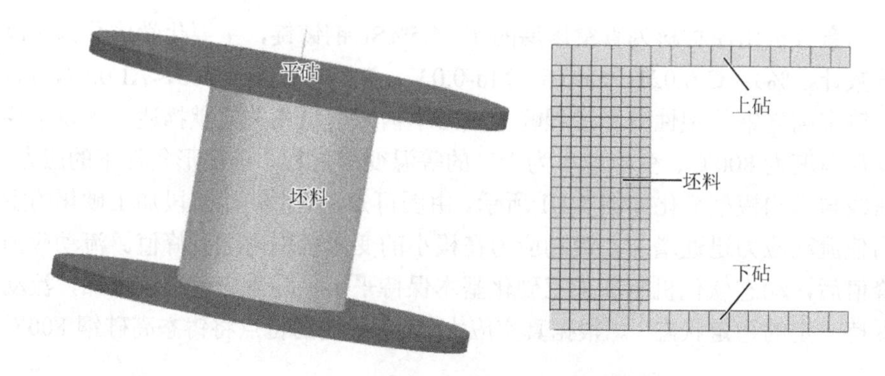

图 3.1.2　几何模型与有限元简化模型

3.2　主应力法求解

当接触摩擦边界条件为库伦摩擦条件 $\tau = f\sigma$ 时，利用主应力法（又称工程法）求解圆柱体压缩过程，接触面压缩方向应力沿半径方向的表达式为[2]

$$\sigma = -\sigma_s \exp\left[\frac{2f}{h}(R-r)\right] \tag{3.2.1}$$

式中，σ_s 为屈服强度；f 为摩擦系数；R 为压缩过程中圆柱体外圆半径；r 为半径方向上任一点的半径。

此时，圆柱体压缩过程载荷表达式为

$$p = \pi R^2 \sigma_s \left(1 + \frac{2fR}{3h}\right) \tag{3.2.2}$$

根据塑性变形过程体积不变理论，理想条件下任一变形过程中圆柱体半径和

高度满足 $R_0^2h_0 = R^2h$，代入式（3.1.2）中可以得到载荷与圆柱体高度的关系式：

$$p = \pi\frac{R_0{}^2h_0}{h}\sigma_s\left(1+\frac{2fR_0}{3h}\sqrt{\frac{h_0}{h}}\right) \tag{3.2.3}$$

3.3 ANSYS 软件求解

本工程问题分析用 ANSYS 软件版本为 10.0，采用 ANSYS 经典界面，分别对模型进行轴对称简化和四分之一简化求解分析。四分之一简化的求解分析与轴对称简化类似，不进行详细介绍。

1. 进入模块设定界面和工作目录设定

依次选择“开始”→“程序”→ANSYS 10.0→ANSYS Product Launcher 选项或直接从桌面快捷方式进入 ANSYS Product Launcher 界面，如图 3.3.1 所示。Simulation Environment（模拟环境）下拉列表框选择 ANSYS 选项；License 下拉列表框选择 ANSYS Multiphysics（多物理场分析功能）选项；在 Working Directory（工作目录）中单击 Browse 按钮，建立文件存储路径，工作文件名称可以提前设定，也可以在进入主界面后设定[3]（工作目录最好不建立在系统盘，有限元模拟运行和结果文件存储量较大，容易导致计算机工作效率下降甚至系统崩溃）。

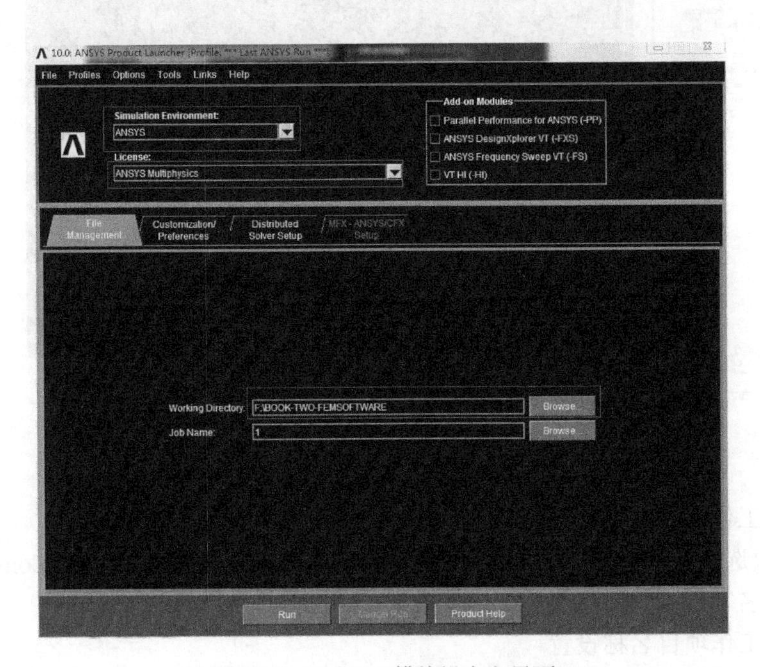

图 3.3.1　ANSYS 模块设定主界面

2. 前处理

1）主界面简介

单击功能选择模块下方的 Run 按钮，进入 ANSYS 主界面，如图 3.3.2 所示。ANSYS 主界面主要包括标题栏、命令输入窗口、快速操作工具条、主菜单栏、显示窗口、窗口操作按钮等。标题栏包括文件操作、实体选择、列表、显示、参数设定、帮助等；主菜单栏主要涉及前处理、后处理、求解等（对初学者来说，标题栏中的实体选择、显示需要较好理解和掌握，主菜单栏中的前处理、求解和后处理需要较好掌握，其中很多命令会经常用到；对于主菜单栏中的命令，凡是前方是“+”表明该命令下属还有分支命令）。另外，打开主界面后会伴随着自动开启操作输出窗口，如图 3.3.3 所示。该窗口不允许关闭，但可以最小化，如果关闭，则主界面自动关闭。

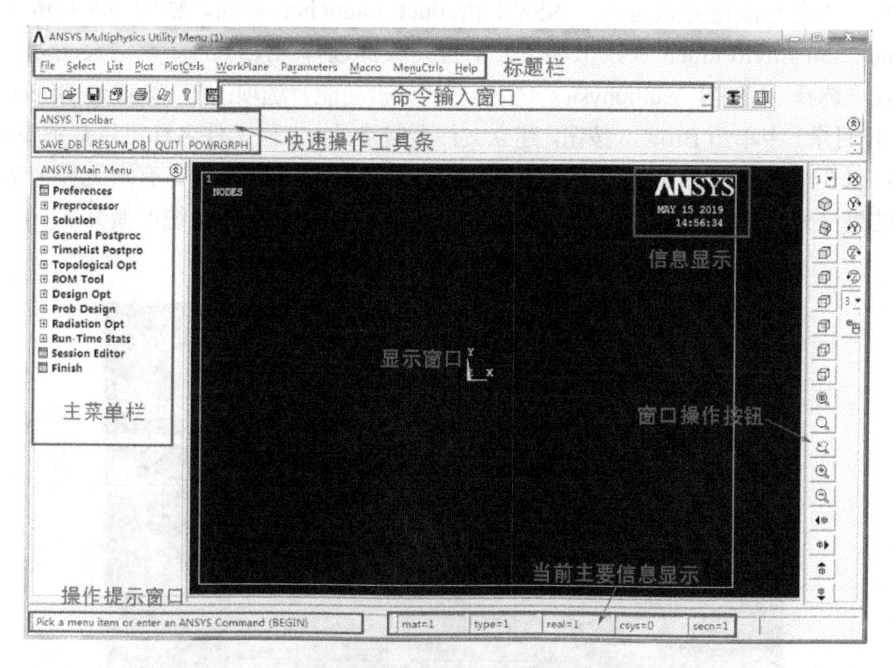

图 3.3.2　ANSYS 主界面

2）工作文件名称设置

依次选择 File→Change Jobname 选项，在对话框中输入工作名 2DCompression（该处的名字可以取数字、英文或者拼音，不能是中文）。

3）工作项目名称设置

依次选择 File→Change Title 选项，在对话框中输入项目名称 Two Dimension

FE Analysis of Compression（转动鼠标滚轮后项目名称可以在窗口中左下角显示，标明分析问题的类别，便于操作者进行分类和识别）。

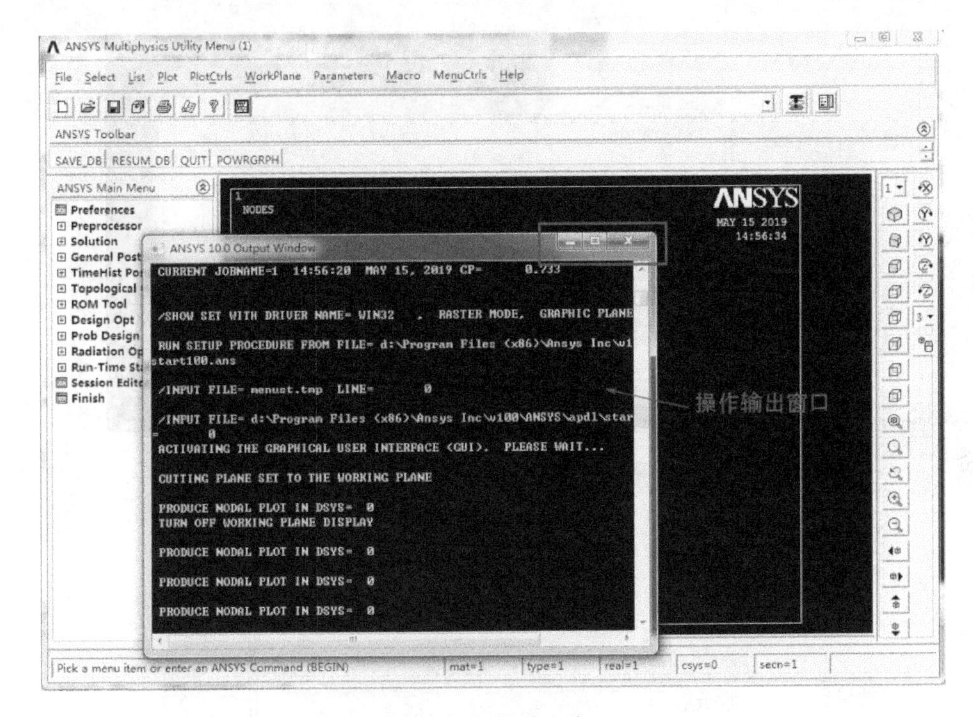

图 3.3.3　操作输出窗口

4）单位制设置

依次选择 Preprocessor→Material Props→Material Library→Select Units→SI（国际单位制）选项（有限元分析过程中单位十分重要，必须保持一致，一般默认为国际单位制，如果单位换算和选择出现问题，则求解结果会产生较大误差。当然也可以在命令流输入框中输入/UNITS, SI）。

5）单元类型设定

依次选择 Preprocessor→Element Type→Add/Edit/Delete 选项，在 Element Types 对话框单击 Add 按钮，弹出 Library of Element Types 对话框，显示用于不同模块分析的各类单元类型，依次选择 Solid、4node 182 选项，如图 3.3.4 所示，然后单击 Apply 按钮，此时 Element type reference number 命令框里面的数字“1”会变为“2”；选择接触单元 Contact 下面的 2D target 169 选项，单击 Apply 按钮，Element type reference number 命令框里面的数字“2”会变为“3”；选择接触单元 Contact 下面的 3nd surf 172 选项，单击 OK 按钮，此时 Element Types 对话框会出现三个单元类型，如图 3.3.5 所示。

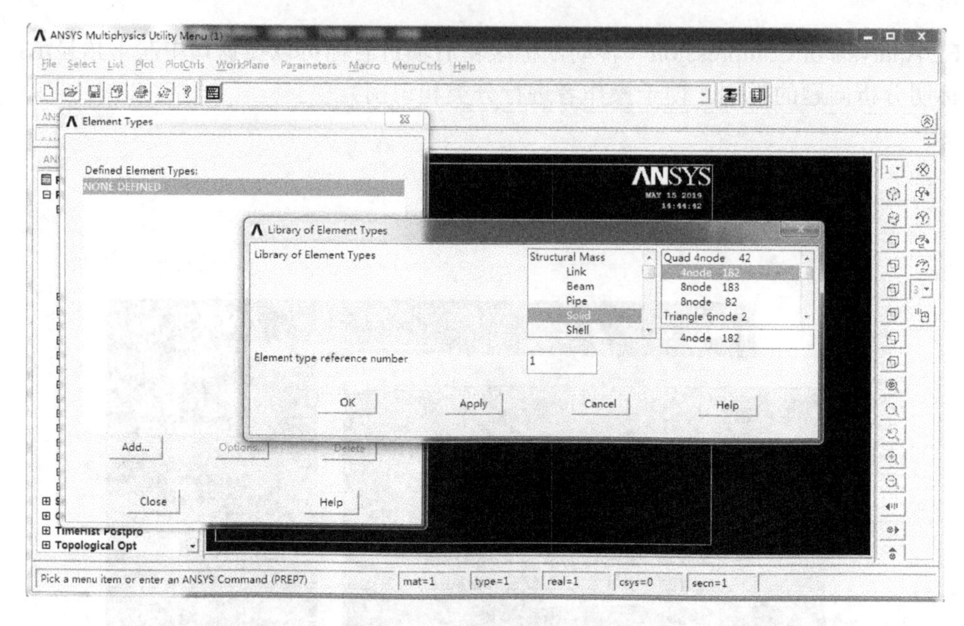

图 3.3.4　单元类型选择界面

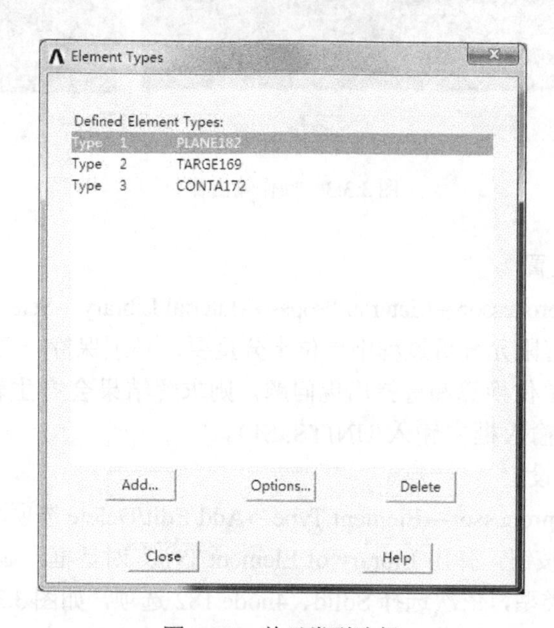

图 3.3.5　单元类型选择

6）单元属性设定

由于将模型简化为二维简化模型，单击 Element Types 对话框中的 Options 按钮，弹出 PLANE182 element type options 对话框，将 K3 设定为 Axisymmetric，如

图 3.3.6 所示，单击 OK 按钮（对于工程分析，很多塑性成形问题都可以进行简化，主要有平面应力、平面应变和轴对称简化）。在 Element Types 对话框中选择 CONTA172 选项后单击 Options 按钮，进入接触单元属性设定界面，将 K5 设定为 Gap/Penetration，如图 3.3.7 所示，然后依次单击 OK 按钮、Close 按钮（该单元属性设定表示接触过程根据两个接触变量的间隙和渗透进行自动调整）。

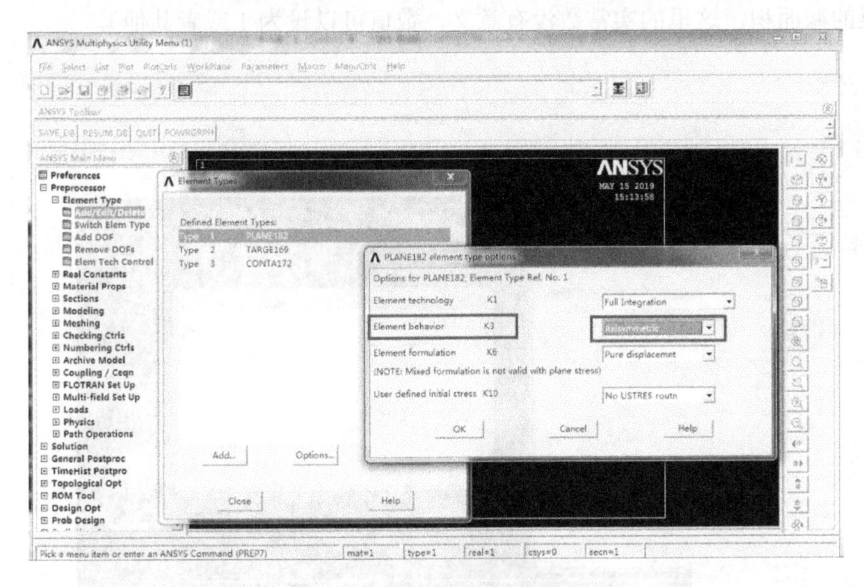

图 3.3.6　单元属性设定界面

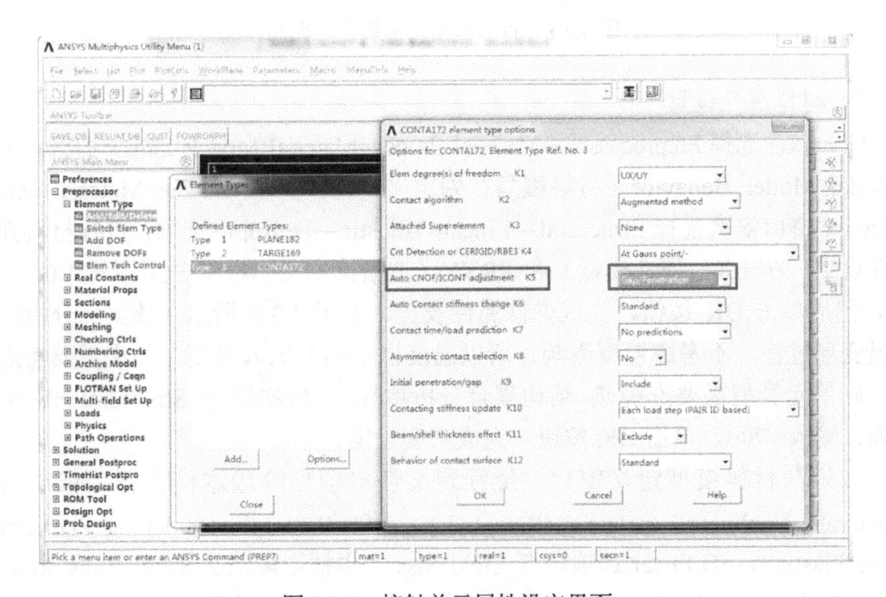

图 3.3.7　接触单元属性设定界面

7）目标单元实常数设定

依次选择 Preprocessor→Real Constants→Add/Edit/Delete 选项，进入 Real Constants 设定界面，然后单击 Add 按钮，选择 TARGE169 选项，单击 OK 按钮，在 Real Constant Set No.文本框中输入 1，依次单击 OK 按钮、Close 按钮，完成实常数设定，如图 3.3.8 所示（实常数在很多情况下有一定意义，如板壳单元的厚度、简支梁的截面积，这里的实常数没有意义，数值可以设为 1 或者其他）。

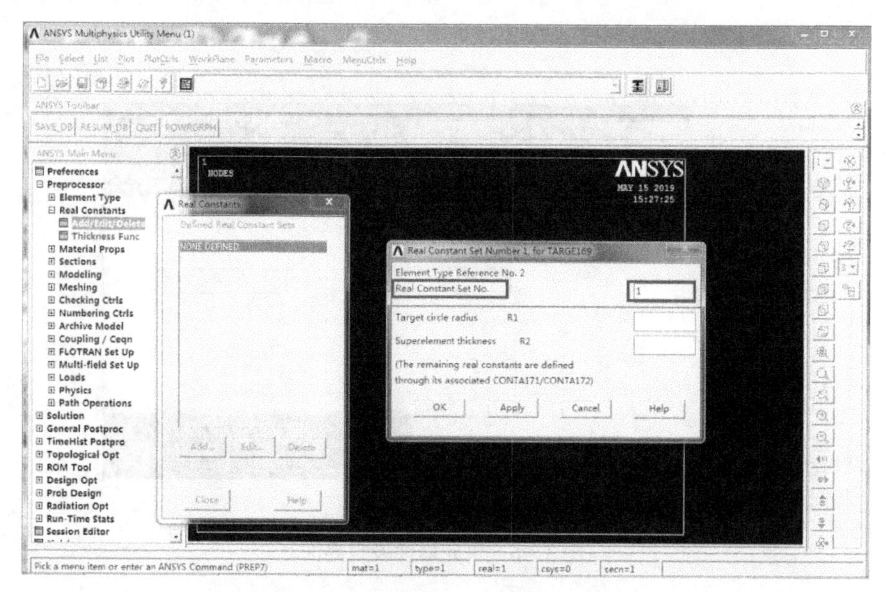

图 3.3.8　目标单元实常数设定界面

8）材料属性设置

（1）依次选择 Preprocessor→Material Props→Material Models 选项，打开 Define Material Model Behavior（材料模型行为定义）窗口。在 Define Material Model Behavior 窗口依次选择 Structural→Linear→Elastic→Isotropic 选项，进行材料弹性属性设定。在 EX（弹性模量）和 PRXY（泊松比）文本框中分别输入 1.0e10 和 0.3，然后单击 OK 按钮，完成弹性属性设置，如图 3.3.9 所示（该案例分析的是等温变形过程，不考虑温度影响，所以温度框不需要输入温度，如果需要考虑温度，则单元类型需要选择热–结构耦合分析单元）。依次选择 Structural→Density 选项，输入 7700，单击 OK 按钮，完成密度设定。

（2）在材料模型定义窗口，继续定义坯料塑性阶段本构方程。依次选择 Structural→Nonlinear→Inelastic→Rate Independent→Isotropic Hardening Plasticity→Mises Plasticity→Bilinear 选项，在 Yield Stss 文本框中输入 2e8，在 Tang Mod 文本框中输入 0，如图 3.3.10 所示，单击 OK 按钮。然后依次选择 Structural→Friction

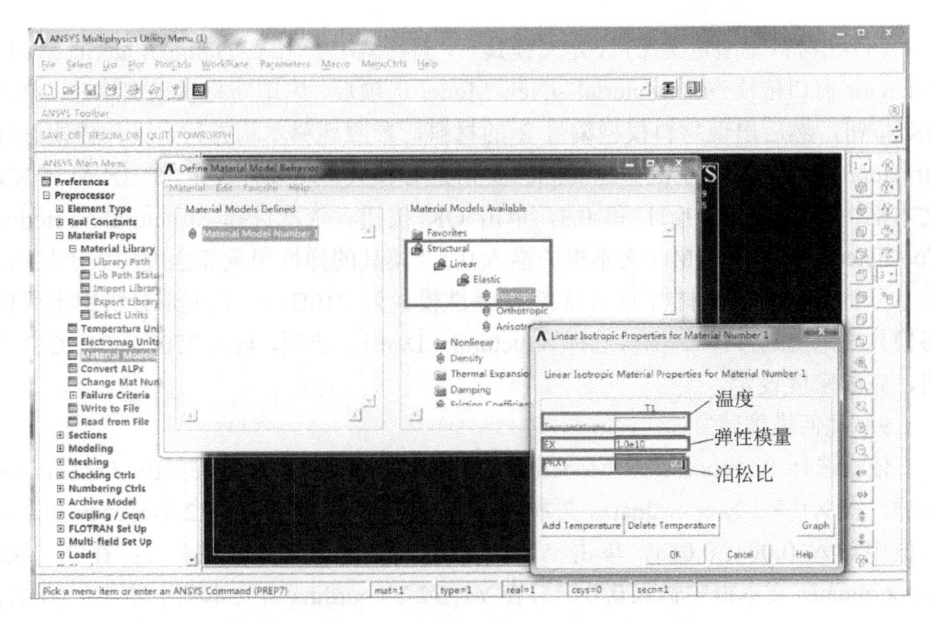

图 3.3.9　弹性阶段本构方程设置

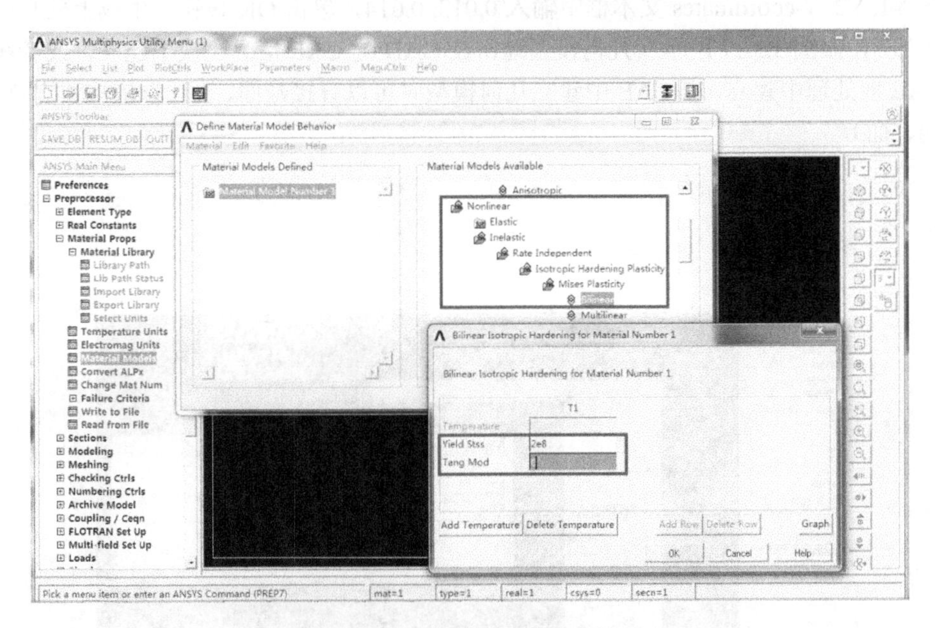

图 3.3.10　塑性阶段本构方程设置

Coefficient 选项，在 MU（摩擦系数）文本框中输入 0.3，单击 OK 按钮，完成坯料的本构方程设定（Tang Mod 是屈服强度与抗拉强度之间曲线的斜率，本章材料看作理想弹塑性模型，故进入塑性变形阶段，斜率为 0）。

(3)在材料模型定义窗口，定义模具（平砧）本构方程。在 Define Material Model Behavior 窗口依次选择 Material→New Model 选项后，出现新材料模型编号，单击 OK 按钮，然后出现材料模型编号 2 的材料，参照坯料本构方程定义，依次选择 Structural→Linear→Elastic→Isotropic 选项，进行模具材料属性设定，在 EX 和 PRXY 文本框中分别输入 2.1e11 和 0.3，单击 OK 按钮。依次选择 Structural→Friction Coefficient 选项，在 MU 文本框中输入 0.3（模具的弹性模量和强度均大于坯料，本章分析中假设模具材料为 H13 钢，弹性模量为 210GPa，在变形分析中也可以将模具假定为刚性体）。依次选择 Structural→Density 选项，输入 7700，单击 OK 按钮，完成密度设定。

9）几何模型建立

依次选择 Preprocessor→Modeling→Create→Areas→Rectangle→By Dimensions 选项，在 X1, X2 X-coordinates 文本框中输入 0, 0.005，在 Y1, Y2 Y-coordinates 文本框中输入 0.001, 0.013，单击 Apply 按钮，生成坯料几何图形 1；在 X1, X2 X-coordinates 文本框中输入 0, 0.015，在 Y1, Y2 Y-coordinates 文本框中输入 0, 0.001，单击 Apply 按钮，生成下砧几何图形 2；在 X1, X2 X-coordinates 文本框中输入 0, 0.015，在 Y1, Y2 Y-coordinates 文本框中输入 0.013, 0.014，单击 OK 按钮，生成上砧几何图形 3，如图 3.3.11 所示（几何模型通常在 CAD 与 CAE 信息交换中建立，或者在 CAE 前处理中建立，在 CAE 中建立几何模型时可以直接建面，也可以依次建立点、线、面）。

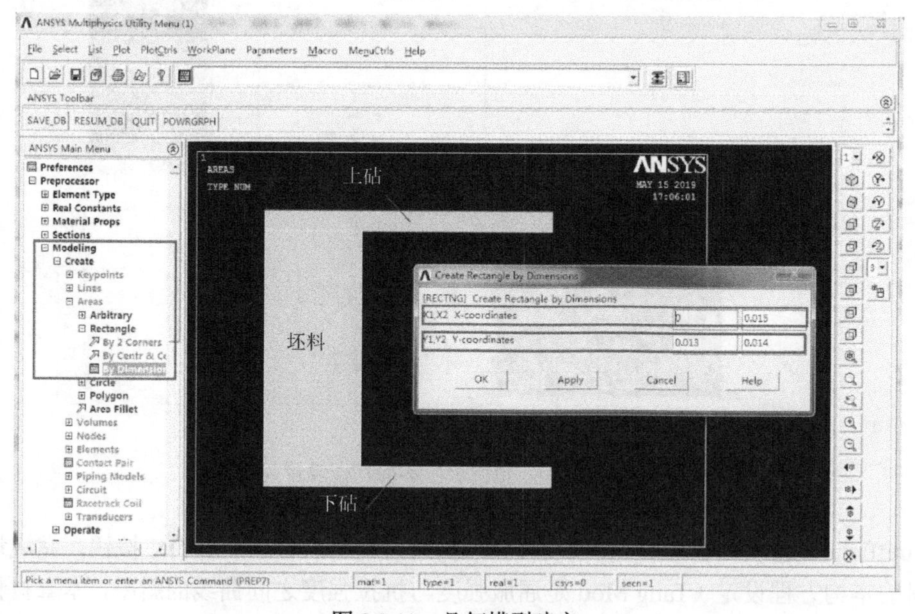

图 3.3.11　几何模型建立

10）几何模型属性赋予

依次选择 Preprocessor→Meshing→Mesh Attributes→Picked Areas 选项，在 Area Attributes 文本框内输入 1（也可以单击选取，如果选取错误可以按住 Shift 键+鼠标左键进行取消），单击 OK 按钮，即选中坯料的几何模型，在 Material number 下拉列表框中选择 1 选项，在 Element type number 下拉列表框中选择 1 PLANE182（第一种单元类型）选项，如图 3.3.12 所示。然后单击 Apply 按钮，在 Area Attributes 文本框内输入 2, 3（2 和 3 之间为英文逗号），单击 OK 按钮，即选中上、下砧几何模型，在 Material number 下拉列表框中选择 2 选项，在 Element type number 下拉列表框中选择 1 PLANE182（模具也可以定义为与坯料编号不同的单元类型，不影响计算结果。另外，虽然实常数是目标单元的，但在这个地方会默认有实常数，并不影响求解）。最后单击 OK 按钮，完成不同几何体的材料和单元类型属性赋予。可以执行 PlotCtrls→Numbering 命令，在 Elem/Attrib numbering 下拉列表框中选择 Material numbers 选项，在 Numbering shown with 下拉列表框中选择 Colors & numbers 选项，单击 OK 按钮，转动鼠标滚轮，就可以显示出几何模型不同的颜色，不同的颜色代表不同的材料（该步骤对模型中含有多种材料或者多种单元类型的分析来说十分必要和关键）。

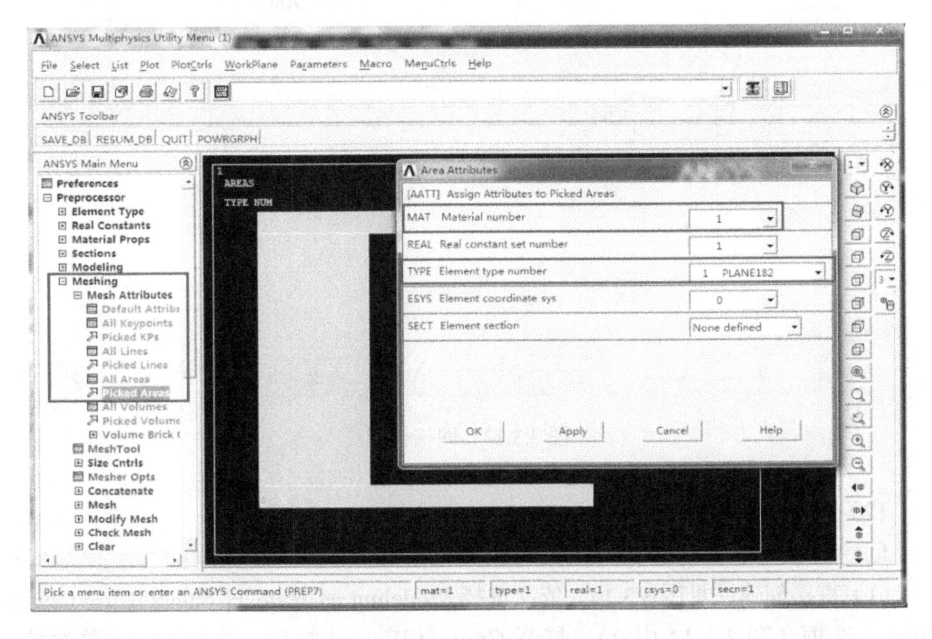

图 3.3.12　几何模型的属性赋予

11）网格划分

（1）依次选择 Preprocessor→Meshing→Size Cntrls→ManualSize→ Areas→Picked

Areas 选项，选中坯料的几何模型（或者在 Elem Size at Picked Areas 文本框中输入 1，单击 OK 按钮），然后在 Element edge length 文本框中输入 0.0005，单击 OK 按钮，完成坯料的网格划分设定；选中上、下砧的几何模型（或者在 Elem Size at Picked Areas 文本框中输入 2, 3，单击 OK 按钮），然后在 Element edge length 文本框中输入 0.001，单击 OK 按钮，完成模具的网格划分设定。

（2）依次选择 Preprocessor→Meshing→Mesh→Areas→Mapped→3 or 4 sided 选项，然后在弹出对话框内单击 Pick All 按钮，几何模型自动进行网格划分，有限元网格划分结束，共划分单元 270 个，节点 339 个，其中坯料的单元为 240 个，节点为 273 个（对这种规则几何形状可以采用整体网格进行单元边长限制，对于较为复杂的几何模型通常对不同的边界进行不同单元边长或者份数的划分）。为了能够更为清楚地表现网格模型，依次选择 PlotCtrls→Style→Colors→Reverse Video 选项，背景颜色改为白色，显示网格模型，如图 3.3.13 所示。

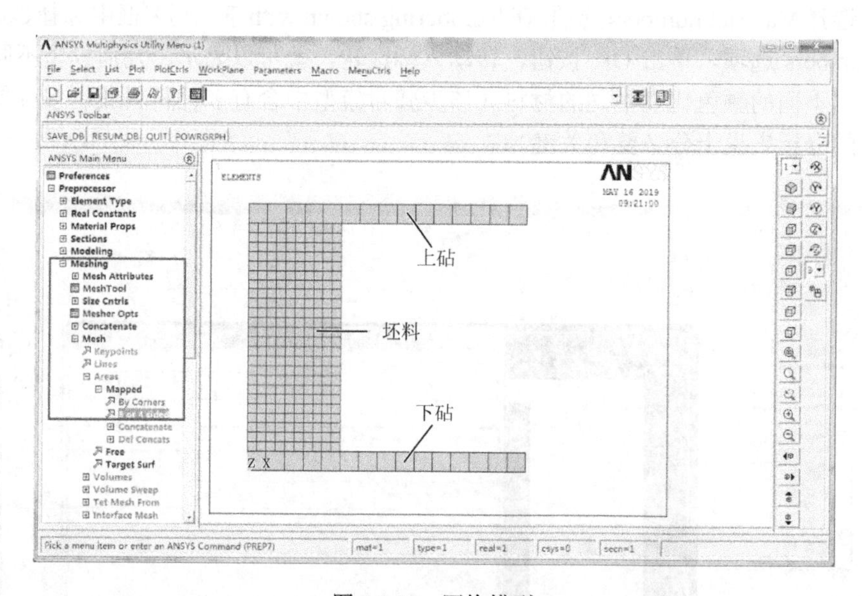

图 3.3.13　网格模型

12）接触对创建

创建接触对通常有两种方法，即直接创建法和间接创建法。

（1）直接创建法见图 3.3.14。依次选择 Modeling→Create→Contact Pair→Contact Wizard 选项（图 3.3.14 中 2），打开 Contact Wizard 窗口，选择 Lines 单选按钮（图 3.3.14 中 3），然后执行 Pick Target 命令（图 3.3.14 中 4），选取接触的目标直线（图 3.3.14 中 5，该直线属于上砧），然后依次单击 OK 按钮、Next 按钮（图 3.3.14 中 6）；执行 Pick Contact 命令，选取接触的接触直线（图 3.3.14 中 7，该直线属

于坯料上端，不要选中上砧直线），单击 OK 按钮，在 Contact Element Type 列表框中选择 Surface-to-Surface 选项，然后单击 Next 按钮，在 Coefficient of Friction 文本框中输入 0.3，单击 Create 按钮，完成坯料与上砧接触对建立。采用相同方法，打开 Contact Wizard 窗口，选择 Lines 单选按钮（图 3.3.14 中 3），执行 Pick Target 命令（图 3.3.14 中 4），选取接触的目标直线（图 3.3.14 中 8，该直线属于下砧），然后依次单击 OK 按钮、Next 按钮（图 3.3.14 中 6）；执行 Pick Contact 命令，选取接触的接触直线（图 3.3.14 中 9，该直线位于坯料下端，切忌和图 3.3.14 中 8 重复），依次单击 OK 按钮、Next 按钮，在 Coefficient of Friction 文本框中输入 0.3，单击 Create 按钮，完成下砧与坯料接触对建立（这种方法属于较为简单的接触对建立方法，能够进行简单的接触问题分析，详细接触对建立可以参照相关接触分析教程。接触对建立过程中，一般情况下将坯料设置为接触单元，模具设定为目标单元。如果利用该方法创建接触对，前面单元类型不需要定义接触单元 Contact 172 和目标单元 Target 169，接触对建立后会自动生成；选择图 3.3.14 中 5, 7, 8, 9 时，也可以选择该直线上的节点，但需要在图 3.3.14 中 3 时选择 Nodes 单选按钮）。

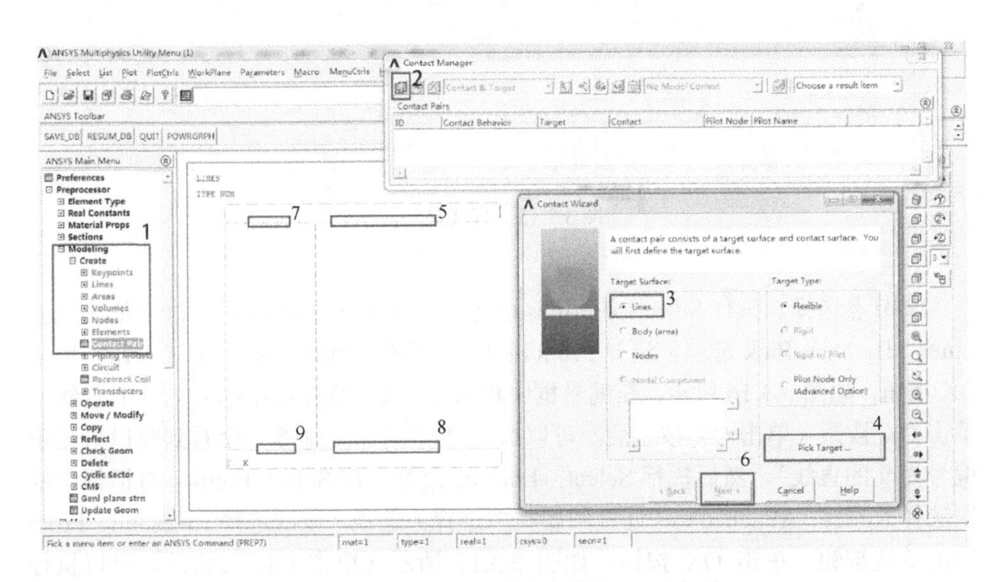

图 3.3.14　接触对建立

（2）尽管直接创建法更为简单，但是作者在多年的求解运用中发现，如果网格划分和时间步长选择不当会导致计算不收敛，特别是对于大变形问题，因此，更为有效可靠的方法是间接创建法。虽然对初学者来说，间接创建法略显麻烦，但是比较可靠。

①直线显示。执行 Plot→Lines 命令，显示直线模型，然后执行 PlotCtrls→

Numbering 命令，在 Plot Numbering Controls 对话框中 Line numbers 选项为 On，在 Elem/Attrib numbering 下拉列表框中选择 No numbering 选项，单击 OK 按钮，然后所有线的编号便显示出来，如图 3.3.15 所示（如果想看关键点、线、面、体、节点、单元等编号，可以通过选择不同类型的选项实现）。

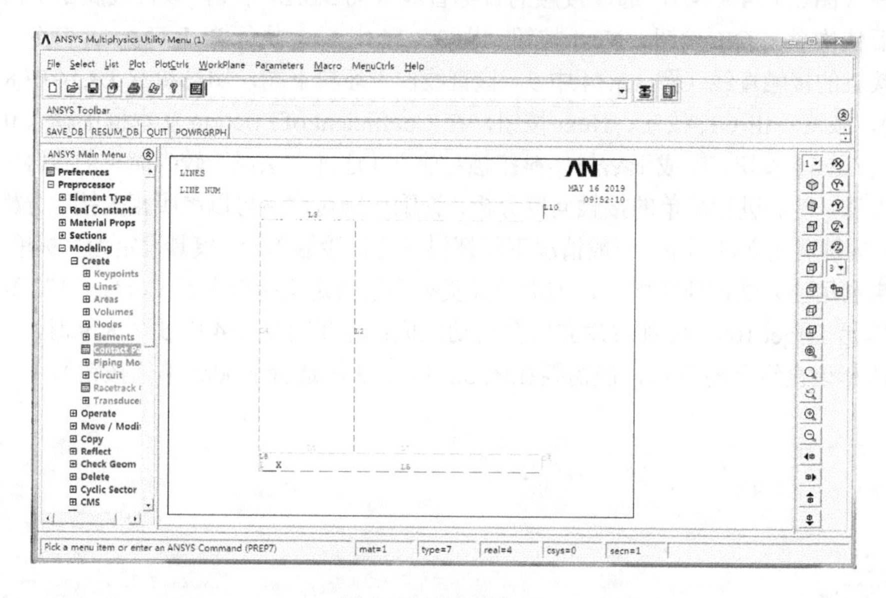

图 3.3.15　直线显示

②节点选择。执行 Select→Entities 命令，在 Select Entities 对话框中依次选择 Lines、By Num/Pick 选项，选择 From Full（从所有直线中选择）单选按钮，单击 OK 按钮，如图 3.3.16 所示。在编号框中输入 9（或者直接选中编号为 9 的直线），单击 OK 按钮（单击 OK 按钮后，可以执行 Plot→Lines 命令，会看到窗口只显示编号为 9 的直线）。然后执行 Select→Entities 命令，在 Select Entities 对话框中依次选择 Nodes、Attached to（通过归属类型选择）选项，依次选择 Lines, all、From Full 单选按钮，单击 OK 按钮，如图 3.3.17 所示（单击 OK 按钮后，可以执行 Plot→Nodes 命令，会看到窗口只显示属于编号 9 的直线上的节点，即上砧下端面的所有节点）。

③上砧接触面上的节点组创建。执行 Select→Comp/Assembly→Create Component 命令，然后弹出 Create Component 对话框，在 Cname Component name 文本框中输入 UP_DIE_TARGET（表明是上砧模具的接触面，为目标单元，名字可以随便给予，但最好能够表达其意思），在 Entity Component is made of 下拉列表框中选择 Nodes（表示创建组的类型）选项，单击 OK 按钮，完成上砧与坯料接触面上

节点组的创建，如图 3.3.18 所示（组的创建对于分类十分重要，相当于将很多同类的东西进行归纳，便于后续该类节点的各种操作，查看和选择组可以通过执行 Select→Component Manager 命令）。然后执行 Select→Everything 命令，使所有点、线、面、体、节点和单元处于活动窗口（如果不选择 Everything 选项，活动窗口显示直线和节点时仅显示编号为 9 的直线以及该直线上的节点）。

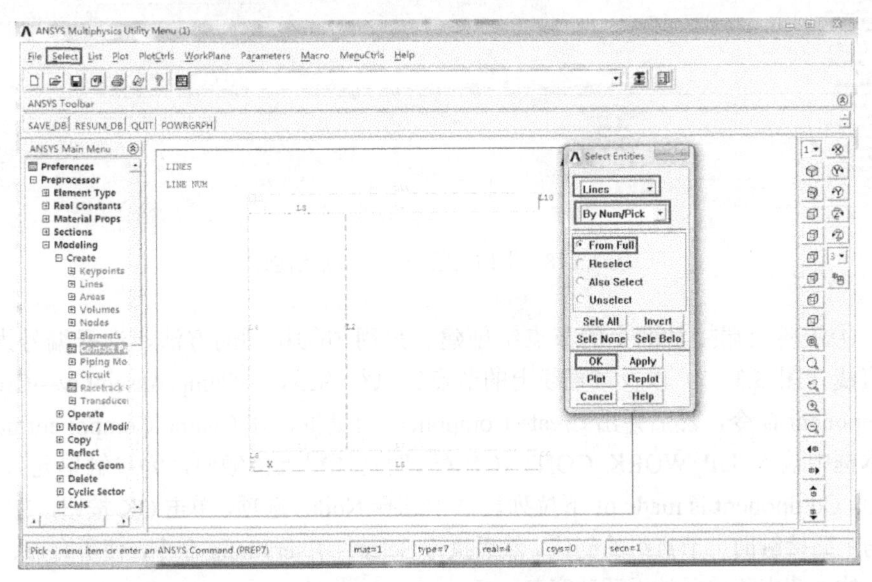

图 3.3.16　直线显示

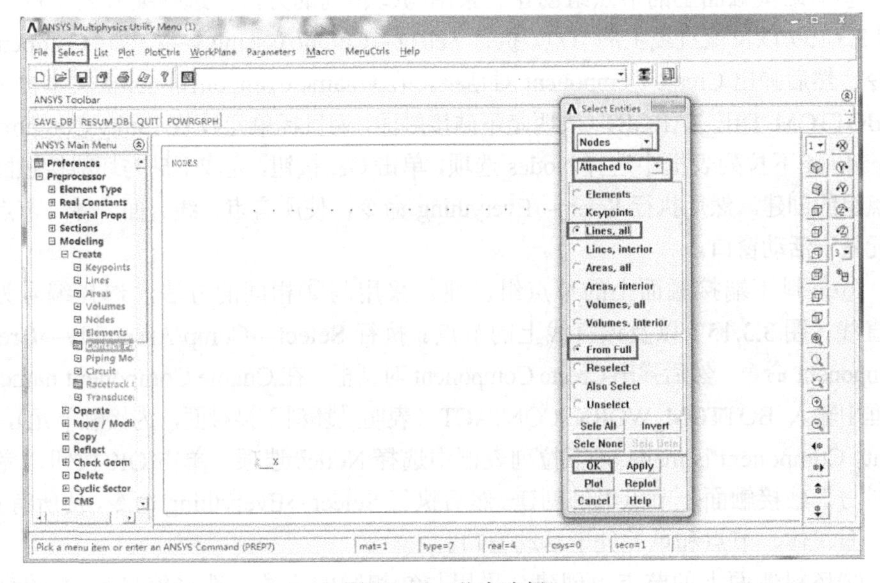

图 3.3.17　节点选择

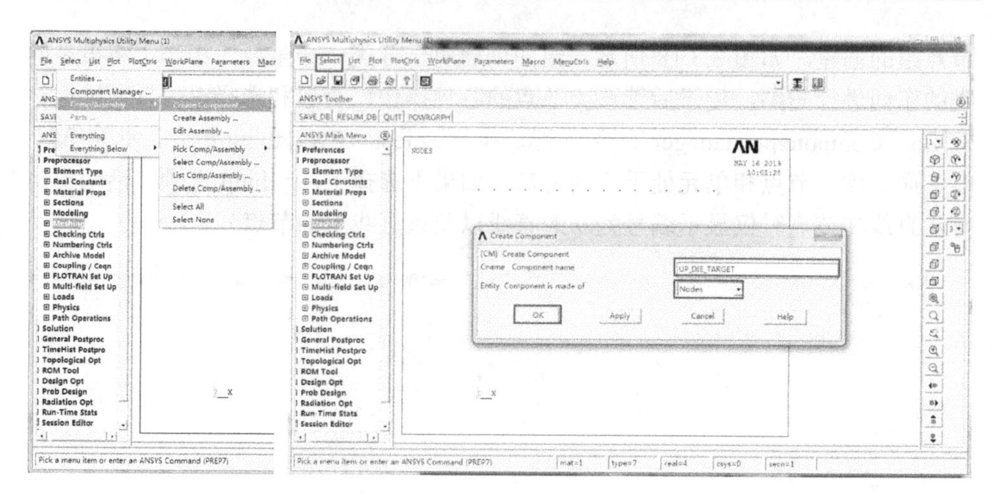

图 3.3.18　上砧接触面上的节点组创建

④坯料上端接触面上的节点组创建。采用与②相同的方法，选择编号为 3 的直线（图 3.3.15）以及该直线上的节点。执行 Select→Comp/Assembly→Create Component 命令，然后弹出 Create Component 对话框，在 Cname Component name 文本框中输入 UP_WORK_CONTACT（表明是坯料上接触面，为接触单元），在 Entity Component is made of 下拉列表框中选择 Nodes 选项，单击 OK 按钮，完成坯料与上砧接触面上节点组的创建。然后执行 Select→Everything 命令，使所有点、线、面、体、节点和单元处于活动窗口。

⑤下砧接触面上的节点组创建。采用与②相同的方法，选择编号为 7 的直线（图 3.3.15）以及该直线上的节点。执行 Select→Comp/Assembly→Create Component 命令，然后弹出 Create Component 对话框，在 Cname Component name 文本框中输入 BOTTOM_DIE_TARGET（表明是下砧接触面，为目标单元），在 Entity Component is made of 下拉列表框中选择 Nodes 选项，单击 OK 按钮，完成下砧与坯料接触面上节点组的创建。然后执行 Select→Everything 命令，使所有点、线、面、体、节点和单元处于活动窗口。

⑥坯料下端接触面上的节点组创建。采用与②相同的方法，选择编号为 1 的直线（图 3.3.15）以及该直线上的节点。执行 Select→Comp/Assembly→Create Component 命令，然后弹出 Create Component 对话框，在 Cname Component name 文本框中输入 BOTTOM_WORK_CONTACT（表明是坯料下接触面，为接触单元），在 Entity Component is made of 下拉列表框中选择 Nodes 选项，单击 OK 按钮，完成坯料与下砧接触面上节点组的创建。然后执行 Select→Everything 命令，使所有点、线、面、体、节点和单元处于活动窗口。

⑦坯料侧面上的节点组创建。采用与②相同的方法，选择编号为 2 的直线

（图 3.3.15）以及该直线上的节点。执行 Select→Comp/Assembly→Create Component 命令，然后弹出 Create Component 对话框，在 Cname Component name 文本框中输入 SIDE_WORK_CONTACT（表明是坯料侧面，为接触单元。根据金属塑性成形原理和最小阻力定律，当摩擦较大或压下量较大时，金属压缩过程会出现侧面翻平现象，因而侧面也有可能与上、下砧接触），在 Entity Component is made of 下拉列表框中选择 Nodes 选项，单击 OK 按钮，完成与平砧接触的坯料侧面接触面上节点组的创建。然后执行 Select→Everything 命令，使所有点、线、面、体、节点和单元处于活动窗口，执行 Plot→Elements 命令。

⑧目标单元选择。执行 Select→Component Manager 命令，在 Component Manager 窗口可以看到前面创建的节点组，然后按住键盘上的 Ctrl 键，同时选中 BOTTOM_DIE_TARGET 和 UP_DIE_TARGET 组，执行 Select→Comp/Assembly 命令(图 3.3.19)。这样便选中了上、下砧与坯料接触的接触面上的节点（可以执行 Plot→ Nodes 命令进行查看）。

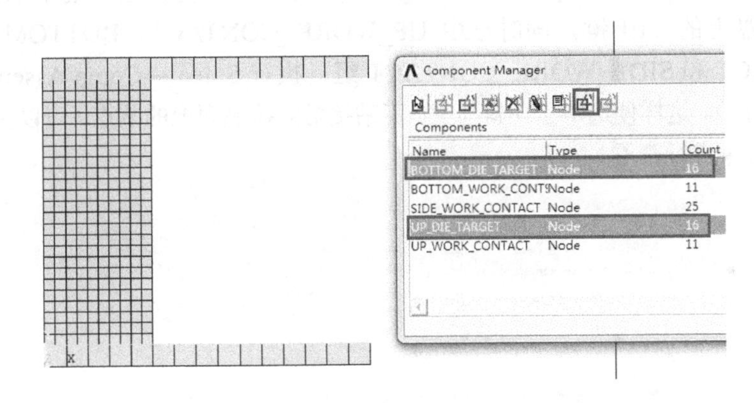

图 3.3.19　节点组选择

⑨节点目标单元属性设定。依次选择 Preprocessor→Modeling→Create→Elements→Elem Attributes 选项，弹出 Element Attributes 对话框，在 Element type number、Material number 和 Real constant set number 下拉列表框中分别选择 2 TARGE169、2 和 1 选项，其他默认，单击 OK 按钮，完成节点目标单元属性设定，如图 3.3.20 所示。

⑩接触对的目标单元创建。依次执行 Preprocessor→Modeling→Create→Elements→Surf/Contact→Surf to Surf 命令，弹出 Mesh Free Surfaces 对话框，在 Tlab Surface element form 和 Shape Base shape of TARGE170s 下拉列表框中分别选择 Top surface 和 Same as target 选项，单击 OK 按钮，如图 3.3.21 所示。然后在出现浮动的 Mesh Free Surfaces 对话框中单击 Pick All 按钮，接触对目标单元创建完

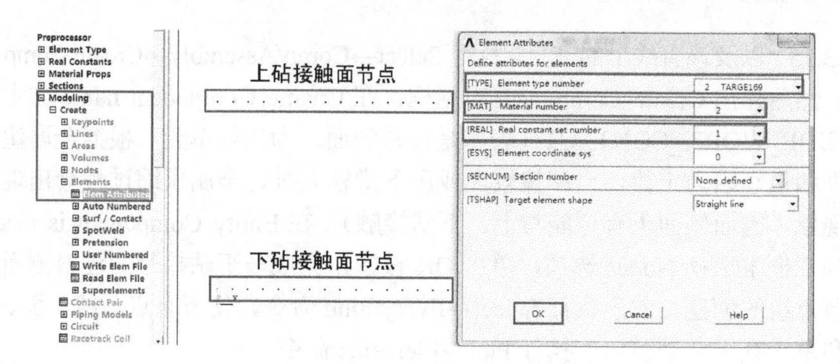

图 3.3.20　节点目标单元属性设定

成（小短线指向为接触方向），如图 3.3.22 所示。然后执行 Select→Everything 命令，使所有点、线、面、体、节点和单元处于活动窗口，执行 Plot→Elements 命令。

⑪接触对的接触单元选择。采用和⑧相同的方法，执行 Select→Component Manager 命令，在 Component Manager 窗口可以看到前面创建的节点组，然后按住键盘上的 Ctrl 键，同时选中 UP_WORK_CONTACT、BOTTOM_WORK_CONTACT 和 SIDE_WORK_CONTACT 组，执行 Select→Comp/Assembly 命令（图 3.3.19）。这样便选中了坯料与上、下砧接触的接触面上的节点（可以执行 Plot→Nodes 命令进行查看）。

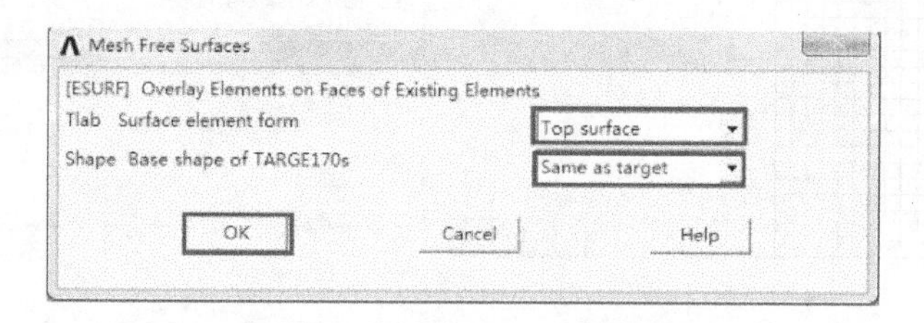

图 3.3.21　创建接触对单元设定

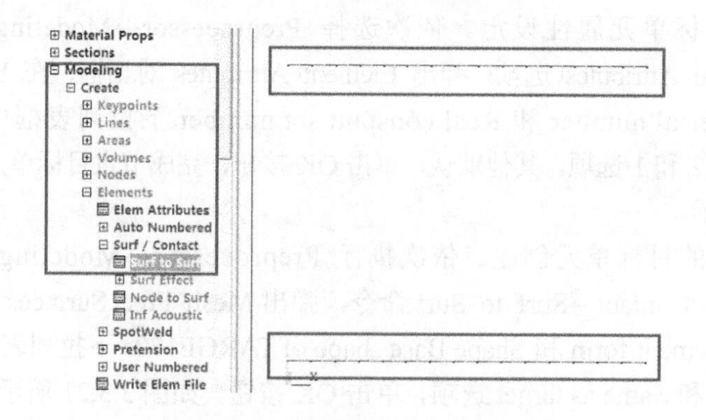

图 3.3.22　创建的接触对目标单元

⑫节点接触单元属性设定。采用和⑨相同的方法，依次执行 Preprocessor→Modeling→Create→Elements→Elem Attributes 命令，弹出 Element Attributes 对话框，在 Element type number 和 Material number 下拉列表框中分别选择 3 CONTA172 和 1 选项，其他默认，单击 OK 按钮，完成节点接触单元属性设定。

⑬接触对的接触单元创建。采用和⑩相同的方法，依次执行 Preprocessor→Modeling→Create→Elements→Surf/Contact→Surf to Surf 命令，弹出 Mesh Free Surfaces 对话框，在 Tlab Surface element form 和 Shape Base shape of TARGE170s 下拉列表框中分别选择 Top surface 和 Same as target 选项，单击 OK 按钮，然后在出现浮动的 Mesh Free Surfaces 对话框中单击 Pick All 按钮，接触对接触单元创建完成，如图 3.3.23 所示。然后执行 Select→Everything 命令，使所有点、线、面、体、节点和单元处于活动窗口，执行 Plot→Elements 命令。间接创建法接触对创建完成。

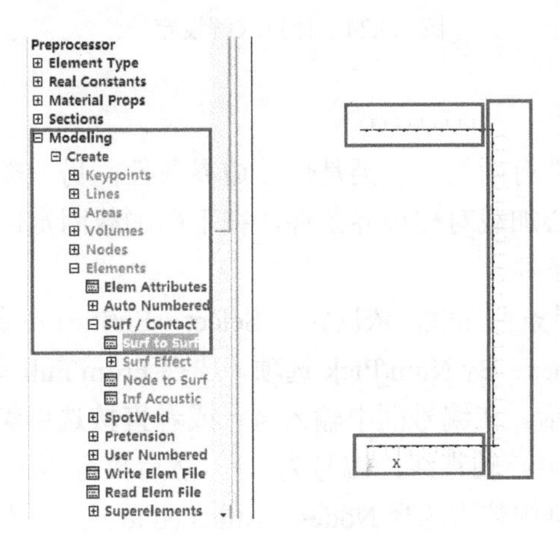

图 3.3.23　创建的接触对接触单元

3. 求解

1）计算求解设定

依次选择 Solution→Analysis Type→New Analysis 选项，在 ANTYPE 对话框中选择 Static（静态结构力学分析）单选按钮，单击 OK 按钮。然后依次选择 Solution→Analysis Type→Sol'n Controls 选项，弹出 Solution Controls 对话框，在 Analysis Options 下拉列表框中选择 Large Displacement Static（大塑性变形）选项，在 Time at end of loadstep 文本框中输入 1（属于静态分析，这里是物理时间，不具备实际的瞬态意义），在 Number of substeps、Max no. of substeps 和 Min no. of substeps 文本框中分别输入 20、50 和 20（子步数是迭代求解的步数，子步数要介于最小值和最大值）；在 Frequency 下拉列表框中选择 Write every Nth substep（保存每一迭代步计算结果）选项，如图 3.3.24 所示，单击 OK 按钮。

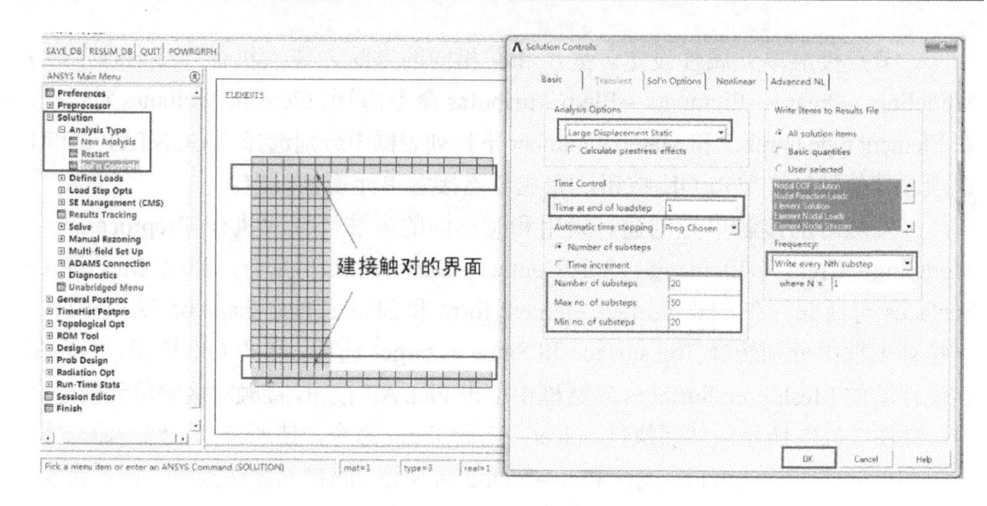

图 3.3.24　计算求解设定

2）边界条件加载

力学求解边界条件有两类：一类是位移边界条件；另一类是应力边界条件。该案例主要在坯料轴心加载对称边界条件，在下砧加载固定位移边界条件，在上砧加载向下位移边界条件。

（1）坯料对称边界条件加载。依次执行 Select→Entities 命令，在 Select Entities 对话框中依次选择 Lines、By Num/Pick 选项，选择 From Full 单选按钮，单击 OK 按钮，如图 3.3.16 所示。在编号框中输入 4（或者直接选中编号为 4 的直线），单击 OK 按钮（选择中心轴直线，编号为 4）。然后执行 Select→Entities 命令，在 Select Entities 对话框中依次选择 Nodes、Attached to 选项，依次选择 Lines, all、From Full 单选按钮，单击 OK 按钮，如图 3.3.17 所示（单击 OK 按钮后，可以执行 Plot→Nodes 命令，会看到窗口只显示属于编号为 4 的直线上的节点，即中心轴线上节点）。依次执行 Solution→Define Loads→Apply→Structural→Displacement→On Nodes 命令，在 Apply U, ROT on Nodes 节点选择对话框中单击 Pick All 按钮，弹出 Apply U, ROT on Nodes 数值输入对话框，在 Lab2 DOFs to be constrained 列表框内选择 UX 选项，在 Apply as 下拉列表框中选择 Constant value 选项，在 VALUE Displacement value 文本框内输入 0（表示中心对称，即中心轴线上节点不会发生 X 方向位移），单击 OK 按钮，完成对称边界条件加载，如图 3.3.25 所示（本案例是将边界条件加载在节点上，当然也可以加载在线上，从有限元本质来说节点上准确度更高，实际求解中不会出现更多额外问题）。

（2）下砧固定边界条件加载。依次执行 Select→Entities 命令，在 Select Entities 对话框中依次选择 Lines、By Num/Pick 选项，选择 From Full 单选按钮，单击 OK 按钮，如图 3.3.16 所示。在编号框中输入 5, 6（或者直接选中编号为 5 和 6 的直线），

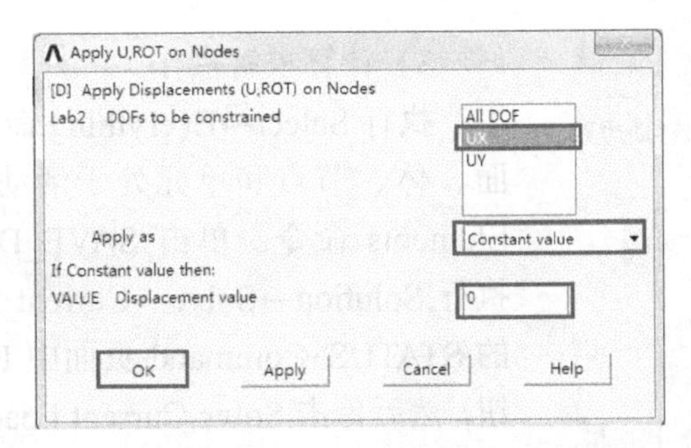

图 3.3.25　对称边界条件加载

单击 OK 按钮（选择下砧外边缘线）。然后执行 Select→Entities 命令，在 Select Entities 对话框中依次选择 Nodes、Attached to 选项，选择 Lines, all、From Full 单选按钮，单击 OK 按钮，如图 3.3.17 所示（单击 OK 按钮后，可以执行 Plot→Nodes 命令，会看到窗口只显示属于编号为 5 和 6 的直线上的节点）。依次执行 Solution→Define Loads→Apply→Structural→Displacement→On Nodes 命令，在 Apply U, ROT on Nodes 节点选择对话框中单击 Pick All 按钮，弹出 Apply U, ROT on Nodes 数值输入对话框，在 Lab2 DOFs to be constrained 列表框内选择 UX, UY 选项，在 Apply as 下拉列表框中选择 Constant value 选项，在 VALUE Displacement value 文本框内输入 0（表示模具外缘不能发生 UX 和 UY 位移），完成下砧固定边界条件加载，实现下砧固定。

（3）上砧边界条件加载。依次执行 Select→Entities 命令，在 Select Entities 对话框中依次选择 Lines、By Num/Pick 选项，选择 From Full 单选按钮，单击 OK 按钮，如图 3.3.16 所示。在编号框中输入 10, 11（或者直接选中编号为 10 和 11 的直线），单击 OK 按钮（选择上砧外边缘线）。然后执行 Select→Entities 命令，在 Select Entities 对话框中依次选择 Nodes、Attached to 选项，选择 Lines, all、From Full 单选按钮，单击 OK 按钮，如图 3.3.17 所示（单击 OK 按钮后，可以执行 Plot→Nodes 命令，会看到窗口只显示属于编号为 10 和 11 的直线上的节点）。依次执行 Solution→Define Loads→Apply→Structural→Displacement→On Nodes 命令，在 Apply U, ROT on Nodes 节点选择对话框中击 Pick All 按钮，弹出 Apply U, ROT on Nodes 数值输入对话框，在 Lab2 DOFs to be constrained 列表框内选择 UX 选项，在 Apply as 下拉列表框中选择 Constant value 选项，在 VALUE Displacement value 文本框内输入 0（表示上砧外缘不能发生 UX 位移）。继续依次执行 Solution→Define Loads→ Apply→Structural→Displacement→On Nodes 命令，在 Apply U, ROT on Nodes 节点选择对话框中单击 Pick All 按钮，弹出 Apply U, ROT on Nodes 数值输入对话框，在 Lab2 DOFs to be constrained 列表框内选择 UY 选项，在 Apply as 下拉列表框中选择 Constant value 选项，在 VALUE Displacement value 文本框内输入–0.005，完成上砧边界条件加载，实现上砧 *X* 方向固定和 *Y* 方向下移。边界条件加载示意图如图 3.3.26 所示。

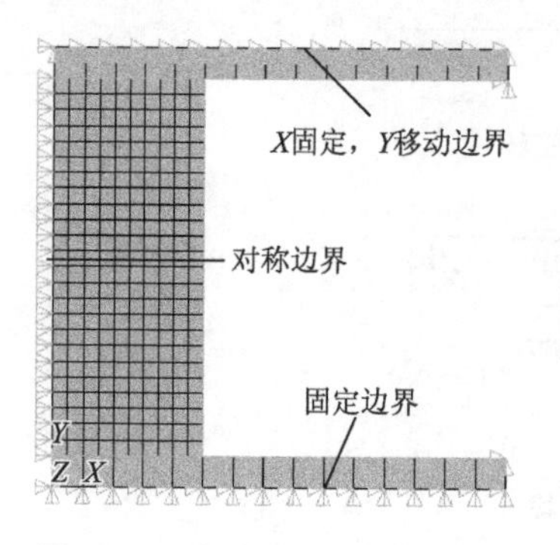

图 3.3.26　边界条件加载示意图

3）计算求解操作

执行 Select→Everything 命令，使所有点、线、面、体、节点和单元处于活动窗口，执行 Plot→Elements 命令。单击 SAVE_DB 按钮保存，然后执行 Solution→Solve→Current LS 命令，单击弹出的/STATUS Command 页面中 File 下面的 Close 按钮，然后单击 Solve Current Load Step 对话框的 OK 按钮，开始求解计算，如图 3.3.27 所示。最后弹出 Solution is done！提示框，表示求解结束。

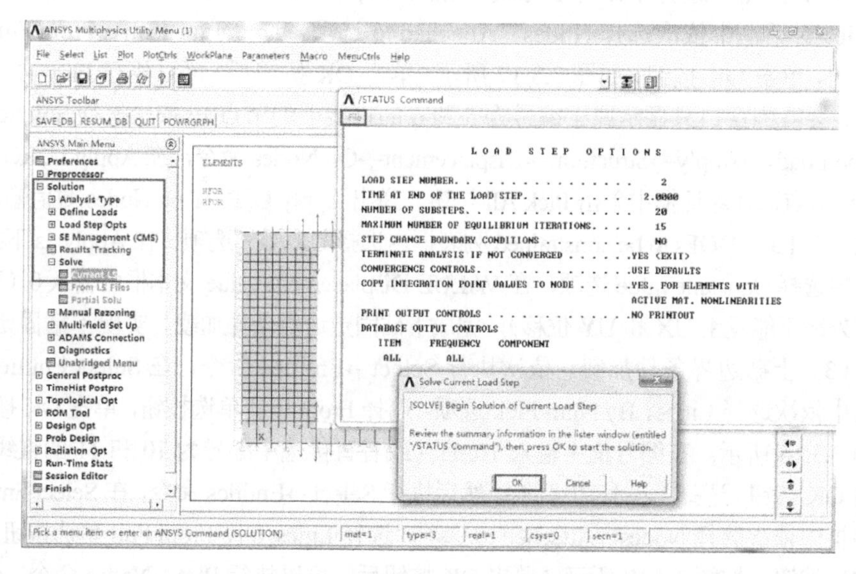

图 3.3.27　求解示意图

4. 后处理

1）后处理结果查看

依次选择 General Postproc→Plot Results→Contour Plot→Nodal Solu 选项，然后在节点结果显示窗口可以查看节点位移、应力、应变等，如图 3.3.28 所示（如果由于迭代问题没有求解结束，则没有 Plot Results 选项，可以通过执行 Read Results→Last step 命令出现 Plot Results 选项，但此时的结果不是最终的结果，精度也并不可靠）。

2）坯料应力和应变结果查看

为了能够仅看坯料的应力和应变分布，可以执行 Select→Entities 命令，在

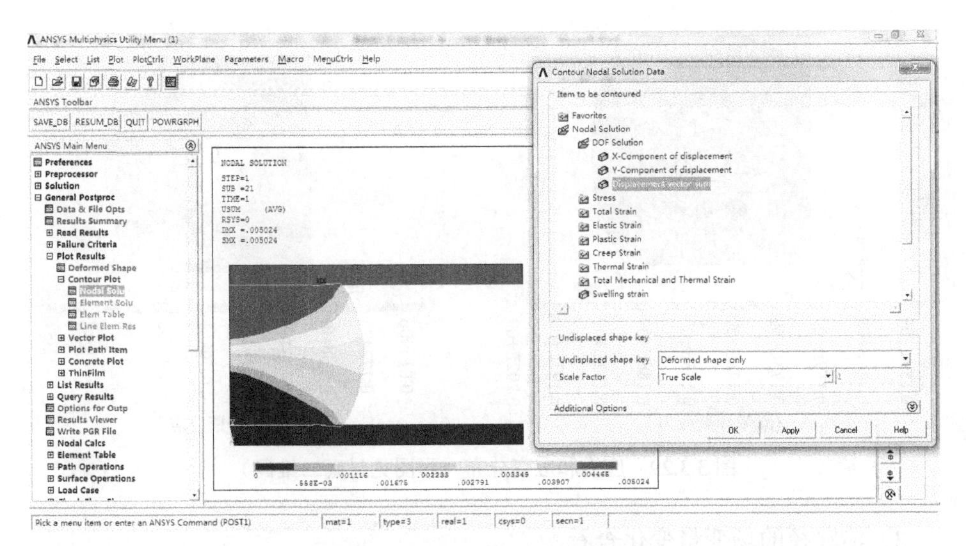

图 3.3.28　节点计算结果查看示意图

Select Entities 对话框中依次选择 Elements（选择类型）、By Attributes（选择方法）、Material num（通过材料编号选择）选项，在 Min, Max, Inc 文本框中输入 1，单击 OK 按钮，则选中坯料单元（可以通过执行 Plot→Elements 命令查看）。依次执行 General Postproc→Plot Results→Contour Plot 命令，在节点结果显示窗口选择 Nodal Solution→Stress→Y-component of Stress 选项，查看 Y 方向应力分布，如图 3.3.29（a）所示。在节点结果显示窗口选择 Nodal Solution→Plastic strain→Equivalent Plastic Strain 选项，查看等效塑性应变分布，如图 3.3.29（b）所示。在节点结果显示窗口选择 Nodal Solution→Stress→Von Mises Stress 选项，查看米泽斯应力分布，如图 3.3.29（c）所示。在节点结果显示窗口选择 Nodal Solution→Total strain→Von Mises Total Strain 选项，查看米泽斯总应变分布，如图 3.3.29（d）所示。

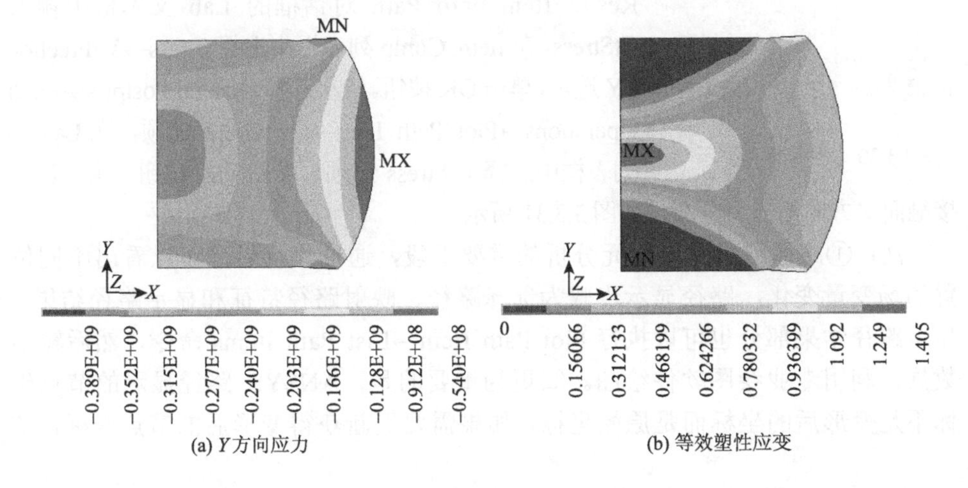

(a) Y方向应力　　(b) 等效塑性应变

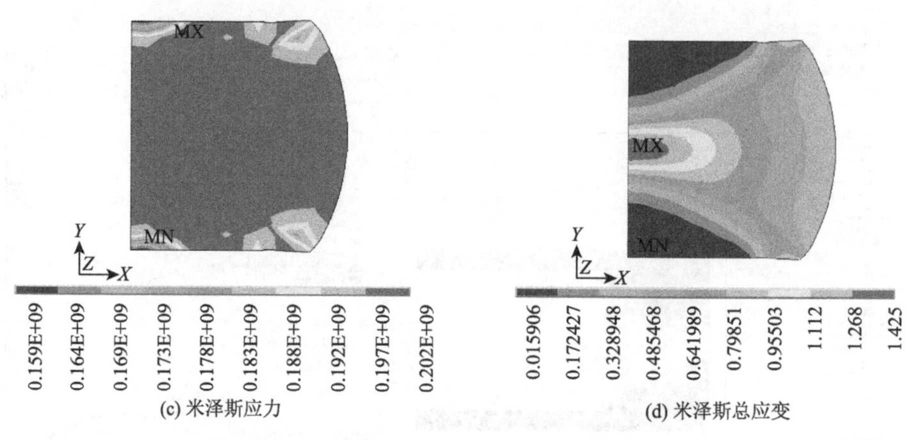

(c) 米泽斯应力　(d) 米泽斯总应变

图 3.3.29　应力和应变分布（彩图见封底二维码）

3）沿路径的场变量变化查看

（1）执行 Select→Entities 命令，在 Select Entities 对话框中依次选择 Elements、By Attributes、Material num 选项，在 Min, Max, Inc 文本框中输入 1，单击 OK 按钮，则选中坯料单元。执行 Select→Entities 命令，在 Select Entities 对话框中依次选择 Nodes、Attached to、Elements 选项，单击 OK 按钮，则选中坯料节点。执行 Plot→Nodes 命令，如图 3.3.30 所示。

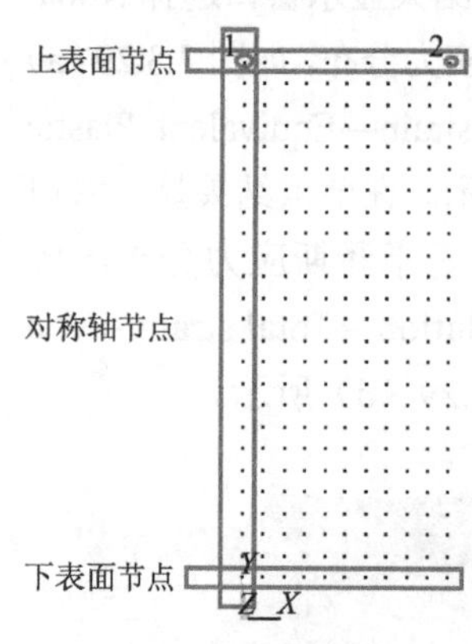

图 3.3.30　坯料节点显示

（2）依次选择 General Postproc→Path Operations→Define Path→By Nodes 选项，选取图 3.3.30 中的 1 和 2 节点，然后单击 OK 按钮，在 Define Path Name 文本框中输入 CtSurf（表明是接触面节点，名字可以自己定义），单击 OK 按钮，关掉打开的 File 文件。依次选择 General Postproc→Path Operations→Map onto Path 选项，在 Map Result Item onto Path 对话框的 Lab 文本框中输入 CtStress，在 Item, Comp 列表框中选择 Stress→Y-direction SY 选项，单击 OK 按钮。依次选择 General Postproc→Path Operations→Plot Path Item→On Graph 选项，在 Lab1-6 列表框中选择 CtStress 选项，单击 OK 按钮，窗口出现接触面 Y 方向的应力分布，如图 3.3.31 所示。

注：①路径显示是有限元分析的重要手段，通过路径显示可以看出不同位置的场变量变化，路径显示步骤为选择路径、映射路径特征和显示路径结果，显示路径结果部分也可以执行 Plot Path Item→List Path Items 命令，然后输出数据，利用专业绘图软件绘图。②更为重要的是，ANSYS 路径显示的节点坐标不是变形后的坐标而是原始坐标，如果需要更新获得变形后的节点坐标，依

次执行 Solution→Load Step Opts→Other→Updt Node Coord 命令，在弹出的窗口单击 OK 按钮，节点坐标发生变化。

4）整体变形查看

依次选择 General Postproc→Plot Results→Contour Plot 选项，在节点结果显示窗口依次选择 Nodal Solution→DOF Solution→Displacement vector sum 选项，查看整体变形位移矢量。然后依次选择 PlotCtrls→Style→Symmetry Expansion→2D Axi-Symmetric 选项，打开 2D Axi-Symmetric Expansion 对话框，选择 1/4 Expansion 选项，可以查看 1/4 扩展模型位移计算结果，如图 3.3.32 所示。

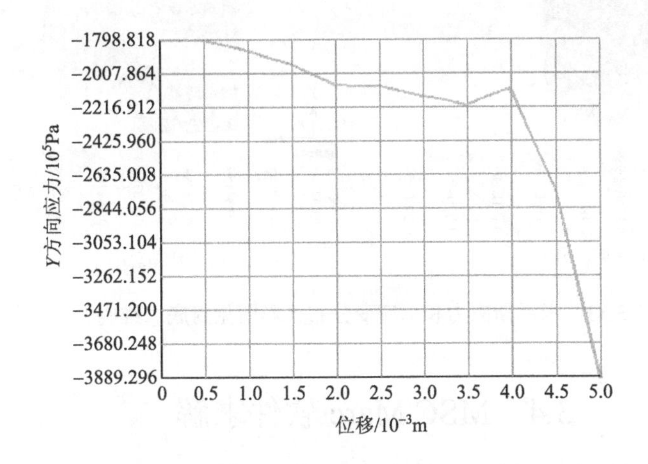

图 3.3.31　接触面上 Y 方向应力从中心到表面变化

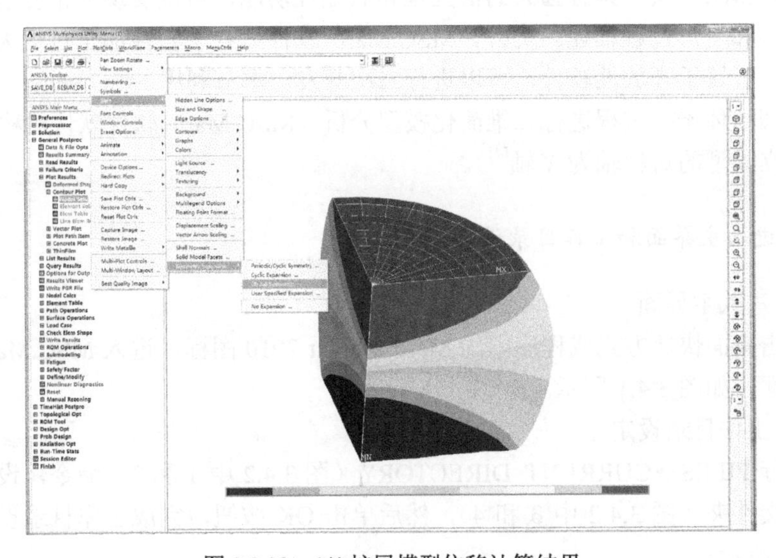

图 3.3.32　1/4 扩展模型位移计算结果

图 3.3.33 为米泽斯应力和总应变分布规律。米泽斯应力最大值和二维简化模型相同，梯度基本相同，但分布略有差别，1/4 扩展模型更能体现对称性，应力较小的区域位于发生侧面翻平现象的金属质点内。米泽斯应变最大值略大于二维简化模型时的 1.336，梯度基本相同，分布规律基本相同。

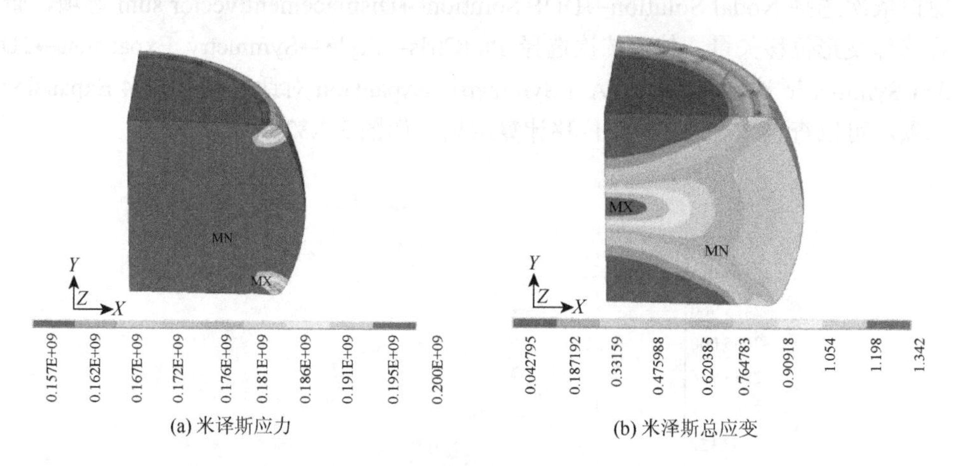

(a) 米译斯应力　　(b) 米泽斯总应变

图 3.3.33　米泽斯应力和总应变分布（彩图见封底二维码）

3.4　MSC.Marc 软件求解

MSC.Marc 软件具有强大的前处理和后处理功能，可以实现非常复杂的塑性加工运动和变形过程描述。另外，MSC.Marc 软件适合于塑性加工过程大变形计算分析，且属于开放性软件，可以进行二次开发。本节利用 MSC.Marc（2010 版本）对圆柱体压缩过程进行二维简化模型分析（MSC.Marc 软件默认对称轴为 X 轴，建立模型的对称轴为 X 轴[4]）。

1. 进入主界面和工作目录设定

1）进入主界面

双击桌面快捷方式或程序中的 Marc Mentat 2010 图标，进入 MSC.Marc 软件的主界面，如图 3.4.1 所示。

2）工作目录设定

执行 FILES→CURRENT DIRECTORY（图 3.4.2 中 1 和 2）命令，设置工作路径和文件夹（图 3.4.2 中 3 和 4），然后单击 OK 按钮，完成工作目录设定，如图 3.4.2 所示。

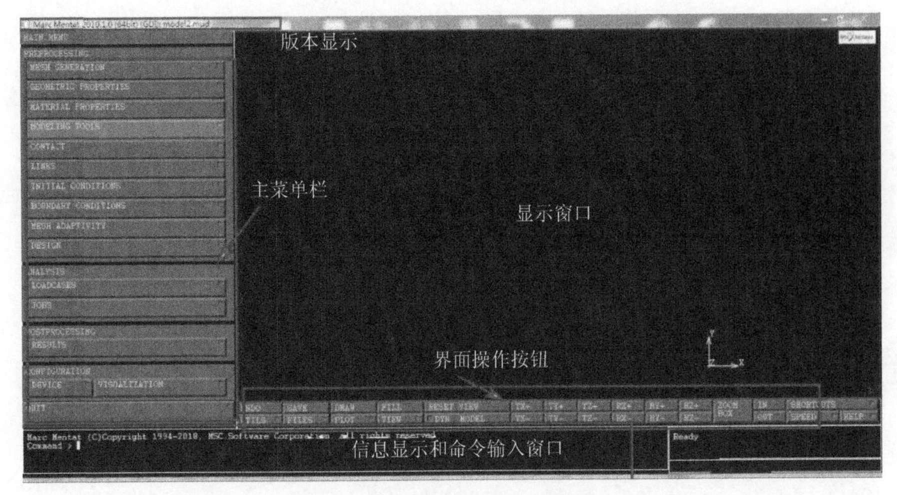

图 3.4.1 MSC.Marc 主界面

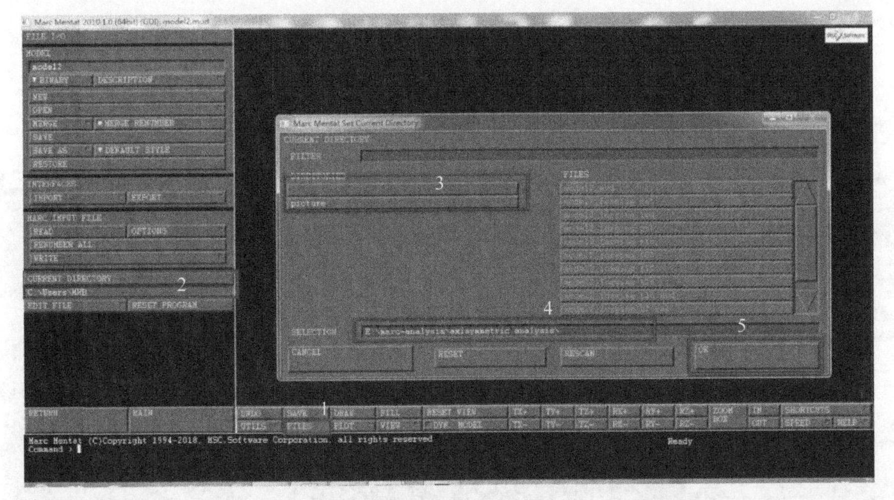

图 3.4.2 工作目录设定

2. 前处理

1）几何模型建立

```
PLOT
POINTS SETTING
LABELS
RETURN
CURVES SETTING
LABELS
```

```
RETURN
RETURN
MESH GENERATION
PTS ADD
0 0 0   <Enter>
12 0 0  <Enter>
12 5 0  <Enter>
0 5 0   <Enter>
FILL    <界面操作按钮中，用于全屏显示>
CRVS ADD
1 2
2 3
3 4
4 1
FILL
```

注：坯料几何模型四个边建立完毕，如图 3.4.3 所示。

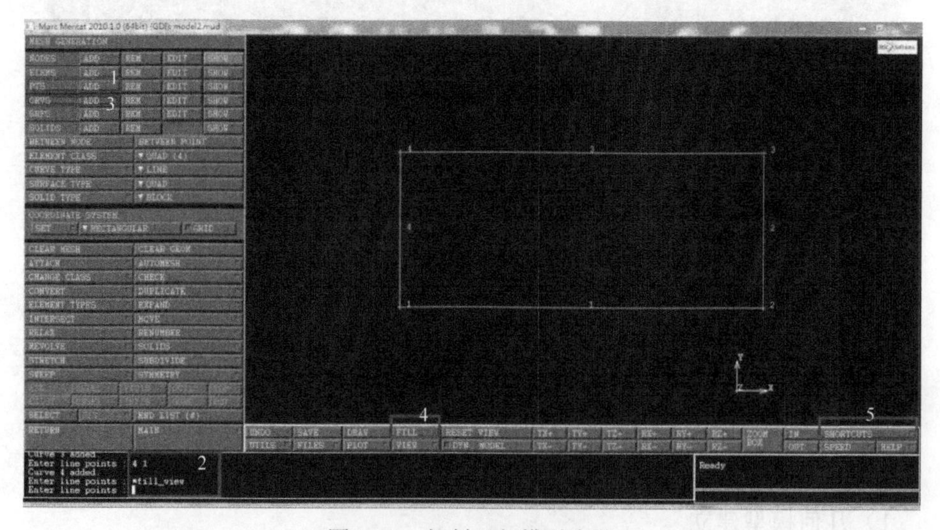

图 3.4.3　坯料几何模型边界

1 为点的建立和操作；2 和 3 为曲线的建立和操作；4 和 5 为全屏合适的比例显示

2）网格划分和上、下模具几何模型建立

```
AUTOMESH
CURVE DIVISIONS
FIXED AVG LENGTH
```

```
AVG LENGTH
0.5   <Enter>
APPLY CURVE DIVISIONS
ALL EXIST
RETURN
2D PLANR MESHING
QUADRILATERALS (ADV FRNT)
QUAD MESH!
ALL EXIST.
RETURN
RETURN
```

注：完成坯料网格划分，如图 3.4.4 所示。

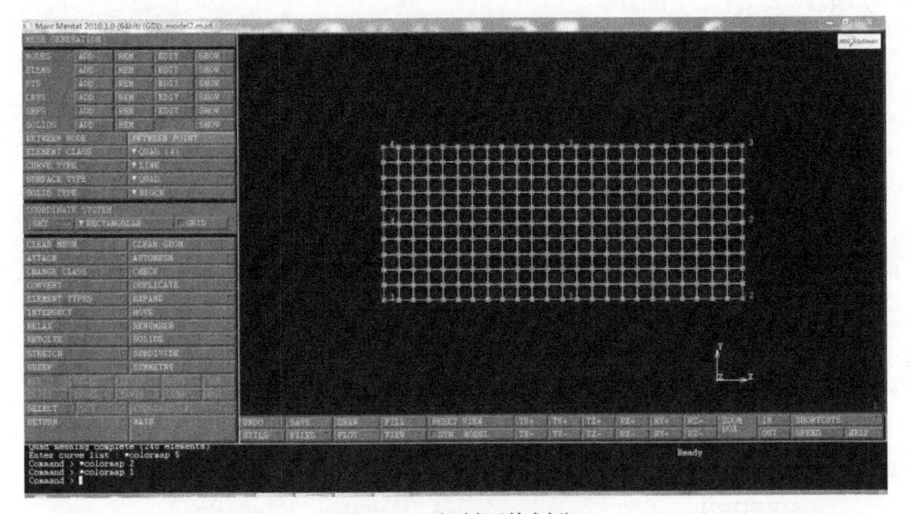

图 3.4.4　坯料网格划分

3）坯料几何模型删除及上、下砧几何模型建立

```
MESH GENERATION
  CRVS REM
    ALL EXIST
  PTS REM
    ALL EXIST
  SWEEP
    REMOVE UNUSED
      POINTS
```

```
  RETURN
  RENUMBER<重新编号>
    ALL
  RETURN
PTS ADD
0 0 0
12 0 0
12 15 0
0 15 0
FILL
CRVS ADD
1 4
2 3
FILL
SHORTCUTS
COLORS REVERSE
OK
<取消点和直线编号显示>
      PLOT
      POINTS SETTING
      LABELS
      RETURN
      CURVES SETTING
      LABELS
      RETURN
      REGEN
      RETURN
```

注：上、下砧几何模型建立完毕（两条直线），改变背景颜色，反色显示，如图 3.4.5 所示。

4）材料属性定义

```
MAIN
MATERIAL PROPERTIES
MATERIAL PROPERTIES
ANALYSIS CLASS STRUCTURAL
NEW
```

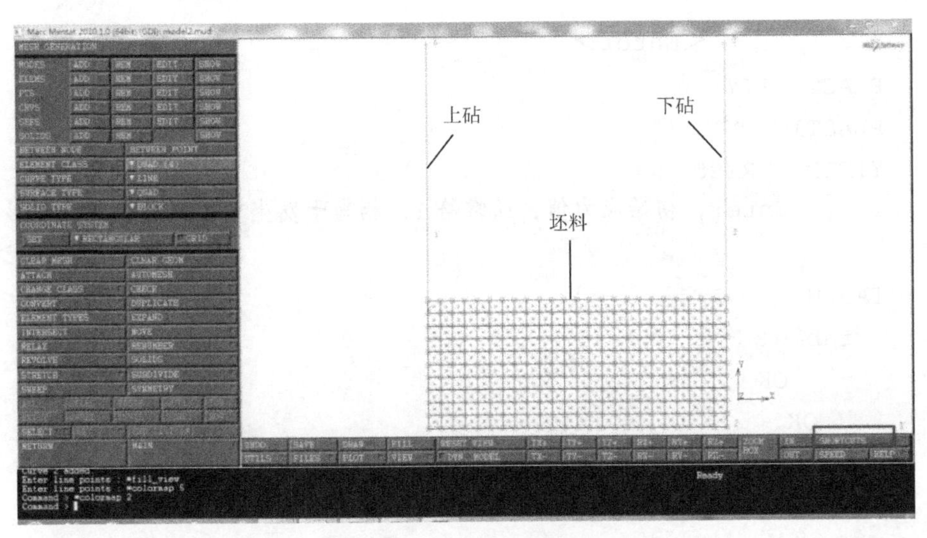

图 3.4.5　上、下砧几何模型

```
NEW MATERIAL STANDARD
NAME SI-STEEL
GENERAL
MASS DENSITY
7.7E-9 <Enter>
OK
TABLES
NEW
1 INDEPENDENT VARIABLE
TYPE
eq_plastic_strain
DATA POINTS
ADD
0 200  <Enter，进入塑性变形，变形抗力为200>
1.0 200   <Enter>
SHOW MODEL
RETURN
TYPE ELASTIC-PLASTIC ISOTROPIC
YOOUNG’S MODULUS
10000      <Enter>
POISSON’S RATIO
```

```
0.3          <Enter>
PLASTICITY
PLASTICITY
YIELD STRESS
1    <Enter，初始应力值，通常给 1，相当于发生塑性变形时塑性变形抗力值>
TABLE
  table1
      OK
    OK
  OK
ELEMENTS ADD
ALL EXIST
RETURN
  RETURN
```

注：材料属性定义完成，基本属性和塑性属性定义部分步骤如图 3.4.6 所示。

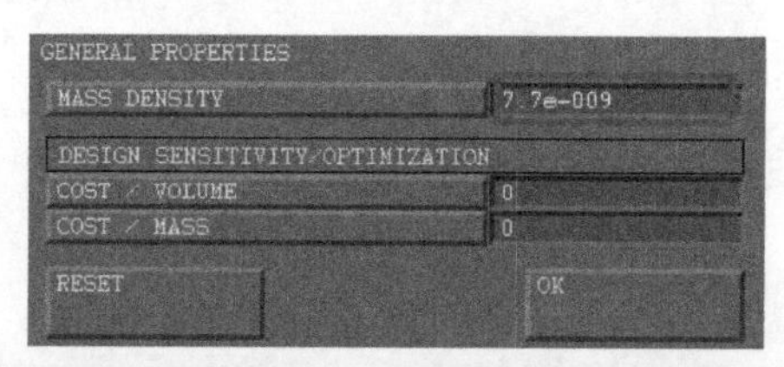

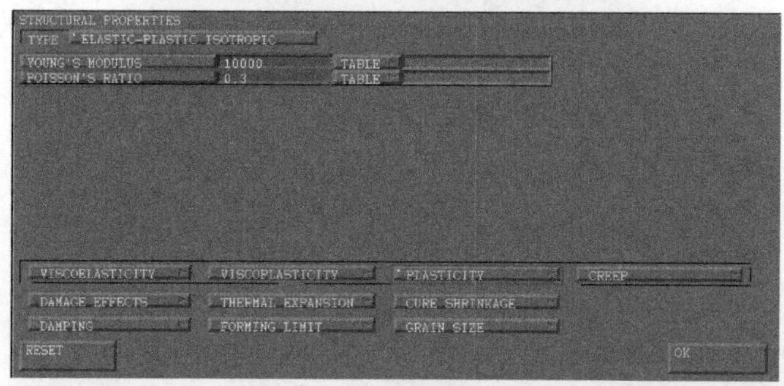

图 3.4.6 材料属性定义

5）接触设定

```
MAIN
 CONTACT BODIES
   NEW
   NAME
   WORKPIECE<Enter>
   DEFORMABLE
      FRICTION COEFFICIENT
      0.3    <Enter>
      OK
   ELEMENTS ADD
     ALL EXIST
NEW
  NAME
     UPDIE    <Enter>
       RIGID
     VELOCITY PARAMETERS
       X
       0.1     <Enter，采用的本构方程没有考虑速度影响>
       OK
     FRICTION COEFFICIENT
       0.3<Enter>
       OK
  2-D CURVES ADD
      1    <Enter>
     END LIST(#)
NEW
    NAME
     BOTTOMDIE<Enter>
       RIGID
       FRICTION COEFFICIENT
       0.3<Enter>
       OK
 2-D CURVES ADD
       2    <Enter>
```

```
    END LIST (#)
CONTACT TABLES
  NEW
  NAME
  Contact <Enter>
    PROPERTIES
    SECOND 1
      CONTACT TYPE TOUCHING
      OK
    SECOND 2
      CONTACT TYPE TOUCHING
      OK
    SECOND 3
      CONTACT TYPE TOUCHING
      OK
    OK
    RETURN
```

注：接触设定完成，如图 3.4.7 所示。

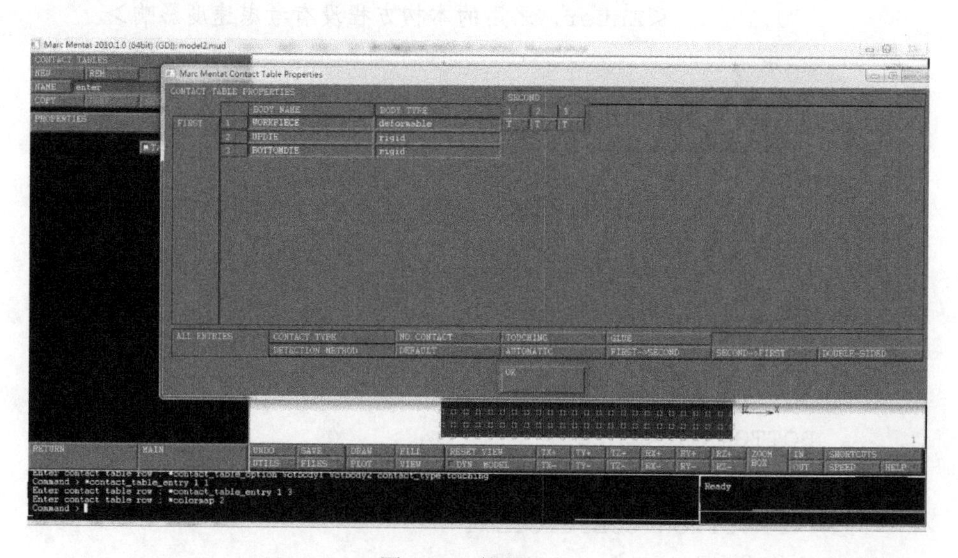

图 3.4.7　接触设定

<查看并修改接触方向>

```
 CONTACT BODIES
```

```
ID CONTACT
  FILP CURVES
    2
    END LIST (#)
```

注：显示接触面，上砧接触面正确，下砧接触面错误，通过 FILP CURVES 命令修改下砧接触面的方向。ANSYS 中小细线方向是接触面，而 MSC.Marc 中小细线方向的反向是接触面。接触面显示如图 3.4.8 所示。

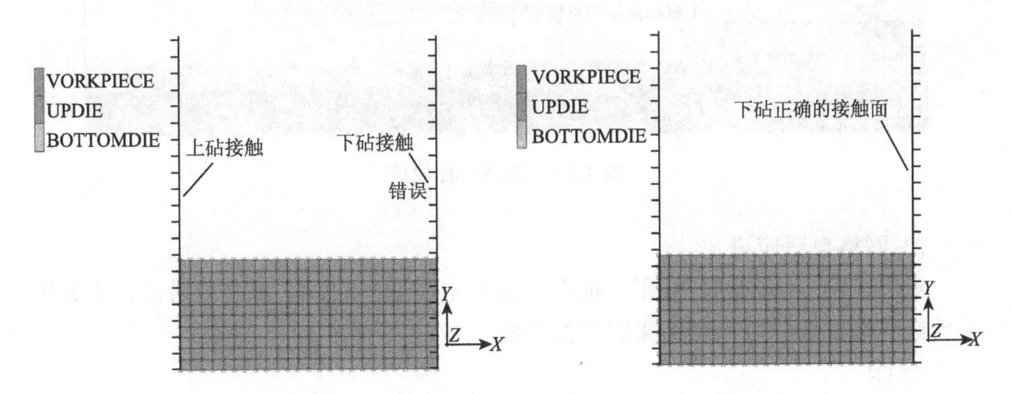

图 3.4.8　接触面显示

6）边界条件加载：加载对称载荷

```
MAIN
BOUNDARY CONDITIONS
  NEW
  NAME
  Bound<Enter>
  STRUCTURAL
    FIXED DISPLACEMENT
      DISPLACEMENT Y
      OK
    NODES ADD
    1 2 3 4 5 6 7 8 9 10 11 12 13 14 15 16 17 18 19 20 21
                                      22 23 24 25<Enter>
    END LIST (#)
```

注：对称边界条件加载完成，如图 3.4.9 所示。另外，选取节点时更有效的方法是对对称轴进行矩阵圈取，如图 3.4.9 中 1 所示。

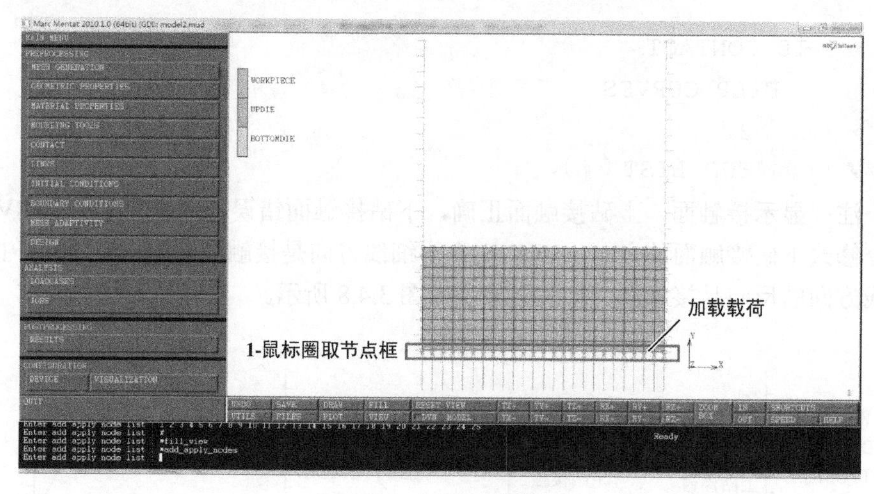

图 3.4.9　加载对称载荷

7）网格自适应设定

本节设定网格重划分规则，但在工况设定中根据需求选择是否激活，主要用于后续网格重划分对计算结果影响的分析。

```
MAIN
  MESH ADAPTIVITY
    PLANAR
    NEW
      NAME
      Remesh<Enter>
    ADVANCING FRONT QUAD
        REMESHING CRITERIA>ADVANCED
        STRAIN CHANGE
        PENETRATION
        USER LIMIT SET
        0.1<Enter>
        OK
      PREVIOUS # ELEMENTS
      OK
    REMESH BODY
        WORKPIECE
    RETURN
    RETURN
```

注：网格重划分完成，部分主要设定如图 3.4.10 所示.

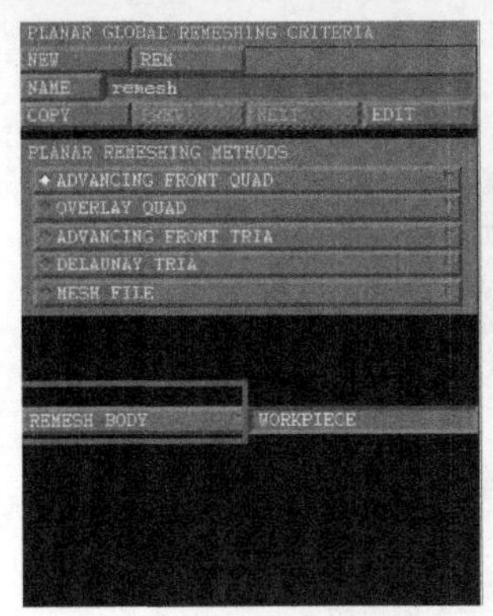

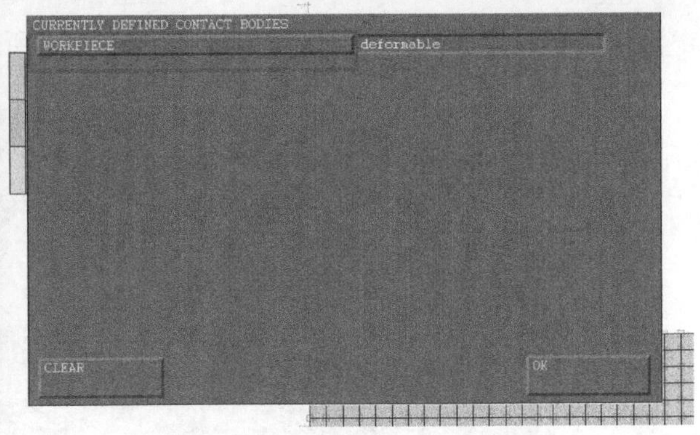

图 3.4.10　部分网格重划分设定

3. 工况设定、提交与求解

1）工况设定

```
MAIN
  LOADCASES
  ANALYSIS CLASS
    STRUCTURAL
  NEW
    STATIC
  NAME
    Compress
  PROPERTIES
    CONTACT
      CONTACT TABLE
        Enter
        OK
```

SOLUTION CONTROL

NON-POSITIVE DEFINITE

PROCEED WHEN NOT CONVERGED

OK

TOTAL LOADCASE TIME

50 <Enter>

FIXED> # STEPS

100 <Enter>

OK

注：工况设定完成，主要设定部分如图 3.4.11 所示。

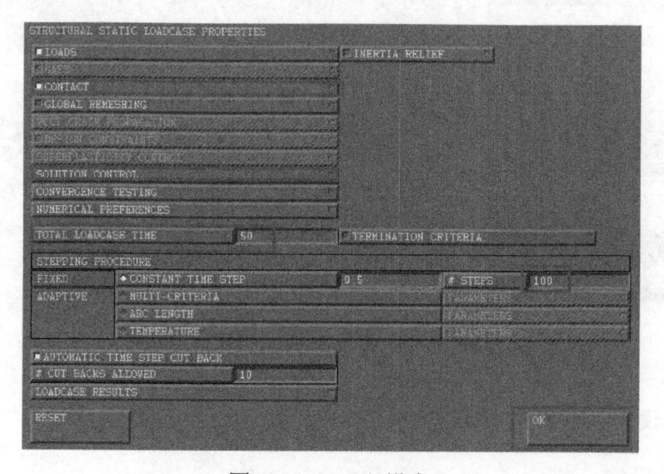

图 3.4.11　工况设定

2）工况提交

MAIN

JOBS

NEW

NAME

Job1

TYPE STRUCTURAL

PROPERTIES

AVAILABLE>compress

CONTACT CONTROL

TYPE>COULOMB

NUMERICAL MODEL>ARCTANGENT（VELOCITY）

```
      RELATIVE VELOCITY THRESHOLD
        0.01<Enter>
      ADVANCED CONTACT CONTROL
        CONTACT DETECTION>DISTANCE TOLERANCE
          0.2<Enter，定义接触容差>
        OK
    OK
  ANALYSIS OPTIONS
    NONLINEAR PROCEDURE>LARGE STRAIN
    OK
  JOB RESULTS
    AVAILABLE ELEMENT TENSORS>Stress
    AVAILABLE ELEMENT TENSORS>Total Strain
    AVAILABLE ELEMENT SCALARS>Equivalent Von Mises Stress
    AVAILABLE ELEMENT SCALARS>Total Equivalent Plastic
                                                   Strain
    AVAILABLE ELEMENT SCALARS>Equivalent stress/Yield
                                                   Stress
    OK
  ANALYSIS DIMENSION>AXISYMMETRIC
  OK
```

注：工况提交结束，主要工况提交如图 3.4.12 所示。

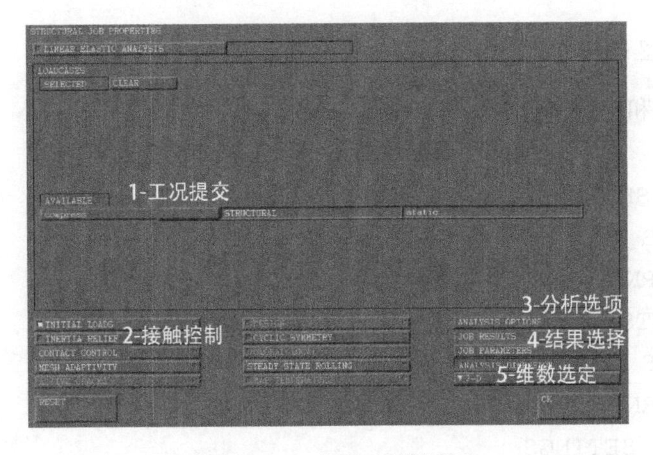

图 3.4.12　主要工况提交

3）工况求解

```
MAIN
  JOBS
    RUN
      SUBMID（1）
    OK
```

注：求解和迭代信息如图 3.4.13 所示。图 3.4.13 中 1 为运行，2 为提交计算，3 显示是否求解结束，4 显示迭代和收敛性基本信息，5 为一些特殊代码（如果不收敛可以通过 5 中的代码进行分析），6 为输出文件（可以详细分析不收敛原因或者迭代收敛结果）。

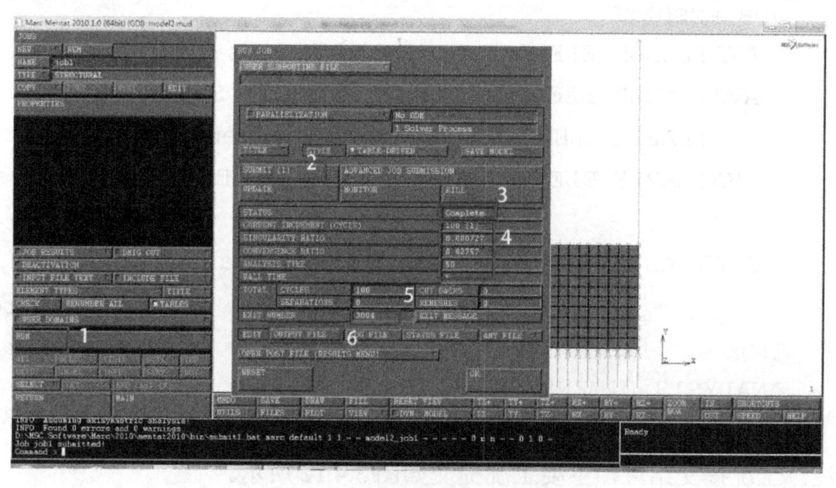

图 3.4.13　求解和迭代信息

4. 结果显示

1）应力和应变彩云图显示

```
PLOT            ＜取消节点、直线、点和单元边界显示＞
NODES SETTINGS
  NODES
  RETURN
ELEMENTS SETTINGS
  EDGES
  RETURN
CURVES SETINGS
  CURVES
```

```
  RETURN
POINTS SETINGS
  POINTS
  RETURN
REGEN      <重新显示，然后连击RZ-使模型对称线为上、下方向>
MAIN
  RESULTS
    OPEN DEFAULT
    LAST
    DEFORMED SHAPE>DEF ONLY
    SCALAR PLOT>CONTUR BANDS
    SCALAR    <选择要显示的结果类型>
    EQUIVALENT PLASTIC STRAIN<等效塑性应变>
    OK
    UTILS    <保存图像>
    SANPSHOT
    JPEG     <保存为JPEG格式>
    1
    SELECTION>E:\.......<保存到E盘下某一个文件夹中>
    OK
    RETURN
    RETURN
    SCALAR
    EQUIVALENT STRESS      <等效应力>
    OK
    UTILS    <保存图像>
    SANPSHOT
    JPEG
    1
    SELECTION>E:\.......
    OK
    RETURN
    RETURN
    SCALAR
    Principle stress Max  <第一主应力>
```

```
OK
UTILS          ＜保存图像＞
SANPSHOT
JPEG
1
SELECTION＞E：\.......
OK
RETURN
RETURN
SCALAR
COMP 11 of STRESS        ＜Y 方向应力＞
OK
UTILS      ＜保存图像＞
SANPSHOT
JPEG
1
SELECTION＞E：\.......
OK
RETURN
RETURN
```

注：等效塑性应变、等效应力、第一主应力和 Y 方向应力彩云图显示及保存完成，如图 3.4.14 所示。另外，除了彩云图，也可以显示等值线和变量动态变化过程等，这些可以参考相关教程，这里不再叙述。

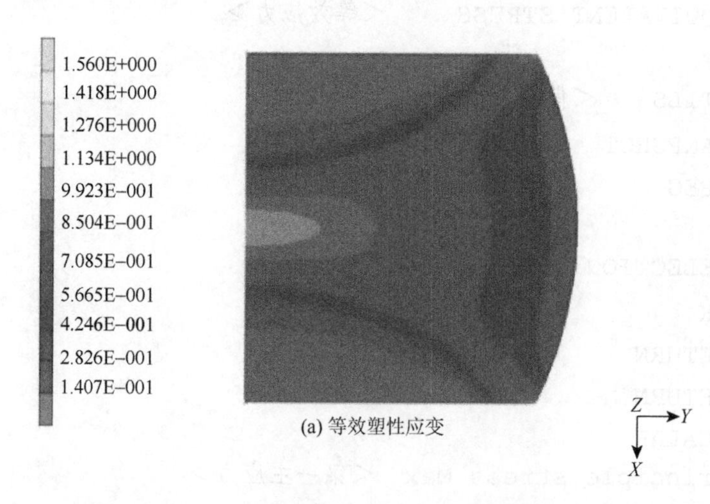

(a) 等效塑性应变

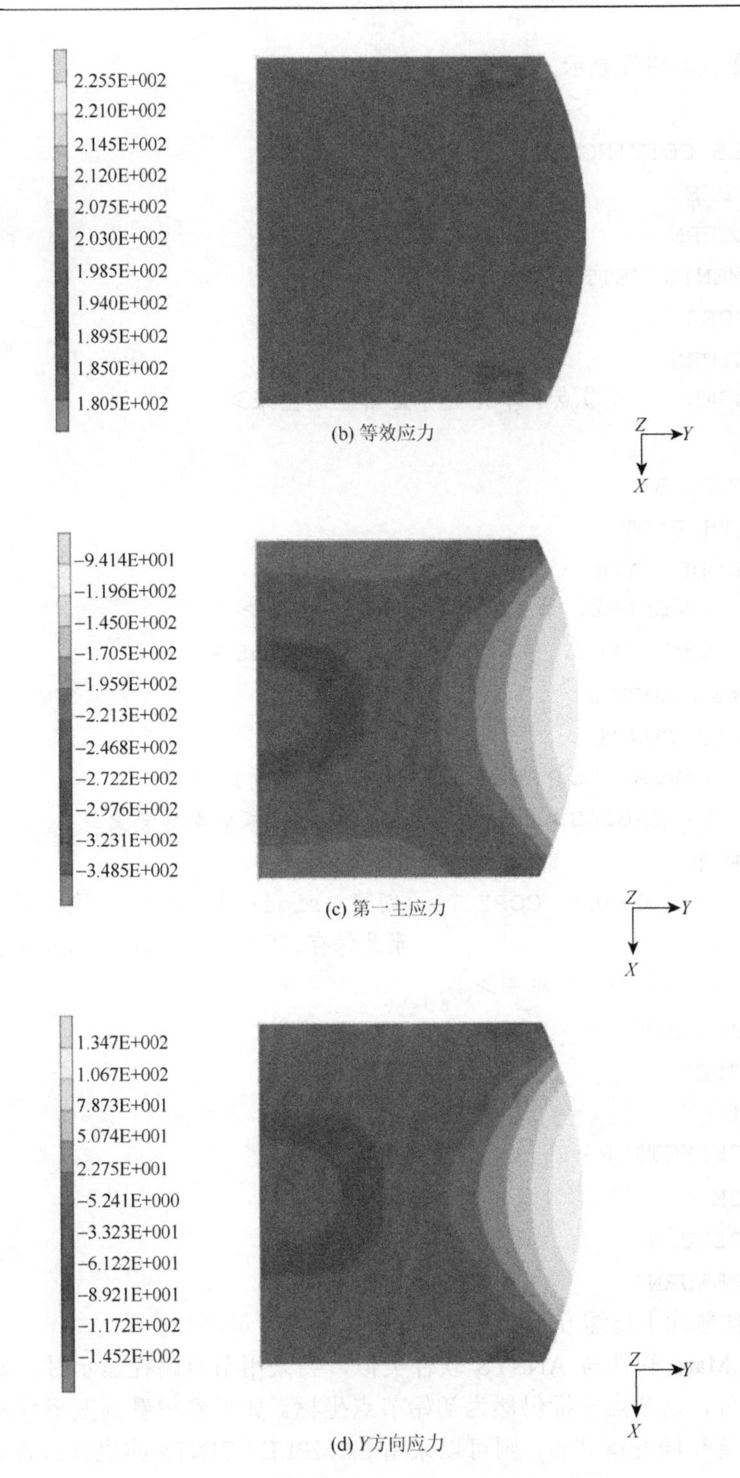

(b) 等效应力

(c) 第一主应力

(d) Y方向应力

图 3.4.14　应力和应变分布（彩图见封底二维码）

2）变量的路径显示

```
PLOT          <显示节点和单元边界>
NODES SETTINGS
  NODES
  RETURN
ELEMENTS SETTINGS
  EDGES
  RETURN
  REGEN    <节点和单元边界重新显示出来>
MAIN
  RESULTS
  PATH PLOT
    NODE PATH
      1<Enter，第一个节点，其编号为 1>
      58<Enter，第二个节点，其编号为 58>
    ADD CURVES
    ADD CURVE
      VARIABLES>ARC LENGTH<x 坐标变量>
      VARIABLES>Comp 11 of Stress<y 坐标变量>
    FIT
    CLIPBOARD>  COPY TO（创建 Origin 或 Excel 文件，将数据粘贴
                          至此保存,可以在 Origin 或 Excel 中绘图）
UTILS<保存路径显示图>
  SANPSHOT
    JPEG
    1
    SELECTION>E: \.......
    OK
    RETURN
    RETURN
```

注：接触面上压缩方向应力变化如图 3.4.15 所示。

MSC.Marc 软件与 ANSYS 软件类似，当采用节点路径显示时，如果没有网格重划分，则节点坐标仍然为初始节点坐标。如果希望看到变形后两点之间的真实距离和场变量分布，则可以采用 SAMPLE POINTS 的坐标进行查看，操作如下。

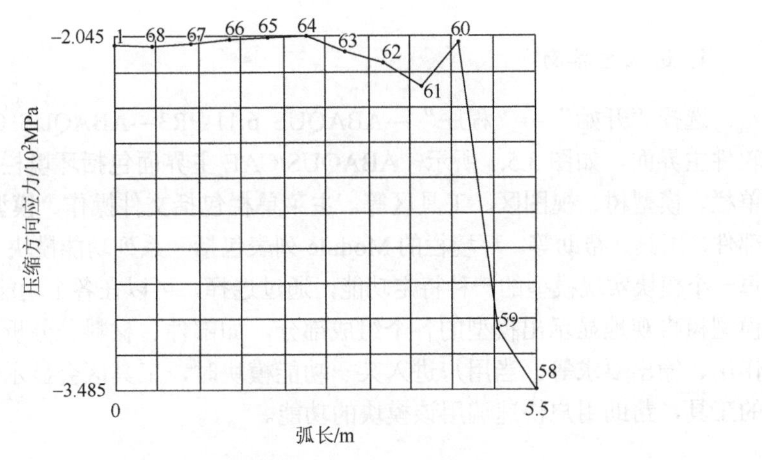

图 3.4.15　接触面上压缩方向应力变化

```
PATH PLOT
  MODE>SAMPLE POINTS
   FROM/TO
   SAMPLE POINTS
   <在模型上选择点或输入坐标>
   ADD CURVES
   ADD CURVE
    VARIABLES>ARC LENGTH<x 坐标变量>
    VARIABLES>Comp 11 of  Stress<y 坐标变量>
 FIT
```

5. 程序保存与退出

```
MAIN     <程序退出>
  SAVE
QUIT
EXIT
```

3.5　ABAQUS 软件求解

本工程问题分析利用 ABAQUS 6.11 版本，采用 ABAQUS 经典界面，将模型进行二维简化模型分析。

1. 进入主界面

选择“开始”→“程序”→ABAQUS 6.11-PR3→ABAQUS CAE 选项，进入软件主界面，如图 3.5.1 所示。ABAQUS/CAE 主界面包括环境栏、工具栏、主菜单栏、模型树、视图区、工具区等。主菜单栏包括文件操作、模型、视图、显示、部件、工具、帮助等。环境栏的 Module 列表包括一系列功能模块（module），其中每一个模块实现模型的一种特定功能，通过选择，可以在各个功能中进行切换[5]。模型树直观地显示出模型的各个组成部分，如部件、材料、分析步、载荷、相互作用、输出要求等。当用户进入某一功能模块时，工具区会显示该功能模块相应的工具，帮助用户快速调用该模块的功能。

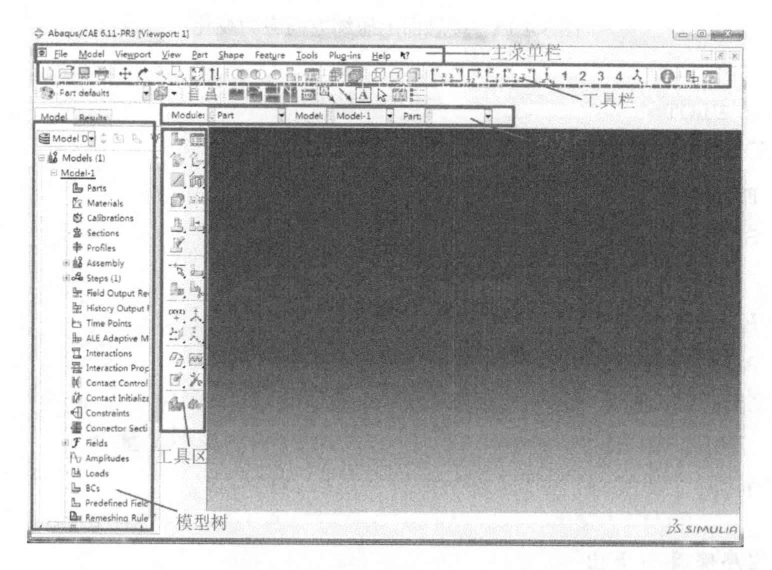

图 3.5.1　ABAQUS 6.11 主界面

2. 前处理

1）新型模型数据库创建

依次选择 File→New Model Database→With Standard/Exeplici Module 选项。

2）模型数据库文件名称设置

单击 Save Model Database 按钮，在对话框中输入文件名 2D-Compression（该处的名字可以取数字、英文或者拼音，不能是中文）。

3）部件创建

在环境栏 Module 列表中选择 Part（部件）选项，在这个模块中可以定义模型各部分的几何形体。按照以下步骤创建单向压缩的几何模型。

（1）试样几何模型创建。在工具区单击 Create Part 按钮，在 Name 文本框中输入 specimen（部件名称），将 Modeling Space 设置为 Axisymmetric（轴对称），Type 设置为 Deformable（变形体），Base Feature 设置为 Shell（壳），如图 3.5.2 所示，然后单击 Continue 按钮。

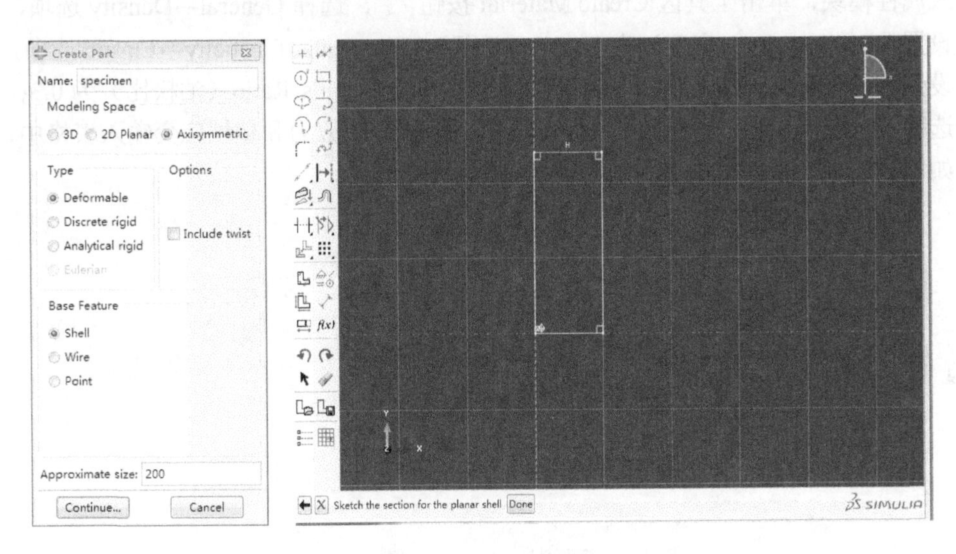

图 3.5.2　创建部件

单击左侧工具区 Create Lines：Rectangle 按钮，绘制顶点坐标为（0, 0）和（5, 12）的矩形，ABAQUS 已经自动生成一条经过原点的竖直辅助线，它将是轴对称部件的旋转轴。单击 Done 按钮，完成操作。

（2）上砧几何模型创建。在工具区单击 Create Part 按钮，在 Name 文本框中输入 head（部件名称），将 Modeling Space 设置为 Axisymmetric，Type 设置为 Analytical（解析刚性体），假设在压缩过程中上、下砧不发生变形，然后单击 Continue 按钮。单击左侧工具区 Create Lines：Connected 按钮，绘制顶点坐标为（0, 0）和（15, 0）的直线，代表上砧的接触面。单击 Done 按钮，完成操作。

（3）下砧几何模型创建。在工具区单击 Create Part 按钮，在 Name 文本框中输入 bottom（部件名称），将 Modeling Space 设置为 Axisymmetric，Type 设置为 Analytical，然后单击 Continue 按钮。单击左侧工具区 Create Lines：Connected 按钮，绘制顶点坐标为（0, 12）和（15, 12）的直线，代表下砧的接触面。单击 Done 按钮，完成操作。

（4）刚性体部件的参考点指定。在环境栏 Part（部件）列表中选择刚性体部件，在主菜单栏中选择 Tools→Reference Point 选项，单击刚性体部件的中点，参考点在视图区中显示为一个黄色的叉，旁边标以 RP。按此操作，分别为 head 和 bottom 部件指定参考点。

4）材料和截面属性创建

（1）材料属性创建。在环境栏 Module 列表中选择 Property（属性）选项，进入属性模块，单击工具区 Create Material 按钮，选择 General→Density 选项，设置 Mass Density（密度）为 7.7E-9；选择 Mechanical→Elasticity→Elastic 选项，设置 Young's Modulus（杨氏模量）为 10000，Poisson's Ratio（泊松比）为 0.3；选择 Mechanical→Plasticity→Plastic 选项，将材料的应力和塑性应变输入表格中，如图 3.5.3 所示，单击 OK 按钮，完成材料属性创建。

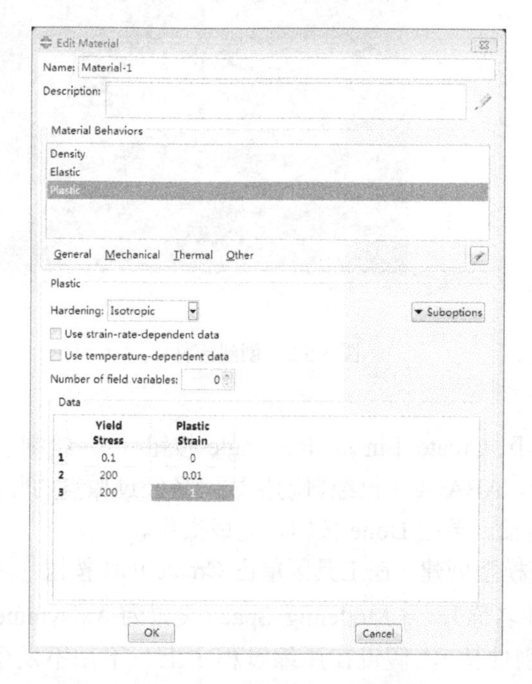

图 3.5.3 材料属性创建

（2）截面属性创建。单击工具区 Create Section 按钮，在对话框中将 Category 设置为 Solid（实体），将 Type 设置为 Homogeneous（均匀的），单击 Continue 按钮，再单击 OK 按钮，如图 3.5.4 所示。

（3）截面属性赋予。在环境栏的 Part 列表中选择 specimen 选项，然后在工具区单击 Assign Section 按钮，在视图区单击试样部件，此时试样颜色发生改变，表示被选中，单击 Done 按钮，再单击 OK 按钮，为变形体部件 specimen 赋予截面属性，如图 3.5.5 所示。

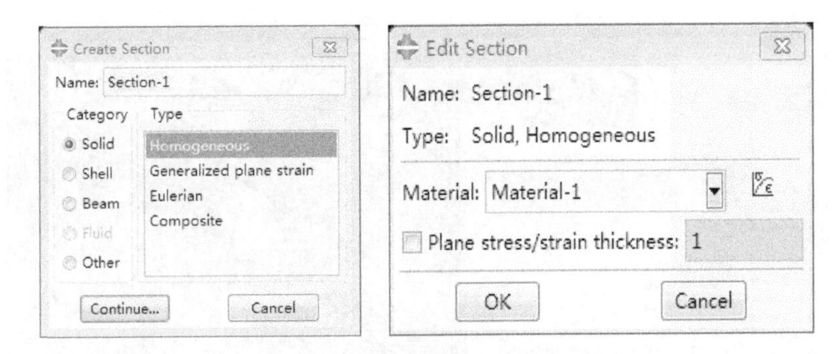

图 3.5.4　截面属性创建

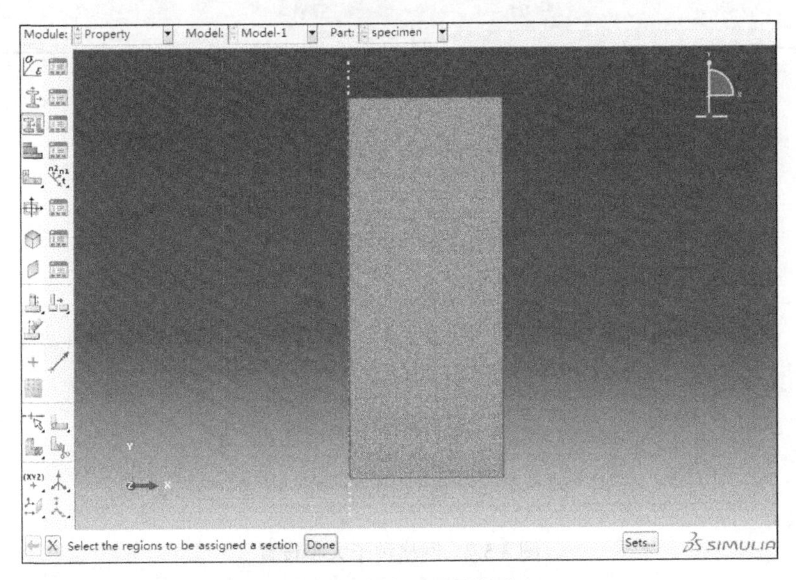

图 3.5.5　截面属性创建

5）装配件创建

在环境栏 Module 列表中选择 Assembly（装配）选项，进入装配模块，单击工具区 Instance Part 按钮，在对话框里选中全部部件，然后单击 OK 按钮，试样和上、下砧的位置都已经是正确的，不需要重新定义，如图 3.5.6 所示。

6）网格划分

在环境栏 Module 列表中选择 Mesh（网格）选项，在环境栏 Object 选项中选择 Part 选项，并在列表框中选择 specimen 选项，进入网格划分功能模块。

（1）网格种子大小设置。单击工具区 Seed Part 按钮，在 Global Seeds 对话框里将 Approximate global size 设置为 0.5，如图 3.5.7 所示，然后单击 OK 按钮。

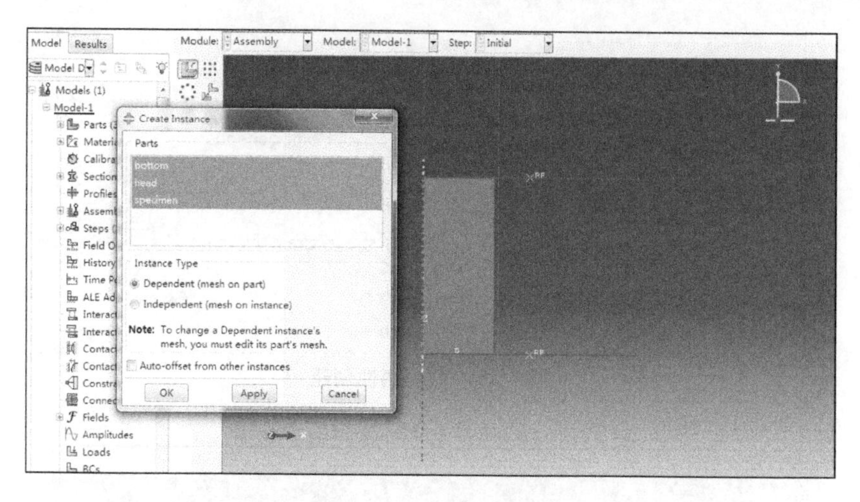

图 3.5.6　装配件创建

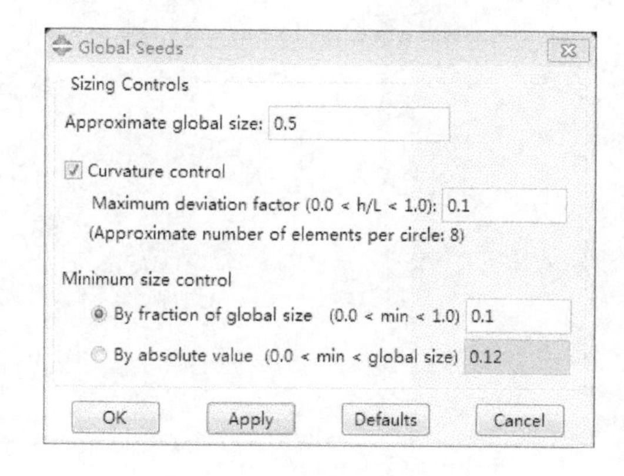

图 3.5.7　网格种子大小设置

（2）单元类型设置。单击工具区 Assign Element Type 按钮，在 Family 列表框中选择 Axisymmetric Stress 选项，然后选择 Reduced integration（减缩积分）复选框，即单元类型为 CAX4R（四节点四边形双线性轴对称减缩积分单元），如图 3.5.8 所示，然后单击 OK 按钮，完成单元类型设置。

（3）单元网格划分：单击工具区 Mesh Part 按钮，然后单击 YES 按钮，得到如图 3.5.9 所示的网格。

7）分析步长设置

在环境栏 Module 列表中选择 Step（分析步）选项，进入分析步模块。在工具区单击 Create Step 按钮，在 Name 文本框中输入 press，在 Procedure type 下拉列表框中选择 General 选项，并且在列表框中选择 Dynamic, Explicit（动态，显式）选项，如图 3.5.10 所示，然后单击 Continue 按钮，在弹出的 Edit Step 对话

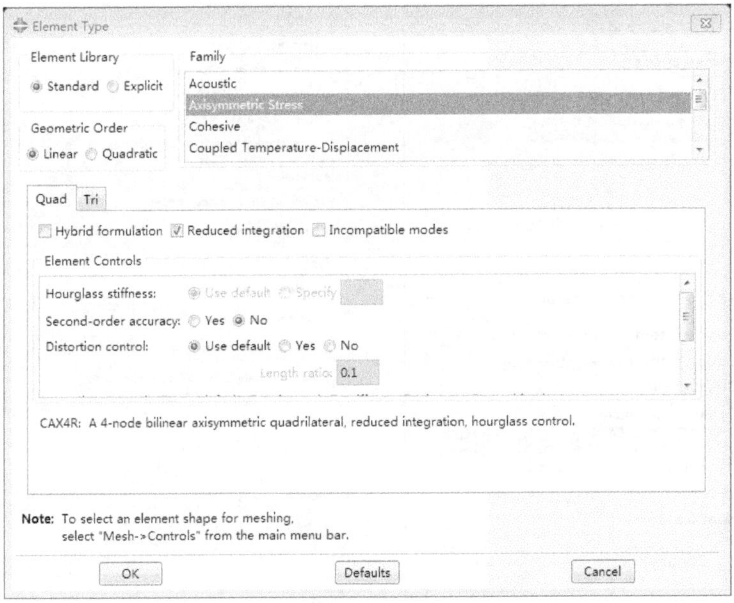

Element Type
Element Library
Standard　Explicit
Geometric Order
Linear　Quadratic
Family
Acoustic
Axisymmetric Stress
Cohesive
Coupled Temperature-Displacement
Quad　Tri
Hybrid formulation　Reduced integration　Incompatible modes
Element Controls
Hourglass stiffness:　Use default　Specify
Second-order accuracy:　Yes　No
Distortion control:　Use default　Yes　No
Length ratio: 0.1
CAX4R: A 4-node bilinear axisymmetric quadrilateral, reduced integration, hourglass control.
Note: To select an element shape for meshing,
select "Mesh->Controls" from the main menu bar.
OK　Defaults　Cancel

图 3.5.8　单元类型设置

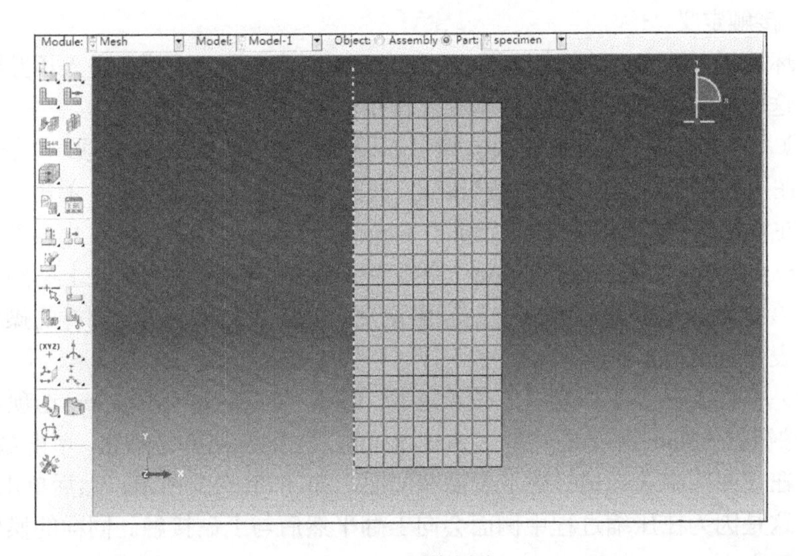

图 3.5.9　网格划分

框中将 Nlgeom(几何非线性)设置为 ON，在 Mass scalling 对话框中选择 Use scaling definitions below 选项，单击 Create 按钮，在 Edit Mass Scaling 对话框里选择 Scale by factor 复选框，并输入 100000，选择 Scale to target time increment of 复选框，并输入 5E-005，单击 OK 按钮。

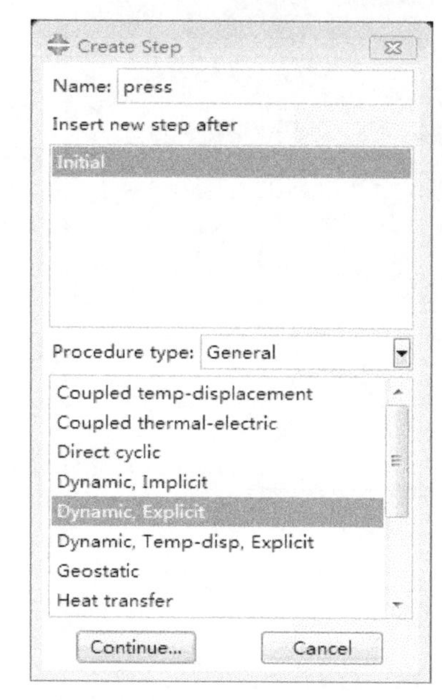

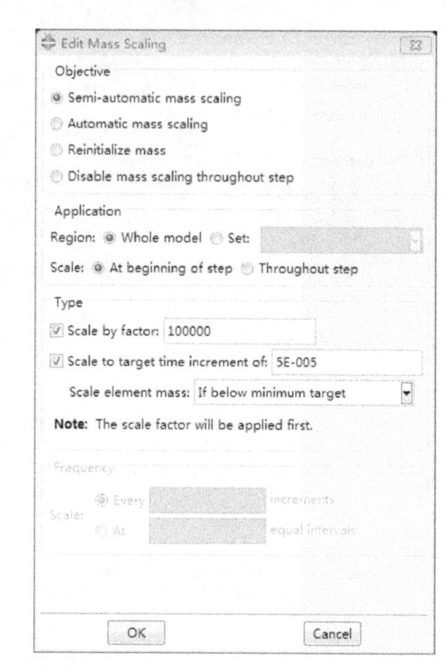

图 3.5.10　分析步长设置

8）接触定义

在环境栏 Module 列表中选择 Interaction（相互作用）选项，进入相互作用模块。在这个模块中，可以定义模型相互作用面的接触。

（1）上、下砧表面定义。依次选择 Tools→Surface→Manager 选项，单击 Create 按钮，在 Name 文本框中输入 Surf-head，选择 Geometry 单选按钮，单击 Continue 按钮，在视图区中单击上砧，然后单击 Done 按钮，此时，在提示区出现“Choose a side for the edges: Magenta, Yellow”，根据视图区显示的颜色来定义上砧刚性体的表面，单击 Yellow 按钮，完成上砧表面定义，如图 3.5.11 所示。同样的操作，定义下砧表面 Surf-bottom。

（2）试样上、下表面定义。依次选择 Tools→Surface→Manager 选项，单击 Create 按钮，在 Name 文本框中输入 Surf-spetop，选择 Mesh 单选按钮，单击 Continue 按钮，在视图区中选择试样的上表面和侧面，如图 3.5.12 所示，然后单击 Done 按钮。这是因为在压缩过程中侧面会向上翻平然后与上砧接触。同样的操作，定义试样下表面 Surf-spebottom。

（3）摩擦接触属性定义。在工具区单击 Create Interaction Property 按钮，选择 Contact 选项，单击 Continue 按钮，在 Edit Contact Property 对话框中选择 Mechanical→Tangential Behavior 选项，在 Friction formulation 下拉列表框中选择 Penalty（罚）选项，在 Friction Coeff（摩擦系数）表格中输入 0.3，如图 3.5.13 所示，然后单击 OK 按钮。

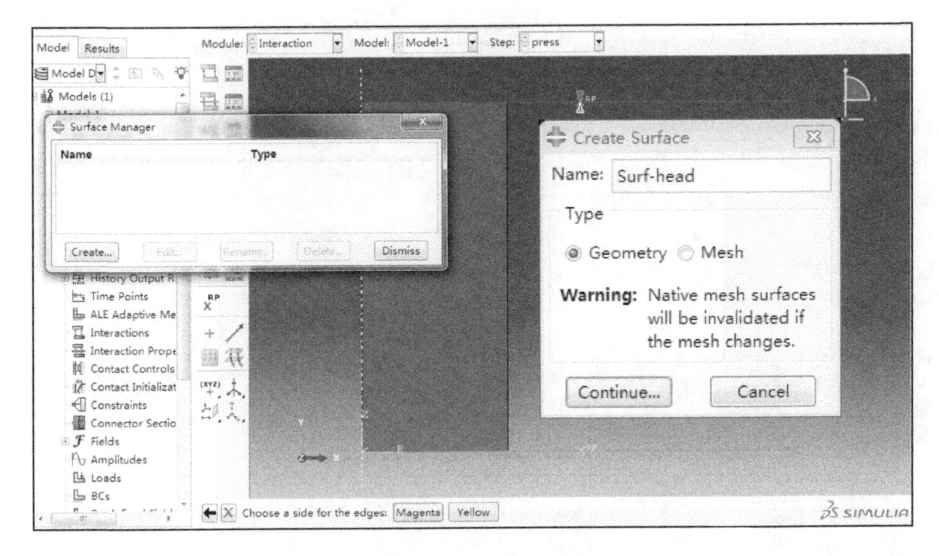

图 3.5.11　上砧表面定义

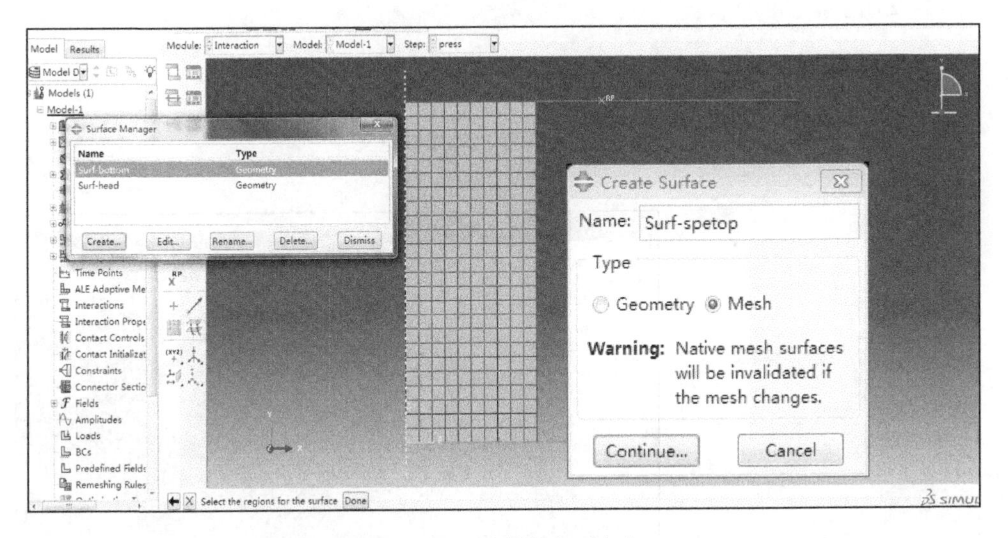

图 3.5.12　试样上表面定义

（4）试样和上、下砧的接触定义。在工具区单击 Create Interaction 按钮，将 Step 设置为 Initial，选择 Surface-to-surface contact(Explicit)选项，单击 Continue 按钮，将 First surface 设置为上砧表面 Surf-head，将 Second surface 设置为试样上表面 Surf-spetop，如图 3.5.14 所示，单击 OK 按钮。完成上砧表面与试样上表面的接触定义。同样的操作，完成下砧表面 Surf-bottom 与试样下表面 Surf-spebottom 的接触 Int-2 的定义。

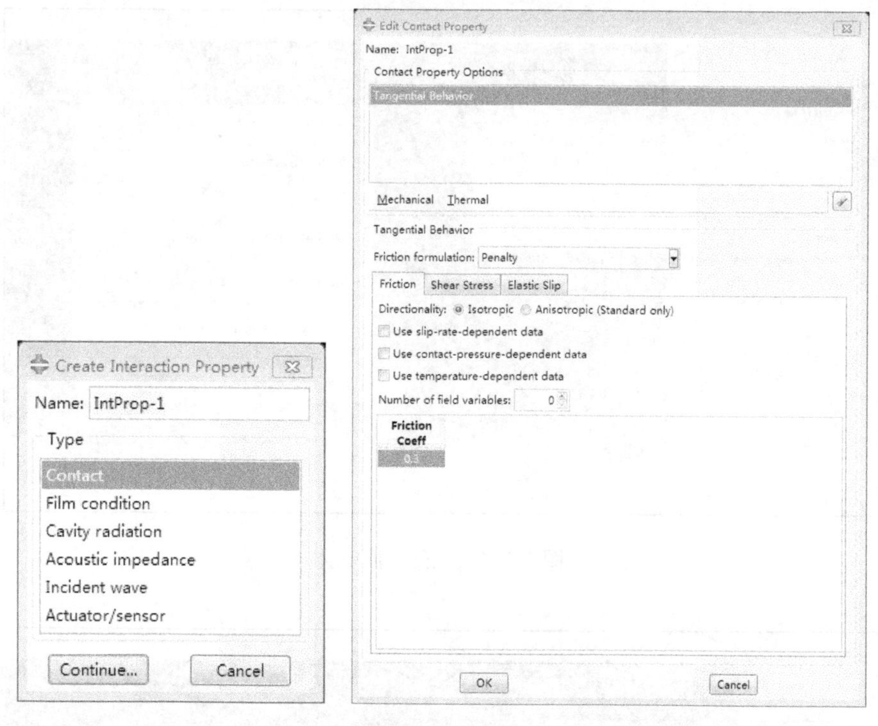

图 3.5.13　摩擦接触属性定义

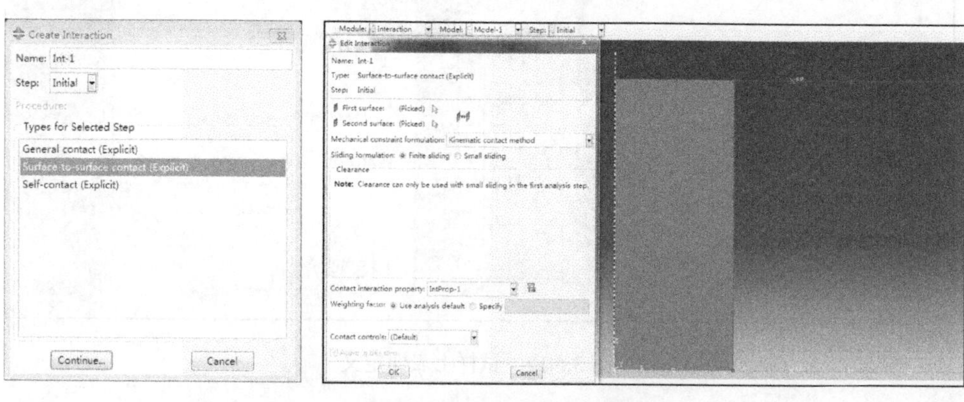

图 3.5.14　砧表面与试样表面的接触定义

9）边界条件定义

在环境栏 Module 列表中选择 Load（载荷）选项，进入载荷模块。在这个模块中，可以定义模型的边界条件以及载荷。试样是轴对称变形体，需要施加的边界条件是固定对称轴上的径向位移和固定试样底面的轴向位移。上、下砧是轴对称刚性体，需要施加在参考点的边界条件是上砧轴向向下位移–5mm 和下砧固定不动。定义边界条件的具体操作如下。

（1）集合定义。依次选择 Tools→Set→Manager 选项，单击 Create 按钮，在 Name 文本框中输入 Set-head，选择 Geometry 单选按钮，单击 Continue 按钮，在视图区选择上砧的参考点，然后单击 Done 按钮，完成上砧集合的定义。按上述操作，依次完成下砧参考点集合 Set-bottom、试样中心轴集合 Set-Y 的定义，在定义中心轴集合时，选择 Element 单选按钮。集合定义结果如图 3.5.15 所示。

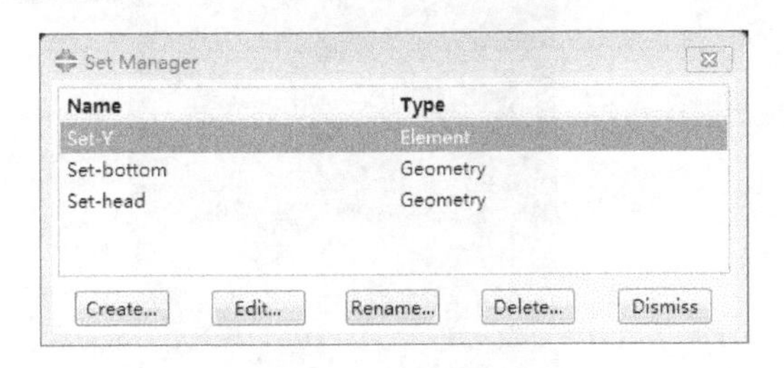

图 3.5.15　集合定义

（2）对称轴边界条件定义。在工具栏中单击 Create Boundary Condition 按钮，再单击 Create 按钮，在 Name 文本框中输入 BC-Y，将 Step 设置为 Initial，选择 Symmetry/Antisymmetry/Encastre 选项，单击 Continue 按钮，在视图区选择试样位于对称轴上的边，然后单击 Done 按钮。在 Edit Boundary Condition 对话框中选择 XSYMM（U1 = UR2 = UR3 = 0）单选按钮，如图 3.5.16 所示，然后单击 OK 按钮。

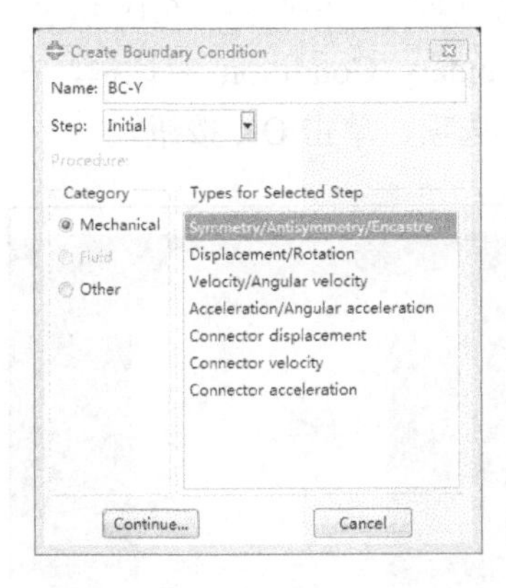

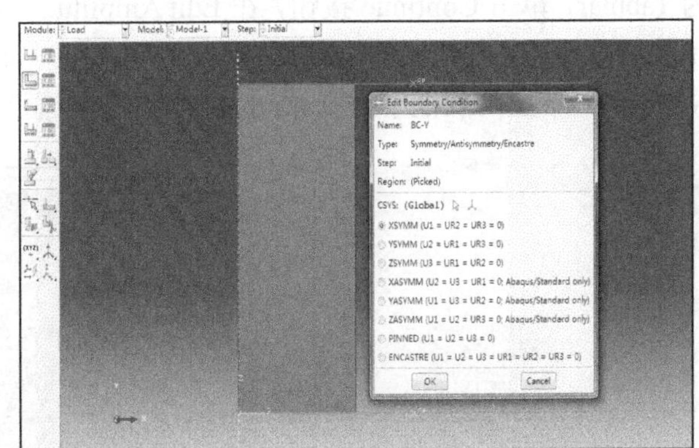

图 3.5.16　对称轴边界条件定义

（3）下砧边界条件定义。在工具栏中单击 Create Boundary Condition 按钮，再单击 Create 按钮，在 Name 文本框中输入 BC-bottom，将 Step 设置为 Initial，

选择 Symmetry/Antisymmetry/Encastre 选项，单击 Continue 按钮，在视图区选择下砧的参考点，然后单击 Done 按钮，在 Edit Boundary Condition 对话框中选择 ENCASTRE（U1 = U2 = U3 = UR1 = UR2 = UR3 = 0）单选按钮，如图 3.5.17 所示，然后单击 OK 按钮。

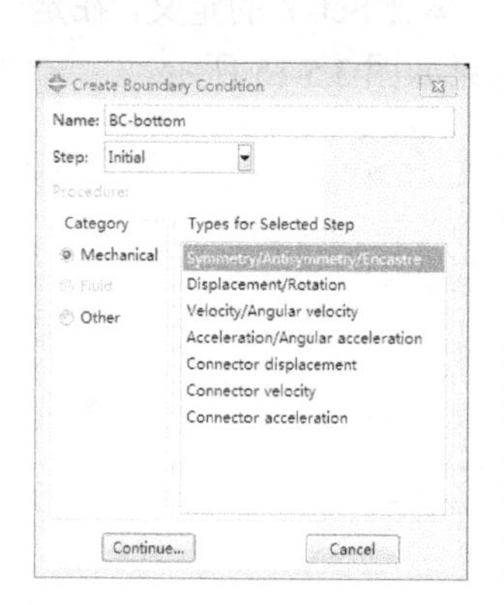

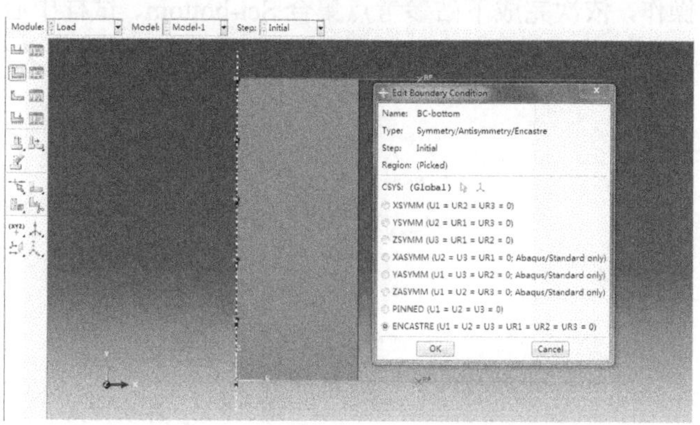

图 3.5.17　下砧边界条件定义

（4）上砧边界条件定义。在工具栏中单击 Create Boundary Condition 按钮，再单击 Create 按钮，在 Name 文本框中输入 BC-head，将 Step 设置为 press，选择 Displacement/Rotation 选项，单击 Continue 按钮，在视图区选择上砧的参考点，然后单击 Done 按钮，在 Edit Boundary Condition 对话框中选择 U1、U2 和 UR3 复选框，并分别输入 0、–5 和 0，如图 3.5.18 所示。单击 按钮，将 Type 设置为 Tabular，单击 Continue 按钮，在 Edit Amplitude 对话框中，按照图 3.5.19 填表，完成振幅设置，然后单击 OK 按钮，返回 Edit Boundary Condition 对话框，在 Amplitude 下拉列表框中选择 Amp-1（定义的振幅）选项，单击 OK 按钮。

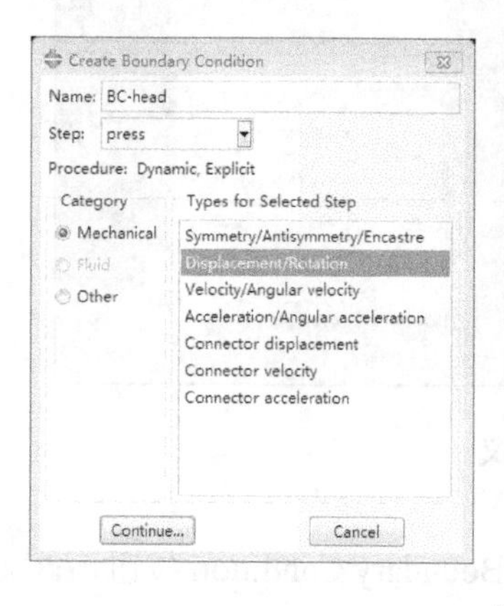

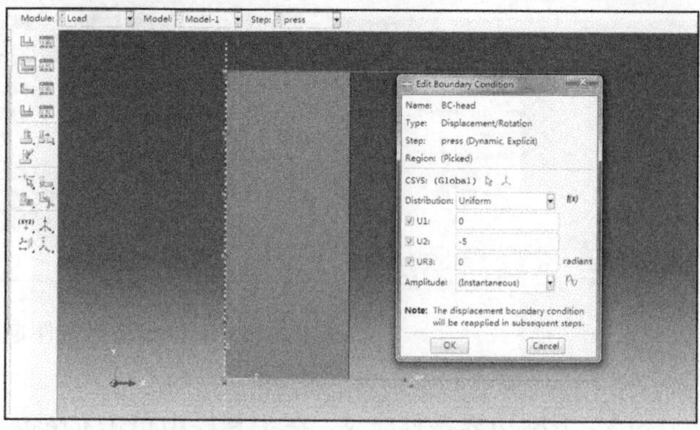

图 3.5.18　上砧边界条件定义

3. 求解

在环境栏 Module 列表中选择 Job（分析作业）选项，进入分析作业模块。在本模块中可以实现创建和编辑分析作业、提交分析作业、生成 INP 文件、监控分析作业的运行状态等功能。在工作区单击 Create Job 按钮，依次单击 Continue 按钮、OK 按钮，完成作业创建。单击 Job Manager 按钮，在对话框中选择 Job-1（创建的作业）选项，单击 Date Check 按钮，当 Status 列表显示 Check Completed 时，表示作业数据检查完毕，并且未出现错误。然后单击 Submit 按钮，提交作业，当 Status 显示 Completed 时，表示作业分析完成，如图 3.5.20 所示，单击 Results 按钮，查看分析结果。

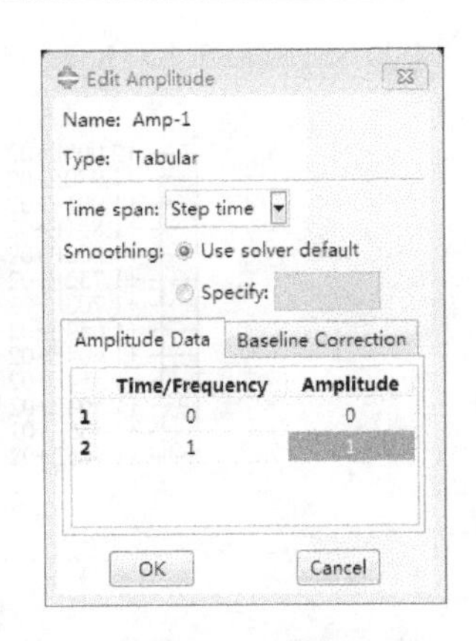

图 3.5.19　振幅定义

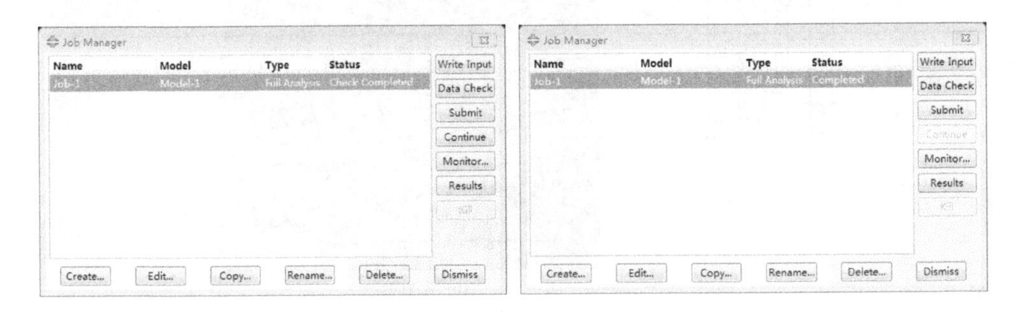

图 3.5.20　分析作业状态显示

4. 后处理

1）后处理结果查看

在环境栏 Module 列表中选择 Visualization（可视化）选项，进入可视化模块。依次选择 Result→Field Output 选项，可以查看分析结果的具体参数，如节点位移、应力、应变等，并且可以通过多种方式显示 ODB 文件中的分析结果，包括绘制变形图形、彩云图、*X-Y* 图形、动画等。

2）应力和应变结果查看

依次选择 Result→Field Output 选项，在 Primary Variable（基本变量）列表中选择 S, Mises 选项，查看等效应力分布图，如图 3.5.21（a）所示。依次选择 Result→Field Output 选项，在 Primary Variable（基本变量）列表中选择 PEEQ 选项，查看等效应变分布图，如图 3.5.21（b）所示。

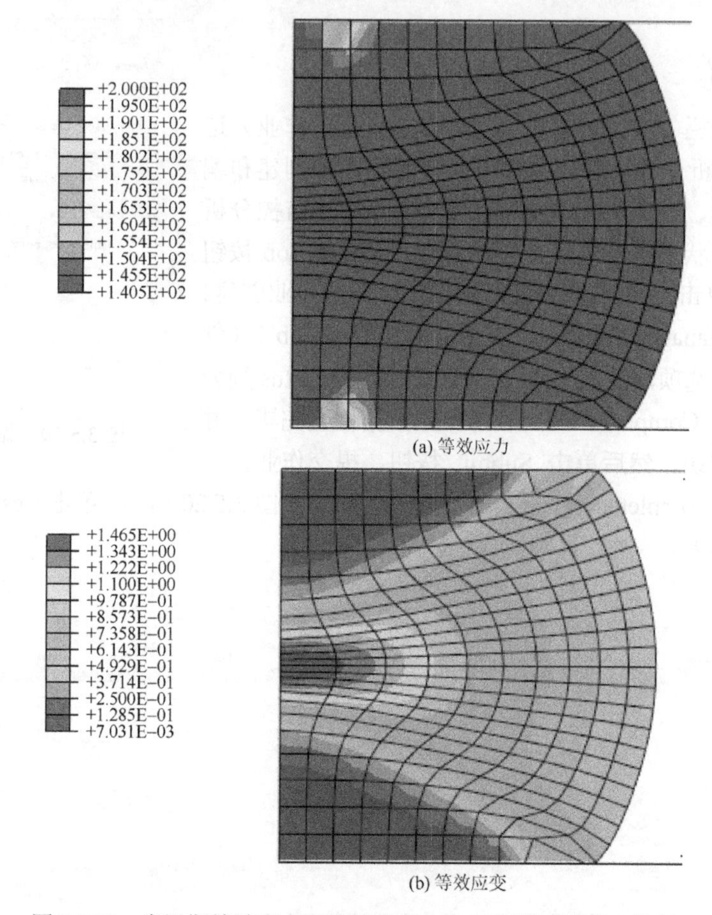

(a) 等效应力

(b) 等效应变

图 3.5.21　米泽斯等效应力和等效应变分布（彩图见封底二维码）

3）变量沿路径的变化查看

通过 *X-Y* 图表查看某些变量沿选定的路径的变化情况，如 *Y* 轴应力沿试样上表面的变化情况、等效应变沿中轴线的变化情况等，具体操作如下。

（1）路径创建。依次选择 Tools→Path→Manager 选项，单击 Create 按钮，在 Name 文本框中输入 spetop，将 Type 设置为 Node list，单击 Continue 按钮，在 Part Instance 列表里选择 SPECIMEN-1 选项，单击 Add before 按钮，在视图区的变形体上选取试样上表面左侧端点节点为起始点，右侧端点节点为终点，如图 3.5.22 所示，依次单击 Done 按钮、OK 按钮，生成路径。

（2）*X-Y* 图表创建。在工具区单击 Create XY Date 按钮，选择 Path 选项，单击 Continue 按钮，弹出 XY Date from Path 对话框，在 Path 下拉列表中选择 spetop 选项，选择 True distance（实际距离）单选按钮，单击 Field Output...（场输出）按钮，弹出 Field Output 对话框，选择要查看的场输出变量，如图 3.5.23 所示。选择 PEEQ

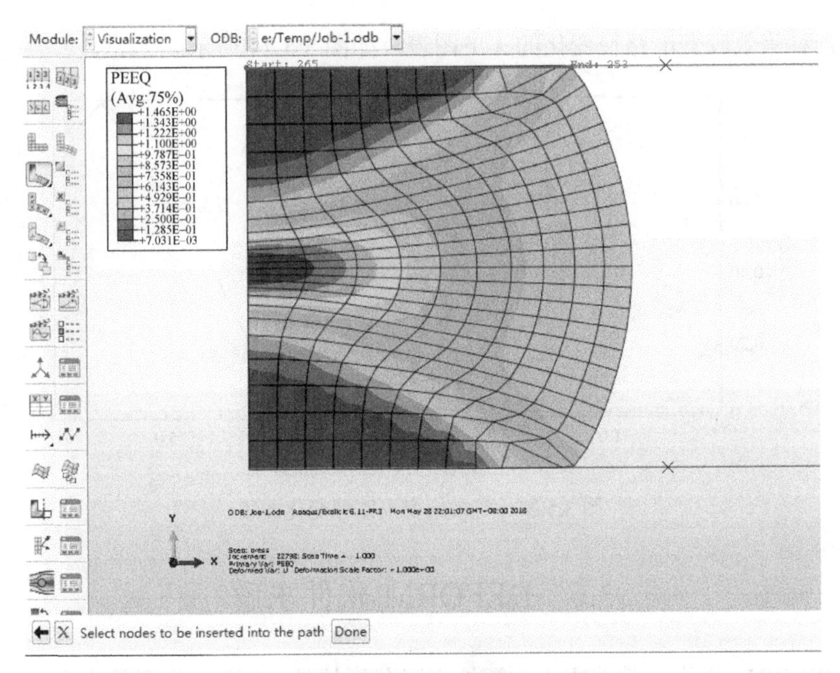

图 3.5.22　路径创建

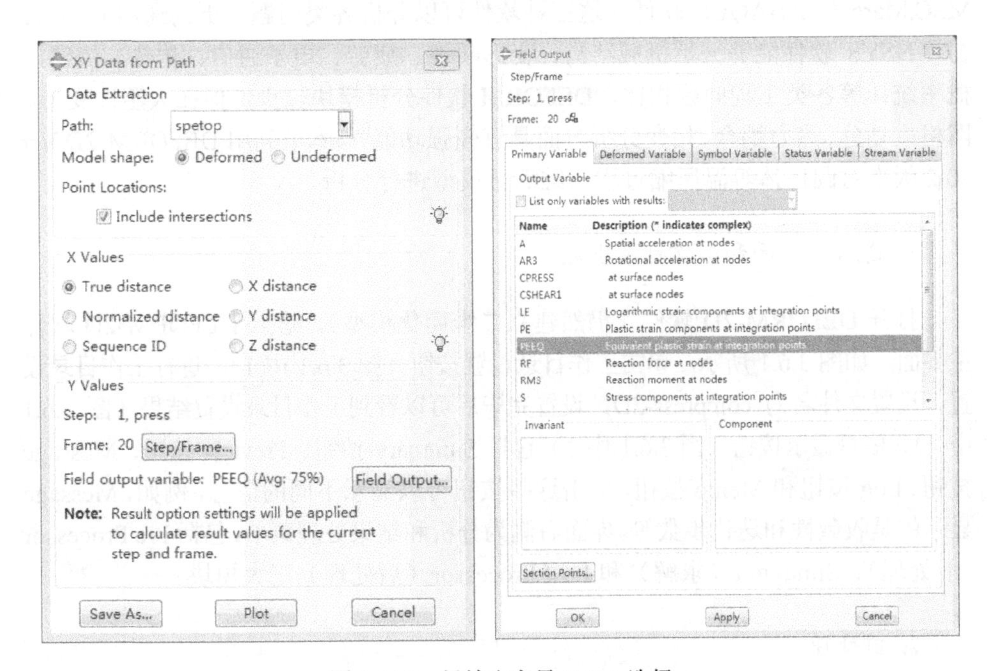

图 3.5.23　场输出变量 PEEQ 选择

（等效应变）选项，单击 OK 按钮，返回 XY Date from Path 对话框，单击 Plot 按

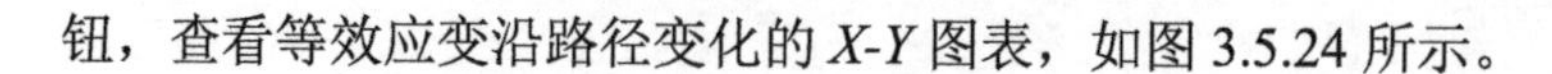

钮，查看等效应变沿路径变化的 *X-Y* 图表，如图 3.5.24 所示。

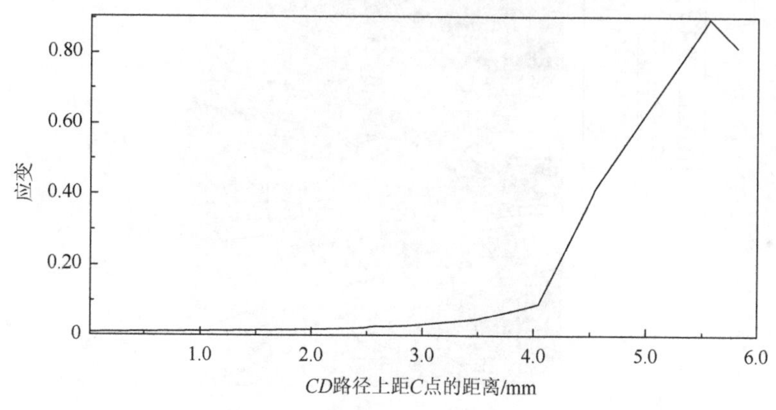

图 3.5.24 等效应变沿路径变化曲线

3.6 DEFORM 软件求解

DEFORM 作为一款偏重于大塑性变形分析软件，不同于前面所述的 ANSYS、MSC.Marc 和 ABAQUS 软件（这三种软件可以分析各类问题，更为通用）。尤其与 ANSYS 软件能够分析机械结构、变形断裂、疲劳、电子通信、传热、流体、概率统计等各类工程问题相比，DEFORM 软件分析模块较少，但在大塑性变形、网格重划分、热力耦合、相变分析方面具有较强功能[6]。本节利用 DEFORM-2D Ver 10.2 版本对圆柱体等温压缩过程二维简化模型进行分析。

1. 进入主界面和工作目录设定

打开 DEFORM-2D 软件（仍然建立二维简化模型），进入 DEFORM-2D 软件主界面，如图 3.6.1 所示。单击工作目录设置按钮（图 3.6.1 中 1），进行工作目录设置，设置文件名为 compress-2D，设置完毕后可以看到工作目录设置结果（图 3.6.1 中 2）。信息显示按钮（图 3.6.1 中 3）包括 Summary 按钮、Preview 按钮、Message 按钮、Log 按钮和 Memo 按钮，单击这些按钮可以显示不同的信息，例如，Message 显示的是收敛性和迭代步数等。界面右侧为分析和结果处理菜单，包括 Pre Processor（前处理）、Simulator（求解）和 Post Processor（后处理）三大模块。

2. 前处理

1）界面简介

选择 DEFORM-2D Pre 选项（图 3.6.1 中 4）进入前处理模块。前处理操作界面包括标题栏、工具栏、操作菜单、模型显示信息窗口、显示窗口等，如图 3.6.2 所示。

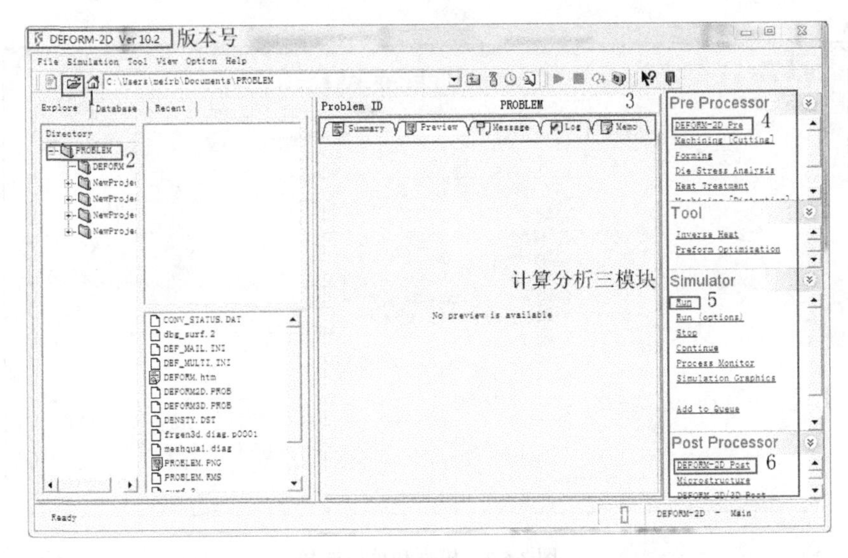

图 3.6.1　DEFORM-2D 主界面

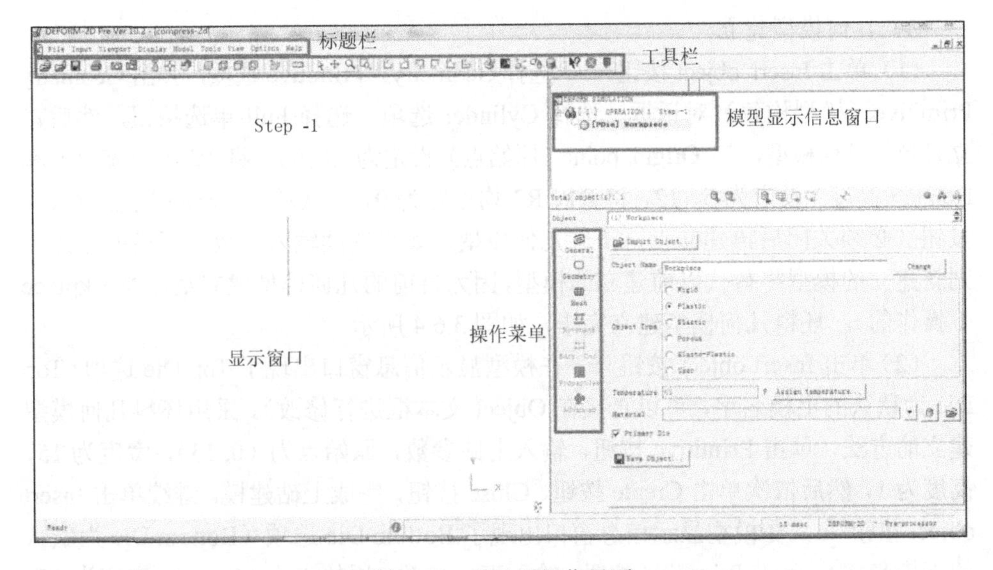

图 3.6.2　前处理操作界面

2）模型和单位设定

选择 Input→Simulation Controls 选项，弹出 Simulation Controls（模拟控制）对话框，将 Units 设置为 SI（分析采用国际单位制），依次单击 OK 按钮、Yes 按

钮，选择 Axisymmetric（模型为轴对称）单选按钮，选择 Deformation（模型为单一的变形场分析）复选框，单击 OK 按钮，如图 3.6.3 所示。

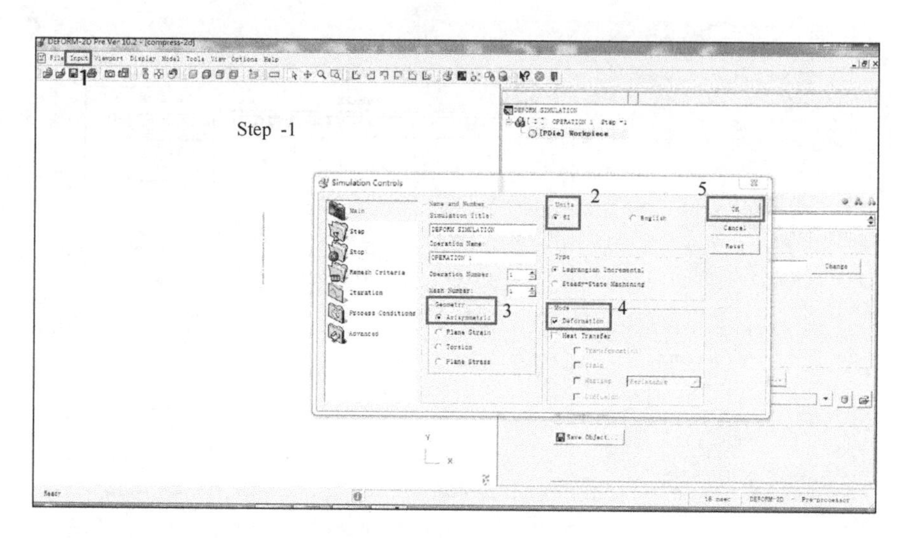

图 3.6.3　模型和单位选择

3）几何模型建立

(1) 单击 Insert object 按钮，选择 Geometry→Primitive 选项，弹出 Geometry Primitive（模型构建）对话框。选择 Cylinder 选项，选择 Full 单选按钮，然后建立坯料的几何模型，将 Origin point（原始点）设定为（0, 0)，将 Width（宽度）和 Height（高度）设定为 5、12，将 R1、R2 均设定为 0，依次单击 Create 按钮、Close 按钮（必须关闭后再建立上、下砧几何模型，如果继续输入参数进行模型创建，则新建立的模型将替代以前建立的模型，因为目前的几何模型建立是在 Workpiece 下操作的）。坯料几何模型建立完毕，如图 3.6.4 所示。

(2) 单击 Insert object 按钮，在模型显示信息窗口出现了 Top Die 选项（Top Die 为默认的上模名字，可以直接在 Object 文本框进行修改）。采用坯料几何模型建立的方法，单击 Primitive 按钮，输入上砧参数，原始点为（0, 13），宽度为 15，高度为 1，然后依次单击 Create 按钮、Close 按钮，完成上砧建模。继续单击 Insert object 按钮，在模型显示信息窗口出现了 Bottom Die 选项（Bottom Die 为默认的下模名字），单击 Primitive 按钮，输入下砧参数，原始点为（0, –2），宽度为 15，高度为 1，然后依次单击 Create 按钮、Close 按钮，完成下砧建模。这样整个工程问题的几何模型建立完毕，如图 3.6.5 所示（与 ANSYS 和 MSC.Marc 建立的几何模型不同，DEFORM 建立的几何模型中留存 1mm 的间隙，可以通过后来的相对位置进行修改）。

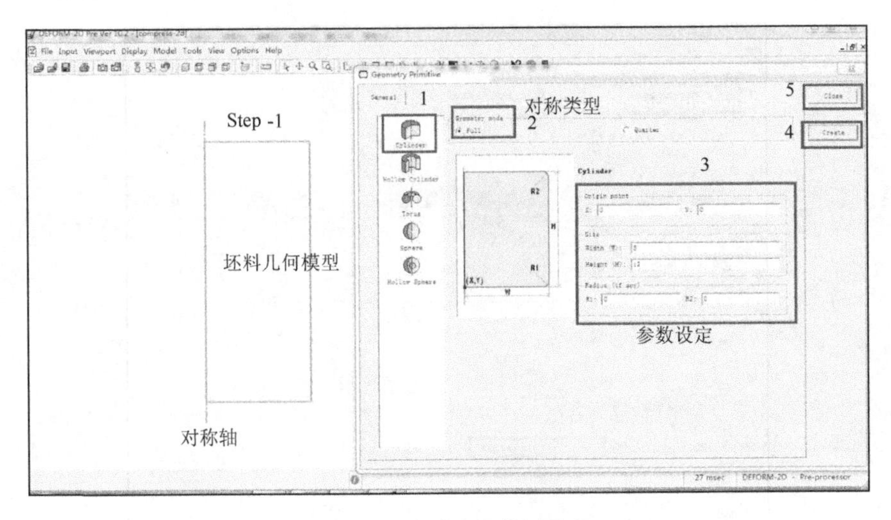

图 3.6.4　坯料几何模型建立

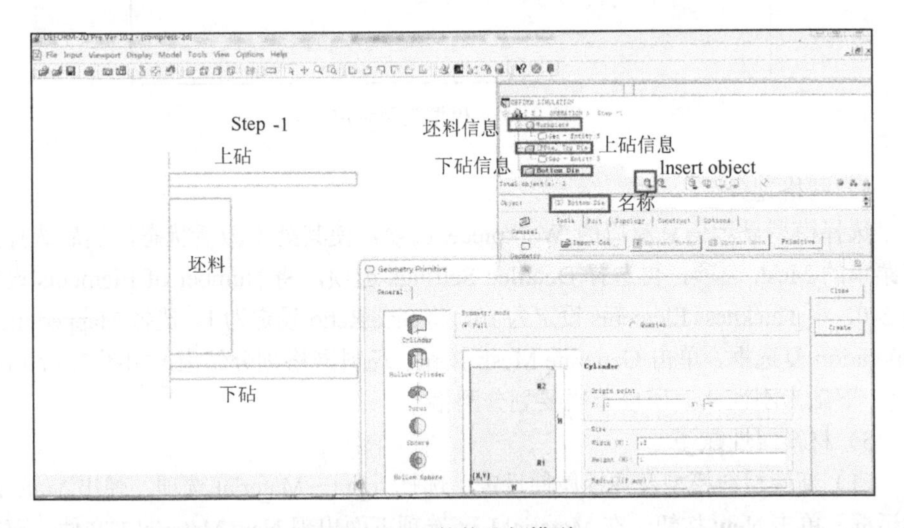

图 3.6.5　整体几何模型

（3）几何模型建立后，要对几何模型类型进行设定，坯料定义为弹塑性体，上、下砧定义为刚性体。具体操作步骤为：在模型显示信息窗口激活坯料模型，选择操作菜单中的 General 选项，在 Object Type 选项组下选择 Elasto-Plastic 单选按钮，温度为默认值（在温度部分可以更改温度，本节分析等温压缩过程，并不考虑热–力耦合过程，因此温度没有实质意义。如果有温度场分析，则单击 Assign temperature 按钮进行温度设定），材料设定在后续进行，设定主要按钮如图 3.6.6 所示。采用相同的方法将上、下砧设定为刚性体（正常情况下默认的是刚性体）。

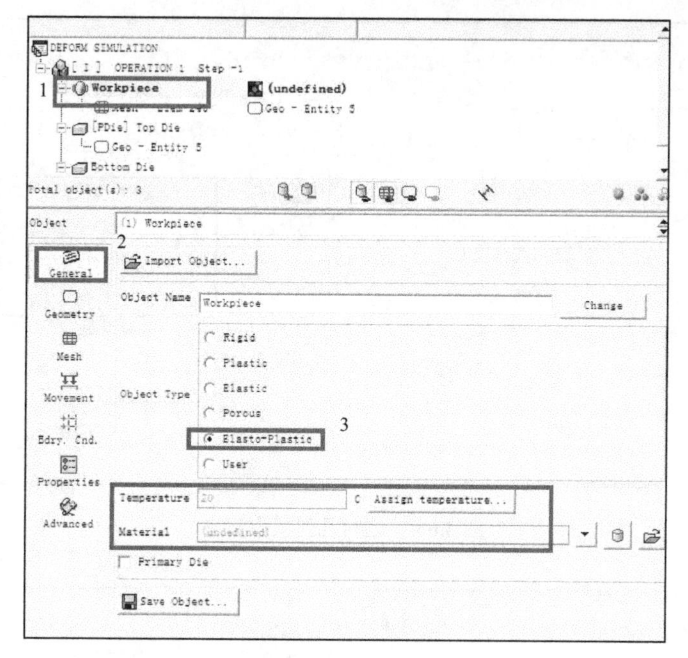

图 3.6.6　模型类型设定

4）网格划分

选择模型显示信息窗口的 Workpiece 选项，使其处于激活状态，然后选择操作菜单的 Mesh 选项，再选择 Detailed Settings 选项，将 Number of Elements 设定为 240，将 Thickness Elements 设定为 10，将 Size Ratio 设定为 1，选择 Mapped mesh generation 复选框，单击 Generate Mesh 按钮，坯料网格划分结束，如图 3.6.7 所示（上、下砧为刚性体，所以不需要划分网格）。

5）材料属性赋予

（1）新建材料模型及弹性属性设定。选择 Input→Material 选项，弹出 Material 对话框，单击 New 按钮，在 Material List 选项下面出现 New Material 1 文件，双击 New Material 选项并修改名称为 Si-steel，然后单击 Elastic 按钮，将 Young's modulus 和 Poisson's ratio 分别设定为 10000（选择 Constant 选项）、0.3（选择 Constant 选项），弹性属性设定完毕，如图 3.6.8 所示。

（2）塑性属性设定。单击图 3.6.8 中 Plastic 按钮进行塑性属性设定，选择 Flow stress 下拉列表框中的 $\bar{\sigma}=\bar{\sigma}(\bar{\varepsilon},\dot{\bar{\varepsilon}},T)$ 选项，然后单击按钮，弹出 Function 对话框，选择 Strain 单选按钮，然后双击 Add 按钮，在 1, 2, 3 后面分别输入 0, 0.02, 1，而后在 Strain Rate 下端的 Strain 后面分别输入 0, 200, 200，单击 Apply 按钮，可以看到变形抗力曲线，然后单击 OK 按钮，退出塑性属性设定，操作界面如图 3.6.9 所示。

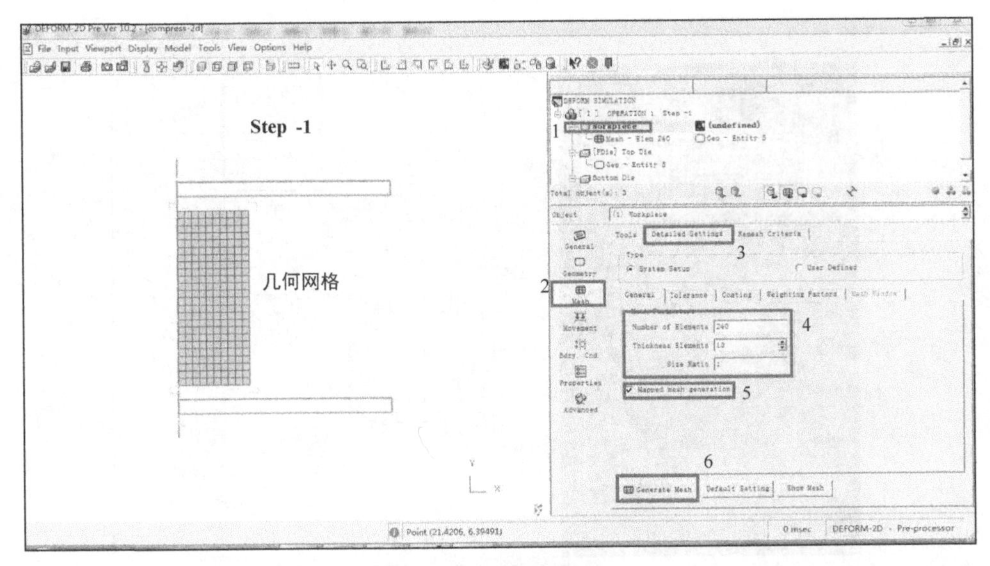

图 3.6.7　坯料网格划分

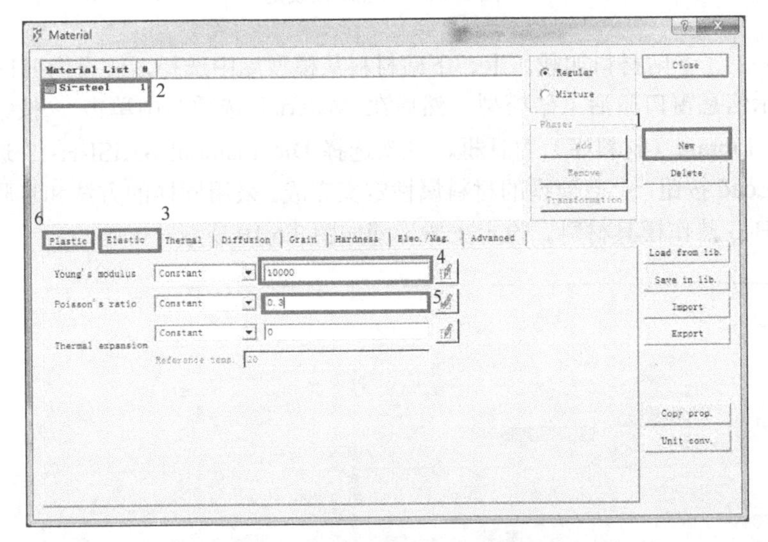

图 3.6.8　新建材料的弹性属性设定

（3）新建材料保存。单击图 3.6.8 中的 Save in lib.按钮，进入材料保存界面，在 Save Material in Library 对话框中选择 Hot Forming 选项，依次单击 OK 按钮、Close 按钮，此时在模型显示信息窗口会出现 Workpiece　Si-steel，表明坯料的材料新建和加载完毕[若显示 undefined，则在 Material 选项组中单击按钮，弹出 Material Library（材料库）对话框，选择 Source 选项组中 User 单选按钮，选择 Si-steel 选项，然后单击 Load 按钮]。

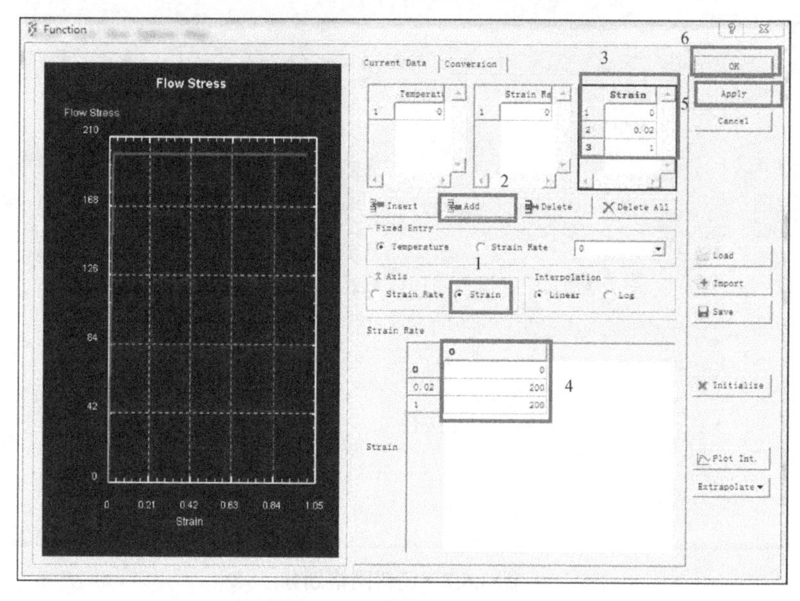

图 3.6.9　塑性属性设定

（4）上、下砧材料加载。上、下砧材料从模型库中选择，假设为 H13 钢。在模型显示信息窗口激活上砧模型，然后在 Material 选项组中单击按钮，弹出 Material Library（材料库）对话框，依次选择 Die_material→AISI-H-13 选项，然后单击 Load 按钮，上砧模型的材料属性定义完成。采用同样的方法和步骤将下砧设定为 H13 热作模具材料。设定主要步骤如图 3.6.10 所示。

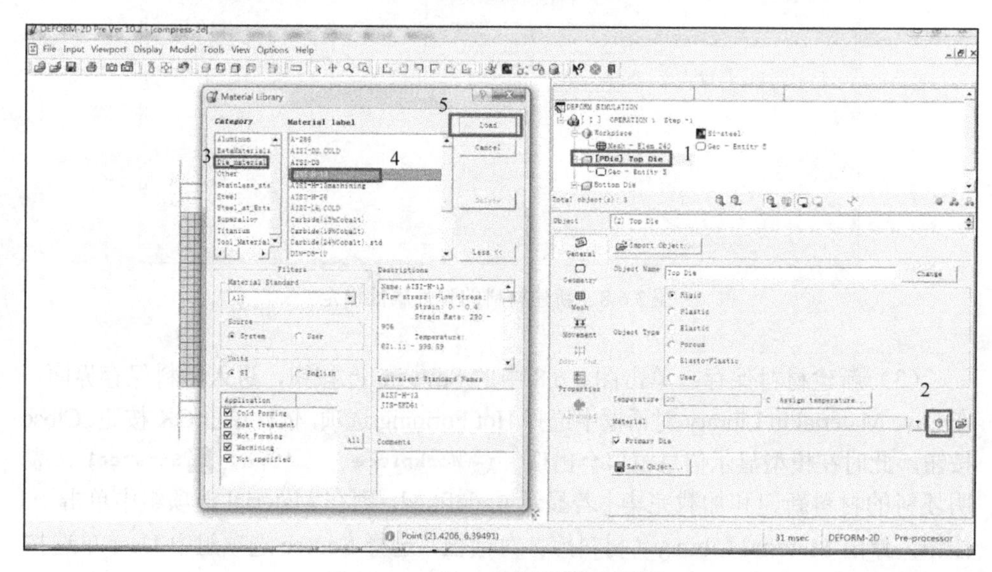

图 3.6.10　上、下砧材料属性设定

6）边界条件加载

在模型显示信息窗口激活上砧，然后选择操作菜单的 Movement 选项，在 Type、Direction、Specifications、Defined 选项组中依次选择 Speed、-Y、Defined、Constant 单选按钮，在 Constant value 文本框中输入 1。完成边界条件加载，如图 3.6.11 所示。

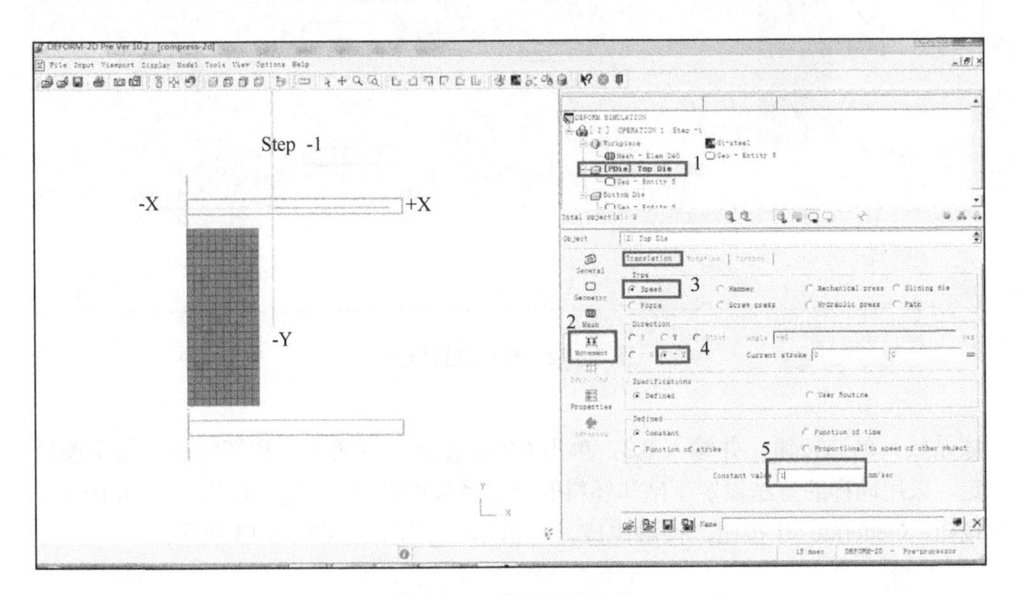

图 3.6.11　边界条件加载

7）相对位置修改

单击工具栏中的 Object Positioning 按钮，然后在 Method 选项组中选择 Interference 单选按钮（一个为基准，另一个按方向接触），在 Positioning object 下拉列表框中选择 2-Top Die 选项，在 Approach direction 选项组中选择-Y（移动方向）单选按钮，在 Reference 下拉列表框中选择 1-Workpiece（参照点）选项，单击 Apply 按钮，完成上砧与坯料的相对位置修改。采用同样的方法，在 Positioning object 下拉列表框中选择 3-Bottom Die 选项，在 Approach direction 选项组中选择 Y（移动方向）单选按钮，在 Reference 下拉列表框中选择 1-Workpiece（参照点）选项，单击 Apply 按钮，完成下砧与坯料的相对位置修改，单击 OK 按钮，在提示窗口单击 OK 按钮，相对位置修改如图 3.6.12 所示。

8）接触对建立

单击工具栏中的 Inter-object 按钮，再单击 Yes 按钮，弹出 Inter-Object 对话框，选择 (2) Top Die - (1) Workpiece　N/A　Shear 0　0 选项，然后单击 Edit 按钮，弹出 Inter-Object Data Definition 对话框，将 Type 设定为 Coulomb，选择 Constant（摩

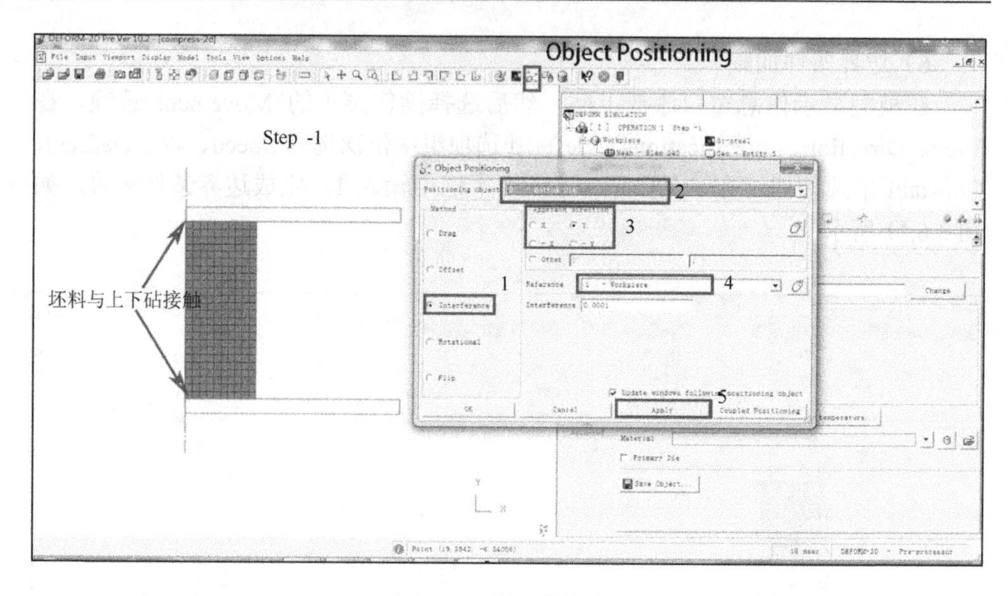

图 3.6.12　相对位置修改

擦系数）单选按钮，并输入 0.3，单击 Close 按钮，完成上砧和坯料的接触摩擦设定。采用同样的方法设定下砧和坯料的摩擦系数也为 0.3，然后依次单击 Tolerance 按钮、Generate all 按钮，接触生成，单击 OK 按钮，如图 3.6.13 所示。

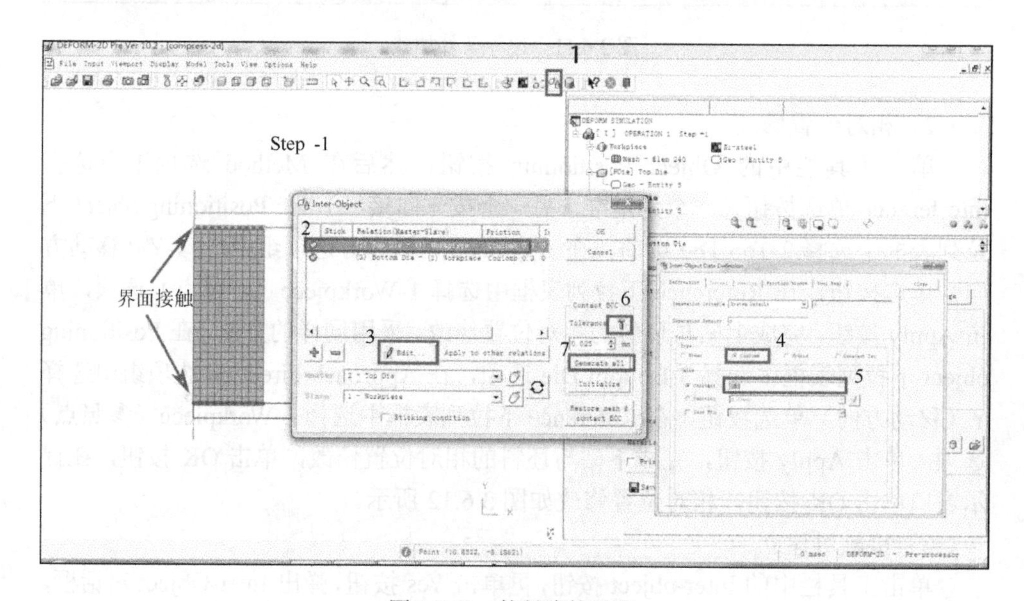

图 3.6.13　接触摩擦设定

9）求解步数设定

选择 Input→Simulation Controls 选项，弹出 Simulation Controls 对话框，单击 Step 按钮，在 Number of Simulation Steps 文本框中输入 100，在 Step Increment to Save 文本框中输入 10，在 Solution Step Definition 选项组中选择 With Die Displacement 单选按钮，输入 0.05，单击 OK 按钮，完成计算步数设定（该工程问题分析属于静态计算，不考虑压缩速度和时间，设定相当于共计算 100 步，每一步下降 0.05mm，压缩 5mm），如图 3.6.14 所示。

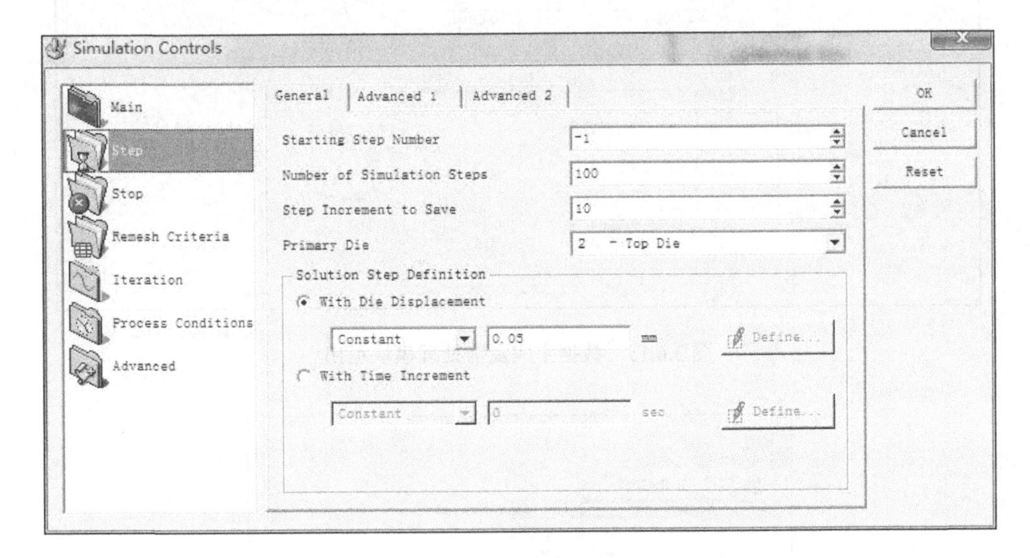

图 3.6.14　求解步数设定

10）数据生成

依次单击工具栏 Save 按钮、Database Generation（数据生成）按钮、Check 按钮，发现材料的热没有定义，网格重划分没有定义。本节不用网格重划分，也不求解温度相关场变量，所以黄色问号代表警告，可以生成求解文件（如果是红色的则不能生成求解文件），单击 Generate 按钮，生成求解文件，单击 Close 按钮，然后单击工具栏 Quit 按钮，退出前处理模块，如图 3.6.15 所示。

11）网格重划分设定

如果采用网格重划分技术，则在模型显示信息窗口选择 Workpiece 选项，然后选择操作菜单的 Mesh 选项，单击 Remesh Criteria 按钮，在 Interference Depth 文本框中输入 0.1，完成网格重划分设定，如图 3.6.16 所示。网格重划分设定后，单击 Generate 按钮（图 3.6.15 中 5）时，将不会出现网格重划分没有设定的警告[DEFORM 软件网格重划分后四边形和六面体网格（DEFORM 低版本不具备六面体网格划

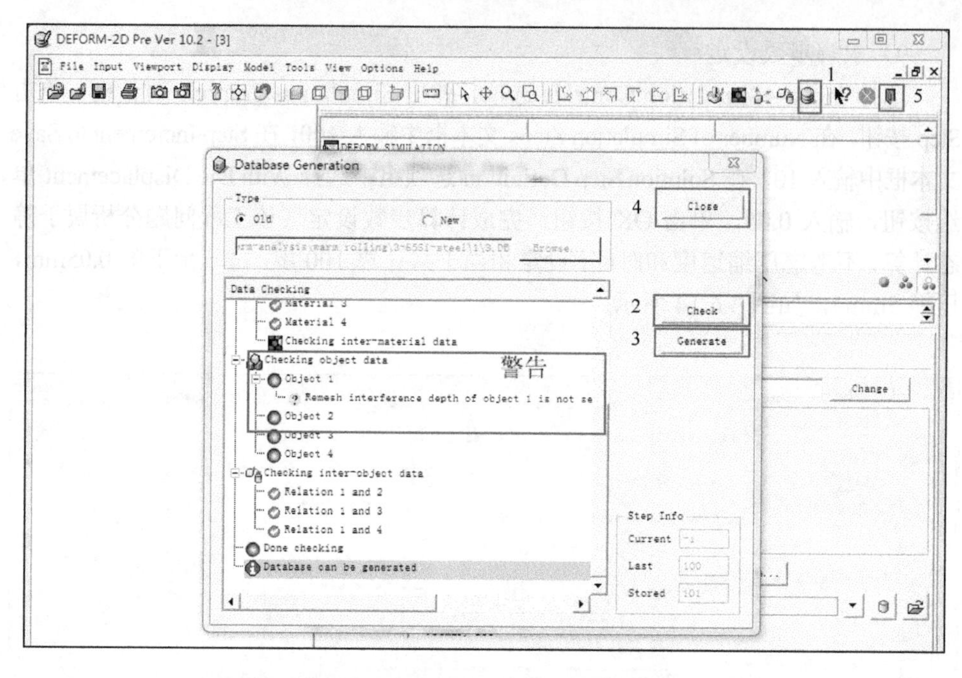

图 3.6.15　数据生成及前处理模块退出

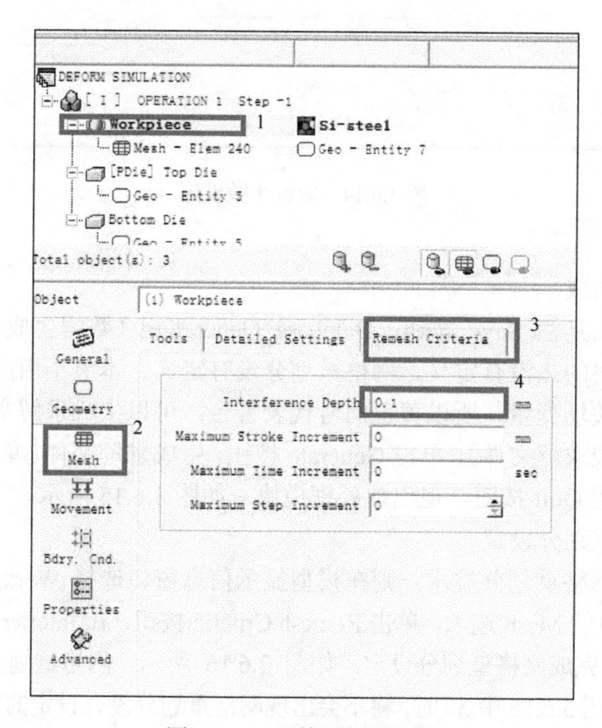

图 3.6.16　网格重划分设定

分功能，六面体网格划分需要借助 HyperMesh 软件）会变成三角形网格或者四面体网格]。

3. 求解

退出前处理模块后，返回图 3.6.1 所示的主界面，可以看到生成的数据文件和有限元模型，然后选择 compress-2d.DB 选项，并选择求解模块中的 Run 选项，进入求解模式，单击模型显示信息窗口的 Message 按钮，会看到求解过程信息，当 Message 界面底端中出现“Simulation is completed and stopped at the user specified time step”时表明求解结束，整个求解过程迭代收敛，求解时间为 15s。

4. 后处理

1）计算结果查看

选择图 3.6.1 中的 DEFORM-2D Post 选项，进入后处理模块。在 Step 下拉菜单中选择 Step 100 选项（单击 ⏮ ⏪ ◀ ■ ▶ ⏩ ⏭ 按钮可以观看各变量的动画过程），然后单击按钮或者其后面的下拉菜单，选择 More 选项，在 Display 选项组中选择 Shaded 单选按钮，在 Scaling 选项组中选择 Global 单选按钮，在# of Values 微调按钮中选择 9（表示 9 个数据梯度），在左侧结果界面选择需要查看的计算结果，然后依次单击 Apply 按钮、Close 按钮，如图 3.6.17 所示。结果显示后，如果保存可以单击抓图按钮（图 3.6.17 中 8）。

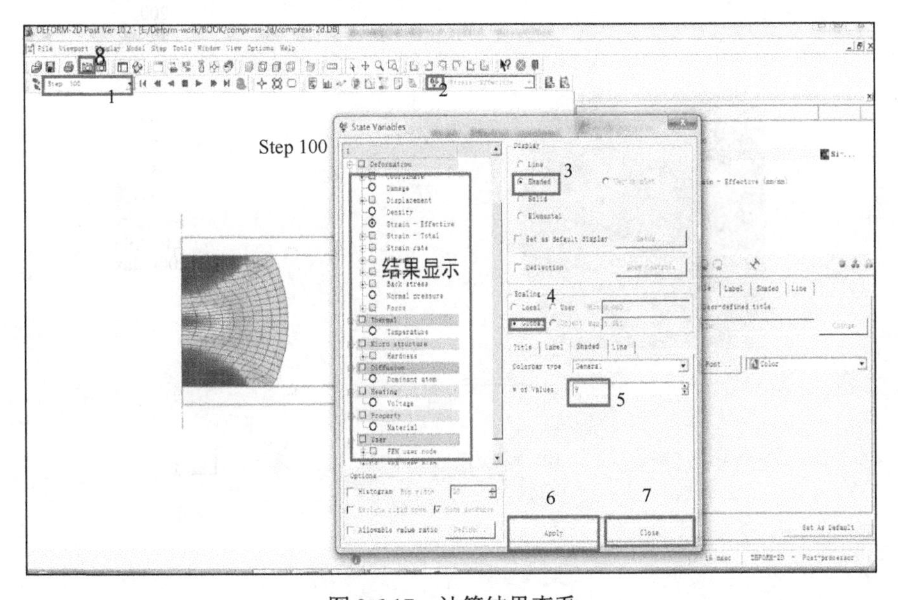

图 3.6.17　计算结果查看

2）等效应力和等效应变查看

选择图 3.6.17 中的 Strain-Effective 选项，单击 Apply 按钮，可以看到等效应变分布，单击 Close 按钮；选择 Stress-Effective 选项，单击 Apply 按钮，可以看到等效应力分布，单击 Close 按钮；选择 Stress-Max Principal 选项，然后单击 Apply 按钮，可以看到第一主应力分布，单击 Close 按钮；选择 Stress-Z 选项，然后单击 Apply 按钮，可以看到压缩方向应力分布，如图 3.6.18 所示。

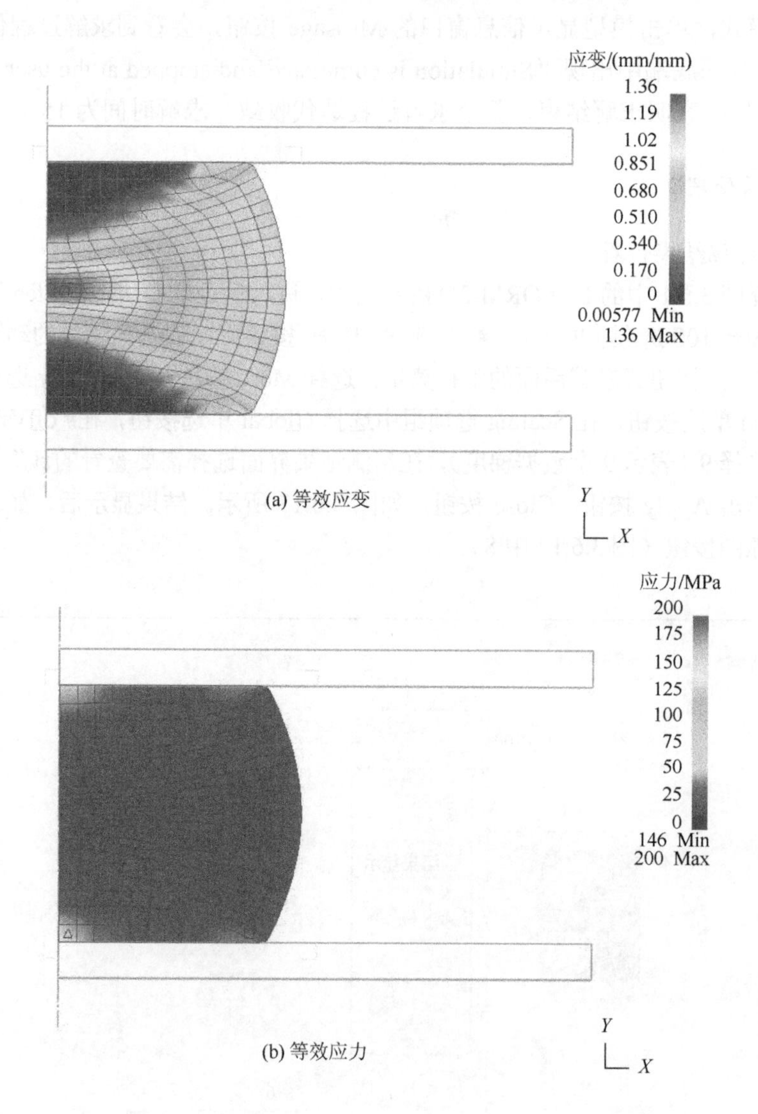

(a) 等效应变

(b) 等效应力

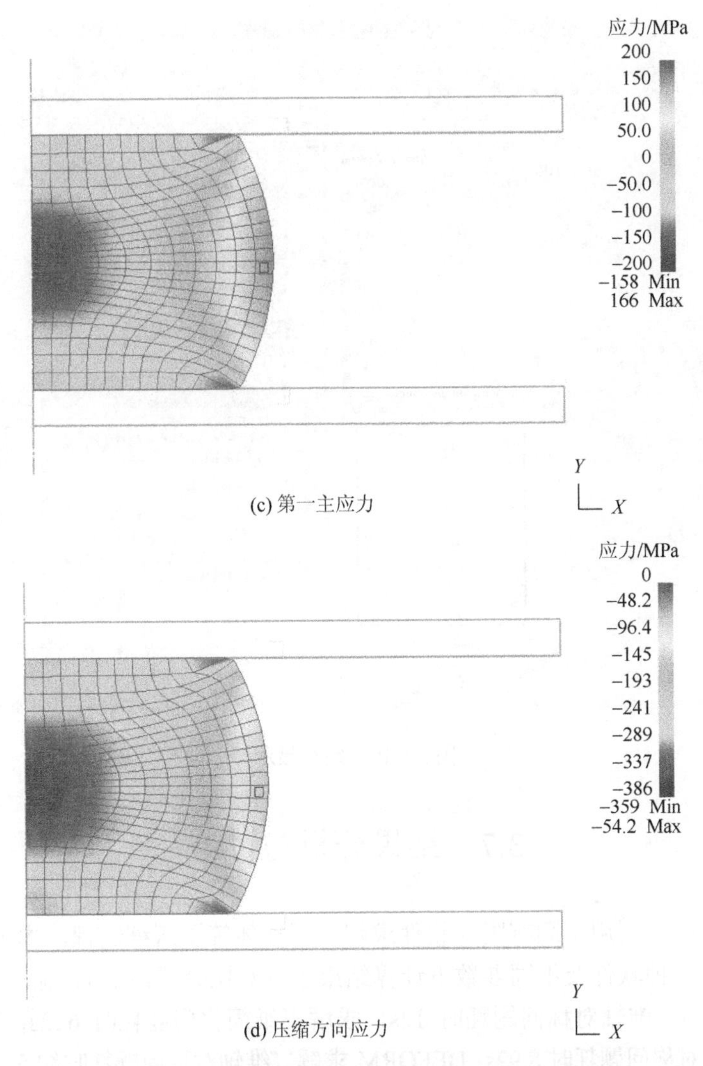

(c) 第一主应力

(d) 压缩方向应力

图 3.6.18 应力和应变分布（彩图见封底二维码）

3）场变量路径显示

单击后处理结果彩云图，显示压缩方向应力，如图 3.6.17 所示。单击 按钮，选中要看的路径的两端节点，然后单击 Calculate 按钮，显示窗口就出现了两节点间的压缩方向应力分布，如图 3.6.19 所示（DEFORM 软件的路径显示图与彩云图在一个窗口，可以利用 Size 对话框中的不同比例查看路径显示图，如果想得到单独的路径显示图，右击路径显示图，利用 Export data 选项导出数据，然后利用绘图软件重新绘制）。

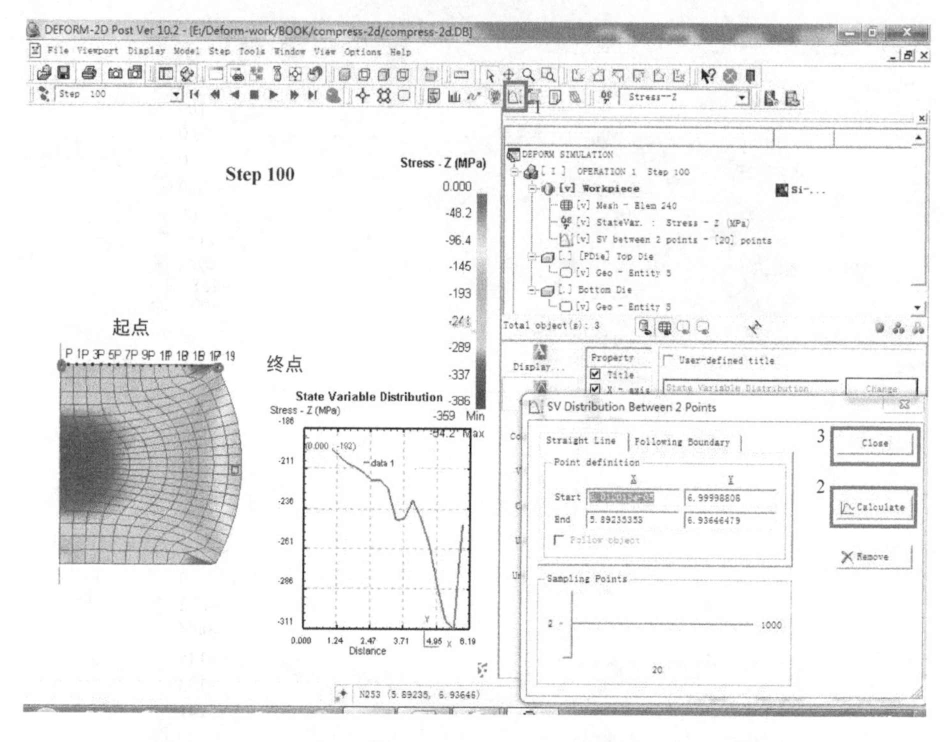

图 3.6.19　路径显示

3.7　结果分析与讨论

3.3～3.6 节利用不同有限元软件求解了圆柱体等温压缩过程，本节将依据应力和应变对各种软件及不同参数下计算结果进行对比分析。从后台输出信息来看，ANSYS 求解二维轴对称问题耗时 12s，求解三维简化问题耗时 612s；MSC.Marc 求解二维轴对称问题耗时 8.92s；DEFORM 求解二维轴对称问题耗时约 5s；ABAQUS 求解二维轴对称问题耗时约 8s。计算机配置如下：处理器为 Intel®Xeon®CPU E5630；主频为 2.53GHz；内存为 12GB；操作系统为 64 位；硬盘容量为 500GB。

3.7.1　不同软件求解分析

图 3.7.1 为圆柱体压缩过程在摩擦力作用下应力和应变分布示意图。由图可以看出，根据金属塑性成形理论和物理实验，压缩变形后的试件可以分为三个区域：难变形区（Ⅰ）、自由变形区（Ⅱ）和易变形区（Ⅲ）[7]。受摩擦的影响，在对称轴靠近上、下端面处的等效应变最小，为难变形区，靠近端面处三个方

向应变基本为 0，应力为三向压应力；而中心部位（简称心部）等效应变最大，为易变形区，压缩方向为负应变，半径和圆周方向为正应变，应力为三向压应力；外侧表面为自由变形区，接近表面处径向应力接近为 0，轴向应力为拉应力，压缩方向为压应力，应变为一向压缩、两向拉伸。为便于对比分析不同软件求解结果，应力和应变场将分别按照 *AB*、*CD* 和 *AE* 路径及典型节点变化进行对比分析。

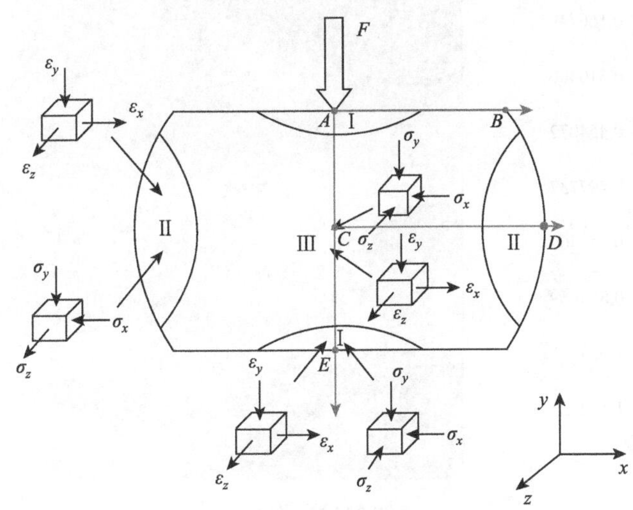

图 3.7.1　圆柱体压缩过程应力和应变分布示意图

图 3.7.2 为四款软件求解的圆柱体等温压缩后等效塑性应变分布，其中应变为无量纲单位。由图可以看出，四款软件的等效塑性应变分布规律基本类似，与金属塑性变形理论及物理实验结果吻合，即心部应变最大，为易变形区；接触表面靠近心部应变最小，为难变形区；轴线方向侧表面为自由变形区。从易变形区沿半径方向向外有一个羊角形状的扩展区域，该区域为剪切变形区，该区域的应变介于易变形区和自由变形区。从变形后的网格可以看出，网格分布质量较好，没有重叠和严重的畸变区域；压缩过程中随着变形量增加，侧面近端部的金属发生侧面翻平现象，因而该区域的单元网格角度存在大于 90°的情况，ANSYS 和 MSC.Marc 计算的变形后网格形状比较接近，而 ABAQUS 和 DEFORM 计算的变形后网格形状接近，从侧面流动到端部接触面的区域更大。从每款软件后台输出信息来看，ANSYS 求解等温压缩过程金属塑性变形问题耗费 CPU 时间约 12s；MSC.Marc 耗费 CPU 时间为 8.92s，DEFORM 耗费 CPU 时间约 5s，ABAQUS 耗费 CPU 时间约 8s，DEFORM 计算速度最快，ANSYS 计算速度最慢。

图 3.7.3 为第一主应力分布。其中，ANSYS 软件应力计算结果的单位为 Pa，

其他三款软件应力计算结果的单位为 MPa。四款软件的第一主应力分布规律基本相同，整个变形区大部分的第一主应力均为压应力，所以压缩过程基本应力状态以三向压应力为主；靠近自由变形区第一主应力逐渐为拉应力，这些拉应力是压

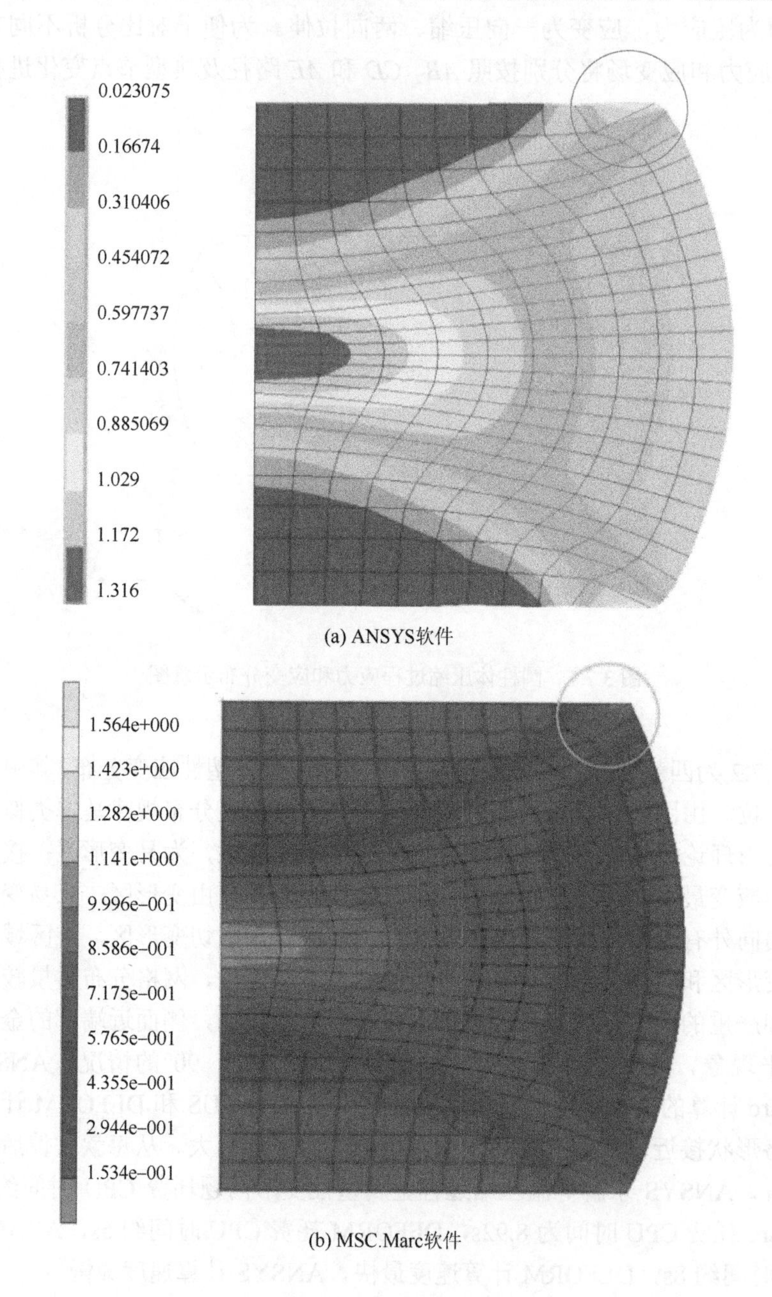

(a) ANSYS软件

(b) MSC.Marc软件

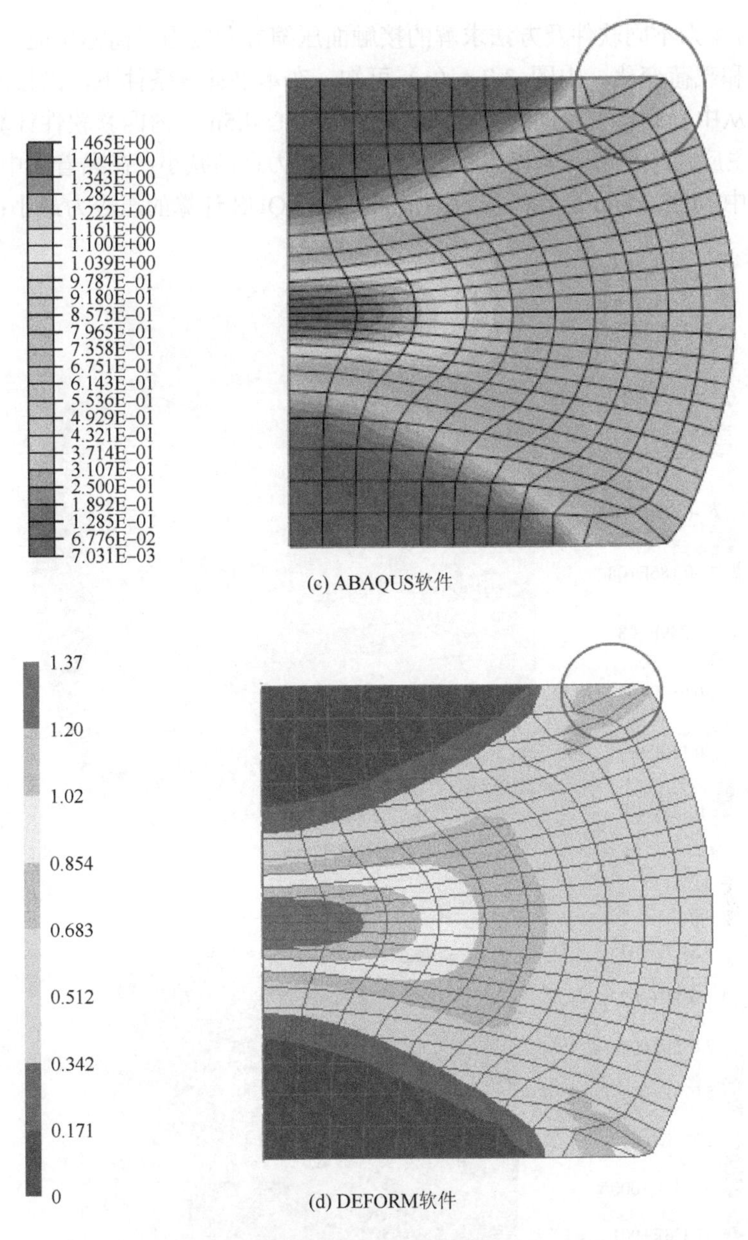

(c) ABAQUS软件

(d) DEFORM软件

图 3.7.2　四款软件等效塑性应变计算结果（彩图见封底二维码）

缩过程中表面产生周向裂纹的主要原因；易变形区第一主应力相对较小，呈现苹果形，由于发生侧面翻平现象，在强剪切和挤压作用下位于羊角区域的第一主应力也相对较小。最大第一主应力主要位于自由表面，该区域应力状态主要是两向压缩、一向拉伸。

图 3.7.4 为不同软件及方法求解的接触面压缩方向应力（简称压应力）沿 *AB* 路径变化和载荷变化。由图 3.7.4（a）可知，在本书计算条件下，沿接触面的压应力分布从中心到自由表面逐渐增大，在距离中心 4.5mm 内四款软件计算值相差不大，而主应力法求解属于理想状态，因而压应力逐渐减小；在黏着区中心区域，四款软件中 MSC.Marc 计算的压应力最大，ABAQUS 计算的压应力最小；沿着半

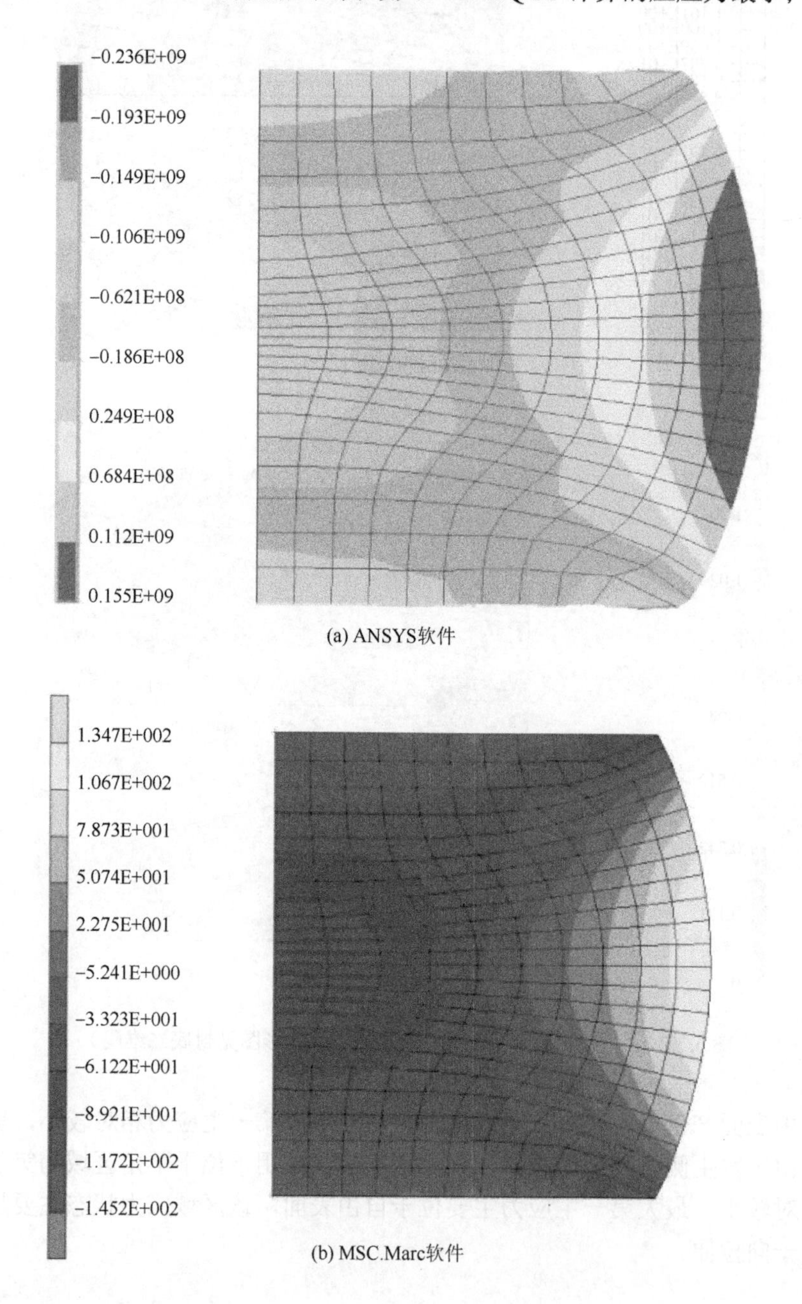

(a) ANSYS软件

(b) MSC.Marc软件

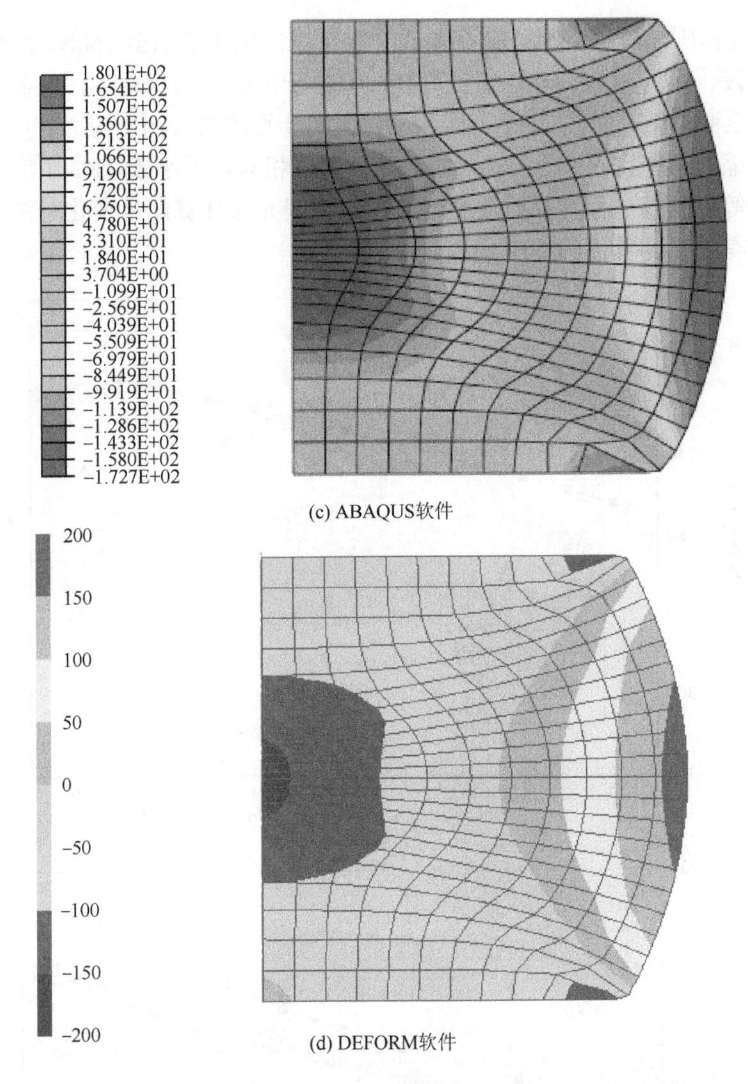

(c) ABAQUS软件

(d) DEFORM软件

图 3.7.3　四款软件第一主应力计算结果（彩图见封底二维码）

径方向逐渐远离中心区域过程中，ABAQUS 计算的压应力逐渐增加，MSC.Marc 计算的应力变化比较平稳，在距离中心 2～4.5mm 内，MSC.Marc 计算的压应力最小，ABAQUS 计算的压应力最大；在距离中心大于 4.5mm 后，进入侧面翻平区域，受到金属流动过程强剪切和压缩影响，压应力均有一个快速增加过程，ANSYS 计算的压应力增加明显高于其他款软件，这可能是 ANSYS 软件中上、下砧没有设置刚性体的缘故（从图 3.7.2 和图 3.7.3 中均可以看出 ANSYS 计算后的坯料接触面不是平直线，这和摩擦接触算法设定也有关系）；在接近自由表面区域，除了 MSC.Marc 软件，其他三款软件接触面的压应力有一个减小过程。由图 3.7.4（b）

可知，圆柱体压缩过程变形载荷在弹性阶段呈线性快速增加至16kN，然后进入塑性变形阶段，尽管材料为理想塑性材料，但由于接触面面积增加，载荷进一步缓慢增加，至变形结束时约27kN，四款软件虽然计算的接触面压应力有所差别，但计算的压缩载荷差别不大，塑性阶段载荷计算值相对误差小于3%。主应力法求解的圆柱体等温压缩过程塑性阶段变形载荷与有限元法计算结果变化趋势接近，计算值高于有限元计算值约10%。

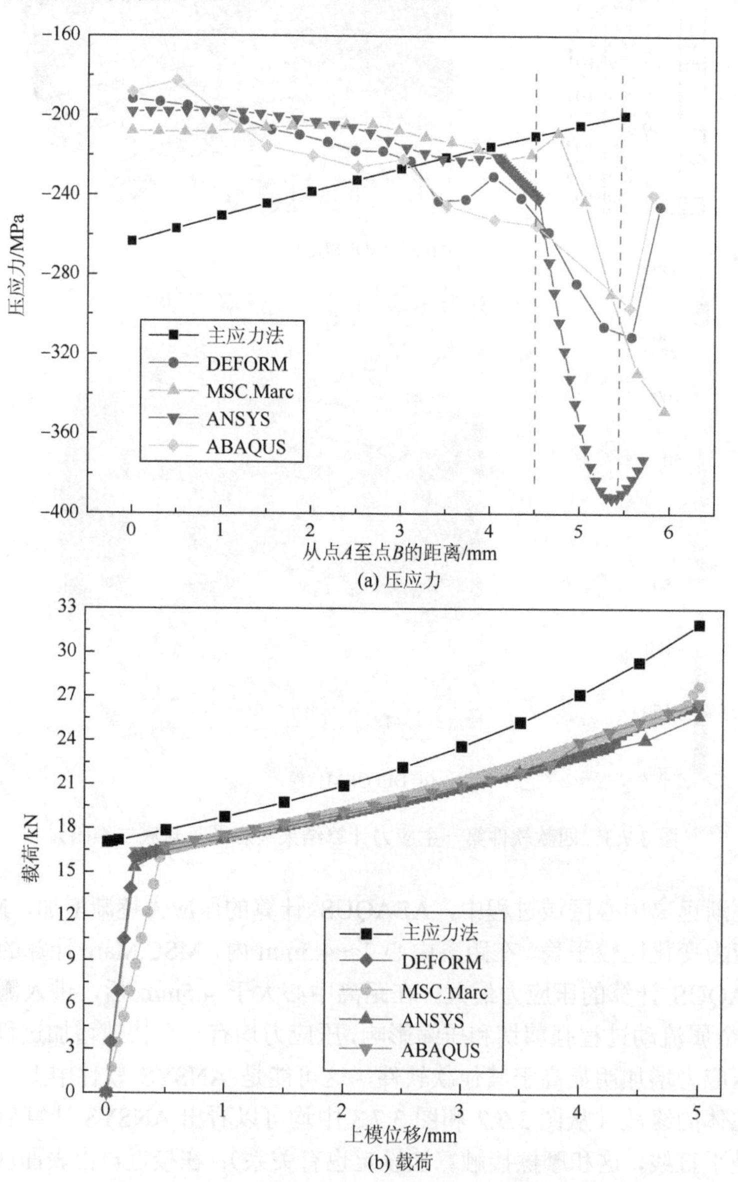

图 3.7.4　接触面压应力沿 AB 路径变化和载荷变化

图 3.7.5 为四款软件求解的等效塑性应变沿 *CD* 和 *AE* 路径变化。由图 3.7.5（a）可知，从中心到自由表面，四款软件沿 *CD* 路径求解的等效塑性应变逐渐降低，均符合金属塑性流动理论。易变形区的等效塑性应变计算结果从大到小依次是 ABAQUS、DEFORM、ANSYS 和 MSC.Marc 软件，ABAQUS 计算的等效塑性应变约为 1.5，而 MSC.Marc 与其他三款软件计算结果相比略小，约为 1.1；在靠近自由变形区，四款软件计算结果基本相近，均约为 0.3。由图 3.7.5（b）可以看出，沿 *AE* 路径，上、下接触面应变最小，属于难变形区，中心应变较大，为易

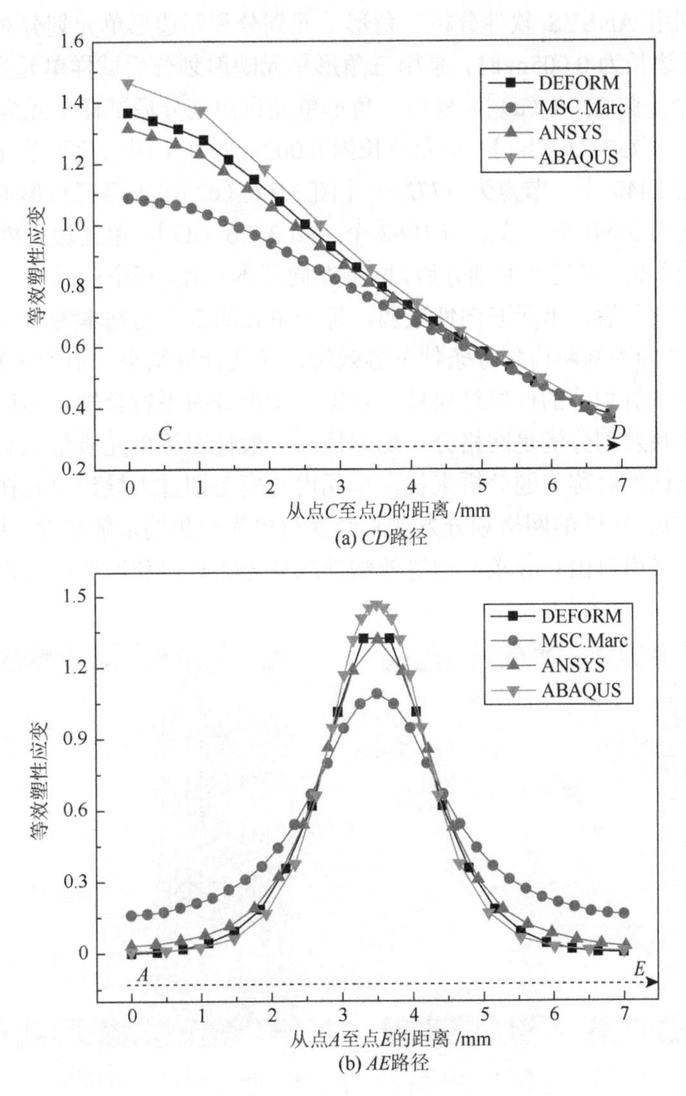

图 3.7.5　不同软件不同路径的等效塑性应变计算结果

变形区，易变形区高度约占总高度的 1/3；在易变形区，ABAQUS 计算的等效塑性应变较高，MSC.Marc 计算的等效塑性应变较低，在难变形区，MSC.Marc 计算的等效塑性应变较高，约为 0.2，而其他三款软件计算的等效塑性应变基本为 0。

3.7.2　单元划分对结果的影响

本节利用 ANSYS 软件分析三角形单元划分和四边形单元划分对计算结果的影响。单元边长为 0.005m 时，采用三角形单元映射划分后试样单元为 480 个，节点为 275 个［图 3.7.6（a）］，采用三角形单元自由划分后试样单元为 530 个，节点为 300 个［图 3.7.6（b）］；单元边长为 0.002m 时，采用三角形单元映射划分后试样单元为 3440 个，节点为 1772 个［图 3.7.6（c）］，采用三角形单元自由划分后试样单元为 3790 个，节点为 1962 个［图 3.7.6（d）］，单元边长缩短 60%，单元数增加约 6 倍。采用映射划分后，网格取向基本一致，每个单元中一个角为 90°；而采用自由划分后，单元取向性减弱，每个单元的三个角基本为 60°。

图 3.7.7 为不同网格划分条件下等效塑性应变计算结果。由图 3.7.7（a）可以看出，采用映射划分的计算结果精度较差，变形分布不符合轴对称压缩过程变形规律。虽然映射划分满足网格分布均匀性，一般情况下单元质量是高于自由划分的，但对于这种对称问题分析来说，单元内角度差别过大导致单元在大变形下畸变严重，所以技巧性的网格划分方法未必获得更为理想的求解精度。由图 3.7.7（b）可以看出，采用自由划分求解的等效塑性应变分布规律和四边形网格计算结果相

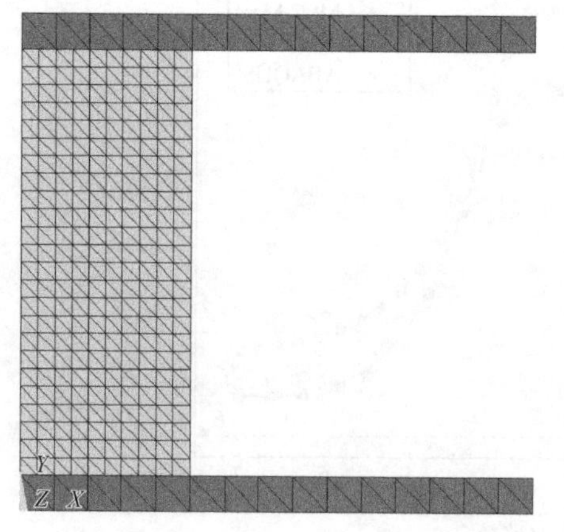

(a) 三角形单元映射划分方式，单元480个

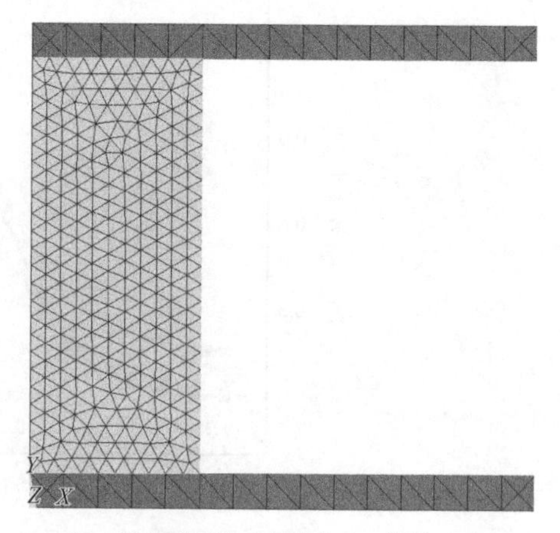

(b) 三角形单元自由划分方式，单元530个

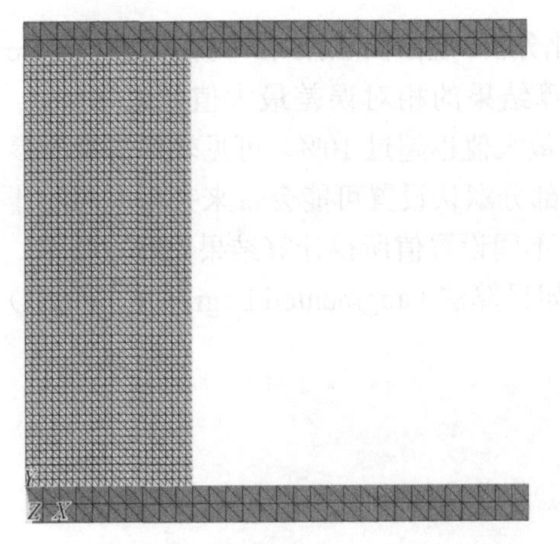
(c) 三角形单元映射划分方式，单元3440个

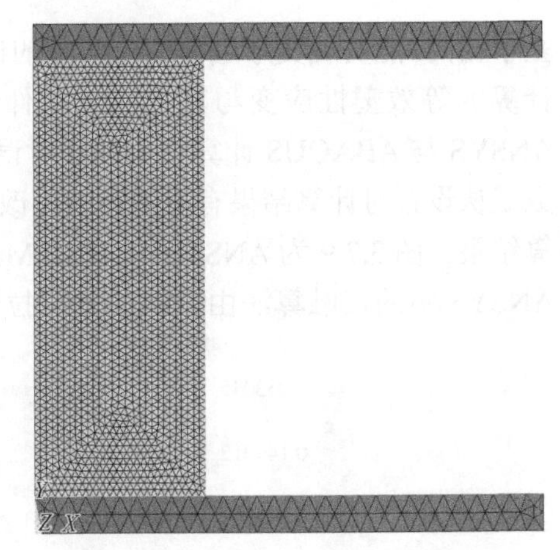
(d) 三角形单元自由划分方式，单元3790个

图 3.7.6　不同三角形单元划分方式和单元数下的网格模型

近，黏着区、自由变形区及剪切带上的网格质量仍然保持较好，而心部和侧面翻平区域的网格畸变较为严重。相比四边形单元划分，三角形单元划分求解的最大等效塑性应变减小明显，而最小等效塑性应变明显升高。虽然单元边长一定的条件下，单元 530 个相比 240 个显著增加，但三角形单元自由划分条件下计算时间约 14s，增加不多，计算效率较高。当单元网格细分后，映射划分的计算精度有所提高，但仍不能反映圆柱体压缩变形过程金属流动规律，而单元数较多时的三角形单元自由划分计算值与四边形单元划分计算值的相对误差减小。另外，需要注意的是网格划分较多时，由于本节计算的压缩过程属于大塑性变形，网格畸变可能导致计算过程中错误警告。

图 3.7.8 为不同三角形单元自由划分单元数下计算的第一主应力分布结果。由图 3.7.8（a）可知，三角形单元自由划分条件下第一主应力分布较为杂乱，这是三角形单元中线性插值计算精度较低的结果。心部为易变形区，第一主应力近似为正值，而实际上心部为压应力，自由表面为拉应力，故计算值与金属流动过程应力分布特点吻合度较低；相比四边形单元划分，三角形单元划分的求解过程的单元耗费 CPU 时间较少、效率高，但计算精度下降显著。单元数数倍增加后，自由变形区第一主应力为拉应力，符合金属变形理论［图 3.7.8（b）］；心部第一主应力为压应力，应力状态精度有所提高，但计算时间急剧增加。

3.7.3　参数设定对结果的影响

3.7.1 节中的各软件计算结果均在默认设置条件下求解所得，通过结果分析可知这些商用有限元软件均满足计算分析要求，求解的场变量分布规律及力能参数基本相同，能实现变形过程工艺参数的优化分析。但由图 3.7.5（a）可知，MSC.Marc 计算的等效塑性应变与其他三款软件计算结果的相对误差最大值超过 30%，ANSYS 与 ABAQUS 计算结果的相对误差最大值也超过 10%，可见软件自身的参数默认设置对计算结果有重要影响，改变部分默认设置可能会带来完全不同的计算结果。图 3.7.9 为 ANSYS 和 MSC.Marc 不同设置值所得计算结果比较。其中，ANSYS 中的接触算法由默认的增广拉格朗日算法（augmented Lagrange method）

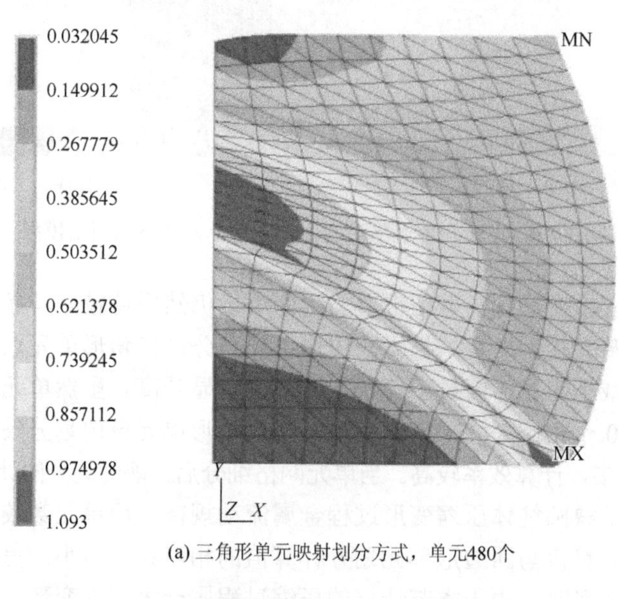

(a) 三角形单元映射划分方式，单元480个

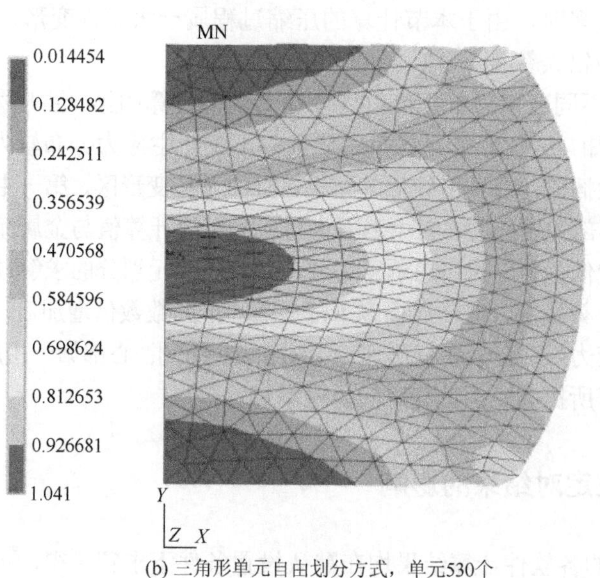

(b) 三角形单元自由划分方式，单元530个

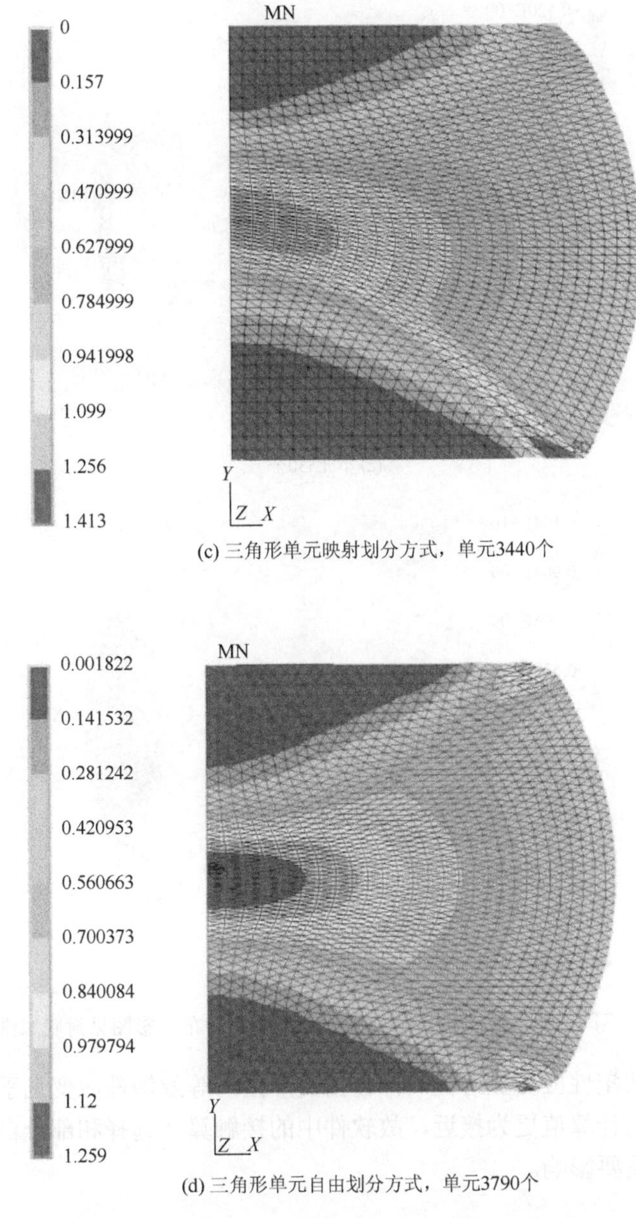

(c) 三角形单元映射划分方式，单元3440个

(d) 三角形单元自由划分方式，单元3790个

图 3.7.7　不同网格划分条件下的等效塑性应变分布（彩图见封底二维码）

改为拉格朗日–罚函数法（Lagrange & penalty method），MSC.Marc 中接触控制的数值模型（numerical model）由反切速度模型（arctangent velocity model）改为黏着–滑动模型（stick-slip model）。由图可知，默认设置与改变接触算法或模型后 MSC.Marc 和 ANSYS 的计算结果发生了显著变化，MSC.Marc 和 ANSYS 计算的

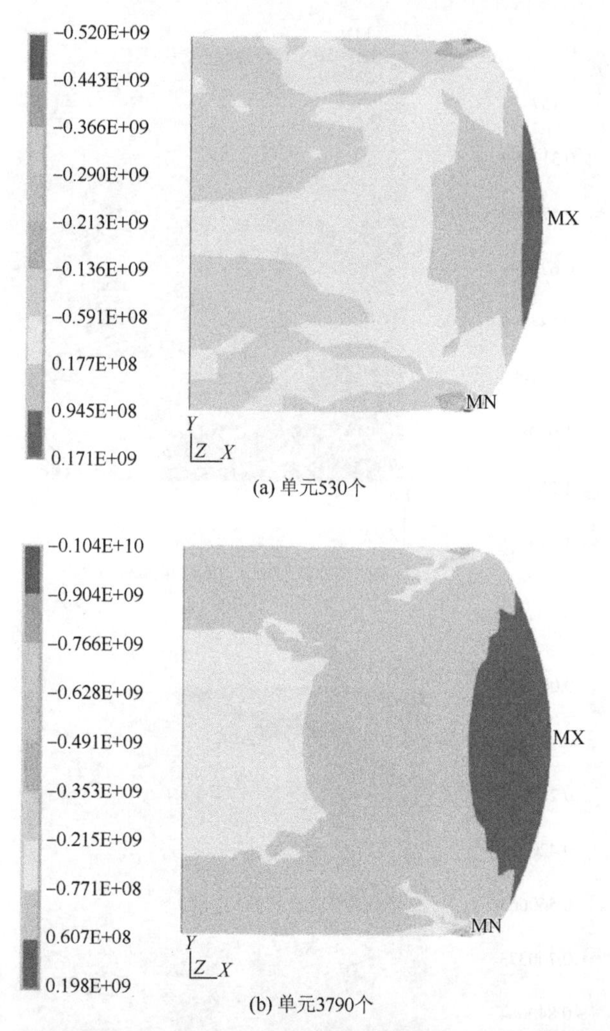

(a) 单元530个

(b) 单元3790个

图 3.7.8　不同三角形单元数自由划分第一主应力分布（彩图见封底二维码）

易变形区的等效塑性应变显著提高，自由变形区的等效塑性应变几乎没有发生变化，两款软件的计算值更为接近，故软件中的接触算法选择和部分自带常数设置对计算结果有重要影响。

3.7.4　几何模型对结果的影响

图 3.7.10 为 ANSYS 二维轴对称和 1/4 扩展模型求解的等效塑性应变和压缩方向应力分布。由应力和应变图均可以看出，压缩过程大致可以分为三个区：难变形区、自由变形区和易变形区，圆柱体压缩的金属流动规律与理论解析和物理实验结果吻合良好。从压缩方向应力分布图可以看出，二维压缩方向应力和等

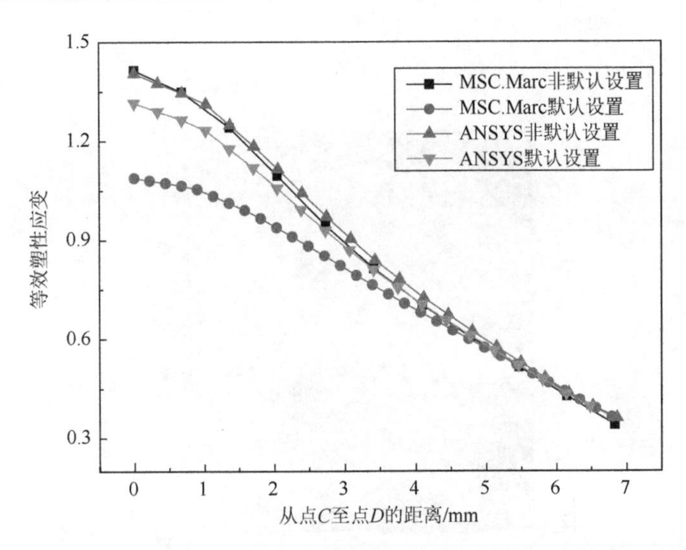

图 3.7.9　ANSYS 和 MSC.Marc 软件不同设置条件的等效塑性应变沿 *CD* 路径变化

效塑性应变的分布梯度略小于三维求解结果；压缩方向应力均为压应力，符合金属变形理论；由于摩擦较大，压缩过程中出现侧面翻平现象，接触面靠近自由端部分出现了显著隆起。

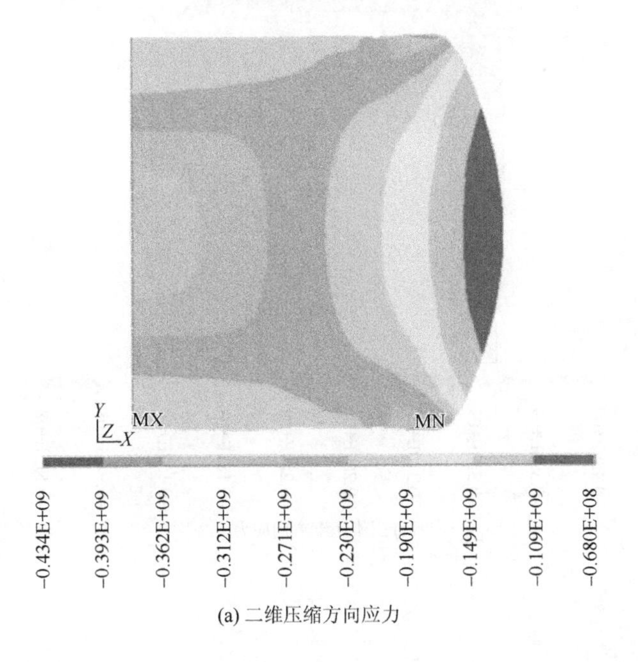

(a) 二维压缩方向应力

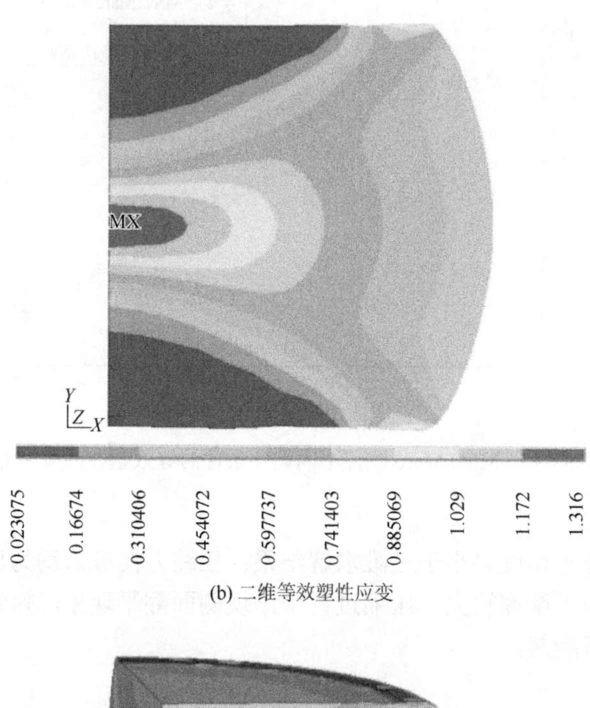

(b) 二维等效塑性应变

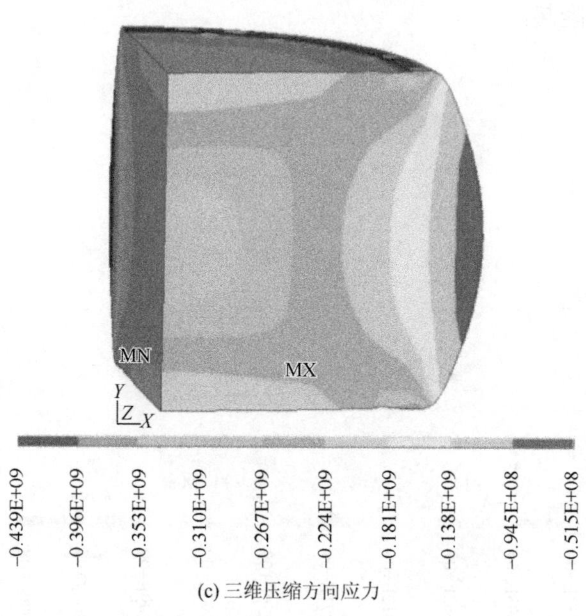

(c) 三维压缩方向应力

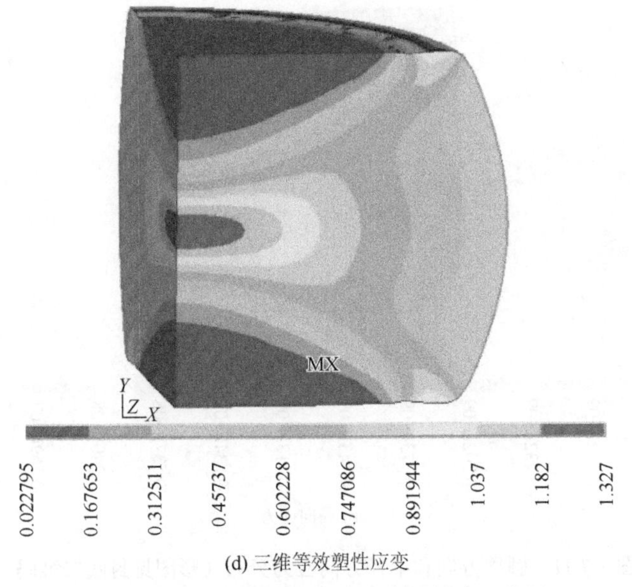

(d) 三维等效塑性应变

图 3.7.10　应力和应变分布（彩图见封底二维码）

图 3.7.11 为三维圆周方向和半径方向应力分布（在命令框内输入 Rsys, 1 可以将结果显示坐标线更改为柱坐标）。由图可以看出，在自由变形区一定区域圆周方向为拉应力，这是变形过程半径扩大和鼓形扩展导致的金属向圆周方向快速流动造成的；半径方向除了自由变形区接近外表面部分应力为 0，其余部分基本均为压应力。在难变形区，金属在半径方向几乎没有发生扩展，其半径方向应力接近 0。总之，在圆柱体压缩过程中，总体的应力状态为三向压应力状态，在自由变形区的圆周方向上存在一定的拉应力，而该区域容易产生平行于轴线方向的裂纹。

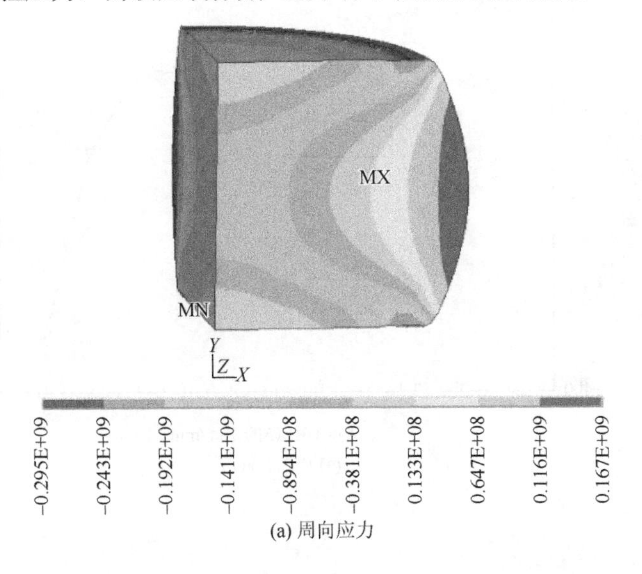

(a) 周向应力

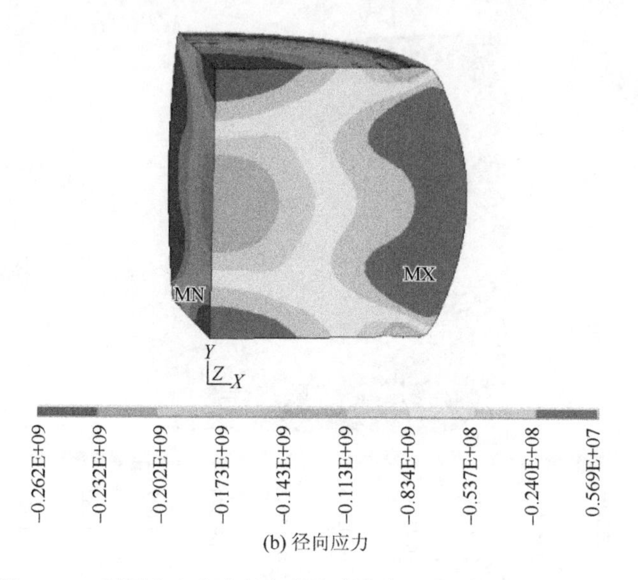

(b) 径向应力

图 3.7.11　圆周方向和半径方向应力分布（彩图见封底二维码）

压缩方向应力和等效塑性应变沿 *AB* 路径变化如图 3.7.12 所示。由图可以看出，在坯料与模具接触面上，压缩方向应力为压应力，而应力绝对值由中心到自由表面逐渐增大，这和等效塑性应变变化趋势一致，可见变形量越大，应力越大。相比三维模型来说，二维简化模型计算结果基本相同，心部应力与应变几乎相同，自由变形区等效塑性应变差值略大，最大相对误差约为 7.3%。

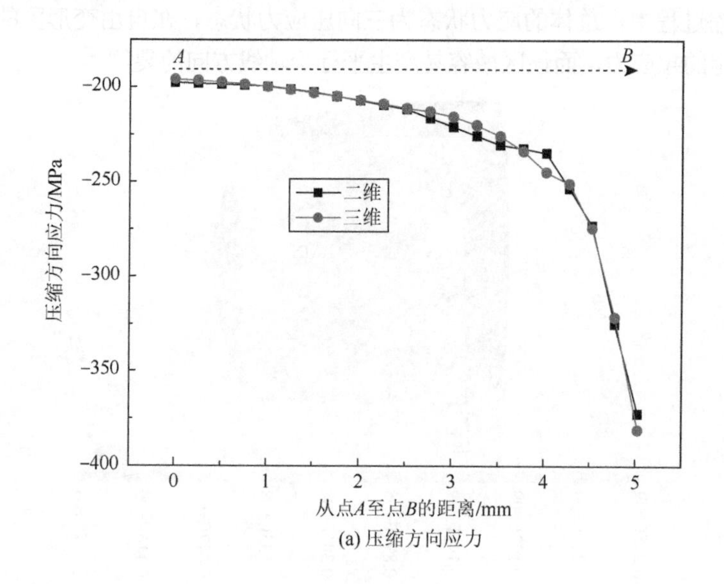

(a) 压缩方向应力

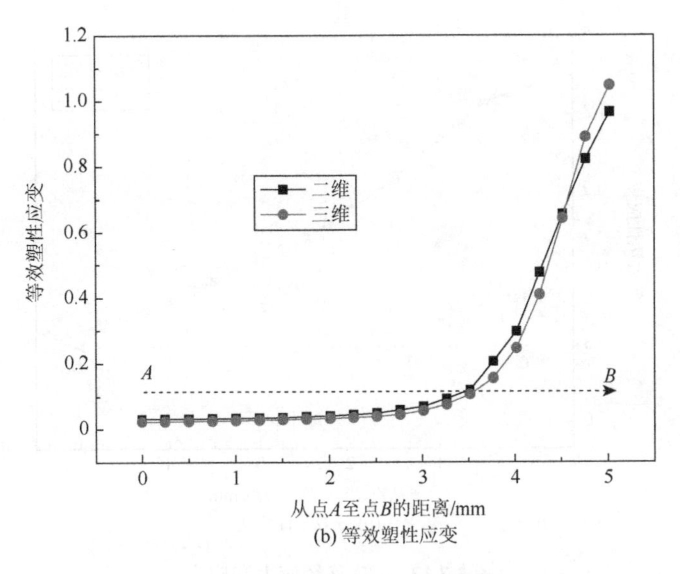

(b) 等效塑性应变

图 3.7.12　*AB* 路径应力和应变

米泽斯等效应力和等效塑性应变沿 *CD* 路径变化如图 3.7.13 所示。由图可以看出，在坯料高度方向的中心，米泽斯等效应力和等效塑性应变由心部向自由表面均略有减小，但相对减小值仅为 0.4%；二维简化模型计算结果相比三维模型计算结果来说，米泽斯等效应力略大，但相对差值小于 0.2%。因此，两种模型计算的等效应力和等效塑性应变相差较小。

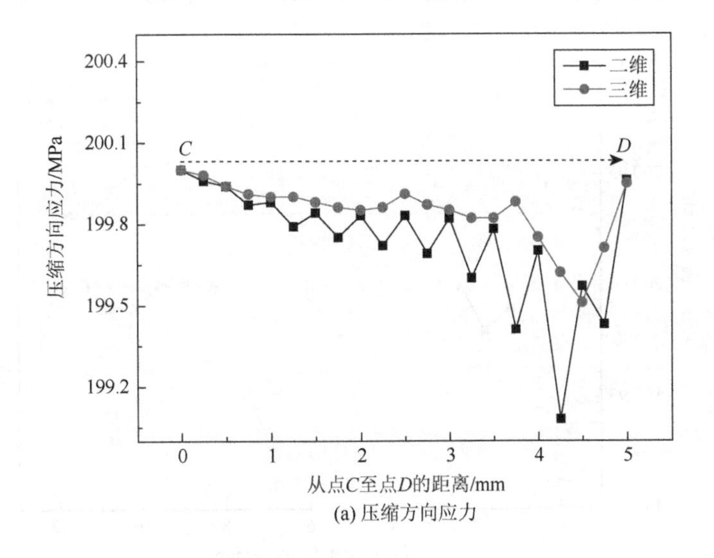

(a) 压缩方向应力

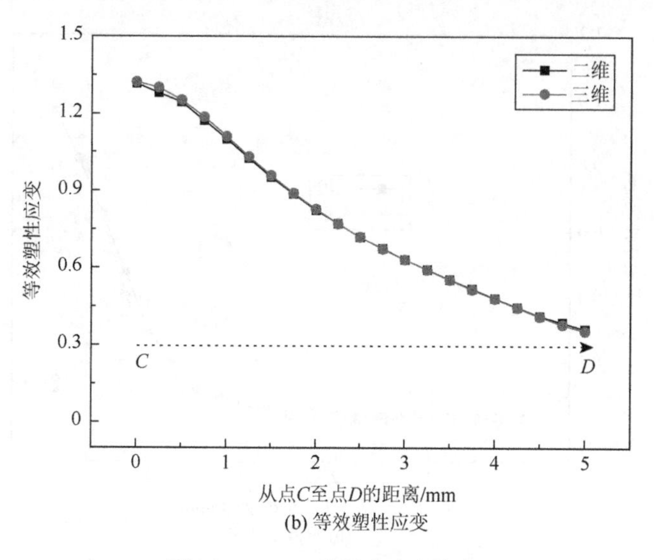

(b) 等效塑性应变

图 3.7.13　*CD* 路径应力和应变

米泽斯等效应力和等效塑性应变沿 *AE* 路径变化如图 3.7.14 所示。由图可以看出，在坯料中心对称轴上，材料发生了塑性变形，而该材料为理想弹塑性模型，因而等效应力小于屈服强度，应力除在上、下接触面易变形区和难变形区交界区域发生极小波动外基本为200MPa；等效塑性应变最大值约为 1.316，等效塑性应变最小值位于难变形区接触面上，几乎没有发生变形；二维简化模型与三维模型计算结果基本相同，计算值最大误差小于 0.5%。综上所述，二维简化模型完全可以替代三维模型进行求解，在保证计算精度条件下，计算效率可以大大提高。

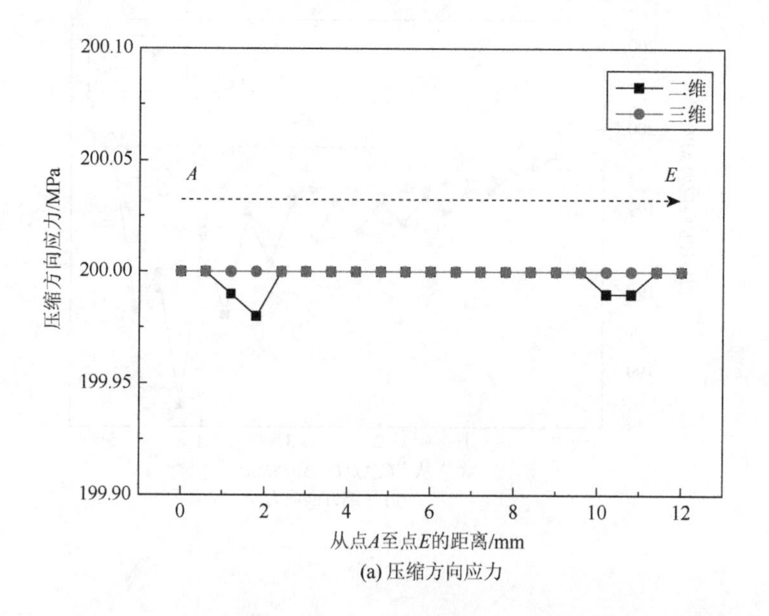

(a) 压缩方向应力

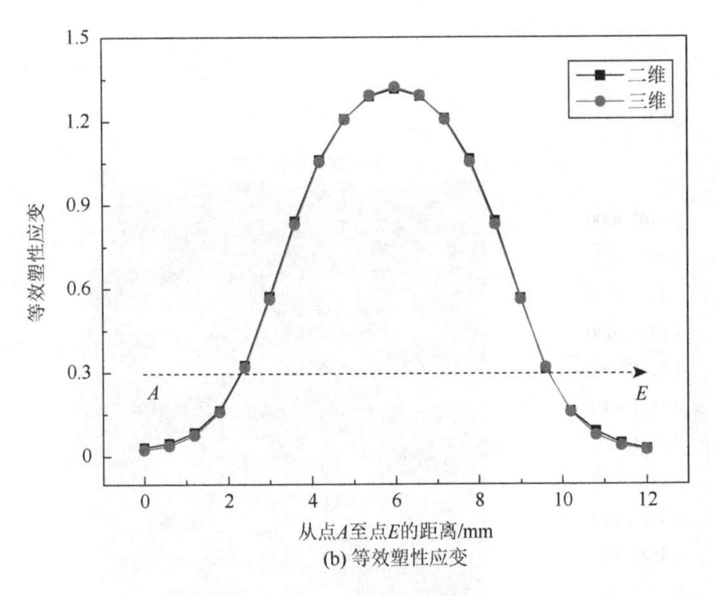

(b) 等效塑性应变

图 3.7.14 *AE* 路径应力和应变

3.7.5 网格重划分对结果的影响

计算中发现相比其他三款软件，默认设置条件下 MSC.Marc 软件对网格畸变更为敏感。为此，在利用 MSC.Marc 软件进行求解时，激活网格重划分命令，网格重划分后，节点的编号发生了变化，网格重划分与无网格重划分的情况下等效塑性应变和网格变形如图 3.7.15 所示。由图可以看出，网格重划分与否对整体等效塑性应变分布规律影响不大，网格重划分后接触面靠近自由表面的网格形状明显变好，而心部网格形状却变差。相比无网格重划分计算结果来说，网格重划分后计算的等效塑性应变梯度降低，这主要是由于网格重划分过程中插值算法引起的计算结果略有差别。

图 3.7.16 为不同路径下各场变量变化。由图可以看出，网格重划分条件下，在网格畸变区（难变形区与自由变形区交界区）应力和应变变化较大；*AB* 路径末端压应力突然减小，分布规律与图 3.7.12 类似；而无网格重划分条件下，压应力却一直增大，在交界区仅有微小波动。从 *AB* 路径上的等效塑性应变分布来看，无网格重划分计算结果略大于网格重划分计算结果；在 *CD* 路径和 *AE* 路径上等效塑性应变变化规律、最大值和最小值变化不大，应力与应变梯度基本相同。综上所述，网格重划分与否对接触面上靠近自由变形区的应力和应变分布有一定影响，这与最终网格变形与分布一致，但对整体的应力和应变影响不大。由于网格重划分后单元和节点的场变量初始值是根据重划分前计算结果进行插值得到的，一定程度上会影响计算精度，但是网格畸变过于严重会影响迭代收敛性和网格畸变区的计算结果。

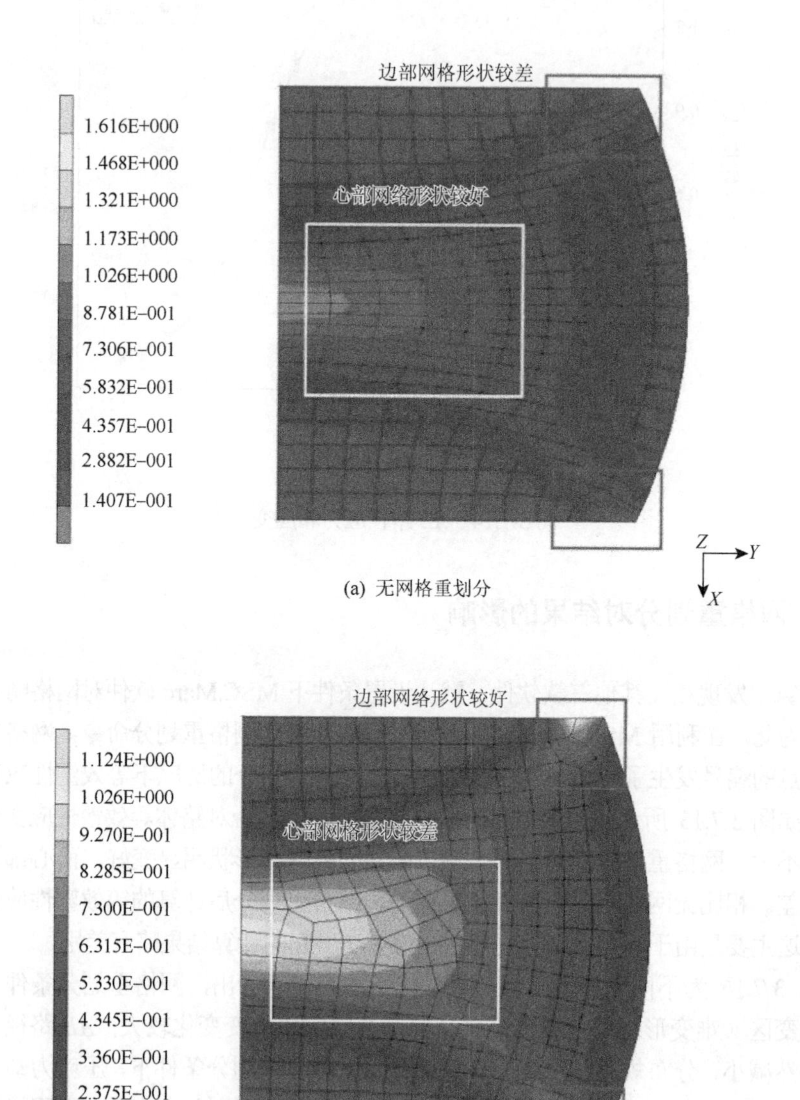

(a) 无网格重划分

(b) 网格重划分

图 3.7.15　等效塑性应变（彩图见封底二维码）

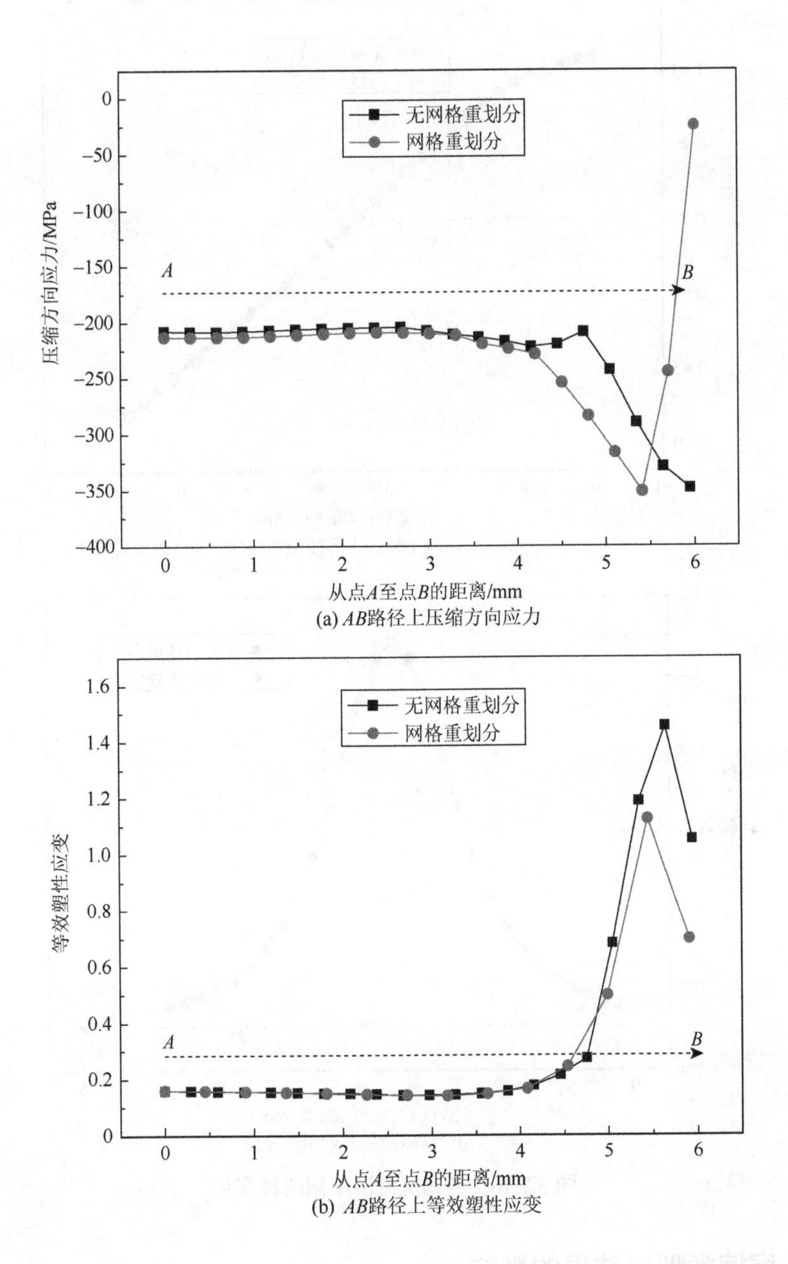

(a) *AB*路径上压缩方向应力

(b) *AB*路径上等效塑性应变

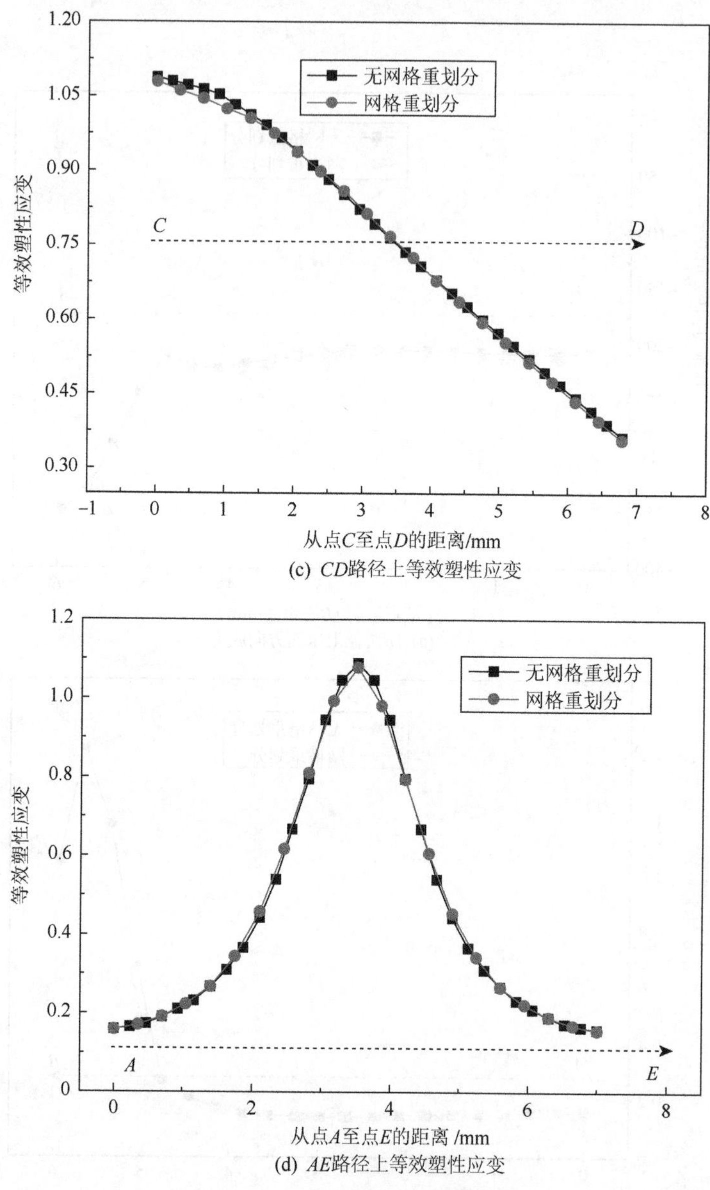

(c) CD路径上等效塑性应变

(d) AE路径上等效塑性应变

图 3.7.16　各场变量沿不同路径变化

3.7.6　摩擦类型对结果的影响

在有限元求解过程中，通常可选用常摩擦系数的库伦摩擦类型和常摩擦应力的剪切摩擦类型，对于大变形问题，这些软件往往建议设置为剪切摩擦类型，库伦摩擦类型和剪切摩擦类型公式为

$$\begin{cases} \tau = f\sigma \\ \tau = mk \end{cases} \tag{3.7.1}$$

式中，f为摩擦系数；m 为摩擦因子；σ 为接触面压力；k 为剪切屈服强度，当屈服类型满足屈雷斯加屈服准则时 $k=0.5\sigma_s$，当屈服准则满足米泽斯屈服准则时 $k=0.577\sigma_s$。假设式（3.7.1）中库伦摩擦的接触面压缩方向应力为屈服强度 σ_s，则剪切摩擦条件下的摩擦力为$0.29\sigma_s$，小于库伦摩擦条件下的摩擦力，所以摩擦类型选取对计算结果有所影响。

图 3.7.17 为 DEFORM 软件不同摩擦类型下第一主应力和等效塑性应变分布规律。由图可以看出，两种摩擦类型下第一主应力和等效塑性应变计算规律基本相同，易变形区第一主应力最小而等效塑性应变最大，自由变形区第一主应力为拉应

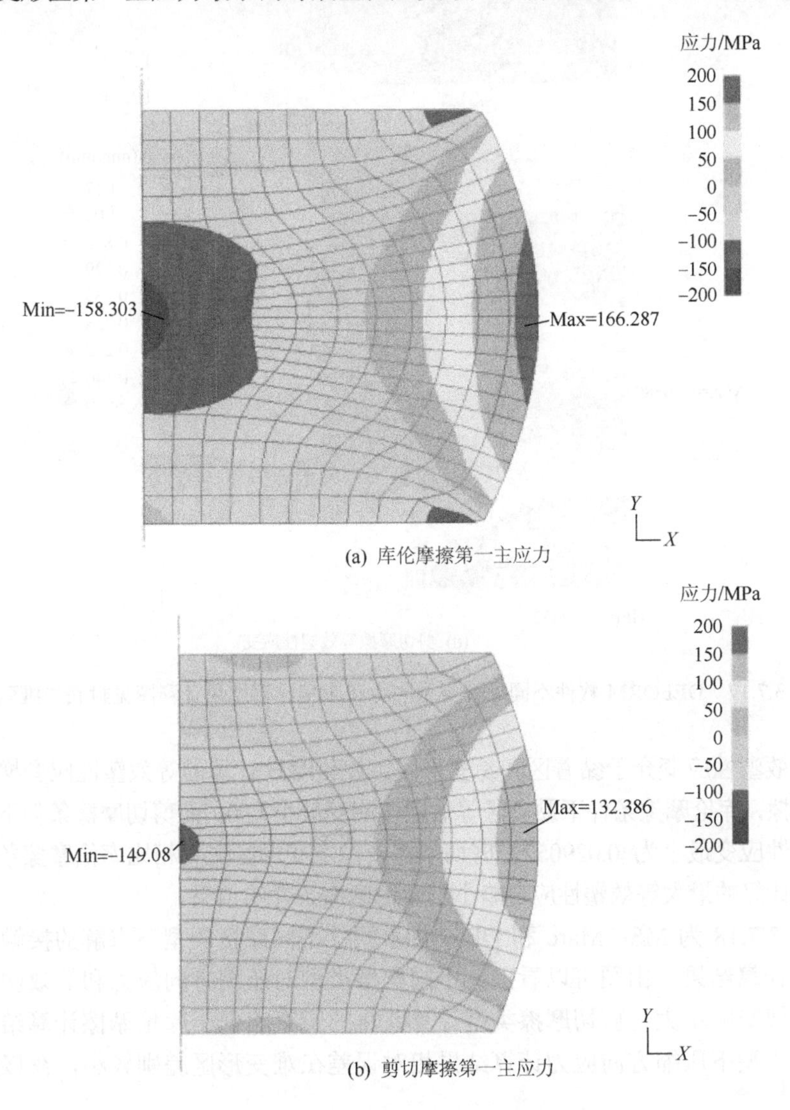

(a) 库伦摩擦第一主应力

(b) 剪切摩擦第一主应力

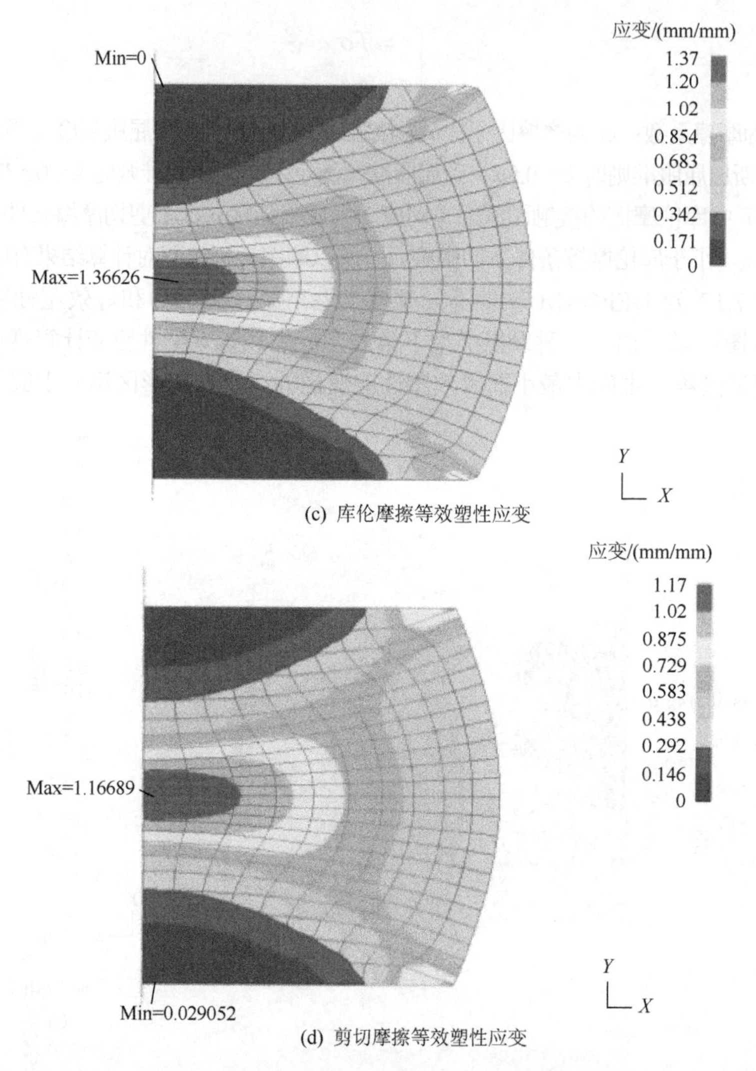

(c) 库伦摩擦等效塑性应变

(d) 剪切摩擦等效塑性应变

图 3.7.17　DEFORM 软件不同摩擦类型应力和应变计算结果（彩图见封底二维码）

力，等效塑性应变介于黏着区和易变形区。库伦摩擦计算的等效塑性应变梯度大于剪切摩擦，库伦摩擦条件下黏着区等效塑性应变最小为 0，而剪切摩擦条件下黏着区等效塑性应变最小为 0.029052，剪切摩擦条件下变形区交界相比库伦摩擦条件更为清晰，计算的最大等效塑性应变略小于库伦摩擦条件的结果。

图 3.7.18 为 MSC.Marc 和 DEFORM 软件不同摩擦类型下求解的接触面应力和应变计算结果。由图可以看出，不同摩擦类型对压缩方向应力和等效塑性应变分布规律影响不大，剪切摩擦类型计算获得的应变略低于库伦摩擦计算结果；两种摩擦类型下压缩方向应力计算结果相对误差在难变形区差别较小，在接近自由

变形区差别较大。由 *CD* 路径上的等效塑性应变可以看出，相比库伦摩擦类型，剪切摩擦类型易变形区的等效塑性应变显著降低，而对自由变形区影响不大，所以不同的摩擦类型对计算结果有一定影响，尽管整体不影响计算结果的定性分析和定量描述，但从大量文献和载荷预测结果来看，剪切摩擦类型更有利于塑性变形过程工艺参数优化与分析。

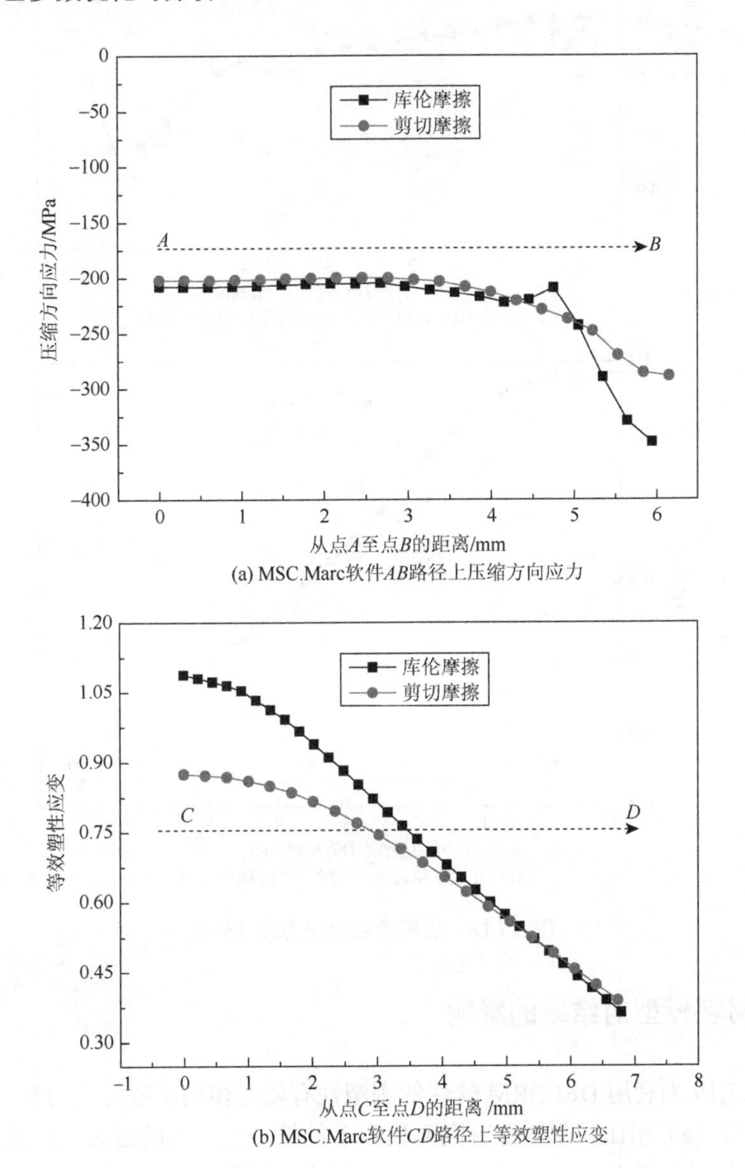

(a) MSC.Marc软件*AB*路径上压缩方向应力

(b) MSC.Marc软件*CD*路径上等效塑性应变

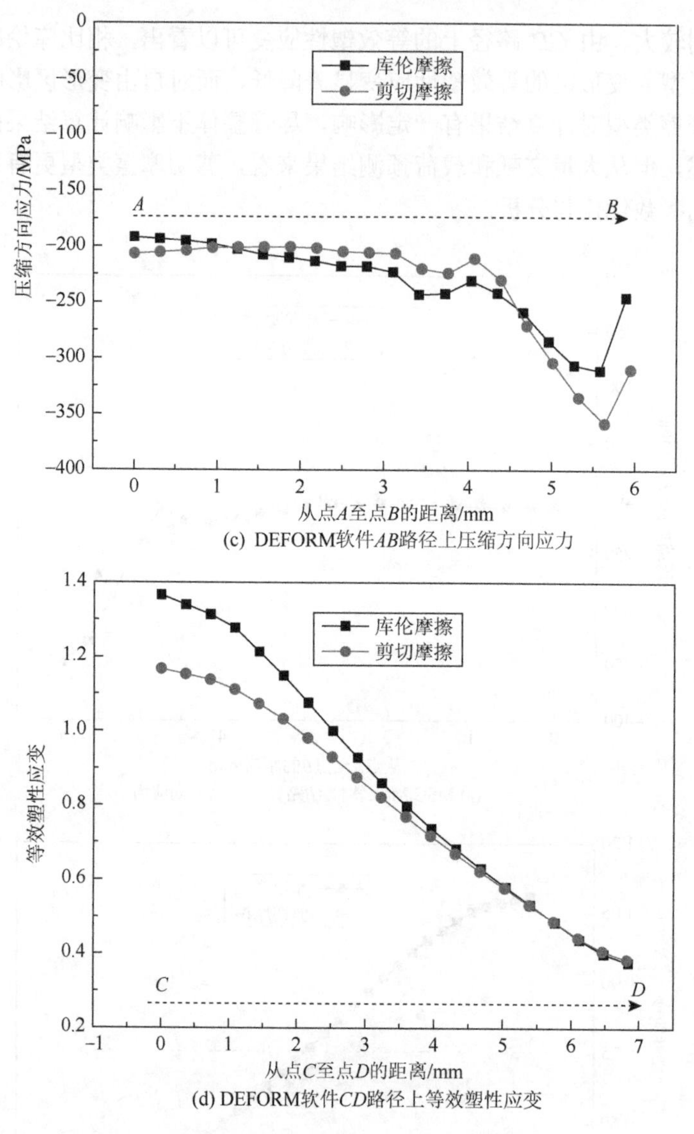

(c) DEFORM软件*AB*路径上压缩方向应力

(d) DEFORM软件*CD*路径上等效塑性应变

图 3.7.18　求解接触面应力应变分布

3.7.7　材料模型对结果的影响

图 3.7.19 为利用 DEFORM 软件的刚塑性有限元模型求解的应力和应变分布。与图 3.7.17（a）相比，刚塑性有限元模型下的第一主应力的最大值和最小值均有所增加，但增加量很小；与图 3.7.17（c）相比，刚塑性有限元模型计算的等效塑性应变略有增加，且最小值并不为零。

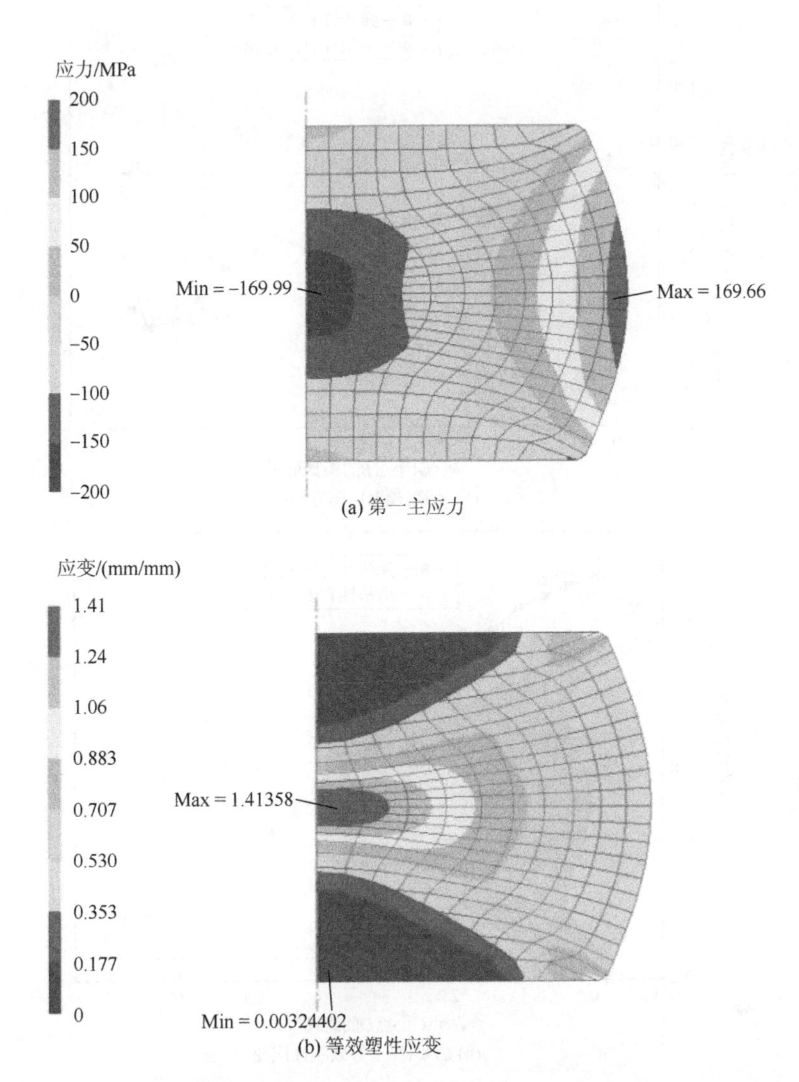

(a) 第一主应力

(b) 等效塑性应变

图 3.7.19　DEFORM 刚塑性有限元模型计算结果（彩图见封底二维码）

图 3.7.20 为 DEFORM 软件有限元模型求解结果。由图可以看出，由于材料的临界应变较小，尽管在接触面靠近自由表面附近应力有些波动，但整体计算结果相差较小，刚塑性有限元模型计算的应变略大于弹塑性有限元模型计算的应变，这是由于弹塑性有限元模型的应变并未考虑在总应变中。

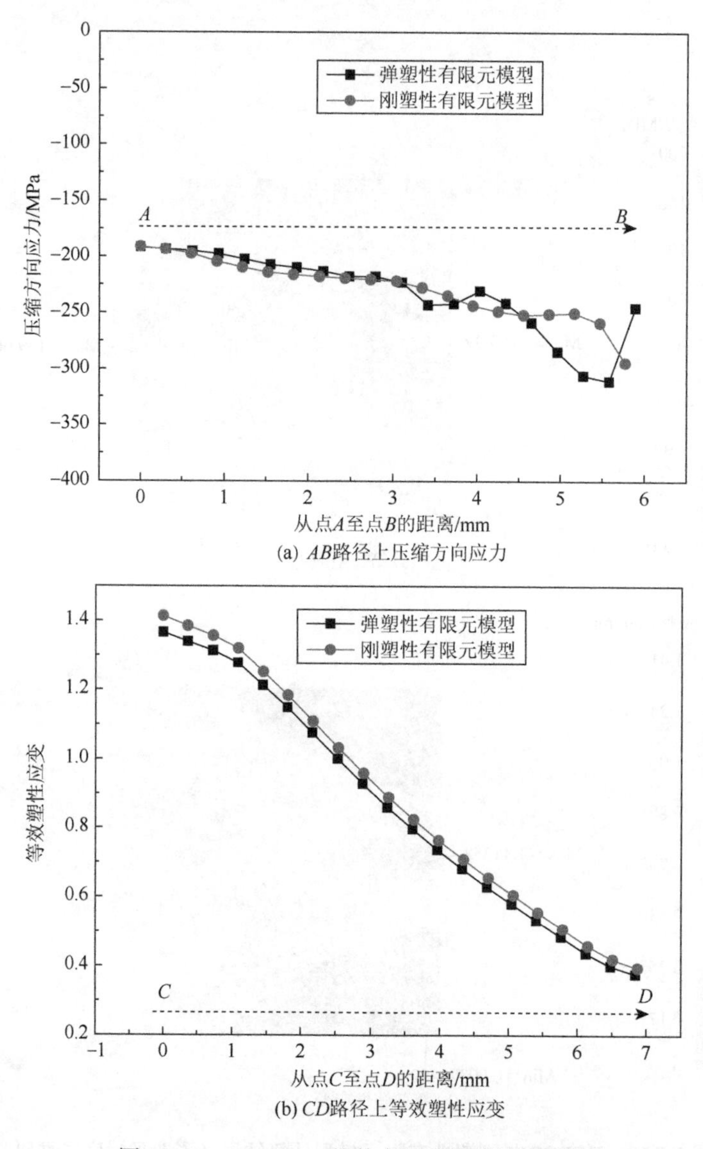

(a) *AB*路径上压缩方向应力

(b) *CD*路径上等效塑性应变

图 3.7.20　DEFORM 软件有限元模型计算结果

3.8　小　结

到目前为止，我除了利用 FORTRAN 语言写过一些求解二维变形和温度程序外，真正学习并用过的软件有 ANSYS、LS-DYNA、MSC.Marc、MSC.SuperForm、DEFORM、FORGE，其中 ANSYS 学得最早也用得最多，MSC.Marc 和 DEFORM 次之。实际上，在我最初学习有限元软件的时候并没有针对性，当时网络也不发达，参考教材也不多，更多的学习过程都是在自己一点点钻研软件帮助中进行的，所以后来再看文献的时候发现很多教程的案例都是从软件帮助中翻译过来的，最初感到欣慰，但总觉得少点什么，后来才明白更希望看到对问题的深入剖析，希望更多有限元人能够总结自己学习的经验来帮助初学者。

尽管我曾经花费了不少时间运用有限元软件求解塑性加工问题，但就目前而言还远称不上精通，没有十年、二十年很难精通学习和掌握一款软件，毕竟可操作、可变化的因素太多，这些软件模拟环境或者模型与实际工程问题总有出入，故在运用这些软件求解实际问题的时候总有一些地方和我的想法相左。例如，这么多软件在求解同一个塑性变形问题的时候，除了操作上的命令区别，它们的区别在哪里？计算结果差多少？塑性力学中传统的简化求解方法（如工程法）与这些现代力学计算结果又差多少？这些软件的操作命令和模块化区别有多大？这些软件的计算结果影响因素有多少？影响因素变动带来的计算结果浮动频率有多大？带着这些疑问，我利用当下较为流行的四款软件对圆柱体压缩过程进行了求解和对比分析，当然我做的工作还不是很细，加上篇幅和求解时间均有限，所以仅对我认为影响比较大的方面进行了简单对比，更希望将来有时间对这些影响因素、软件展开详细深入的求解分析。

ANSYS 软件于 20 世纪 90 年代引入中国，相比其他塑性加工过程有限元软件，ANSYS 应用相对较广，加上后来相继收购了 FLUENT 和 Ansoft 软件，ANSYS 7.0 及后续版本除了具有 ANSYS 经典界面，还推出了协同求解 CAE 平台环境 Workbench。目前 ANSYS 在温度场、结构场、电磁场、流体等领域的应用具有自身特色优势，该软件的程序开发和 ANSYS 参数化设计语言（ANSYS parametric design language，APDL）优化分析相对比较方便，但对于求解大塑性变形问题，特别是在网格重划分、结构–热耦合求解方面还存在较高难度。可以利用 ANSYS 的非线性求解模块 LS-DYNA 求解大塑性变形问题，进一步提高求解精度。目前大塑性热加工过程变形–热耦合求解仍是 ANSYS 在塑性热加工领域的一个短板，尽管可以求解，但较为复杂，且求解速度较慢。MSC.Marc 软件属于 MSC 公司下的致力于非线性求解的一款软件，引入中国的时间也相对比较早，以英文界面为主，影响求解结果的因素较多。该软件在网格重划分、耦合场求解、组织预测方面比较容易学习，且在金属粉末成形过程求解方面有一定独特性，当然，大塑性变形问题也可以采用 MSC.SuperForm 软件求解，该软件学习起来虽然相对容易，但设置的参数多、步骤略显复杂，工况求解和计算结果的影响因素也较多，需要扎实的理论基础判断求解结果的正确与否。ABAQUS 软件属于典型的非线性求解软件，相比于 ANSYS 和 MSC.Marc，该软件具有中文版，上手较为容易，近几年使用人数显著增加，应用领域扩展较快。DEFORM 软件在求解大塑性变形问题方面较为专业，在变形–热耦合场学习方面很容易入门，具有大量的二次程序开发数据接口，且带有热处理数据库，可以求解相变过程，也能够进行模具应力求解与分析，关于网格划分、耦合场求解、组织预测等方面也比较容易掌握，但在几何模型建立、四边形及六面体网格划分方面存在一定劣势。

在这里我想强调的是，开展类似本章的工作不是想否定或者肯定哪一款软件，由于我接触 ANSYS 和 DEFORM 多一些，在介绍操作命令的时候叙述得详细些。在我看来，任何一款软件都有其存在的特点、价值和优势，初学者可以根据自己的喜好针对具体问题选择软件。在利用任何一款软件求解工程问题时，不要盲目对计算结果的对与错下结论，还是要根据实际工程问题进行验证和结果修正，唯有这样才能指导生产过程，毕竟“实践是检验真理的唯一标准”。经过实践检验的数值模拟结果和数值模拟平台才具备优化塑性加工工艺的能力，才有说服力。

参 考 文 献

[1] 梅瑞斌，包立，杜永霞，等. Fe-6.5%Si 钢高温变形过程本构方程[J]. 钢铁，2018，53（6）：92-96.

[2] 王平，崔建忠. 金属塑性成形力学[M]. 北京：冶金工业出版社，2006.

[3] American ANSYS Company. ANSYS-Help：Release 10.0 Documentation for ANSYS[M]. Pittsburgh：ASNSYS Company，2007.

[4] 刘劲松，张士宏，肖寒，等. MSC. MARC 在材料加工工程中的应用[M]. 北京：中国水利水电出版社，2010.

[5] 马晓峰. ABAQUS6.11 中文版有限元分析从入门到精通[M]. 北京：清华大学出版社，2014.

[6] Scientific Forming Technologies Corporation. DEFORM™ Integrated 2D-3D Version 10.2 and DEFORM™ v11.0（Beta）User's Manual[M]. Ohio：Scientific Forming Technologies Corporation，2011.

[7] 彭大暑. 金属塑性加工原理[M]. 长沙：中南大学出版社，2004.

第4章 温度场ANSYS有限元数值模拟求解实例

对于塑性加工过程温度场来说，单一的温度场求解属于最基础和常用的理论知识，也相对比较简单。求解中施加的换热边界条件通常包括恒定温度、对流和辐射，其中，对流相对更为简单，准确的对流换热系数对计算结果影响较大，辐射属于高阶量，求解的迭代收敛性较低。ANSYS软件的辐射求解能力较强，可以直接施加辐射换热，也可以等效为对流换热。换热过程一般发生在边界，因此边界细分单元对温度场求解精度的提高至关重要。本章主要通过板坯空冷过程、试样多阶段热处理过程、砂型铸造过程、焊接过程温度场求解实例认识和学习不同条件下温度场分析方法、温度振荡问题及边界条件随时间变化时的求解思路。

4.1 板坯空冷过程温度场求解实例

4.1.1 问题提出

对普通板坯来说，如果长度方向尺寸远大于宽度和厚度方向尺寸，则可以忽略长度方向的传热，将板坯简化为二维问题进行分析。另外，高温下钢板的热损失主要是由辐射引起的，因而可以忽略自然对流影响。

板坯断面尺寸为1800mm×220mm，冷却时间为5min，时间步长为3s，板坯初始温度为1200℃，环境温度为30℃。断面尺寸和边界条件具备对称性，因而建立1/4截面模型进行分析。材料属性及参数如下：板坯比热容$c = 670\text{J}/(\text{kg}\cdot\text{K})$，密度$\rho = 7800\text{kg}/\text{m}^3$，导热系数$k = 30\text{W}/(\text{m}\cdot\text{K})$，黑度$\varepsilon = 0.8$，热辐射常数$\sigma = 5.67\times10^{-8}\text{W}/(\text{m}^2\cdot\text{K}^4)$。

4.1.2 ANSYS软件求解

1. 设置文件名和项目名称

打开 ANSYS Product Launcher 10.0 版本，进入经典界面，然后依次选择File→Change Title选项，输入FE ANALYSIS OF TEMPERATURE IN COOLING PROCESS。

2. 前处理

1）求解类型选择

依次选择 Preferences→Thermal 选项，单击 OK 按钮，表示进行热分析。

2）单元类型选择

依次选择 Preprocessor→Element Type→Add/Edit/Delete 选项，然后单击 Add 按钮，在 Library of Element Types 对话框内依次选择 Solid、4node 55 选项，然后单击 OK 按钮，会显示选中了 PLANE55 单元。单击 Close 按钮，完成单元类型选择和设计。

3）材料属性定义

依次选择 Preprocessor→Material Props→Material Models 选项，打开 Define Material Model Behavior 窗口。依次选择 Thermal→Conductivity→Isotropic 选项，在 KXX 文本框中输入 30，单击 OK 按钮，完成导热系数设定；依次选择 Thermal→Specific Heat 选项，在 C 文本框中输入 670，单击 OK 按钮，完成比热容设定；依次选择 Thermal→Density 选项，在 DENS 文本框中输入 7800，单击 OK 按钮，完成密度设定。关闭 Define Material Model Behavior 窗口。

4）几何模型构建

依次选择 Preprocessor→Modeling→Create→Areas→Rectangle→By Dimensions 选项，在 X1, X2 X-coordinates 文本框中输入 0, 0.9，在 Y1,Y2 Y-coordinates 文本框中输入 0, 0.11，单击 OK 按钮，完成几何模型建立。

5）网格划分

（1）依次选择 Preprocessor→Meshing→Size Cntrls→ManualSize→Lines→Picked Lines 选项，在 Element Sizes on Picked Lines 文本框中输入 1, 3（或者单击宽度方向的两条直线），单击 OK 按钮，在 Element Sizes on Picked Lines 对话框的 NDIV No. of element divisions 文本框中输入 20，单击 Apply 按钮，接着在 Element Sizes on Picked Lines 文本框中输入 2, 4（或者选中厚度方向两条直线），单击 OK 按钮，在 Element Sizes on Picked Lines 对话框的 NDIV No. of element divisions 文本框中输入 10，单击 OK 按钮，完成直线划分单元份数的设定。

（2）依次选择 Preprocessor→Meshing→Mesh→Areas→Mapped→3 or 4 sided 选项，在弹出的对话框中单击 Pick All 按钮（或者输入 1，然后按 Enter 键，单击 OK 按钮），完成映射网格划分。单元网格划分后，宽度方向为 20 层单元，厚度方向为 10 层单元，建立的有限元网格模型如图 4.1.1 所示。

3. 时间步长设定与求解

1）分析类型设定

依次选择 Solution→Analysis Type→New Analysis 选项，在 New Analysis 对话

框中选择 Transient 选项，连续两次单击 OK 按钮，进行瞬态温度场分析。

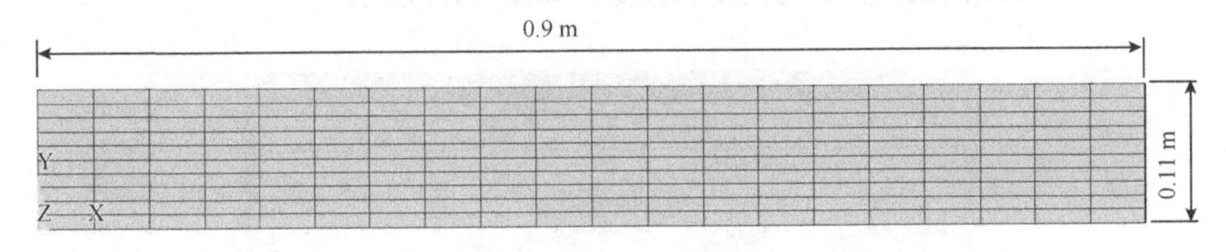

图 4.1.1　有限元网格模型

2）初始温度设定

依次选择 Solution→Define Loads→Settings→Uniform Temp 选项，在 Uniform temperature 文本框中输入 1200，单击 OK 按钮，表明初始温度为均匀的 1200℃。

3）辐射边界条件设定

（1）依次选择 Select→Entities 选项，在 Select Entities 对话框中依次选择 Lines 和 By Num/Pick 选项，单击 OK 按钮，进行线的选择，在 Select lines 文本框中输入 2, 3，单击 OK 按钮；依次选择 Select→Entities 选项，在 Select Entities 对话框中依次选择 Nodes、Attached to 选项，选择 Lines,all 单选按钮，单击 OK 按钮，然后选择 Plot→Nodes 选项，可以看到选中了辐射热交换表面节点。

（2）依次选择 Solution→Define Loads→Apply→Thermal→Radiation→On Nodes 选项，单击 Pick All 按钮，在 Emissivity（黑度系数）文本框中输入 0.8，在 Enclosure number 文本框中输入 1，单击 OK 按钮，完成辐射边界条件加载。

（3）依次选择 Solution→Radiation Opts→Solution Opt 选项，在 Stefan-Boltzmann Const.文本框中输入 5.67e−008，在 Temperature difference-between absolute zero and zero of active temp scale 文本框中输入 273，在 Space option 下拉列表框中选择 Temperature 选项，在 Value（环境温度）文本框中输入 30，在 If "Define"-enter Encl. number 文本框中输入 1，然后单击 OK 按钮，完成辐射设定，如图 4.1.2 所示。

（4）设置完成后，依次选择 Select→Everything 选项，激活所有几何和单元、节点元素。

4）时间步长设定

（1）依次选择 Solution→Load Step Opts→Output Ctrls→DB/Results File 选项，选择 Every Substep 选项，单击 OK 按钮。

（2）依次选择 Solution→Load Step Opts→Time/Frequenc→Time-Time Step 选项，在 Time at end of load step 文本框中输入 300，在 Time step size 文本框中输入 3，选择 Stepped 单选按钮，在 Automatic time stepping 选项组中选择 ON 单选按钮，

在 Minimum time step size 文本框中输入 1，在 Maximum time step size 文本框中输入 3，单击 OK 按钮，完成时间步长设定，如图 4.1.3 所示。

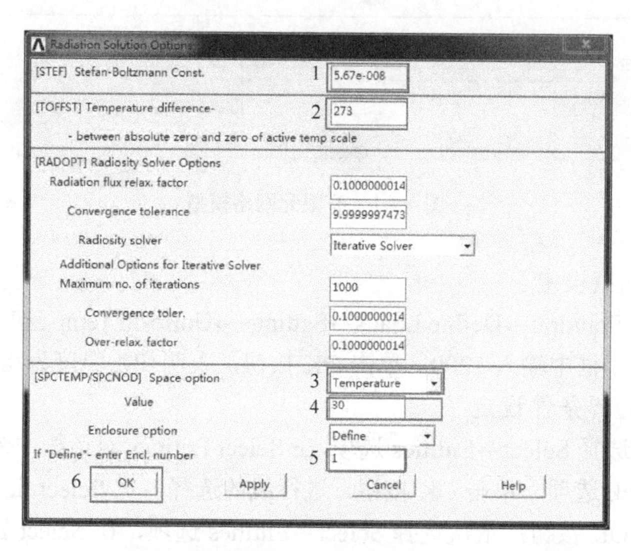

图 4.1.2　辐射设定

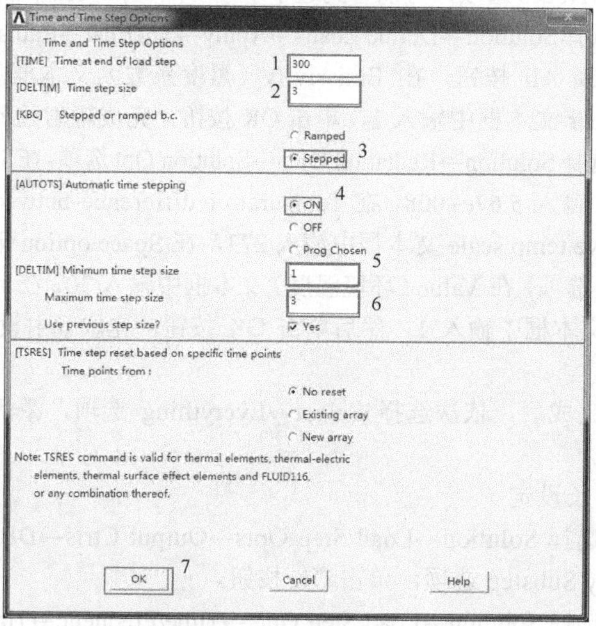

图 4.1.3　时间步长设定

5）求解

依次选择 Solution→Solve→Current LS 选项，单击弹出的/STATUS Command 页面中 File 下面的 Close 按钮，然后单击 OK 按钮，开始计算。计算中出现的紫色曲线围绕青色曲线波动，证明收敛性较好，求解接触后出现 Solution is done！提示框，表示迭代过程收敛，求解结束。

4. 后处理

1）冷却 300s 的温度场显示

（1）依次选择 General Postproc→Read Results→Last Set 选项，然后依次选择 Plot Results→Contour Plot→Nodal Solu 选项，在 Contour Nodal Solution Data 对话框中依次选择 Nodal Solution→DOF Solution→Nodal Temperature 选项，冷却 300s 后温度场如图 4.1.4（a）所示。

（2）如果查看等值线图，则依次选择 PlotCtrls→Device Options 选项，选择/DEVI 选项，单击 OK 按钮，显示温度分布等值线，如图 4.1.4（b）所示（等值线的数值密度可以进行调整，具体操作可以查看 ANSYS 的帮助手册，如果不需要等值线，则关闭/DEVI 选项）。

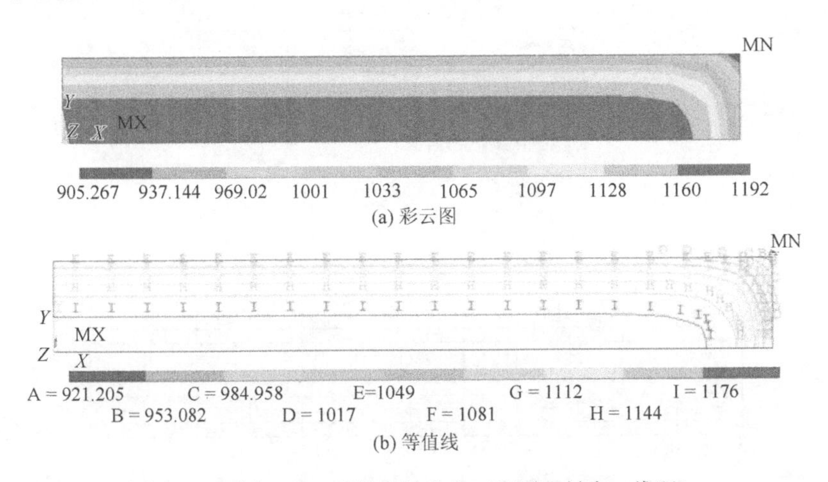

图 4.1.4　冷却 300s 后温度场分布（彩图见封底二维码）

2）冷却 30s 后的温度场显示

（1）依次选择 General Postproc→Read Results→By Time/Freq 选项，在 Value of time freq 文本框中输入 30，单击 OK 按钮。

（2）依次选择 Plot Results→Contour Plot→Nodal Solu 选项，在 Contour Nodal Solution Data 对话框中依次选择 Nodal Solution→DOF Solution→Nodal Temperature 选项，冷却 30s 后的温度场分布如图 4.1.5 所示。

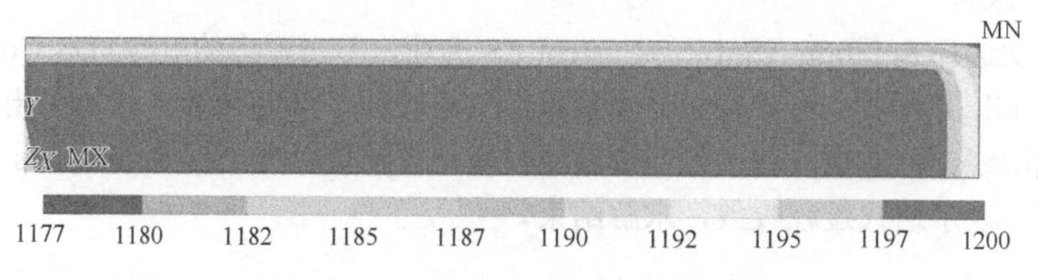

图 4.1.5　冷却 30s 后温度场分布（彩图见封底二维码）

3）路径温度变化显示

（1）依次选择 Plot→Elements 选项，显示单元和节点，然后依次选择 General Postproc→Path Operations→Define Path→By Nodes 选项，依次选取中心节点和厚度方向中心表面节点，单击 OK 按钮（也可以在文本框中输入 1，按 Enter 键，再输入 32，按 Enter 键，然后单击 OK 按钮），在 By Nodes 对话框的 Define Path Name 文本框中输入 th-dir（路径名字），单击 OK 按钮，如图 4.1.6 所示，建立厚度方向中心对称轴上路径（可以通过选择 General Postproc→Path Operations→Plot Path 选项查看定义的路径及方向）。

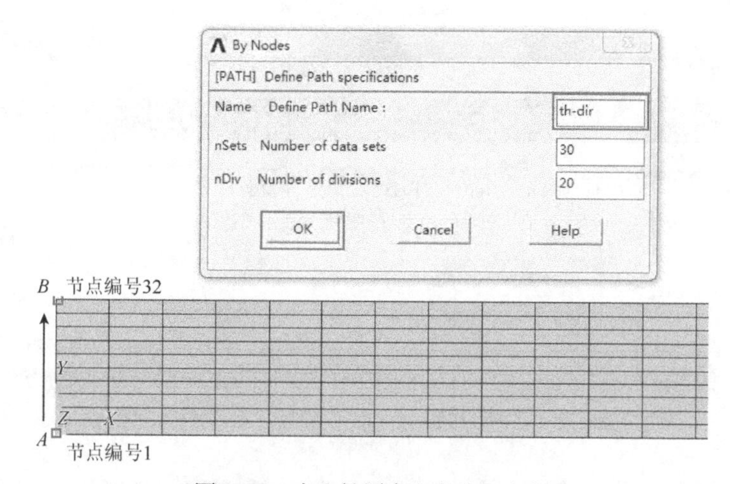

图 4.1.6　中心轴厚度方向路径定义

（2）映射路径。依次选择 General Postproc→Path Operations→Map onto Path 选项，在 Lab 文本框中输入 TEMPER，在 Item, Comp 选项组中选择 DOF solution 及 Temperature TEMP 选项，单击 OK 按钮，完成结果查看选项设定。

（3）查看结果。依次选择 General Postproc→Path Operations→Plot Path Item→On Graph 选项，在 Plot of Path Items ON Graph 对话框的 Lab1-6 列表框中选择 TEMPE 选项，单击 OK 按钮，厚度路径上由中心点 *A* 到表面节点 *B* 的

温度变化如图 4.1.7 所示（图中横纵坐标及单位可以通过依次选择 Plotctrls→Style→Graphs→Modify Axes 选项进行修改；路径数据可以通过依次选择 General Postproc→Path Operations→Plot Path Item→List Path Items 选项进行显示和保存，保存的数据可以利用 Excel、Origin 等软件进行绘制，此处不再详述）。

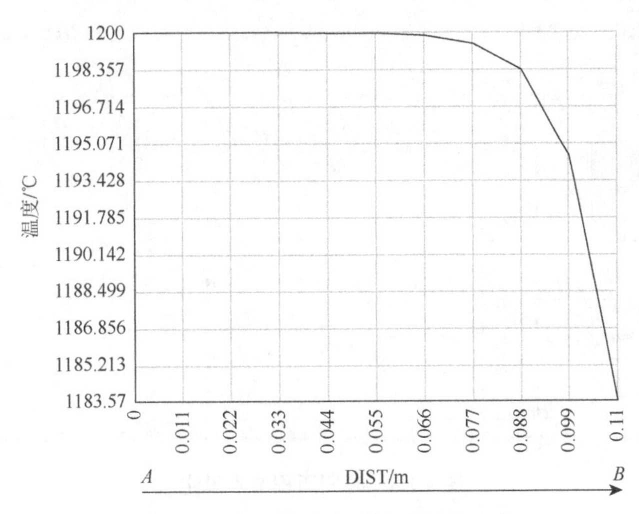

图 4.1.7　中心轴 A 点到 B 点温度变化

4）时间历程曲线显示

（1）依次选择 TimeHist Postpro→Variable Viewer 选项，单击 按钮，在 Result Item 列表框中选择 Nodal Temperature 选项，单击 OK 按钮，在 Node for Data 文本框中输入 1（选中中心节点 A），单击 OK 按钮；单击 按钮，在 Result Item 列表框中选择 Nodal Temperature 选项，单击 OK 按钮，在 Node for Data 文本框中输入 22（选中表面节点 B），查看温度时间历程的节点，如图 4.1.8 所示。

（2）节点设定后，按住 Shift 键，选中 TEMP_2 和 TEMP_3，单击绘制曲线按钮，节点 A 和 B 随时间变化曲线如图 4.1.9 所示。

4.1.3　温度振荡问题与分析

基于温度场求解有限元理论，作者自行开发温度场有限元程序 FFE-TEMP 2D，并对某板坯出炉空冷过程的温度场演变规律进行求解分析。温度随时间变化如图 4.1.10 所示。平均温度的 FFE-TEMP 2D 计算值和 ANSYS 预测值基本吻合，但对于角部节点来说，温度差别较大，说明网格划分方式和时间步长处理方法对温度场局部分布规律影响较大。

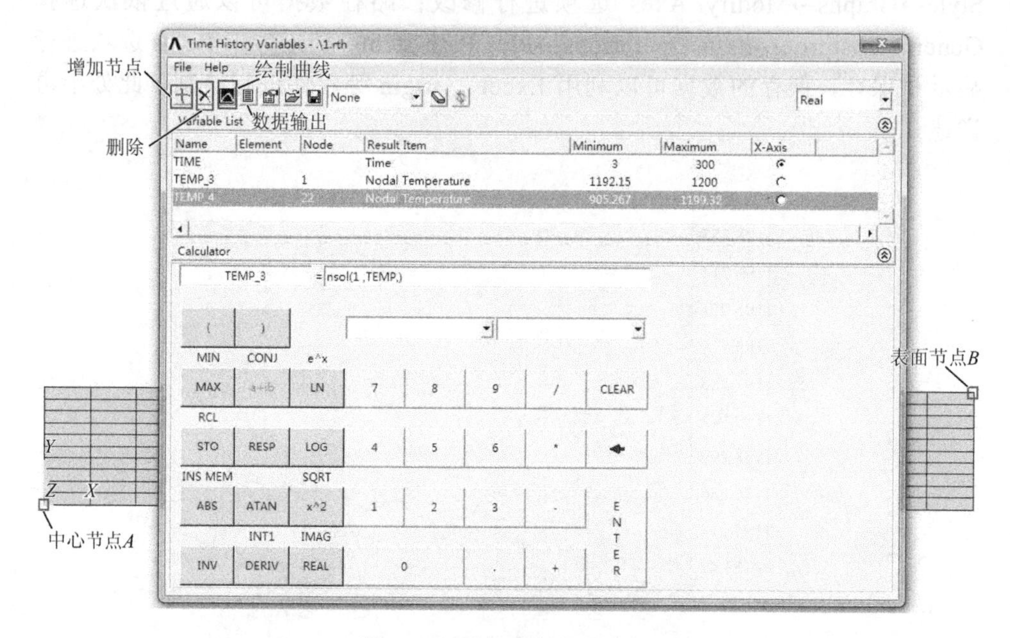

图 4.1.8　时间历程节点设定

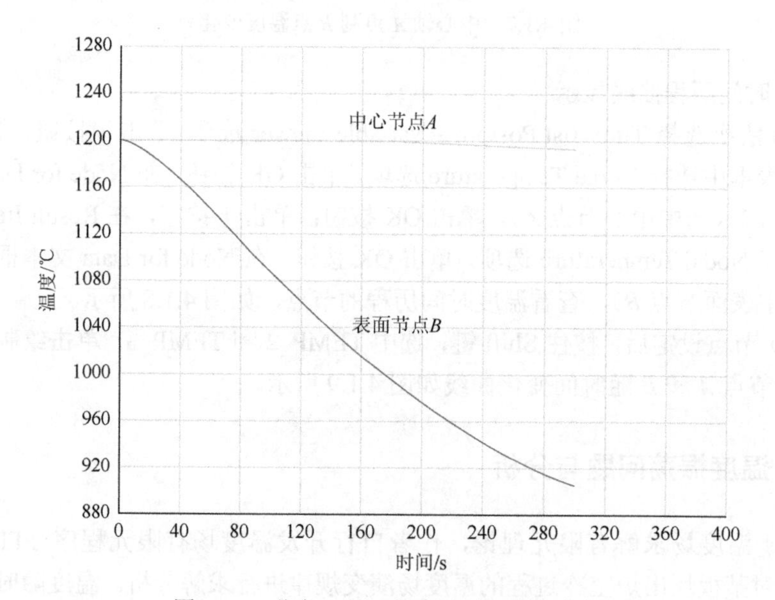

图 4.1.9　节点 A 和 B 温度随时间变化曲线

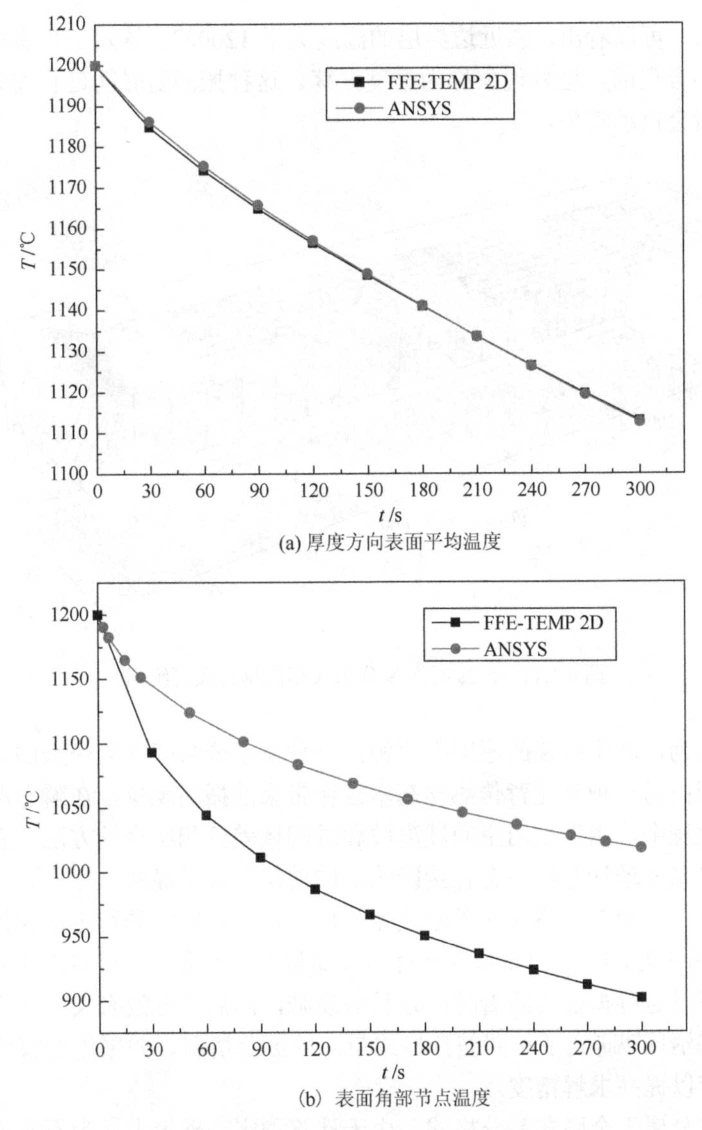

(a) 厚度方向表面平均温度

(b) 表面角部节点温度

图4.1.10　ANSYS与FFE-TEMP 2D温度计算结果对比

采用有限元求解瞬态温度场时常常产生振荡现象[1]，影响计算的稳定性和精度。这种振荡是控制方程的离散化造成的，控制方程离散使本来具有无限个自由度的问题转变为有限个自由度的问题，这样离散的方程就具有一定的“刚性”，其对热载荷的响应速度是有限的。当热载荷变化速度很快时，离散方程固有的响应速度太慢就可能造成某些节点上出现热量剧增或骤减，就产生了数值振荡。以本节中空冷过程数据为例，单元划分20个×10个，时间步长$\Delta t=1\,\text{s}$，图4.1.11为$t=2\text{s}$

时温度分布。可以看出，靠近边界层的温度大于 1200℃，这对于没有内热源的空冷过程是不合理的，这种现象称为温度振荡。这种振荡随时间延长而衰减，经过一定时间后会自动消失。

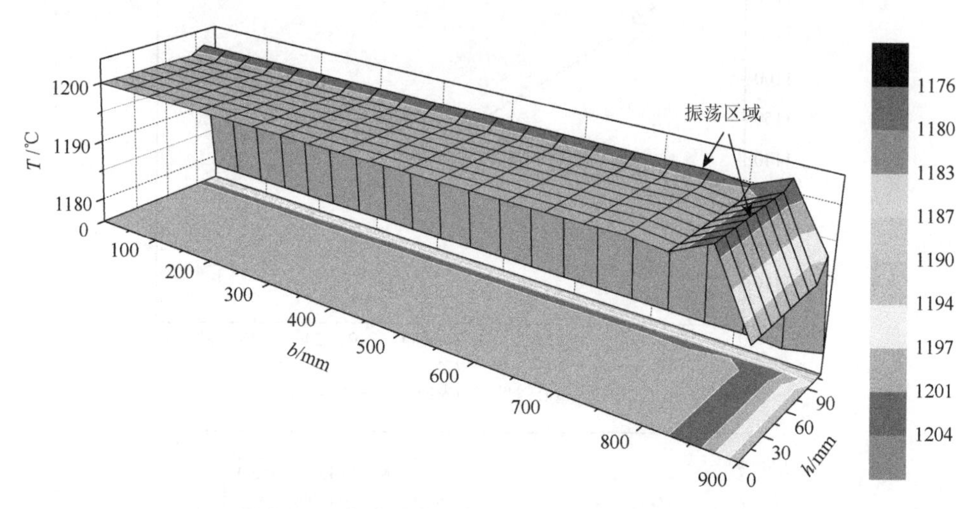

图 4.1.11 t=2s 时温度分布（彩图见封底二维码）

一般认为，产生振荡的原因有两种：一种是差分格式选取带来的计算结果的波动和跳跃；另一种是违背传热学基本规律带来的振荡现象。在瞬态温度场的有限元求解过程中，由于采用空间域离散和时间域差分相结合的方法，有限元差分格式选取对温度场计算结果有直接影响。向前差分属于显式差分格式，稳定性和抗振荡性差，其他差分格式属于隐式差分格式，具有较好的稳定性和抗振荡性。文献[2]和[3]认为，Crank-Nicholson 差分（简称 C-N）格式相对 Galerkin 格式更易于振荡，不过这种振荡会随着时间延长而衰减，向后差分没有发生明显的振荡。马向平和骆清国[4]研究了不同差分格式带来的振荡情况，并采用加权差分格式减小振荡幅度以提高求解精度。

向后差分属于全隐式差分格式，由于计算稳定，理论上认为不应该产生振荡或温度跳跃，但计算中发现，任何差分格式下单元划分和时间步长设定不当均使初始阶段温度发生振荡，这就是违背传热学基本规律带来的振荡。这种现象的物理解释过程如图 4.1.12 所示。节点 A、B、C、D、E 属于某固体，节点 A 初始温度高于其他节点温度，假设形函数下的面积与传热量一致，为了匹配边界条件，节点 A 热量将向节点 B 和 C 传递，节点 B 和 C 温度升高。如果时间步长过小或者单元边长过大，为了保证有足够的热量传递到节点 C，节点 B 附近区域必须提供额外热量以与给定边界条件匹配。如果节点 B 传递热量过多，那么节点 B 附近区域温度会过度降低，以至于低于实际值，出现不合理现象。

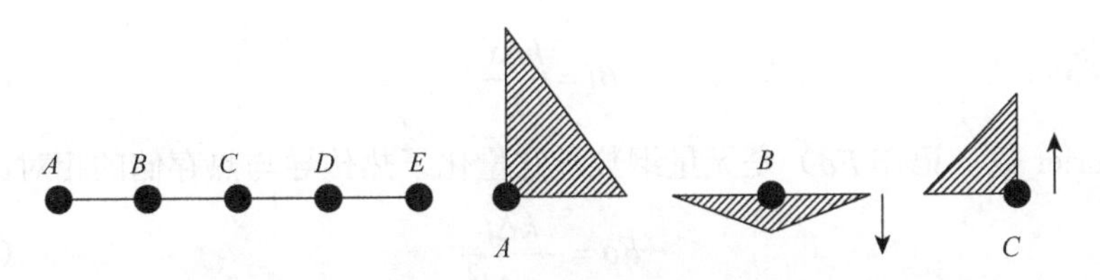

图 4.1.12　物理解释过程

有限元法求解瞬态温度场过程中，温度振荡现象一直受到众多学者的关注。在瞬态温度场振荡现象讨论中，文献[5]提出了单元划分和时间步长的限制条件；欧阳华江和肖丁[6, 7]研究了热传导在时间域和空间域的单调性，并在此基础上建立了满足单调性的计算准则，从理论上分析了网格划分和时间步设定的限制条件；文献[8]～[10]将热容矩阵对角化，通过改变热容质量矩阵形式来抑制振荡；林金木[11]提出了全空间和子空间解法，从温度上、下限条件进行限制，从而抑制温度振荡解。

基于时间步长太小或者单元边长太大均会造成温度波动的问题，MSC.Marc 软件采用向后差分格式。例如，对初始各向温度相同的实体在某个平面施加固定温度载荷的传热过程计算，有限元解与解析解比较如图 4.1.13 所示。为了避免瞬态温度场求解过程初始阶段温度振荡，MSC.Marc 软件中时间步长和单元边长应该满足[12]：

$$\Delta t \geqslant \frac{\rho c}{6k} \Delta l^2 \tag{4.1.1}$$

式中，Δt 为时间步长；Δl 为换热边界单元边长。

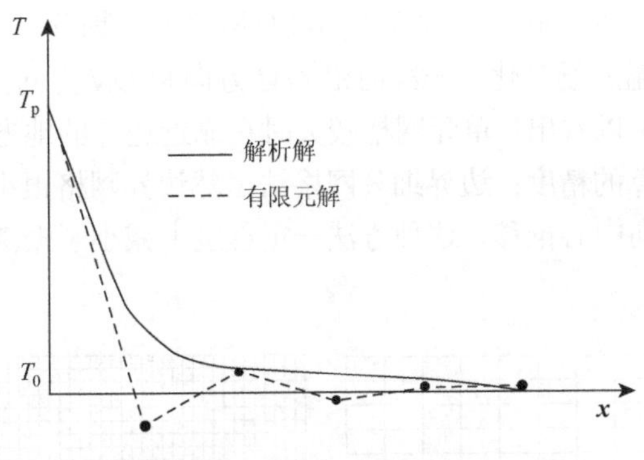

图 4.1.13　有限元解与解析解比较示意图

ANSYS 软件对瞬态温度场求解的振荡问题也有所描述。在瞬态热分析中大致估计初步时间步长，可以使用 Biot 数和 Fourier 数。Biot 数（记作 Bi）是无量纲的对流和传导热阻的比值：

$$Bi = \frac{h\Delta x}{k} \tag{4.1.2}$$

Fourier 数（记作 Fo）是无量纲数，它量化了热传导与热存储的相对比值：

$$Fo = \frac{k\Delta t}{\rho c \Delta l^2} \tag{4.1.3}$$

如果 Biot 数小于 1，可以将 Fourier 数作为常数并求解时间步：

$$\Delta t = \beta \frac{\rho c \Delta l^2}{k}, 0.1 \leqslant \beta \leqslant 0.5 \tag{4.1.4}$$

由式（4.1.4）可知，ANSYS 软件在讨论温度振荡现象时也给出了单元边长和时间步长之间的关系，并且相比 MSC.Marc 软件条件有所放宽。总之，理论分析认为，在求解过程中，只有选取的时间步长和单元划分满足一定关系，才能够避免振荡现象发生。但是对于大部分实际工程问题求解过程来说，若时间步长选取太大，则不能完整表达起始瞬态温度变化规律；若时间步长太小，则有限元网格需要划分上千个单元，对于求解效率来说也是不现实的。为了在抑制振荡的同时提高计算效率，本节研究集中热容矩阵法并提出逐层细分网格法和变步长法[13-15]。

1. 逐层细分网格法

在瞬态温度场计算中，单元划分和初始时间步长选取满足一定的匹配关系才能抑制或避免振荡。从计算精度和求解效率入手，本节在均匀细分网格法和边界细分网格法的基础上提出逐层细分网格法，并分析各种细分网格方法对温度求解的影响，各种细分网格方法如图 4.1.14 所示。

对相同计算条件的热轧板坯进行不同细分网格方法划分，并利用自行开发的有限元程序计算瞬态温度场变化，t=2s 时沿 OM 方向和 ON 方向温度分布如图 4.1.15 所示。由图 4.1.15 可以看出，单元网格较大时在靠近边界的地方温度发生了强烈振荡，影响了温度计算的精度；边界细分网格法虽然边界网格很小，抑制了边界温度振荡，但振荡区域向中心推移，这种方法一定程度上减小了振荡幅度；均匀细分网

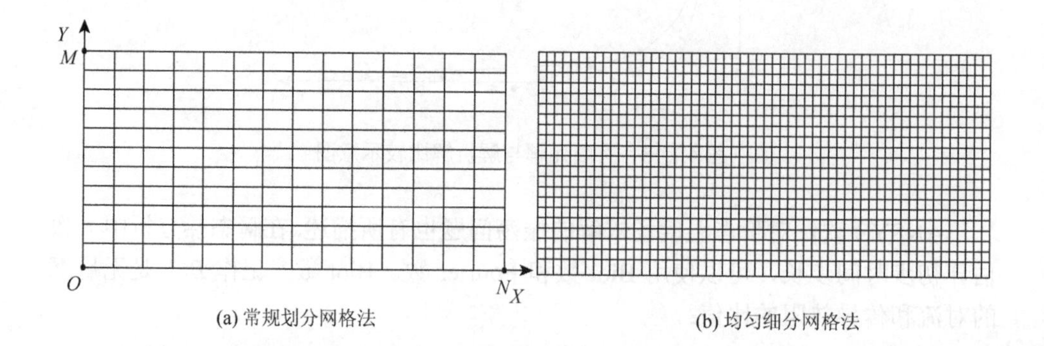

(a) 常规划分网格法　　(b) 均匀细分网格法

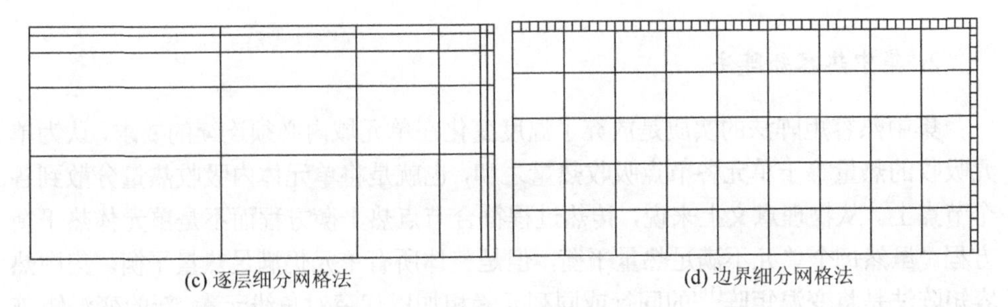

(c) 逐层细分网格法
(d) 边界细分网格法

图 4.1.14　不同细分网格方法

格法和逐层细分网格法都较好地抑制了温度振荡，提高了计算精度。相比均匀细分网格法，逐层细分网格法单元数目较少，因而减少了计算量，提高了计算效率。逐层细分网格法不仅适合轧制过程温度求解，而且适合具有不同边界热载荷的温度求解。

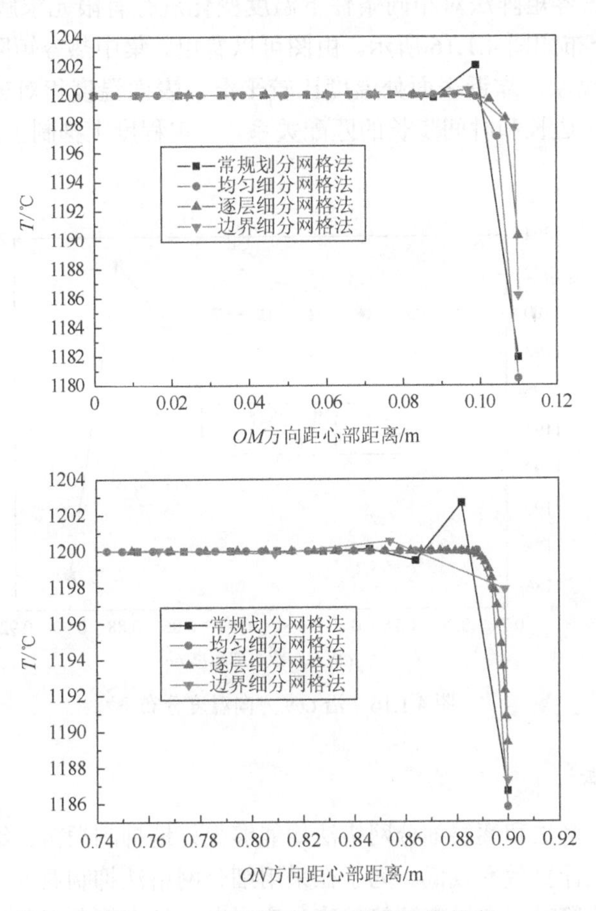

图 4.1.15　沿 *OM* 和 *ON* 方向温度分布

2. 集中热容矩阵法

集中热容矩阵法的实质是放弃了温度变化在单元域内必须连续的要求，认为单元吸收的热量等于单元各节点吸收热量之和，也就是将单元体内吸收热量分散到各个节点上。从物理意义上来说，传热过程符合节点热平衡方程而不是单元体热平衡方程。虽然每个单元不满足热量平衡，但是整体所有单元仍满足热量平衡。集中热容矩阵法是将变温矩阵[10]的同行或同列元素相加以代替对角线元素，新的变温矩阵只有对角线元素有值，其余元素均为零，如式（4.1.5）所示。

$$\begin{bmatrix} c_{11}+c_{21}+\cdots+c_{n1} & 0 & \cdots & 0 \\ 0 & c_{12}+c_{22}+\cdots+c_{n2} & & \vdots \\ \vdots & & \ddots & 0 \\ 0 & \cdots & 0 & c_{1n}+c_{2n}+\cdots+c_{nn} \end{bmatrix} \tag{4.1.5}$$

采用集中热容矩阵法对相同条件下温度变化进行有限元求解，t=2s 时，沿 ON 方向温度分布如图 4.1.16 所示。由图可以看出，集中热容矩阵法可以很好地抑制温度振荡现象，靠近表面处温度比较平滑，表面温度相对较低。集中热容矩阵放宽了单元边长和时间步长的匹配关系，一定程度上抑制了温度振荡，提高计算精度。

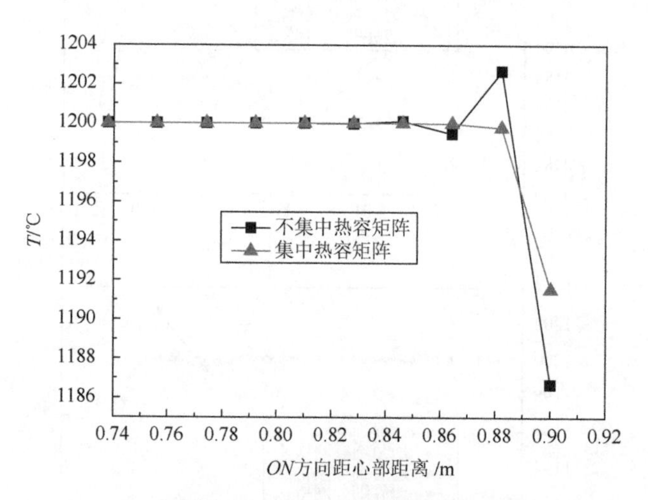

图 4.1.16　沿 ON 方向温度分布

3. 变步长法

均匀细分网格法和逐层细分网格法均能够很好地抑制振荡。细分网格法编程较为简单，但是计算效率较低。为了在采用细分网格法抑制温度振荡时提高计算效率，从缩短计算时间和提高计算精度角度出发，结合振荡现象特点，提出变步长法。变步长法的基本思想是初始时刻时间步长较小，随着加热或冷却过程的进行，时间步长增加。

$$\Delta t = a - b \cdot \exp(-c \cdot t^d) \tag{4.1.6}$$

式中，Δt为时间步长；t为过程时间；a、b、c、d为模型控制参数。

利用有限元计算程序对定步长和变步长情况温度变化进行比较分析，式（4.1.6）中各系数设定值如下：$a = 20.0$，$b = 19.0$，$c = 0.0001$，$d = 2.5$。计算条件同上，单元划分为150个×20个，定步长取值$\Delta t = 1\text{s}$，变步长中初始时刻步长$\Delta t = 1\text{s}$，冷却过程时间$t = 300\text{s}$。计算机配置如下：操作系统为Windows XP，主频为1179 Hz，中央处理器（central processing unit，CPU）为AMD3200+，内存为1 GB，硬盘为80 GB。在该配置相对较低的计算机上，定步长计算时间约为31025ms，而变步长计算时间约为3023ms，定步长计算时间为变步长计算时间的几十倍，而温度计算值基本相同。可见，变步长法不仅能够保证初始时刻内温度计算精度，而且极大地缩短了计算时间。

4.2 试样多阶段热处理过程温度场求解实例

金属热处理是将金属工件放在一定的介质中加热到适宜的温度，并在此温度中保持一定时间后，又以不同速度在不同的介质中冷却，通过改变金属材料表面或内部的显微组织结构来控制其性能的一种工艺。金属热处理大致分为退火、正火、淬火和回火四种基本工艺。温度是影响材料微观组织的主要因素，所有热处理过程通常都需要经历多个阶段，一般包括升温、保温和冷却过程。在这个过程中，环境温度和热交换经历了不同阶段，故单一的温度场求解已经不能实现其过程。本节主要讲述如何实现变化的边界条件和环境温度的板坯热处理过程温度场求解。

4.2.1 问题提出

本节主要分析GCr15轴承钢热处理过程，使读者熟悉和掌握加热、保温、淬火过程多阶段条件下的温度场求解。热处理制度如下：加热炉内初始环境温度为20℃，加热速率为30℃/min，30min加热到920℃，920℃保温30min，然后油冷2min，淬火油温度为20℃，热处理过程示意图如图4.2.1所示。

试样初始温度为30℃，计算中设置的加热过程对流换热系数为125W/(m²·K)[16]，淬火过程中对流换热系数设定为1200W/(m²·K)[17]。图4.2.2为该材料的导热系数和比热容随温度变化的变化曲线[18]。材料的密度设定为7810kg/m³；几何模型尺寸为200mm×200mm×100mm，为了简化求解，建立试样的1/8模型进行分析。

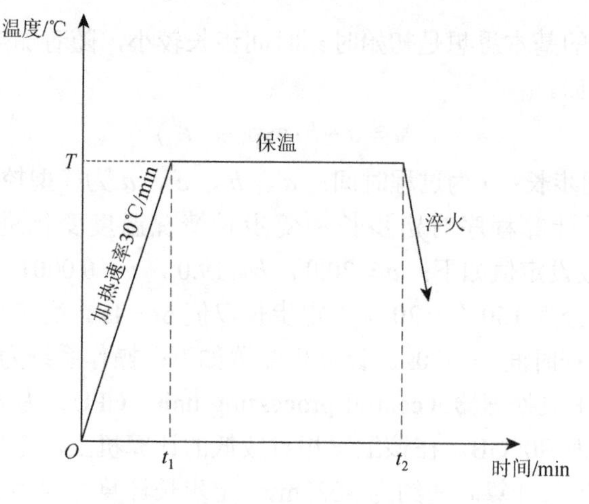

图 4.2.1　热处理过程示意图

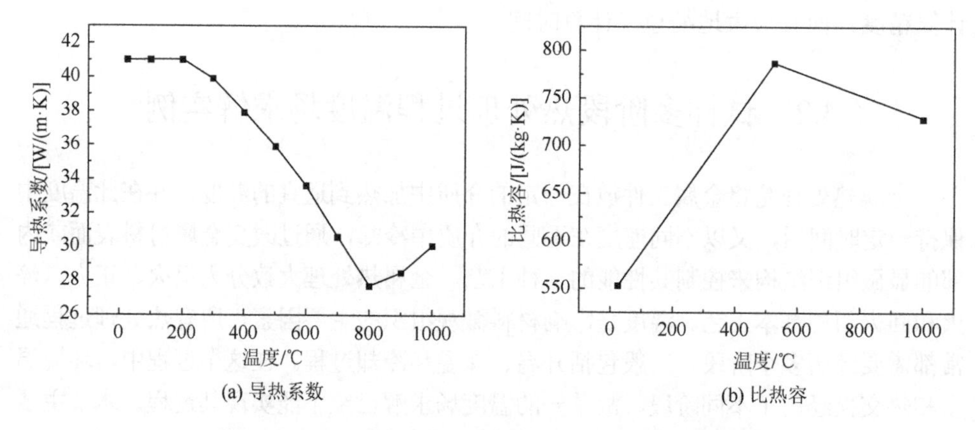

图 4.2.2　GCr15 轴承钢导热系数和比热容随温度变化

4.2.2　ANSYS 软件求解

1. 设置文件名和项目名称

打开 ANSYS Product Launcher 10.0 版本，进入经典界面，然后依次选择 File→Change Title 选项，输入 FE ANALYSIS OF TEMPERATURE IN HEAT TREATMENT PROCESSES。

2. 前处理

1）求解类型选择

依次选择 Preferences→Thermal 选项，单击 OK 按钮，表示进行热分析。

2）单元类型选择

依次选择Preprocessor→Element Type→Add/Edit/Delete选项，然后单击Add按钮，在Library of Element Types对话框内依次选择Solid、20node 90选项，然后单击OK按钮，会显示选中了SOLID 90单元。单击Close按钮，完成单元类型选择和设计。

3）材料属性定义

（1）依次选择Preprocessor→Material Props→Material Models选项，打开Define Material Model Behavior窗口。依次选择Thermal→Conductivity→Isotropic选项，单击Add Temperature按钮，分别输入25～1000℃下对应的导热系数，T1、T2和T3的温度分别为25℃、100℃和200℃，导热系数均为41（单击Graph按钮可以查看导热系数随温度变化曲线，曲线到模型显示可以依次选择Plot→Replot选项），完成导热系数设定，如图4.2.3所示。

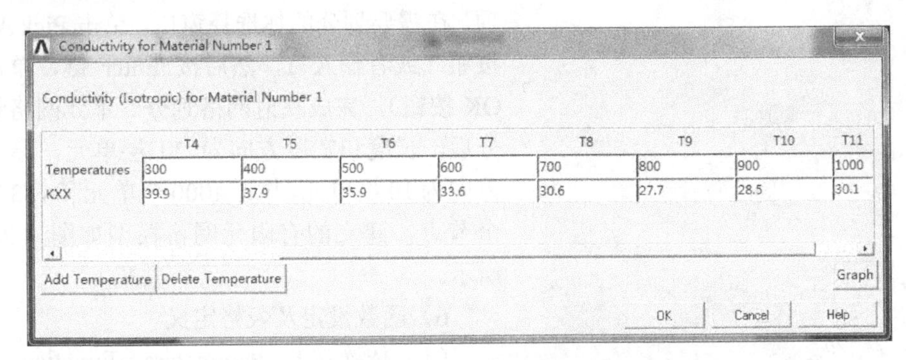

图4.2.3　导热系数设定

（2）依次选择Thermal→Specific Heat选项，采用与导热系数相同的方法，完成比热容设定，如图4.2.4所示；依次选择Thermal→Density选项，输入7810，完成密度设定。关闭Define Material Model Behavior窗口。

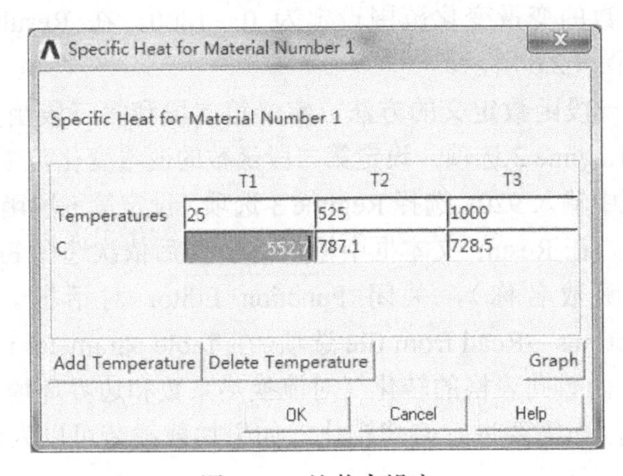

图4.2.4　比热容设定

4）几何模型构建

依次选择 Preprocessor→Modeling→Create→Volumes→Block→By Dimensions 选项，在 Create Block by Dimensions 对话框的 X1,X2 X-coordinates 文本框中输入 0, 0.1，在 Y1,Y2 Y-coordinates 文本框中输入 0, 0.1，在 Z1,Z2 Z-coordinates 文本框中输入 0, 0.05，单击 OK 按钮，完成几何模型建立。

5）网格划分

（1）依次选择 Preprocessor→Meshing→Size Cntrls→ManualSize→Lines→Picked Lines 选项，单击 Pick All 按钮，在 SIZE 文本框中输入 0.005，完成直线划分单元份数的设定。

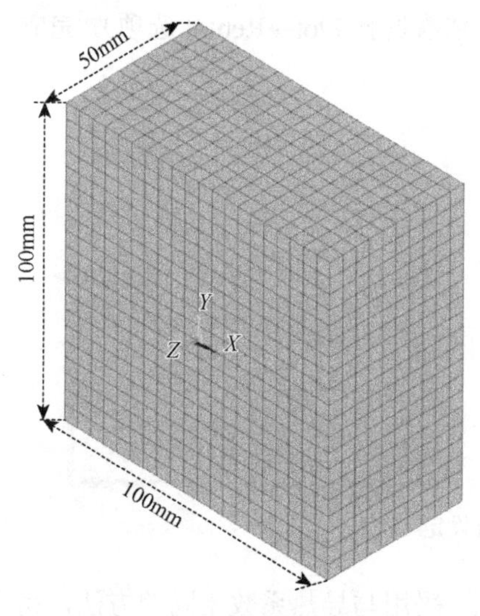

图 4.2.5　有限元网格模型

（2）依次选择 Preprocessor→Meshing→Mesh→Volumes→Mapped→4 to 6 sided 选项，在需要划分的体选择窗口，单击 Pick All 按钮（或者输入 1，然后按 Enter 键，单击 OK 按钮），完成映射网格划分。单元网格划分后，长度和宽度方向为 20 层单元，厚度方向为10层单元，共计4000个单元和18321个节点，建立的有限元网格模型如图 4.2.5 所示。

6）函数设定及表格定义

（1）依次选择 Parameters→Functions→Define/Edit 选项，选择 Multivalued function based on regime variable 单选按钮，并输入 TIME；在 TIME=文本框中也输入{TIME}，表示变量为时间。选择 Regime 1 选项，将分段函数第一段函数的变量变化范围设定为 0～1800，在 Result=文本框中输入 0.5*{TIME}，如图 4.2.6 所示。

（2）参照第一段函数定义的方法，定义第二段和第三段函数 Regime 2 和 Regime 3，选择 Regime 2 选项，设定第二段函数的变量变化范围为 1800～3600，在 Result=文本框中输入 920；选择 Regime 3 选项，设定第三段函数的变量变化范围为 3600～3720，在 Result=文本框中输入 20。然后依次选择 File→Save 选项，输入 TEMPS（函数名称），关闭 Function Editor 对话框。然后依次选择 Parameters→Functions→Read from file 选项，在 Table parameter name 文本框中输入 TEMPS，完成函数向表格的转化（对流换热系数和边界环境温度只能加载表格形式的变量，因而需要进行格式转化，如果加载载荷可以为函数，则不需要转化）。

（3）参照操作步骤（1）和（2），完成对流换热系数随时间变化的函数和表格定义，函数名称为HTFC。

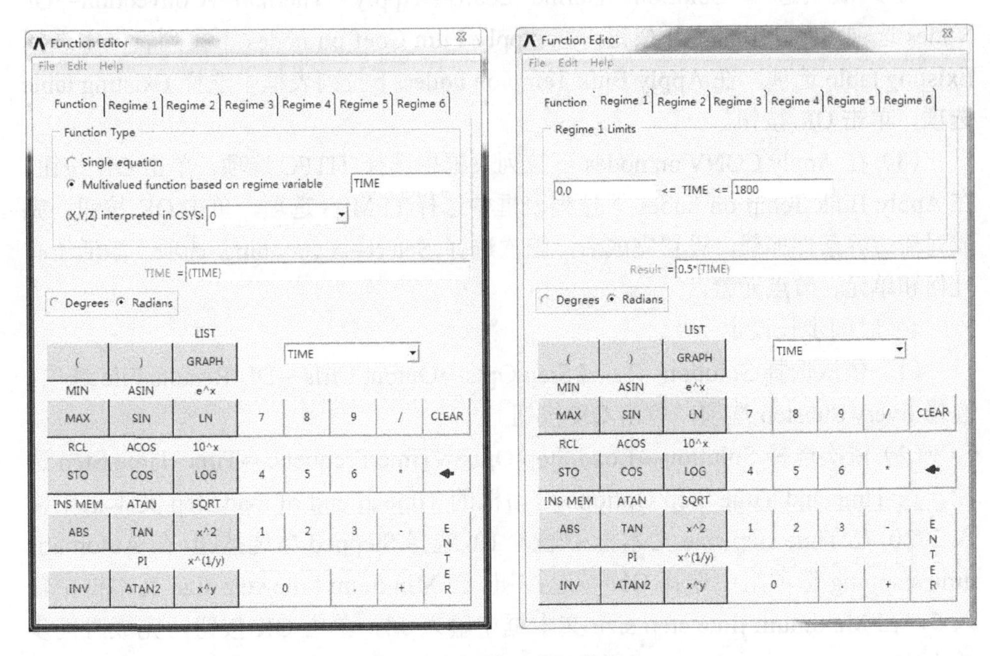

图4.2.6 环境温度函数设定

3. 时间步长设定与求解

1）分析类型设定

依次选择Solution→Analysis Type→New Analysis选项，在New Analysis对话框中选择Transient选项，连续两次单击OK按钮，进行瞬态温度场分析。

2）初始温度设定

依次选择Solution→Define Loads→Settings→Uniform Temp选项，在Uniform temperature文本框中输入30，表明试样初始温度为均匀的30℃，依次选择Solution→Define Loads→Settings→Reference Temp选项，摄氏温度与热力学温度差值为273。

3）对流换热边界条件设定

（1）依次选择Select→Entities选项，在Select Entities对话框中依次选择Areas和By Num/Pick选项，单击OK按钮，进行线的选择，在编号框中输入2, 4, 6，单击OK按钮（编号1, 3, 5的面为对称面，绝热边界不需要设定）；依次选择Select→Entities选项，在Select Entities对话框中依次选择Nodes和Attached to

选项，选择 Areas,all 单选按钮，单击 OK 按钮，然后依次选择 Plot→Nodes 选项，可以看到选中了对流热交换的表面节点。

（2）依次选择 Solution→Define Loads→Apply→Thermal→Convection→On Nodes 选项，单击 Pick All 按钮，在 Apply Film Coef on nodes 下拉列表框中选择 Existing table 选项，在 Apply Bulk Temp on nodes 下拉列表框中选择 Existing table 选项，单击 OK 按钮。

（3）在 Apply CONV on nodes 下拉列表框中选择 HTFC 选项，单击 OK 按钮，在 Apply Bulk Temp on nodes 下拉列表框中选择 TEMPS 选项，单击 OK 按钮，完成对流边界条件加载。设置完成后，依次选择 Select→Everything 选项，激活所有几何和单元、节点元素。

4）时间步长设定

（1）依次选择 Solution→Load Step Opts→Output Ctrls→DB/Results File 选项，选择 Every Substep 选项，单击 OK 按钮。

（2）依次选择 Solution→Load Step Opts→Time/Frequenc→Time-Time Step 选项，在 Time and Time Step Options 对话框的 Time at end of load step 文本框中输入 3720，在 Time step size 文本框中输入 10，选择 Stepped 单选按钮，在 Automatic time stepping 选项组中选择 ON 单选按钮，在 Minimum time step size 文本框中输入 5，在 Maximum time step size 文本框中输入 10，单击 OK 按钮，完成时间步长设定。

5）求解

依次选择 Solution→Solve→Current LS 选项，单击弹出的/STATUS Command 页面中 File 下面的 Close 按钮，单击 OK 按钮开始计算。计算中出现的紫色曲线围绕青色曲线波动，证明收敛性较好，求解接触后出现 Solution is done！提示框，表示迭代过程收敛，求解结束。

4. 后处理

1）热处理过程温度场显示

（1）依次选择 General Postproc→Read Results→By Time/Freq 选项，在 Value of time or freg 文本框中输入 180，单击 OK 按钮。

（2）依次选择 Plot Results→Contour Plot→Nodal Solu 选项，在结果显示窗口依次选择 Nodal Solution→DOF Solution→Nodal Temperature 选项，可以输出加热 180s 后的温度场分布。

（3）采用同样操作步骤，可以分别查看保温开始时刻（t=1800s）、保温结束时刻（t=3600s）和淬火结束时刻（t=3720s）的温度场分布，如图 4.2.7 所示。

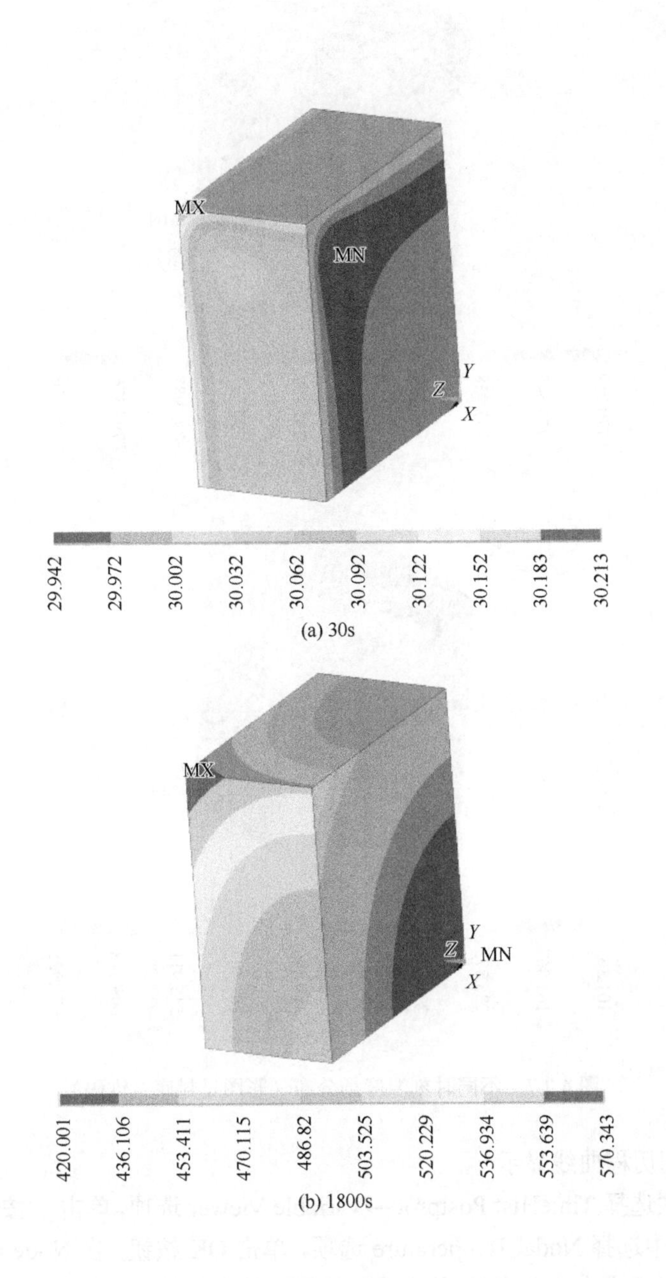
MX
MN
Y
Z
X
29.942
29.972
30.002
30.032
30.062
30.092
30.122
30.152
30.183
30.213

(a) 30s

MX
MN
Y
Z
X
420.001
436.106
453.411
470.115
486.82
503.525
520.229
536.934
553.639
570.343

(b) 1800s

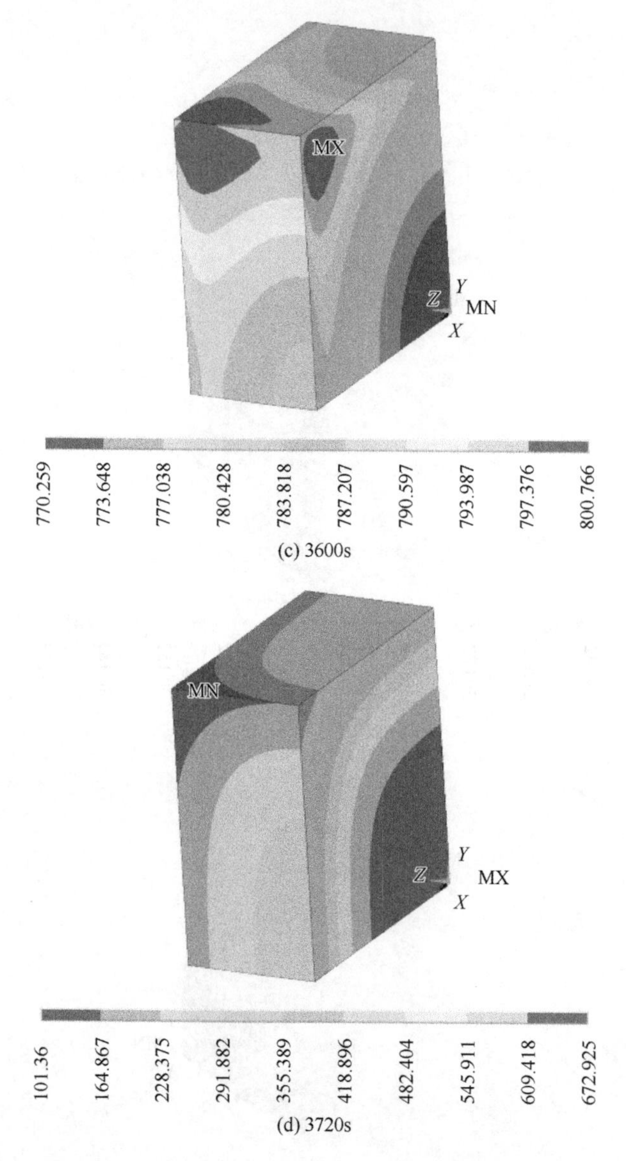

(c) 3600s

(d) 3720s

图 4.2.7　不同时刻温度场分布（彩图见封底二维码）

2）时间历程曲线显示

（1）依次选择 TimeHist Postproc→Variable Viewer 选项，单击按钮，在 Result Item 列表框中选择 Nodal Temperature 选项，单击 OK 按钮，在 Node for Data 文本框中输入 2（选中中心节点），单击 OK 按钮；单击按钮，在 Result Item 列表框中选择 Nodal Temperature 选项，单击 OK 按钮，在 Node for Data 文本框中输入 1323（选中表面节点），查看温度时间历程的节点选取，如图 4.2.8 所示。

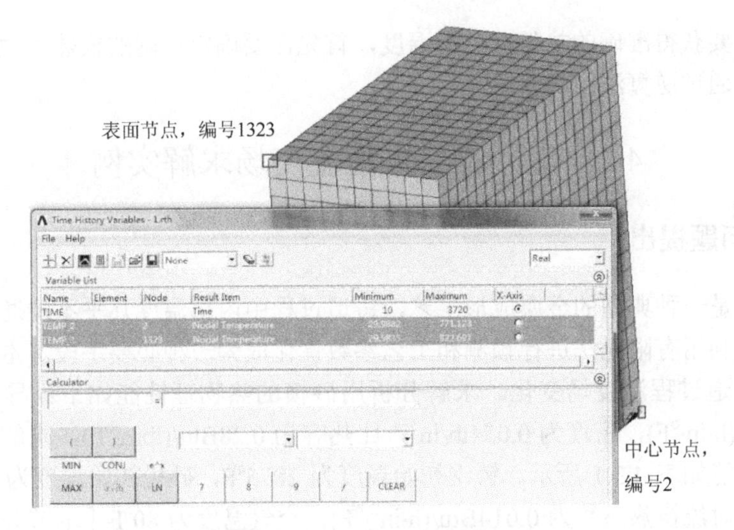

图 4.2.8　时间历程节点设定

（2）节点设定后，按住 Shift 键，选中 TEMP_3 和 TEMP_4，单击绘制曲线按钮，节点 *A* 和 *B* 随时间变化曲线如图 4.2.9 所示。

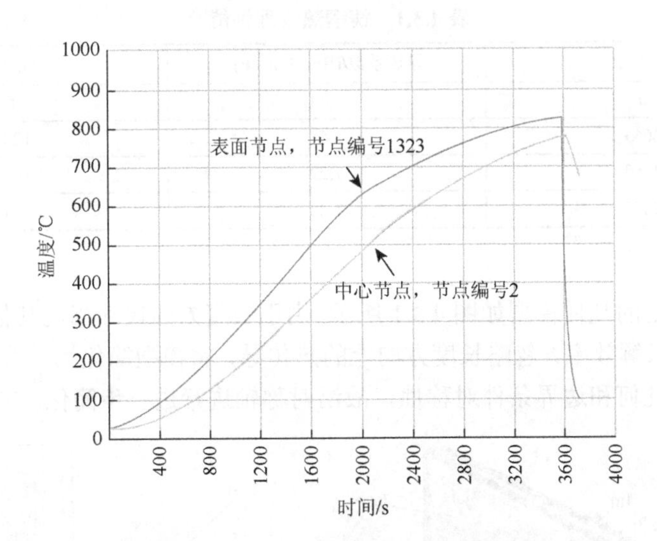

图 4.2.9　节点 *A* 和 *B* 温度随时间变化曲线

从温度计算结果看，加热炉调试的加热速率是 30℃/min，尽管炉内温度能够满足加热速率要求，但是实际上试样的温度与炉内温度差别还是比较大的，这需要延长保温时间来保证表面和心部的加热温度能够达到保温温度。另外，一般情况下对流换热系数不是常数，而是一个与环境温度、热处理参数有关的变量，因此如果需要获得准确的热处理过程温度，首先需要确定准确的换热系数，而换热系数可以通过逆算法回归获得[19]。

4.3 砂型铸造过程温度场求解实例

4.3.1 问题提出

铸造是一种典型的金属成形工艺，铸造过程中内部温度几乎不能通过测量方法获得，利用有限元法进行预测和工艺参数优化成为一种必要手段。本节主要分析砂型铸造过程温度场变化。求解分析用砂模的热物理性能如下：导热系数为 0.025Btu/(h·in·°F)，密度为 0.054lb/in^3，比热容为 0.28Btu/(lbm·°F)。求解用铸钢的热物理性能如表 4.3.1 所示。铸钢初始温度为 2875°F，砂模初始温度为 80°F，砂模与外界对流换热系数为 0.014Btu/(h·in^2·°F)，空气温度为 80°F［本节分析用英制单位，英制单位和国际单位制的转化如下，1W/(m·K)=0.048Btu/(h·in·°F)；1kg/m^3=3.6×10^{-5}lb/in^3；1K=5/9×(1°F+459.67)；1J/(kg·K)=2.39×10^{-4}Btu/(lbm·°F)；1W/(m^2·K)=0.00125Btu/(h·in^2·°F)］。

表 4.3.1 铸钢热物理性能[20]

温度/°F	导热系数/[Btu/(h·in·°F)]	热焓/(Btu/in^3)
0	1.44	0
2643	1.54	128.1
2750	1.22	163.8
2875	1.22	174.2

注：1Btu/in^3=0.017J/m^3。

本节所用的几何模型如图 4.3.1 所示，由于长度方向尺寸相比其他方向尺寸较大，为提高求解效率，忽略长度方向上的热传导，将模型简化为二维模型。另外，该断面具备几何和边界条件对称性，故沿对称轴进行进一步简化。

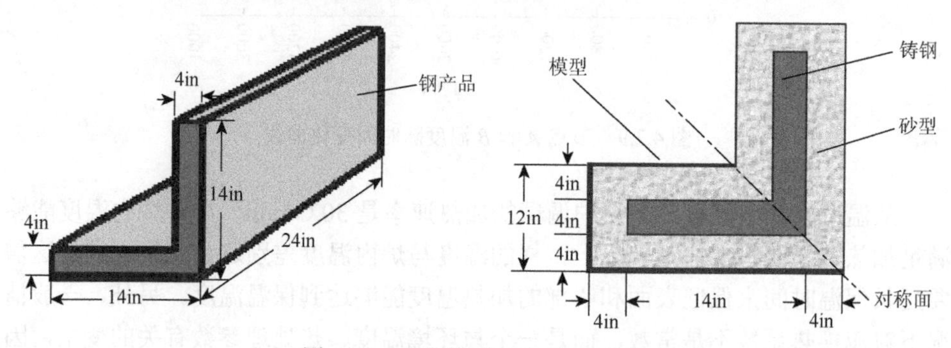

图 4.3.1 几何模型（1in=2.54cm）

4.3.2 ANSYS软件求解

1. 设置文件名和项目名称

打开 ANSYS Product Launcher 10.0 版本，进入经典界面，然后依次选择File→Change Title选项，输入FE ANALYSIS OF TEMPERATURE IN CASTING PROCESS。

2. 前处理

1）求解类型选择

依次选择Preferences→Thermal选项，单击OK按钮，表示进行热分析。

2）单元类型选择

依次选择Preprocessor→Element Type→Add/Edit/Delete选项，然后单击Add按钮，在Library of Element Types对话框内依次选择Solid、4node 55选项，然后单击OK按钮，会显示选中了PLANE55单元。单击Close按钮，完成单元类型选择和设计。

3）单位制设置

在命令流输入框内输入/UNITS, BIN，改变当前默认的国际单位制SI为英制单位BIN。

4）砂模材料属性定义

依次选择 Preprocessor→Material Props→Material Models 选项，打开 Define Material Model Behavior窗口。依次选择Thermal→Conductivity→Isotropic选项，在KXX文本框中输入0.025，单击OK按钮，完成导热系数设定；依次选择Thermal→Specific Heat选项，在C文本框中输入0.28，单击OK按钮，完成比热容设定；依次选择Thermal→Density选项，在DENS文本框中输入0.254，单击OK按钮，完成密度设定。

5）铸钢材料属性定义

选择Material→New Model选项，在Define Material ID文本框中输入2，单击OK按钮。依次选择Material Model Number2→Thermal→Conductivity→Isotropic选项，连续单击3次Add Temperature按钮，在Temperatures文本框内分别输入0, 2643, 2750, 2875，在KXX文本框内分别输入1.44, 1.54, 1.22, 1.22，单击OK按钮，完成导热系数设定；依次选择Thermal→Enthalpy选项，连续单击3次Add Temperature按钮，在Temperatures文本框内分别输入0, 2643, 2750, 2875，在ENTH

文本框内分别输入 0, 128.1, 163.8, 174.2，单击 OK 按钮，完成热焓设定。关闭材料定义窗口。

6）几何模型构建

（1）依次选择 Preprocessor→Modeling→Create→Keypoints→In Active CS 选项，输入 1（关键点编号）和 0, 0, 0（坐标），单击 Apply 按钮，输入 2（关键点编号）和 22, 0, 0（坐标），单击 Apply 按钮，输入 3（关键点编号）和 10, 12, 0（坐标），单击 Apply 按钮，输入 4（关键点编号）和 0, 12, 0（坐标），单击 OK 按钮，完成几何模型建立。

（2）依次选择 Preprocessor→Modeling→Create→Areas→Arbitrary→Through KPs 选项，顺序选取关键点 1, 2, 3, 4，单击 OK 按钮。

（3）依次选择 Preprocessor→Modeling→Create→Areas→Rectangle→By Dimension 选项，在 X1,X2 X-coordinates 文本框内输入 4, 22，在 Y1,Y2 Y-coordinates 文本框内输入 4, 8，单击 OK 按钮。

（4）依次选择 Preprocessor→Modeling→Operate→Booleans→Overlap→Areas 选项，单击 Pick All 按钮。

（5）依次选择 Preprocessor→Modeling→Delete→Area and Below 选项，输入 3，单击 OK 按钮。

（6）依次选择 Preprocessor→Modeling→Operate→Booleans→Glue→Areas 选项，单击 Pick All 按钮，完成砂型几何模型与铸钢模型黏结（如果没有黏结，温度场计算精度受限）。

（7）依次选择 Preprocessor→Numbering Ctrls→Compress Numbers 选项，在 Label Item to be compressed 下拉列表中选择 All 选项，单击 OK 按钮。几何模型建立完毕，如图 4.3.2 所示。

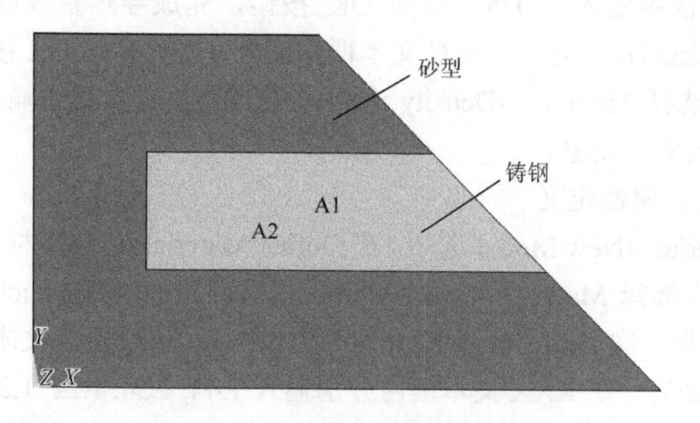

图 4.3.2　ANSYS 建立的几何模型

7）网格划分

（1）依次选择 Preprocessor→Meshing→Mesh Attributes→Picked Areas 选项，选中铸钢几何模型（或者输入铸钢几何模型，编号为 1），单击 OK 按钮。在 MAT Material number 中选择 2 选项，在 TYPE Element type number 列表框中选择 1 PLNE55 选项，单击 Apply 按钮，选择砂模几何模型（编号为 2），对应的材料和单元类型编号分别为 1 和 1 PLNE55，单击 OK 按钮，完成几何模型的材料属性赋予。

（2）依次选择 Preprocessor→Meshing→MeshTool 选项，弹出 MeshTool 对话框，单击 SmartSize 按钮，拖动滑块至 4（数字越小，精度越高，网格越细），单击 Mesh 按钮，在 Mesh Areas 对话框中单击 Pick All 按钮，完成网格划分。

3. 时间步长设定与求解

1）分析类型设定

依次选择 Solution→Analysis Type→New Analysis 选项，在 New Analysis 对话框中选择 Transient 选项，连续两次单击 OK 按钮，进行瞬态温度场分析。

2）求解控制设定

依次选择 Solution→Load Step Opts→Solution Ctrl 选项，选择 Solution Control 选项为 On，连续两次单击 OK 按钮。

3）对流边界条件设定

（1）依次选择 Select→Entities 选项，在 Select Entities 对话框中依次选择 Lines 和 By Num/Pick 选项，单击 OK 按钮，进行线的选择，在 Select lines 文本框中输入 1, 2, 3（线的编号），单击 OK 按钮；依次选择 Select→Entities 选项，在 Select Entities 对话框中依次选择 Nodes、Attached to 选项，选择 Lines,all 单选按钮，单击 OK 按钮，然后依次选择 Plot→Nodes 选项，可以看到选中了对流热交换表面节点。

（2）依次选择 Preprocessor→Loads→Define Loads→Apply→Thermal→Convection→On Nodes 选项，单击 Pick All 按钮，在 VALI Film coefficient 文本框中输入 0.014，在 VAL2I Bulk temperature 文本框中输入 80，单击 OK 按钮，完成对流边界条件加载，依次选择 Select→Everything 选项，激活所有元素。

4）初始条件加载

（1）依次选择 Select→Entities 选项，在 Select Entities 对话框中依次选择 Areas 和 By Num/Pick 选项，单击 OK 按钮，进行面的选择，在 Select areas 文本框中输入 1（面的编号），单击 OK 按钮；依次选择 Select→Entities 选择，在 Select Entities 对话框中依次选择 Nodes 和 Attached to 选项，选择 Areas,all

单选按钮，单击 OK 按钮，然后依次选择 Plot→Nodes 选项，可以看到选中了铸钢所有节点。

（2）依次选择 Solution→Define Loads→Apply→Initial Condit'n→Define 选项，单击 Pick All 按钮，在 Lab DOF to be specified 列表框中选择 TEMP 选项，在 VALUE Initial value of DOF 文本框中输入 2875，单击 OK 按钮，完成铸钢初始温度值设定。

（3）依次选择 Select→Everything 选项，激活所有元素，依次选择 Select→Entities 选项，在 Select Entities 对话框中依次选择 Areas 和 By Num/Pick 选项，单击 OK 按钮，进行面的选择，在 Select areas 文本框中输入 2，单击 OK 按钮；依次选择 Select→Entities 选项，在 Select Entities 对话框中依次选择 Nodes、Attached to 选项，选择 Areas,all 单选按钮，单击 OK 按钮，然后依次选择 Plot→Nodes 选项，可以看到选中了砂型所有节点。

（4）依次选择 Solution→Define Loads→Apply→Initial Condit'n→Define 选项，单击 Pick All 按钮，在 Lab DOF to be specified 列表框中选择 TEMP 选项，在 VALUE Initial value of DOF 文本框中输入 80，完成砂型初始温度值设定，依次选择 Select→Everything 选项，激活所有元素。

5）时间步长设定

（1）依次选择 Solution→Load Step Opts→Output Ctrls→DB/Results File 选项，选择 Every Substep 选项，单击 OK 按钮。

（2）依次选择 Solution→Load Step Opts→Time/Frequenc→Time-Time Step 选项，在 Time at end of load step 文本框中输入 4，在 Time step size 文本框中输入 0.1，选择 Stepped 单选按钮，在 Automatic time stepping 选项组中选择 ON 单选按钮，在 Minimum time step size 文本框中输入 0.01，在 Maximum time step size 文本框中输入 0.25，单击 OK 按钮，完成时间步长设定。

6）求解

依次选择 Solution→Solve→Current LS 选项，单击弹出的/STATUS Command 页面中 File 下面的 Close 按钮，然后单击 OK 按钮开始计算。计算中出现的紫色曲线围绕青色曲线波动，证明收敛性较好，求解结束后出现 Solution is done！提示框，表示迭代过程收敛，求解结束。

4. 后处理

1）冷却 4s 的温度场显示

依次选择 General Postproc→Read Results→Last Set 选项，然后依次选择 Plot Results→Contour Plot→Nodal Solu 选项，在结果显示窗口依次选择 Nodal Solution→DOF Solution→Nodal Temperature 选项。冷却 4s 后温度场分布如图 4.3.3 所示。

2）冷却 0.5s 后的温度场显示

（1）依次选择 General Postproc→Read Results→By Time/Freq 选项，在 TIME Value of time or freq 文本框中输入 0.5，单击 OK 按钮。

（2）依次选择 Plot Results→Contour Plot→Nodal Solu 选项，在结果显示窗口依次选择 Nodal Solution→DOF Solution→Nodal Temperature 选项。冷却 0.5s 后的温度场分布如图 4.3.4 所示。

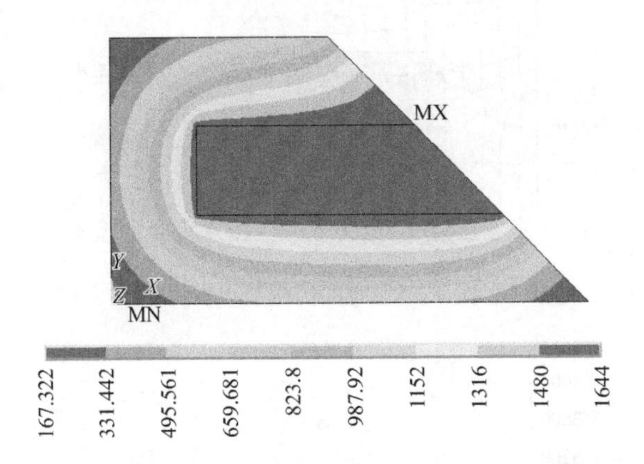

图 4.3.3　冷却 4s 后温度场分布（彩图见封底二维码）

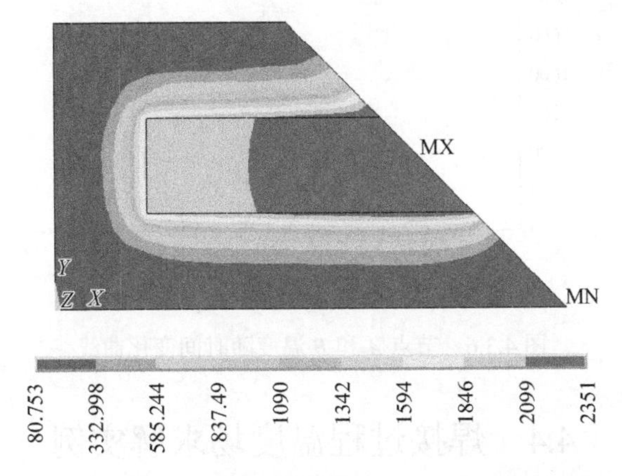

图 4.3.4　冷却 0.5s 后温度场分布（彩图见封底二维码）

3）时间历程曲线显示

（1）依次选择 TimeHist Postproc→Variable Viewer 选项，单击 ⊞ 按钮，在 Result Item 列表框中选择 Nodal Temperature 选项，单击 OK 按钮，在 Node for Data 文本框中输入 67（选中中心节点 A），单击 OK 按钮；单击 ⊞ 按钮，在 Result Item 列

表框中选择 Nodal Temperature 选项，单击 OK 按钮，在 Node for Data 文本框中输入 54（选中表面节点 *B*），查看温度时间历程的节点，如图 4.3.5 所示。

（2）节点设定后，按住 Shift 键，选中 TEMP_2 和 TEMP_3，单击绘制曲线按钮，节点 *A* 和 *B* 温度随时间变化曲线如图 4.3.6 所示。

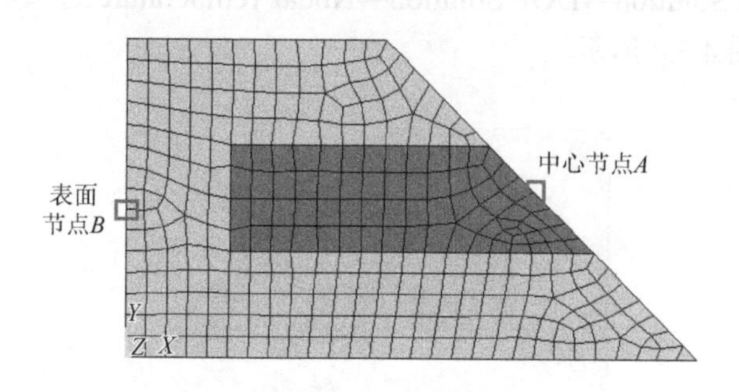

图 4.3.5　时间历程节点设定

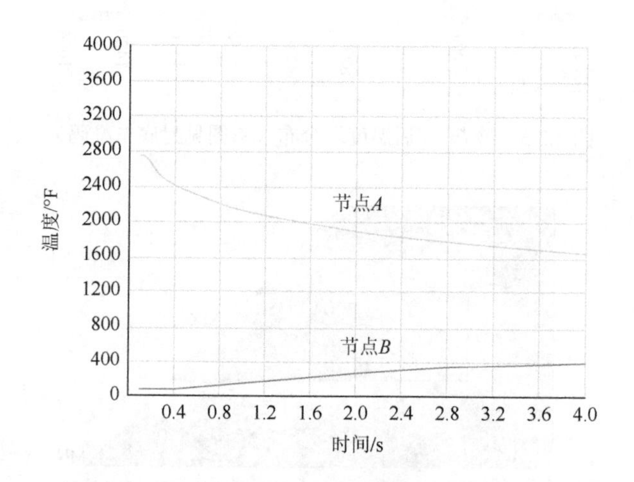

图 4.3.6　节点 *A* 和 *B* 温度随时间变化曲线

4.4　焊接过程温度场求解实例

温度变化的不均匀会导致变形，变形的不均匀会影响零部件的形状和尺寸精度。另外，变形不均匀引起的严重的内应力甚至会导致试样开裂。有限元法在分析热处理过程特别是淬火过程变形和残余应力方面有着广泛应用。

4.4.1　问题提出

焊接过程是一个局部快速加热到高温，并随后冷却的过程，整个焊件的温度随时间和空间急剧变化，材料的热物理性能也随温度剧烈变化。因此，焊接温度场分析以及引起的应力场分析（第 6 章）都属于高度的非线性瞬态分析过程。本节以 SAF2205 双相不锈钢为研究对象，利用 ANSYS 求解 SAF2205 双相不锈钢焊接过程温度场分布。该钢种是中合金双相不锈钢，是瑞典的牌号，美国的牌号是 UNS S31803，我国的牌号是 00Cr22Ni5Mo3N，法国的牌号是 UR 45N、UR 45N+，德国的牌号是 W-nr.1.4462，日本的牌号是 DP8。该钢种的热物理性能参数[21]如表 4.4.1 所示。

表 4.4.1　SAF2205 双相不锈钢热物理性能参数

温度/℃	比热容/[J/(kg·℃)]	导热系数/[W/(m·℃)]	密度/(kg/m^3)	线膨胀系数/10^{-6}℃$^{-1}$
25	400	19.2	7886	1.84
100	460	19.2	7840	13.64
300	545	23.4	7790	14.37
500	720	25.0	7772	17.05
600	800	24.1	7762	17.71
800	895	23.0	7738	18.07
1000	670	21.0	7715	18.12
1200	700	19.2	7686	18.28
1400	728	19.2	7635	18.37
2100	780	19.1	7602	18.65

计算过程中所用不锈钢板整体尺寸为 200mm×100mm×4mm，如图 4.4.1 所示。焊接过程计算中简化假设主要有：材料在力学性能和热物性上均表现为各向同性，忽略电弧对焊件的辐射，忽略熔池流体的流动作用。熔融焊接方向电弧有效加热半径为 2mm，焊接过程中忽略自然对流换热，焊接结束后的冷却过程中考虑主要外表面与空气换热为自然对流换热，换热系数为 16W/(m^2·℃)。焊缝熔体加载温度（1600℃）略高于双相不锈钢熔点，相当于一个 1600℃热源沿焊接方向移动，焊接速度为 20mm/s，焊接时间为 5s，热源移动速度为 20mm/s。温度求解过程包括热源移动的焊接过程和焊接结束后的冷却过程，焊后冷却 600s。

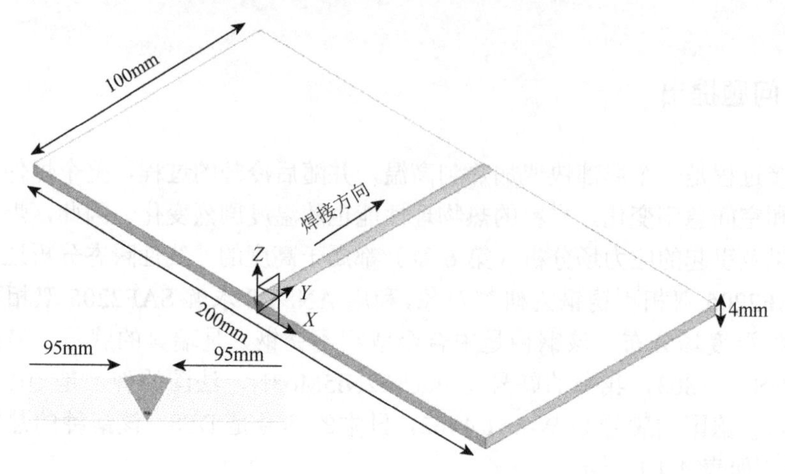

图 4.4.1　焊接示意几何模型

4.4.2　ANSYS 软件求解

1. 设置文件名和项目名称

打开 ANSYS Product Launcher 10.0 版本，进入经典界面，然后依次选择 File→Change Title 选项，输入 3D FE ANALYSIS OF TEMPERATURE IN WELDING PROCESSES。

2. 前处理

1）求解类型选择

依次选择 Preferences→Thermal 选项，单击 OK 按钮，表示进行热分析。

2）单元类型选择

依次选择 Preprocessor→Element Type→Add/Edit/Delete 选项，然后单击 Add 按钮，在 Library of Element Types 对话框内依次选择 Solid、Brick 8node 70 选项，会显示选中了 SOLID 70 单元。单击 Apply 按钮，选中一个单元类型，然后单击 OK 按钮，增加一个 SOLID 70 单元类型，单击 Close 按钮，完成单元类型选择。

3）材料属性定义

(1)依次选择 Preprocessor→Material Props→Material Models 选项，打开 Define Material Model Behavior 窗口。依次选择 Thermal→Conductivity→Isotropic 选项，单击 Add Temperature 按钮，分别输入 25～2100℃下对应的导热系数，输入的温度和导热系数参照表 4.4.1（单击 Graph 按钮可以查看导热系数随温度变化曲线，曲线到模型显示可以依次选择 Plot→Replot 选项），完成导热系数设定，如图 4.4.2 所示。

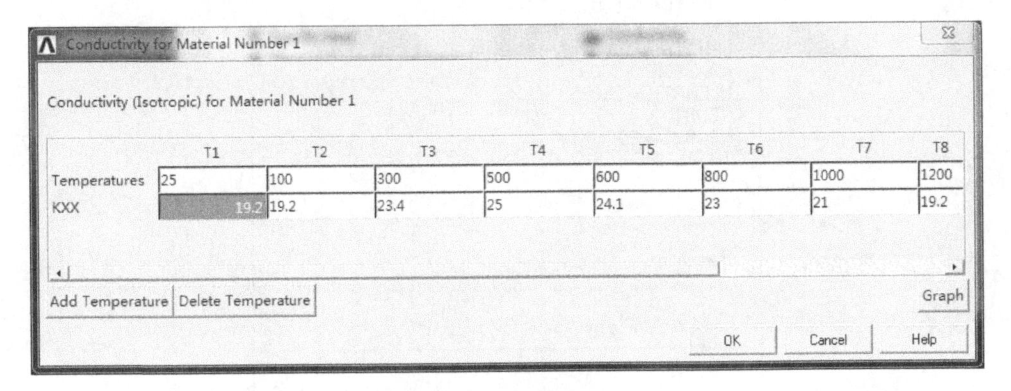

图 4.4.2 导热系数设定

（2）依次选择 Thermal→Specific Heat 选项，采用与导热系数相同的方法，完成比热容设定，如图 4.4.3 所示；采用相同方法，依次选择 Thermal→Density 选项，输入材料密度。关闭 Define Material Model Behavior 窗口。

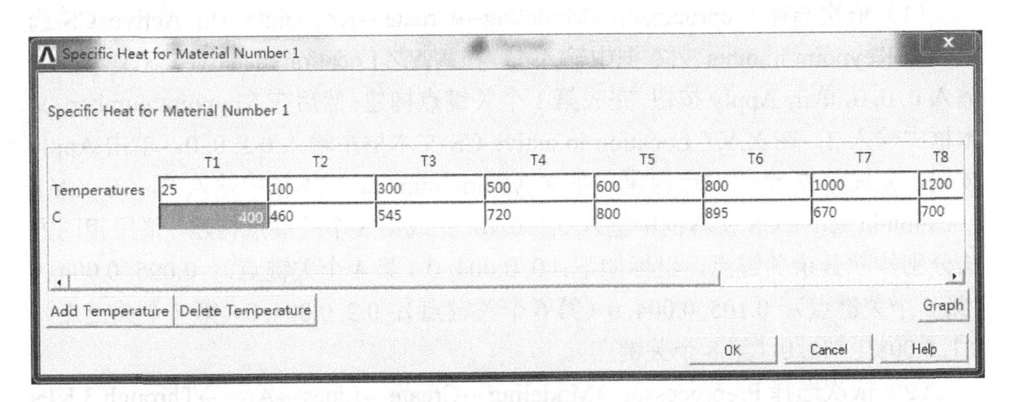

图 4.4.3 比热容设定

4）参数设定

依次选择 Parameters→Scalar Parameters 选项，在 Selection 文本框中输入 COOLTIME=600，单击 Accept 按钮，完成焊后冷却时间参数设定，采用同样方法完成其他参数设定，如图 4.4.4 所示。

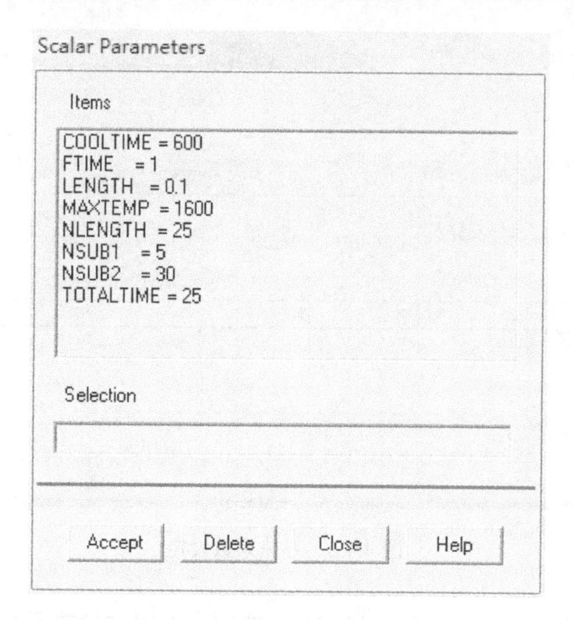

图 4.4.4　参数设定

5）几何模型构建

（1）依次选择 Preprocessor→Modeling→Create→Keypoints→In Active CS 选项，在 Keypoint number 文本框中输入 1，在 X,Y,Z Location in active CS 文本框中输入 0, 0, 0，单击 Apply 按钮，完成第 1 个关键点构建；然后在 Keypoint number 文本框中输入 2，在 X,Y,Z Location in active CS 文本框中输入 0.1, 0, 0，单击 Apply 按钮，完成第 2 个关键点构建；在 Keypoint number 文本框中输入 3，在 X,Y,Z Location in active CS 文本框中输入 0.2, 0, 0，完成第 3 个关键点构建，采用相同方法分别构建其余关键点，坐标如下：0, 0.004, 0（第 4 个关键点）；0.095, 0.004, 0（第 5 个关键点）；0.105, 0.004, 0（第 6 个关键点）；0.2, 0.004, 0（第 7 个关键点）；0.1, 0.008/1.732, 0（第 8 个关键点）。

（2）依次选择 Preprocessor→Modeling→Create→Lines→Arcs→Through 3 KPs 选项，在 Arc Thru 3 KPs 文本框中输入 5, 6, 8，单击 OK 按钮，完成弧线构建。

（3）依次选择 Preprocessor→Modeling→Create→Areas→Arbitrary→Through KPs 选项，在 Create Area thru KPs 文本框中输入 1, 2, 5, 4，单击 OK 按钮，完成左侧断面构建，采用相同方法，在 Create Area thru KPs 文本框中输入 2, 3, 7, 6，单击 OK 按钮，完成右侧断面构建。

（4）依次选择 Preprocessor→Modeling→Create→Areas→Arbitrary→By Lines 选项，在 Create Area by Lines 文本框中输入 1, 3, 9，单击 OK 按钮，完成中间断面构建，如图 4.4.5 所示。

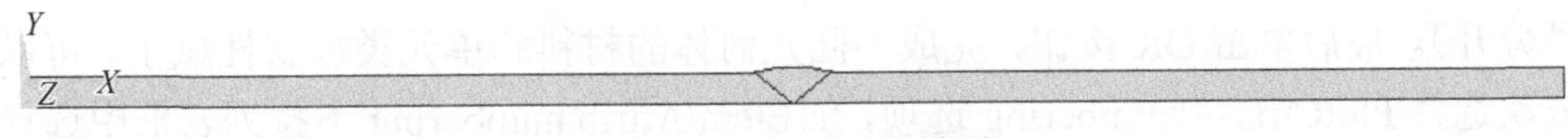

图 4.4.5　断面几何模型

（5）为了获得三维模型，需要对图 4.4.5 所示断面进行拉伸，依次选择 Preprocessor→Modeling→Operate→Extrude→Areas→By XYZ Offset 选项，在 Extrude Area by Offset 界面中单击 Pick All 按钮，在 DX, DY, DZ Offsets for extrusion 文本框中分别输入 0, 0, LENGTH（LENGTH 是拉伸方向板料尺寸，值为 0.1m），在 RX, RY, RZ Scale factors 文本框中分别输入 1, 1, 1，单击 OK 按钮，完成三维模型构建，三维几何模型如图 4.4.6 所示。

（6）依次选择 Preprocessor→Modeling→Operate→Booleans→Glue→Volumes 选项，单击 Pick All 按钮，对三个体积进行黏合（温度分析中在交界面需要黏合）；依次选择 Preprocessor→Numbering Ctrls→Compress Numbers 选项，然后在 Compress Numbers 下拉列表框中选择 ALL 选项，单击 OK 按钮，完成编号的压缩和重新编号。

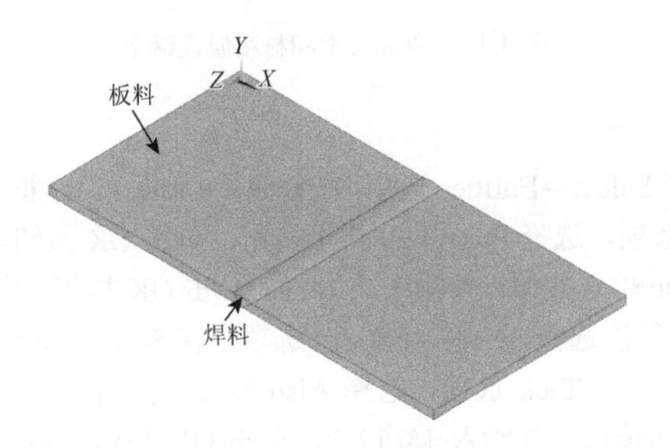

图 4.4.6　三维几何模型

6）几何模型属性赋予

依次选择 Preprocessor→Meshing→Mesh Attributes→Picked Volumes 选项，在体积选取文本框内输入 1,2（1 和 2 之间为英文逗号，也可以单击选取，如果选取错误可以按住 Shift 键+鼠标左键进行取消），单击 OK 按钮，即选中板料的几何模型，在 Material number 下拉列表框中选择 1 选项，在 Element type number 下拉列表框中选择 1 SOLID70（第一种单元类型）选项，如图 4.4.7 所示。然后，单击 Apply 按钮，在 Area Attributes 文本框内输入 3，单击 OK 按钮，即选中焊料几何模型，在 Material number 下拉列表框中选择 1 选项，在 Element type number 下拉列表框中选择 2 SOLID70（为了后面分析时选择方便，将板料和焊料单元类型编号分开)。最后单击 OK 按钮，完成不同几何体的材料和单元类型属性赋予。可以依次选择 PlotCtrls→Numbering 选项，在 Elem/Attrib numbering 下拉列表框中选择 Material numbers 选项，在 Numbering shown with 下拉列表框中选择 Colors&numbers 选项，单击 OK 按钮，转动鼠标滚轮，就可以显示出几何模型不同的颜色，不同的颜色代表了不同的材料。

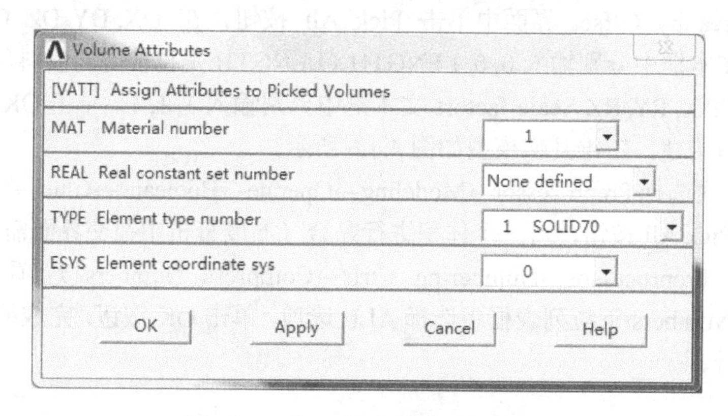

图 4.4.7 单元类型和材料属性赋予

7）网格划分

(1) 依次选择 Select→Entities 选项，在 Select Entities 对话框中依次选择 Lines 和 By Num/Pick 选项，选择 From Full 单选按钮，单击 OK 按钮，进行线的选择，选择 Min, Max, Inc 单选按钮，并输入 2, 24, 2，单击 OK 按钮（完成第一部分较长边的线的选择）；依次选择 Select→Entities 选项，在 Select Entities 对话框中依次选择 Lines 和 By Num/Pick 选项，选择 Also Select 按钮，单击 OK 按钮，选择 Min, Max, Inc 单选按钮，并输入 15, 17, 2，单击 OK 按钮（将第二部分较长边的线也选择上）；依次选择 Select→Entities 选项，在 Select Entities 对话框中依次选择 Lines 和 By Num/Pick 选项，选择 Also Select 按钮，单击 OK 按钮，选择 List of Items 单选按钮，输入 23，单击 OK 按钮（将第三部分较长边的线也选择上）；依次选择 Preprocessor→Meshing→Size Cntrls→ManualSize→Lines→Picked Lines 选项，单击 Pick All 按钮，在 NDIV No. of element divisions 文本框中输入 NLENGTH（或直接输入参数值 25），单击 OK 按钮，完成直线划分单元份数的设定。单击 Select→Everything，激活所有元素。

注：该方法设定单元边长或者划分份数略显麻烦，可以依次选择 PlotCtrls→Numbering 选项，选择 Lines 选项（显示线的编号，如果不显示可以取消选择），依次选择 Plot→Lines 选项，显示线，接着依次选择 Preprocessor→Meshing→Size Cntrls→ManualSize→Lines→Picked Lines 选项，然后选中图 4.4.8 中较长的线，或

者输入 2, 4, 6, 8, 10, 12, 14, 16, 18, 20, 22, 24, 15, 17, 23（选择 List of Items 单选按钮）。单击 OK 按钮，在 NDIV No. of element divisions 文本框中输入 NLENGTH（或直接输入参数值 25），完成直线划分单元份数的设定。

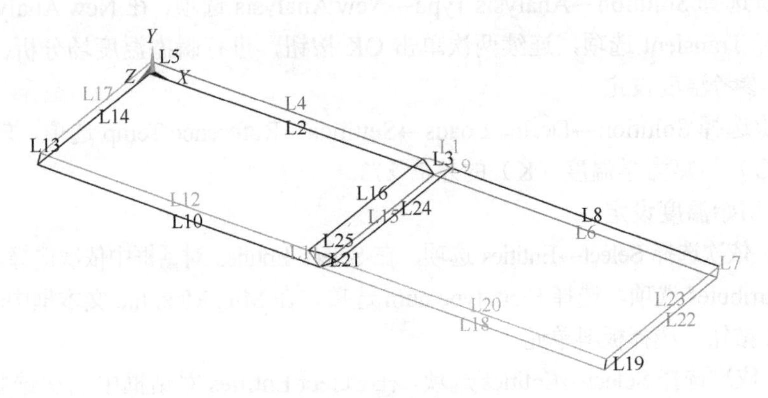

图 4.4.8　线编号显示

（2）依次选择 Preprocessor→Meshing→Size Cntrls→ManualSize→Lines→Picked Lines 选项，然后选中图 4.4.8 中较短的线，或者输入 1, 3, 5, 7, 9, 11, 13, 19, 21（选择 List of Items 单选按钮），单击 OK 按钮，在 NDIV No. of element divisions 文本框中输入 4，单击 OK 按钮，完成较短直线划分单元份数的设定。

（3）依次选择 Preprocessor→Meshing→Mesh→Volumes→Mapped→4 to 6 sided 选项，在 Mesh Volumes 对话框中单击 Pick All 按钮（或者输入 1，然后按 Enter 键，单击 OK 按钮），完成映射网格划分。单元网格划分后，共计 5300 个单元和 6994 个节点，建立的有限元网格模型如图 4.4.9 所示。

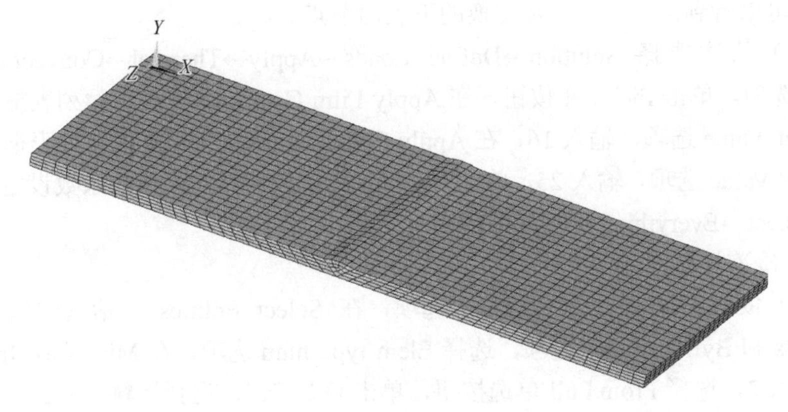

图 4.4.9　有限元网格模型

3. 加载与求解

1）分析类型设定

依次选择 Solution→Analysis Type→New Analysis 选项，在 New Analysis 对话框中选择 Transient 选项，连续两次单击 OK 按钮，进行瞬态温度场分析。

2）参考温度设定

依次选择 Solution→Define Loads→Settings→Reference Temp 选项，输入摄氏温度（℃）与热力学温度（K）的差值 273。

3）初始温度设定

（1）依次选择 Select→Entities 选项，在 Select Entities 对话框中依次选择 Elements 和 By Attributes 选项，选择 Elem type num 选项，在 Min, Max, Inc 文本框中输入 1，单击 OK 按钮，选择板料单元。

（2）依次选择 Select→Entities 选项，在 Select Entities 对话框中依次选择 Nodes 和 Attached to 选项，选择 Elements 选项，单击 OK 按钮，选择板料上的节点。

（3）依次选择 Solution→Define Loads→Apply→Initial Condit'n→Define 选项，单击 Pick All 按钮，在 Lab DOF to be specified 下拉列表框中选择 TEMP 选项，在 VALUE Initial value of DOF 文本框中输入 25，单击 OK 按钮，设定板料初始温度为 25℃。

4）自然对流换热系数的设定

（1）依次选择 Select→Entities 选项，在 Select Entities 对话框中依次选择 Lines 和 By Num/Pick 选项，单击 OK 按钮，进行面的选择，选择 List of Items 单选按钮，输入面的编号 5, 7, 10, 12, 15，单击 OK 按钮，选出上、下四个大表面及焊料上表面；依次选择 Select→Entities 选项，在 Select Entities 对话框中依次选择 Nodes 和 Attached to 选项，选择 Areas,all 单选按钮，单击 OK 按钮，然后选择 Plot→Nodes 选项，可以看到选中了对流热交换的下表面节点。

（2）依次选择 Solution→Define Loads→Apply→Thermal→Convection→On Nodes 选项，单击 Pick All 按钮，在 Apply Film Coef on nodes 下拉列表框中选择 Constant Value 选项，输入 16，在 Apply Bulk Temp on nodes 下拉列表框中选择 Constant Value 选项，输入 25，单击 OK 按钮，完成自然对流换热系数设定。依次选择 Select→Everything 选项，激活所有元素。

5）冷冻焊料单元

（1）依次选择 Select→Entities 选项，在 Select Entities 对话框中依次选择 Elements 和 By Attributes 选项，选择 Elem type num 选项，在 Min, Max, Inc 文本框中输入 2，选择 From Full 单选按钮，单击 OK 按钮，选择焊料单元。

（2）依次选择 Solution→Load Step Opts→Other→Birth & Death→Kill Elements 选项，单击 OK 按钮，冷冻焊料单元（杀死焊料所有单元，然后在后续计算中逐

个复活)。注：步骤（1）中很多版本软件无法操作实现杀死选中单元，这时可以通过在命令框中输入EKILL, ALL命令，杀死焊料单元。

6）移动热源加载与求解

（1）依次选择 Select→Entities 选项，在 Select Entities 对话框中依次选择 Elements 和 By Attributes 选项，选择 Elem type num 选项，在 Min, Max, Inc 文本框中输入2，选择 From Full 单选按钮，单击 OK 按钮，选择焊料单元。

（2）单击 Right View 按钮，显示窗口为右视图，依次选择 Select→Entities 选项，在 Select Entities 对话框中依次选择 Elements 和 By Num/Pick 选项，选择 Reselect 选项，单击 OK 按钮，在 Reselect elements 选项卡中选择 Pick 和 Box 选项，然后选中左侧5列单元，单击 OK 按钮，该5列单元将作为第一层焊料，如图4.4.10所示。

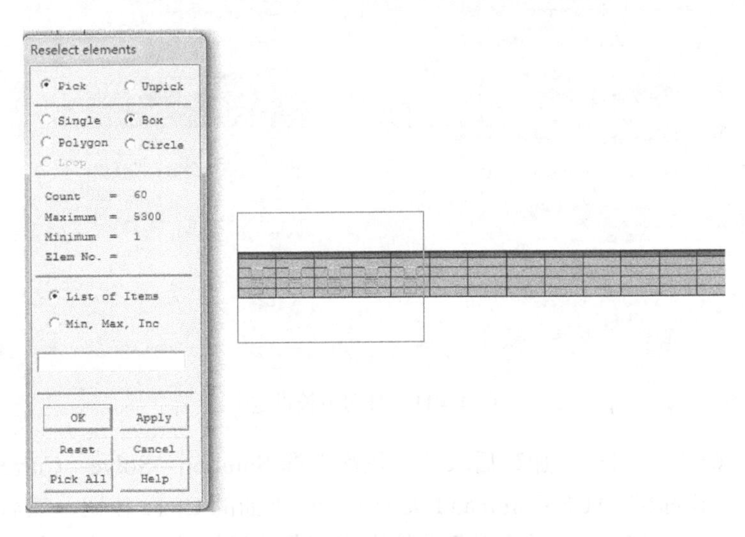

图4.4.10　第一层焊料选择

（3）在命令框中输入EALIVE, ALL命令，复活选择的第一层焊料单元（最左侧5列单元)。

（4）依次选择 Select→Entities 选项，在 Select Entities 对话框中依次选择 Nodes 和 Attached to 选项，选择 Elements 选项，选择 From Full 单选按钮，单击 OK 按钮，选择第一层焊料单元上的节点。

（5）依次选择 Solution→Define Loads→Apply→Thermal→Temperature→On Nodes 选项，单击 Pick All 按钮，然后在 Lab2 列表框中选择 TEMP 选项，在 VALUE 文本框中输入 1600。完成第一层热源施加，依次选择 Select→Everything 选项，激活所有元素。

（6）依次选择 Solution→Analysis Type→Sol'n Controls 选项，在 Time at end of loadstep 文本框中输入第一层焊料求解时间 1（也可以在 Time at end of loadstep 文本框中输入 FTIME），将子步数（Number of substeps）、最大子步数（Max no. of substeps）、最小子步数（Min no. of substeps）分别设定为 5, 20, 1，在 Automatic time stepping 下拉列表框中选择 On 选项，打开自动时间跟踪，在 Frequency 下拉列表框中选择 Write every substep 选项，记录每一个子步数求解结果，单击 OK 按钮，如图 4.4.11 所示。

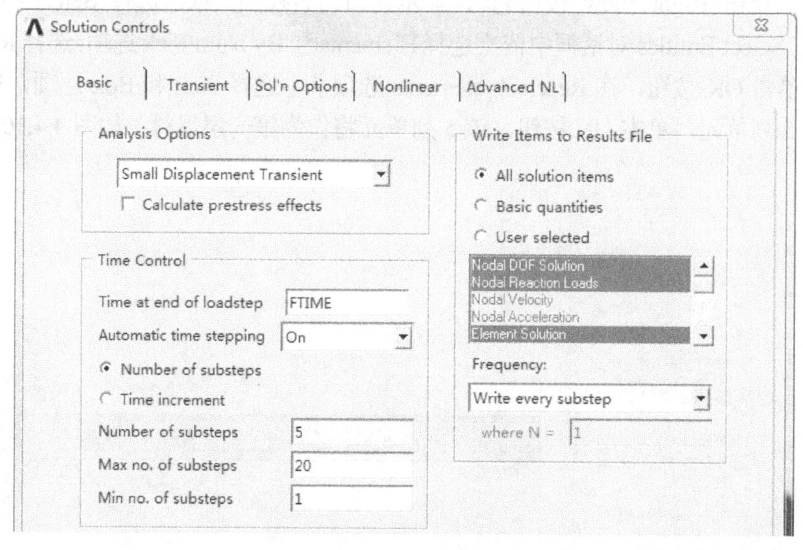

图 4.4.11　时间步长设定

（7）第一层焊料热源加载后求解。依次选择 Solution→Solve→Current LS 选项，单击弹出的/STATUS Command 页面中 File 下面的 Close 按钮，然后单击 OK 按钮开始计算。计算中出现的紫色曲线围绕青色曲线波动，证明收敛性较好，求解接触后出现 Solution is done！提示框，表示迭代过程收敛，求解结束。

（8）依次选择 Select→Entities 选项，在 Select Entities 对话框中依次选择 Elements 和 Live Elem's 选项，选择 From Full 单选按钮，单击 OK 按钮，然后依次选择 General Postproc→Plot Results→Contour Plot→Nodal Solu 选项，在结果显示窗口依次选择 Nodal Solution→DOF Solution→Nodal Temperature 选项，单击 OK 按钮，可以输出 1s 后的温度场分布（不包括杀死的单元），如图 4.4.12 所示。依次选择 Select→Everything 选项，激活所有元素。注：最低温度在焊料附近边缘低于 25℃，原因主要是热源温度高，瞬间热交换剧烈，因而产生了一定的温度振荡，导致计算有一定误差，可参见 4.1.3 节。

（9）依次选择 Solution→Define Loads→Delete→Thermal→Temperature→On Nodes 选项，单击 Pick All 按钮，删除第一层焊料加载的温度值。

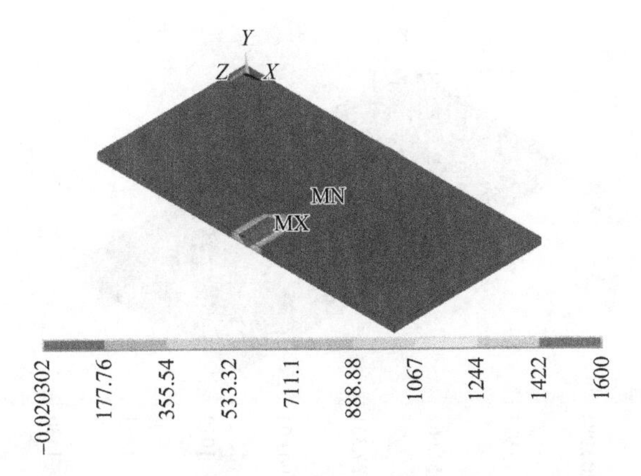

图4.4.12　t=1s时温度场分布（彩图见封底二维码）

（10）循环热源加载。

①依次选择Solution→Analysis Type→Restart选项，表示以前次计算结果为基础继续进行瞬态分析；②输入EALIVE,ALL，复活所有单元；③重复步骤（1），选择焊料单元，单击Right View按钮，显示窗口为右视图，依次选择Select→Entities选项，在Select Entities对话框中依次选择Elements和By Num/Pick选项，选择Reselect选项，单击OK按钮，在Reselect elements选项卡中选择Pick和Box选项，然后选中所有剩下未焊接的焊料单元，输入EKILL,ALL，对其进行杀死；④根据步骤（2）继续选择左侧第1～5列单元作为第二层焊料（由于上步操作选择的是所有未焊接单元，这时的第1～5列为实际焊接操作的第6～10列），按照顺序重复步骤(3)～(5)，完成第二层焊料热源施加，重复步骤(6)时，依次选择Solution→Sol'n Controls选项，在Time at end of loadstep文本框中输入2（或者2*FTIME），重复步骤（7）进行求解。

（11）重复步骤（10），求解前，依次删除上一层施加的热源载荷，复活下一层焊料单元（每层5列单元）并施加热源载荷。由于篇幅有限，热源载荷施加及移动不再详细介绍，需要注意的是在每一次进行步骤(6)时，Time at end of loadstep文本框中的值都需要增加1，例如，第5层求解时该值为5。图4.4.13为第5层热源求解结束后（t = 5s）温度场分布。

7）焊后冷却过程温度场求解

（1）依次选择Solution→Analysis Type→Restart选项，单击OK按钮，依次选择Solution→Sol'n Controls选项，在Time at end of loadstep文本框中输入605（或者输入5*FTIME+COOLTIME），将子步数、最大子步数、最小子步数分别设定为30，50，20。

（2）依次选择Select→Entities选项，在Select Entities对话框中依次选择Areas和By Num/Pick选项，单击OK按钮，进行面的选择，选择List of Items单选按钮，输入5, 7, 10, 12, 15（面的编号），单击OK按钮，选出上、下四个大表面及焊料上表

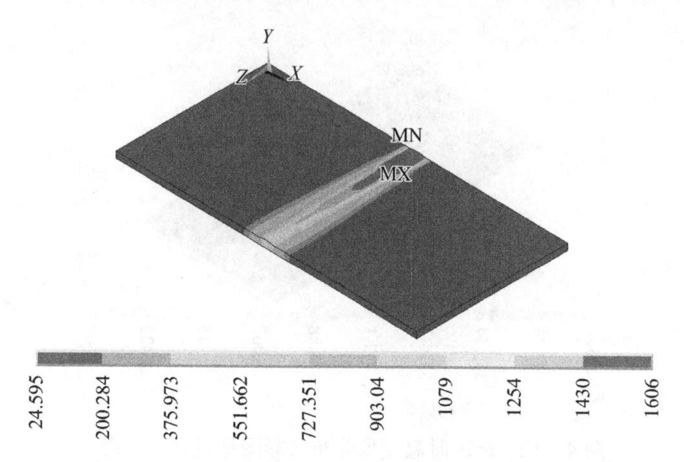

图 4.4.13　t=5s 时温度场分布（彩图见封底二维码）

面；依次选择 Select→Entities 选项，在 Select Entities 对话框中依次选择 Nodes 和 Attached to 选项，选择 Areas,all 单选按钮，单击 OK 按钮，然后依次选择 Plot→Nodes 选项，可以看到选中了对流热交换的下表面节点。

（3）依次选择 Solution→Define Loads→Apply→Thermal→Convection→On Nodes 选项，单击 Pick All 按钮，在 Apply Film Coef on nodes 下拉列表框中选择 Constant Value 选项，输入 16，在 Apply Bulk Temp on nodes 列表框中选择 Constant Value 选项，输入 25，单击 OK 按钮，完成自然对流换热系数设定。依次选择 Select→Everything 选项，激活所有元素。

（4）依次选择 Solution→Solve→Current LS 选项，单击弹出的/STATUS Command 页面中 File 下面的 Close 按钮，然后单击 OK 按钮开始计算。计算中出现的紫色曲线围绕青色曲线波动，证明收敛性较好，求解接触后出现 Solution is done！提示框，表示迭代过程收敛，求解结束。

4. 后处理

1）温度场查看

（1）依次选择 General Postproc→Read Results→Last Set 选项，依次选择 Plot Results→Contour Plot→Nodal Solu 选项，在结果显示窗口依次选择 Nodal Solution→DOF Solution→Nodal Temperature 选项，可以查看最后一步温度场分布。

（2）依次选择 General Postproc→Read Results→By Time/Freq 选项，在 TIME Value of time or freq 文本框中输入 10，单击 OK 按钮，依次选择 Plot Results→Contour Plot→Nodal Solu 选项，可以输出 10s 后的温度场分布。

（3）采用同样操作步骤，可以分别查看 30s、300s、605s 的温度场分布，如图 4.4.14 所示。

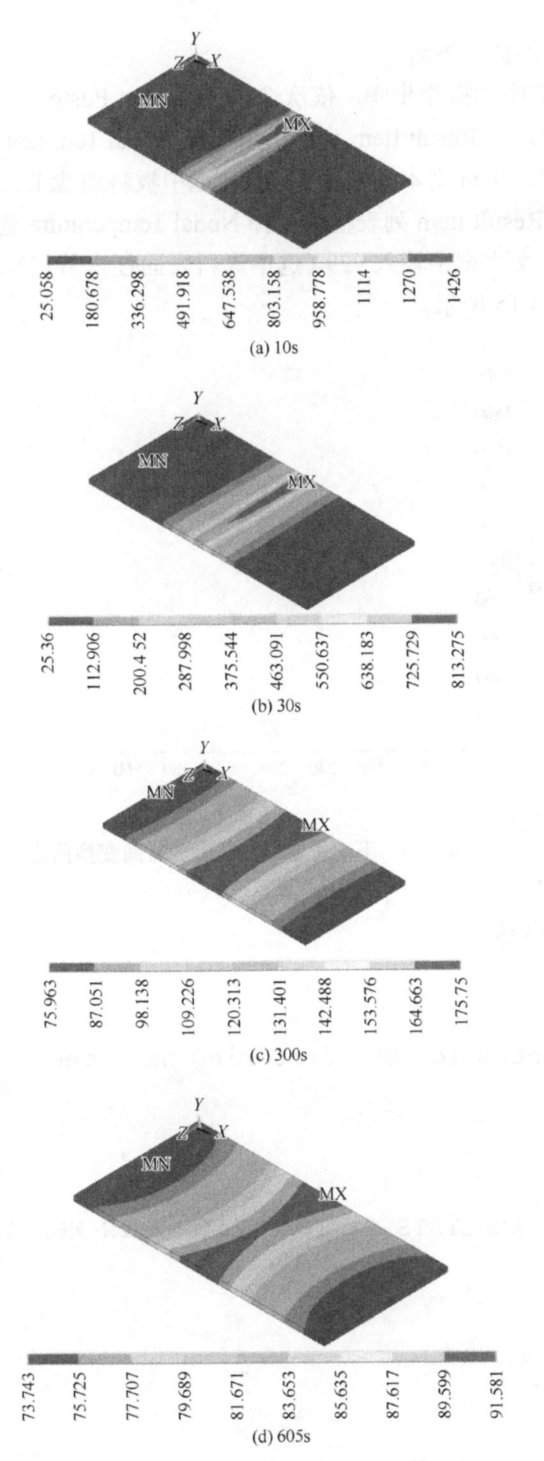

图 4.4.14　不同冷却时间的温度场分布（彩图见封底二维码）

2）温度–时间曲线查看

参照 4.1.2 节中的操作步骤，依次选择 TimeHist Postproc→Variable Viewer 选项，单击按钮，在 Result Item 列表框中选择 Nodal Temperature 选项，单击 OK 按钮，在 Node for Data 文本框中输入 161（选中板料边缘节点），单击 OK 按钮；单击按钮，在 Result Item 列表框中选择 Nodal Temperature 选项，单击 OK 按钮，在 Node for Data 文本框中输入 929（选中焊料表面任一节点），查看温度时间历程的节点，如图 4.4.15 所示。

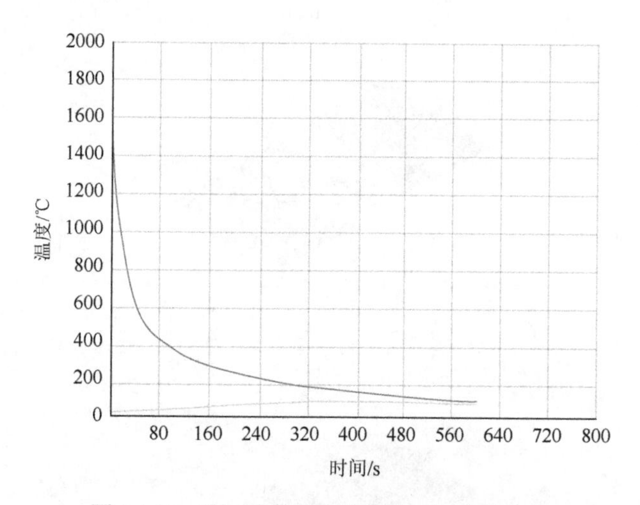

图 4.4.15　不同位置节点温度随时间变换曲线

4.4.3　APDL 命令

```
/COM,
/COM,Preferences for GUI filtering have been set to display:
/COM,Thermal
!*
/PREP7
/TITLE,3D FE ANALYSIS OF TEMPERATURE IN WELDING PROCESSES
/UNITS,SI
!*
ET,1,SOLID 70
ET,2,SOLID 70
!*
mptemp                      !定义不锈钢材料
```

```
mptemp,1,25,100,300,500,600,800
mptemp,7,1000,1200,1400,2100
mpdata,dens,1,1,7886,7840,7790,7772,7762,7738
mpdata,dens,1,7,7886,7840,7790,7772
mpdata,alpx,1,1,1.84e-6,1.364e-5,1.437e-5,1.705e-5,
                                    1.771e-5,1.807e-5
mpdata,alpx,1,7,1.812e-5,1.828e-5,1.837e-5,1.865e-5
mpdata,kxx,1,1,19.2,19.2,23.4,25,24.1,23
mpdata,kxx,1,7,21,19.2,19.2,19.1
mpdata,c,1,1,400,460,545,720,800,895
mpdata,c,1,7,670,700,728,780
mp,reft,1,25                  !参考温度
!
MPTEMP,,,,,,,,                  !力学性能
MPTEMP,1,0
MPDATA,EX,1,,2.1E11
MPDATA,PRXY,1,,0.3
mpdata,murx,1,1
TB,BISO,1,1,2,
TBTEMP,0
TBDATA,,4.5E8,4.5E7,,,,
!
LENGTH=0.1                    !设定相关参数
NLENGTH=25
MAXTEMP=1600
TOTALTIME=5
FTIME=1
COOLTIME=600
NSUB1=5                       !焊接过程每单元求解步数
NSUB2=30                      !冷却过程求解步数
!
k,1,0,0,0                       !建立几何模型
k,2,0.1,0,0
k,3,0.2,0,0
k,4,0,0.004,0
```

```
k,5,0.095,0.004,0
k,6,0.105,0.004,0
k,7,0.2,0.004,0
k,8,0.1,0.008/1.732,0
LARC,5,6,8
A,1,2,5,4
A,2,3,7,6
AL,1,3,9
NUMCMP,ALL
VEXT,ALL,,,0,0,LENGTH,1,1,1,
VGLUE,ALL
NUMCMP,ALL
!
VSEL,,,,1,2                                    ! 材料和单元属性赋予
VATT,1,,1,0
ALLSEL,ALL
VSEL,,,,3
VATT,1,,2,0
ALLSEL,ALL
!
LSEL,,,,2,24,2                                 !网格划分设定
LSEL,A,,,15,17,2
LSEL,A,,,23
LESIZE,ALL,,,NLENGTH
ALLSEL,ALL
LSEL,,,,1,13,2
LSEL,A,,,19,21,2
LESIZE,ALL,,,4
ALLSEL,ALL
MSHKEY,1
VMESH,ALL
!
ALLSEL,ALL
EPLOT
/SOLU
```

```
ANTYPE,TRANS                    !瞬态温度场求解
TRNOPT,FULL
LUMPM,0
OUTRES,ALL,all
ESEL,S,TYPE,,1                 !选择不锈钢板单元
NSLE,ALL
IC,ALL,TEMP,25
ALLSEL,ALL
!
ESEL,S,TYPE,,2                  !冷冻所有焊缝熔体单元
EKILL,ALL
ALLSEL,ALL
ELENGTH=LENGTH/NLENGTH          !焊接方向单元边长
!
ESEL,S,TYPE,,2              !第1～5层热源加载求解
/VIEW,1,1
/ANG,1
/REP,FAST
FLST,5,60,2,ORDE,6
FITEM,5,5081
FITEM,5,-5100
FITEM,5,5181
FITEM,5,-5200
FITEM,5,5281
FITEM,5,-5300
ESEL,R,,,P51X
EALIVE,ALL                      !复活单元
NSLE,S
D,ALL,,1600,,,,TEMP,,,,
ALLSEL,ALL
NSUBST,NSUB1,20,1
AUTOTS,1
TIME,1*Ftime
SOLVE
finish
```

```
/SOLU
DDELE,ALL,TEMP                     !删除第1～5层热源施加的温度载荷
!
ANTYPE,,REST
ESEL,S,TYPE,,2                     !第6～10层热源加载求解
/VIEW,1,1
/ANG,1
/REP,FAST
FLST,5,60,2,ORDE,6
FITEM,5,5061
FITEM,5,-5080
FITEM,5,5161
FITEM,5,-5180
FITEM,5,5261
FITEM,5,-5280
ESEL,R,,,P51X
ealive,all                    !复活单元
NSLE,S
D,ALL,,1600,,,,TEMP,,,,
ALLSEL,ALL
TIME,2*ftime
SOLVE
finish
/SOLU
DDELE,ALL,TEMP                     !删除第6～10层热源施加的温度载荷
!
ANTYPE,,REST
ESEL,S,TYPE,,2                     !第11～15层热源加载求解
/VIEW,1,1
/ANG,1
/REP,FAST
FLST,5,60,2,ORDE,6
FITEM,5,5041
FITEM,5,-5060
FITEM,5,5141
```

```
FITEM,5,-5160
FITEM,5,5241
FITEM,5,-5260
ESEL,R,,,P51X
ealive,all
NSLE,S
D,ALL,,1600,,,,TEMP,,,,
ALLSEL,ALL
TIME,3*ftime
SOLVE
finish
/SOLU
DDELE,ALL,TEMP                    !删除第11～15层热源施加的温度载荷
!
ANTYPE,,REST
ESEL,S,TYPE,,2                    !第16～20层热源加载求解
/VIEW,1,1
/ANG,1
/REP,FAST
FLST,5,60,2,ORDE,6
FITEM,5,5021
FITEM,5,-5040
FITEM,5,5121
FITEM,5,-5140
FITEM,5,5221
FITEM,5,-5240
ESEL,R,,,P51X
ealive,all
NSLE,S
D,ALL,,1600,,,,TEMP,,,,
ALLSEL,ALL
TIME,4*ftime
SOLVE
finish
/SOLU
```

```
DDELE,ALL,TEMP                       !删除第 16～20 层热源施加的温度载荷
!
ANTYPE,,REST
ESEL,S,TYPE,,2                       !第 21～25 层热源加载求解
/VIEW,1,1
/ANG,1
/REP,FAST
FLST,5,60,2,ORDE,6
FITEM,5,5001
FITEM,5,-5020
FITEM,5,5101
FITEM,5,-5120
FITEM,5,5201
FITEM,5,-5220
ESEL,R,,,P51X
ealive,all
NSLE,S
D,ALL,,1600,,,,TEMP,,,,
ALLSEL,ALL
TIME,5*ftime
SOLVE
finish
/SOLU
DDELE,ALL,TEMP                       !删除第 21～25 层热源施加的温度载荷
!
ANTYPE,,REST
TIME,5*ftime+cooltime
NSUBST,NSUB2,50,20
ASEL,,,,5,7,2                        !自然对流换热系数施加
ASEL,A,,,10,12,2
ASEL,A,,,15
NSLA,S
NPLOT
SF,ALL,CONV,16,25
ALLSEL,ALL
```

```
SOLVE
!
save
finish
```

4.5　小　结

温度场求解的基础理论是傅里叶定律，影响温度场求解精度的主要因素包括模型相似度、换热系数、单位设定及网格划分。模型相似度与个人的经验和对工程问题的理解程度有关，通常情况下模型能够简化的务必简化以提高计算精度、不能够简化的绝不能简化，要想尽办法使建立的模型贴合实际需要分析的工程问题。换热边界的换热系数直接关系到计算误差，换热边界的换热系数受换热边界温度、形状、材料性质等影响，因此准确得到换热系数几乎是不可能的，通常可以利用实验数据通过反算得出，或者要查阅大量的文献尽可能使换热系数接近实际工况，也可以通过温度预测值与实测值对比来反馈修正换热系数。在计算中很多初学者往往容易忽略单位，这需要引起初学者足够的重视。如果设定的单位不一致导致计算误差过大会得不偿失。从理论来说均匀的正方形或者正方体网格质量最优，但是在计算中要根据实际工况而定，一般温度场热交换界面的网格要细化，因为换热剧烈的边界附近容易产生温度振荡现象，见4.1.3节。因此，如果学得够扎实，温度场分析过程大多可以采用非均匀网格方式，靠近换热边界的地方网格细分，远离换热边界的地方网格粗化，这样既可以提高计算精度，又可以缩短求解时间，提高效率。

板坯空冷过程温度变化规律是瞬态温度求解中最为简单的一类问题，只是由于辐射边界是一个高阶量，如果设定不合理不太容易收敛。金属试样在高温条件下的热损失主要为辐射热损失，此时的对流热交换主要是自然对流，对流换热系数相对较小，加载中可以兼顾，当然辐射边界条件的加载也可以等效为对流换热系数边界的加载。ANSYS求解中辐射边界加载方式方法简单易学，在进行温度场后处理分析中，尽管彩云图和等值线能够直观显示温度场分布，但是历史时间曲线和路径曲线有时更能说明问题。例如，进行预测值与实测值比较的时候需要输出表面上的某一点的温度随时间变化曲线，这样才可以与表面温度实测值进行比较分析，进而验证建立模型的正确性，并进行修正和完善。

热处理是对工件整体加热，然后以适当的速度冷却，以改变其整体力学性能的金属热加工工艺，是材料加工时通常需要进行的工艺过程。热处理工艺通常以加热炉为设备，将试样放入炉内进行加热。加热过程中炉表上显示的是炉内热电偶测试的气氛温度，这个温度在一定程度上仅代表热处理试样表面温度，而无法得知心部温度，数值计算恰恰可以全面反映试样在炉内加热、保温、冷却等过程的详细温度分布。更为可贵的是，有限元法通过调整边界换热系数，可以预测边界换热连续变化的工况温度场。在求解多个阶段温度场问题的过程中最为重要的是要准确地将多个阶段分为若干个单一过程，而这些单一过程的换热系数和环境温度（或者介质）要十分清楚，更要设定准确。ANSYS 或者其他软件均可以通过图形用户界面（graphical user interface，GUI）方式或者编制程序方式较为精确地求解这种多阶段、变换热系数过程的温度变化规律。

4.3 节的砂型铸造过程温度场分析堪称经典，回想起我在 2002 年第一次接触 ANSYS 5.7 的时候，市场上几乎没有太多的教材，也头一次听说有限元数值模拟，在面对需要利用 ANSYS 5.7 求解广州车辆厂冷板车运输蔬菜过程温度场分布这一工程问题的时候真是一头雾水，也接近崩溃，正是在帮助文件里把这个案例做了不下 10 遍，终于让我明白了每一个命令的作用和意义，才有了令我至今都满意的毕业设计论文；也使我明白学习软件先从案例入手，先做软件自带帮助文件里面的案例（学习基础操作命令），再尝试复杂模型下的案例求解，甚至寻找和我想要解决问题相关或相近的案例工况，当然这些不能照搬照抄，最终一定要弄明白案例中每一个命令的作用和意义。只有这样针对自己所要解决的工程问题才能举一反三，有效保证计算结果的准确性。

砂型铸造过程温度场分析的操作过程几乎囊括了所有 ANSYS 求解温度场最基本的操作命令，是 ANSYS 初学者学习温度场求解的典型案例之一，也是众多教材或者著作反复提及的典型案例。该案例有效解决了多层介质之间的传热问题，同时铸造过程是液态到固态的凝固过程，而 ANSYS 巧妙地将相变潜热考虑在了热焓的变化上，进而实现了相变过程数值模拟。当然基于 ANSYS，通过建立准确的相变动力学模型和二次程序开发也可以分析转变相比例和分布，还可以利用 ANSYS 中的 FLUENT 模块实现液态金属流动。

起初我认为焊接过程温度场求解没有那么复杂，无非就是一个移动的热源和焊料的填充过程，通过定义焊料热源随时间变化的函数就可以实现热源移动，将材料冷冻（又称杀死）和激活（又称复活）也可以通过时间变化函数来控制。后来我通过尝试和研究发现，焊接过程焊缝及母材温度变化复杂，通过循环程序编制是完全可以实现的，但对于大多研究者来说编程是一项“苦差事”，对初学者来说更为困难。在研究部分参考资料和教程的基础上，我花费了一个多月来研究如何通过 GUI 方式冷冻和激活单元，研究如何通过 GUI 方式实现热源移动及移动过程温度加载和求解的无缝连接，实现了 4.4 节中焊接过程温度场求解的操作。

对于这种热源移动的焊接过程温度场求解来说，控制移动速度（和焊接速度有关）、移动的单元群体（和网格划分有关）至关重要，如果板料较厚，焊过一层后焊料不能填充满熔池，此时需要从 Y 方向上再次沿焊接方向填充一层甚至多层焊料，焊料单元的选取将变得更加困难。因此，对初学者来说尽管利用 ANSYS 的界面操作实现焊料单元的冷冻和激活比较简单，容易理解和掌握，但操作过程确实比较烦琐，这种反复加载–卸载的操作方式对大尺寸焊接过程求解是不利的，求解过程的操作效率极低。APDL 命令是 ANSYS 界面操作过程中产生的程序文件，对于初学者来说理解和掌握有一定难度，但如果想理解 ANSYS 的精髓，提高求解效率，掌握 APDL 命令十分有必要。本章仅给出了焊接过程温度场分析的 APDL 命令，供读者参考。

参 考 文 献

[1] 孔祥谦. 有限单元法在传热学中的应用[M]. 北京：科学出版社，1998.

[2] 孔祥谦. 有限单元法求解不稳定导热问题中的时间差分格式及变步长计算[J]. 工程热物理学报，1982，3(3)：264-269.

[3] 许志新，何友朗，林金木. 二点差分格式对瞬态温度场求解精度的影响[J]. 湖南大学学报（自然科学版），2002，29（2）：59-62.

[4] 马向平，骆清国. 瞬态温度场有限元法求解的研究[J]. 装甲兵工程学院学报，2002，16（2）：22-25.

[5] 张柔雷，余颖禾. 有限元法求解暂态温度场中阶跃现象的分析[J]. 南京工学院学报，1983，3（3）：102-106.

[6] 欧阳华江，肖丁. 一维热传导方程有限元解的计算准则[J]. 计算结构力学及其应用，1989，10(12)：1115-1121.

[7] 欧阳华江. 广义热传导方程有限元算法解的计算准则[J]. 应用数学和力学，1992，13（6）：563-571.

[8] 纪峥，钟万勰. 关于离散热传导物理模型的探讨[J]. 计算结构力学及其应用，1994，11（4）：408-413.

[9] 牛山廷，赵国群，李辉平. 淬冷过程三维温度场有限元模拟数值振荡问题的研究[J]. 金属热处理，2006，31（6）：71-74.

[10] 陈军，周昆颖. 集中矩阵在传热有限元计算中的应用[J]. 北京化工学院学报（自然科学版），1991，18（4）：45-50.

[11] 林金木. 瞬态温度场的解及其振荡[J]. 工程热物理学报，1996，17（3）：333-337.

[12] 陈火红，祁鹏. MSC.Pastran/Marc 培训教程和实例[M]. 北京：科学出版社，2004.

[13] 梅瑞斌，李长生，刘相华. 单元划分和时间步长对瞬态温度振荡的影响[J]. 东北大学学报（自然科学版），2008，29（2）：233-236.

[14] 梅瑞斌，李长生，刘相华. 板带热轧过程中 S 型变步长法预测瞬态温度场方法：中国，CN101178747.B[P]. 2008-05-14.

[15] 刘刚，李长生，刘相华. 一种有限元求解轧制过程温度场的集中热容矩阵方法：中国，CN101178748.B[P]. 2009-09-30.

[16] 王泽鹏. ANSYS12.0 热力学有限元分析从入门到精通[M]. 北京：机械工业出版社，2010.

[17] 杨坤，蒋业华，冯晶. 低密度高强度钢淬火过程温度场的数值模拟[J]. 铸造技术，2017（8）：1859-1861.

[18] 干勇. 中国材料工程大典. 第 3 卷，钢铁材料工程.下[M]. 北京：化学工业出版社，2005.

[19] 梅瑞斌，李长生，刘相华. 一种板带热轧过程表面换热系数的预测方法：中国，ZL201410001649.5[P]. 2014-04-30.

[20] American ANSYS Company. ANSYS-help：Release 10.0 Documentation for ANSYS[M]. Pittsburgh：ASNSYS Company，2007.

[21] 阚前华，谭长建，张娟，等. ANSYS 高级工程应用实例分析与二次开发[M]. 北京：电子工业出版社，2006.

第5章　塑性加工过程变形 ANSYS 求解实例

5.1　带孔薄板反复加载过程求解实例

在结构零部件承受循环作用力的情况下，材料产生不同程度的循环塑性应变积累，此现象为棘轮行为（ratcheting）。当棘轮变形达到等量循环增长或加速增长的畸变状态时，塑性积累将导致结构件尺寸精度不满足要求或者循环破坏失效，故在部分结构分析中应该考虑棘轮行为的影响，而棘轮行为过程也是金属材料反复加载–卸载过程的一种体现。

5.1.1　问题提出

本节针对带孔薄板多周期拉伸–卸载–压缩–卸载过程的变形行为进行分析。几何模型和边界受力特征如图 5.1.1 所示。加载、卸载时间均设定为 3s，每一个周期为 12s，加载–卸载 6 个周期，共计 72s；压应力 p 为 50MPa。

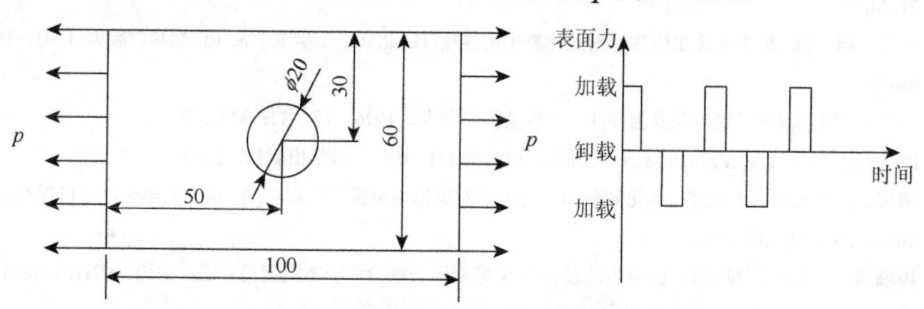

图 5.1.1　几何模型和边界受力特征

计算用材料选用 SS304 不锈钢，材料模型采用双新型各向同性硬化及 Chaboche 随动硬化合并的本构方程，单位用 mm 和 MPa。材料模型参数如表 5.1.1 所示。

表 5.1.1　材料模型参数[1]

参数	Chaboche	参数	数值
C_1	122.5	屈服强度/MPa	122.5
C_2	8×10^4		
C_3	800		
C_4	3×10^5	剪切模量/MPa	200
C_5	1×10^4		

续表

参数	Chaboche	参数	数值
C_6	1.6×10^3	弹性模量/MPa	2.06×10^5
C_7	0		
C_8	1.75×10^4	泊松比	0.3
C_9	350		

5.1.2 ANSYS 软件求解

1. 设置文件名和项目名称

打开 ANSYS Product Launcher 10.0 版本，进入经典界面，然后依次选择 File→Change Title 选项，输入 FE ANALYSIS OF DEFORMATION IN UNDER CYCLE PRESSURE。

2. 前处理

1）单元类型选择

依次选择 Preprocessor→Element Type→Add/Edit/Delete 选项，然后单击 Add 按钮，在 Library of Element Types 对话框内依次选择 Solid、4node 182 选项，然后单击 OK 按钮，会显示选中了 PLANE182 单元。单击 Close 按钮，完成单元类型选择和设计。

2）材料属性定义

（1）依次选择 Preprocessor→Material Props→Material Models 选项，打开 Define Material Model Behavior 窗口。依次选择 Structural→Linear→Elastic→Isotropic 选项，在 EX 和 PRXY 文本框中分别输入 2.06e5、0.3，单击 OK 按钮，完成线性阶段本构方程设定。

（2）依次选择 Structural→Nonlinear→Inelastic→Rate Independent→Isotropic Hardening Plasticity→Mises Plasticity→Billnear 选项，在 Yield Stss 文本框中输入 122.5，在 Tang Mod 文本框中输入 200，单击 OK 按钮，完成非线性属性设定。

（3）依次选择 Structural→Density 选项，在 DENS 文本框中输入 7800，单击 OK 按钮，完成密度设定。

（4）依次选择 Structural→Nonlinear→Inelastic→Rate Independent→Kinematic Hardening Plasticity→Mises Plasticity→Chaboche 选项，如图 5.1.2 所示，输入相应值，单击 OK 按钮，完成材料属性设定。关闭 Define Material Model Behavior 窗口。

3）几何模型构建

依次选择 Preprocessor→Modeling→Create→Areas→Rectangle→By Dimensions 选项，在 X1,X2 X-coordinates 文本框中输入 0, 50，在 Y1,Y2 Y-coordinates 文本框中

输入 0, 30，单击 OK 按钮，完成四边形面几何模型建立；依次选择 Preprocessor→Modeling→Create→Areas→Circle→Solid Circle 选项，在 X,Y,Radius 文本框中输入 0, 0, 10，单击 OK 按钮，完成圆面建模；依次选择 Preprocessor→Modeling→Operate→Booleans→ Subtract→Areas 选项，先选择四边形面，单击 OK 按钮，再选择圆面，单击 OK 按钮，完成布尔减操作，建立几何模型；依次选择 Preprocessor→Numbering Ctrls→Compress Numbers 选项，选择 All 选项，单击 OK 按钮，完成模型编号压缩。

4）网格划分

（1）依次选择 Preprocessor→Meshing→Size Cntrls→ManualSize→Global→Size 选项，在 SIZE Element edge length 文本框中输入 2，单击 OK 按钮。

（2）依次选择 Preprocessor→Meshing→Mesh→Areas→Mapped→By Corners 选项，输入 1（或者选中面），单击 OK 按钮，然后输入 5, 4, 3, 1（或选中四个关键点），单击 OK 按钮，完成映射网格划分。建立的有限元网格模型如图 5.1.3 所示，共计 800 个单元、861 个节点。

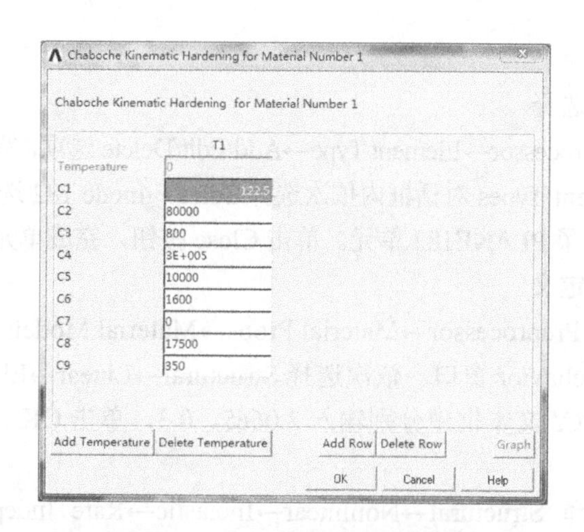

图 5.1.2　随动硬化方程参数设定

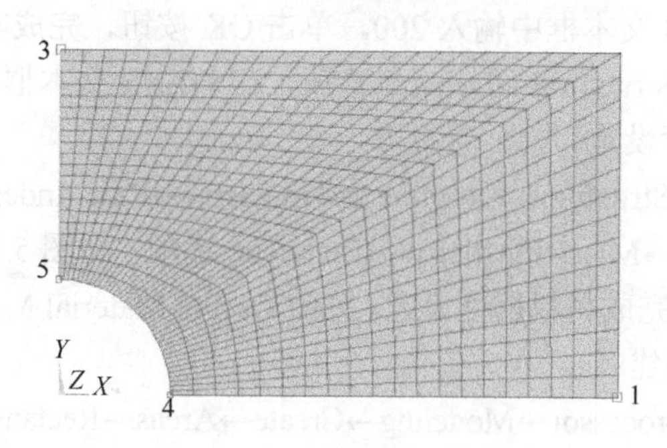

图 5.1.3　有限元网格模型

3. 加载固定边界条件与设定求解

1）分析类型设定

依次选择 Solution→Analysis Type→New Analysis 选项，在 ANTYPE Type of analysis 选项中选择 Static 单选按钮，单击 OK 按钮，进行静态分析。

2）求解参数控制

依次选择 Solution→Analysis Type→Sol'n Controls 选项，在 Analysis Options 下拉列表框中选择 Large Displacement Static 选项，在 Frequency 下拉列表框中选择 Write every substep 选项，单击 OK 按钮。

3）固定边界条件加载

（1）依次选择 Select→Entities 选项，在 Select Entities 对话框中依次选择 Nodes 和 By Location 选项，选择 X coordinates 选项，在 MIN,MAX 文本框中输入 0，单击 OK 按钮。

（2）依次选择 Solution→Define Loads→Apply→Structural→Displacement→On Nodes 选项，单击 Pick All 按钮，在 Lab2 DOFs to be constrained 列表框中选择 UX 选项，在 VALUE Displacement value 文本框中输入 0，单击 OK 按钮。依次选择 Select→Everything 选项，激活所有几何和单元、节点元素。

（3）依次选择 Select→Entities 选项，在 Select Entities 对话框中依次选择 Nodes 和 By Location 选项，选择 Y coordinates 选项，在 MIN,MAX 文本框中输入 0，单击 OK 按钮。

（4）依次选择 Solution→Define Loads→Apply→Structural→Displacement→On Nodes 选项，单击 Pick All 按钮，在 Lab2 DOFs to be constrained 列表框中选择 UY 选项，在 VALUE Displacement value 文本框中输入 0，单击 OK 按钮。依次选择 Select→Everything 选项，激活所有几何和单元、节点元素。

定载荷加载和周期性载荷加载有差异，切勿重复操作。如果选用定载荷加载和求解，则按照步骤 4）～6）进行操作！

/************************定载荷加载与求解************************/

4）分析类型选择

依次选择 Solution→Analysis Type→New Analysis 选项，弹出 New Analysis 对话框，选择分析类型为 Static，单击 OK 按钮，关闭该对话框。

5）定载荷加载

（1）依次选择 Select→Entities 选项，在 Select Entities 对话框中依次选择 Nodes 和 By Location 选项，选择 X coordinates 选项，在 MIN,MAX 文本框中输入 50，单击 OK 按钮。

（2）依次选择 Solution→Define Loads→Apply→Structural→Pressure→On Nodes 选

项，单击 Pick All 按钮，在[SF] Apply PRES on nodes as a 下拉列表框中选择 Constant value 选项，在 VALUE Load PRES value 文本框中输入–50，单击 OK 按钮。依次选择 Select→Everything 选项，激活所有几何和单元、节点元素。

6）求解

依次选择 Solution→Solve→Current LS 选项，单击弹出的/STATUS Command 页面中 File 下面的 Close 按钮，然后单击 OK 按钮。开始求解。

/***********************定载荷加载与求解结束***********************/

如果选用周期性进行载荷加载和求解，则在步骤 3）之后按照步骤 7）～9）进行操作！

/***********************周期性载荷加载与求解***********************/

7）求解步数和压力设定

（1）依次选择 Parameters→Scalar Parameters 选项，进行全局常量参数设定，输入 PRE1=–50（加载压力），单击 Accept 按钮；输入 PRE2=0（卸载），单击 Accept 按钮；输入 NSUBST1=20（子步数），单击 Accept 按钮；输入 CYC=6（变形周期），单击 Accept 按钮，再单击 Close 按钮，完成常量参数设定。

（2）依次选择 Solution→Load Step Opts→Time/Frequenc→Time-Time Step 选项，选择 Stepped 选项，在 Automatic time stepping 选项组中选择 ON 单选按钮，单击 OK 按钮。

8）周期性载荷加载代码

```
*DO,I,1,CYC
NSEL,S,LOC,X,50
SF,ALL,PRES,PRE1
ALLSEL,ALL
EPLOT
TIME,3+12*(I-1)
NSUBST,NSUBST1
TSRES,ERASE
LSWRITE,
NSEL,S,LOC,X,50
SF,ALL,PRES,PRE2
ALLSEL,ALL
EPLOT
TIME,6+12*(I-1)
NSUBST,NSUBST1
TSRES,ERASE
```

```
LSWRITE,
NSEL,S,LOC,X,50
SF,ALL,PRES,-PRE1
ALLSEL,ALL
EPLOT
TIME,9+12*(I-1)
NSUBST,NSUBST1
TSRES,ERASE
LSWRITE,
NSEL,S,LOC,X,50
SF,ALL,PRES,PRE2
ALLSEL,ALL
EPLOT
TIME,12+12*(I-1)
NSUBST,NSUBST1
TSRES,ERASE
LSWRITE,
*ENDDO
```

9）求解

依次选择 Solution→Solve→From LS Files 选项，在 LSMIN Starting LS file number 文本框中输入 1，在 LSMAX Ending LS file number 文本框中输入 4*CYC，单击 OK 按钮。开始求解。

/*********************周期性载荷加载与求解结束*********************/

4. 后处理

1）变形中不同时刻（3s、6s、9s、12s）的变形分布

（1）依次选择 General Postproc→Read Results→By Time/Freq 选项，在 TIME Value of tune or freq 文本框中输入 3，单击 OK 按钮。

（2）依次选择 Plot Results→Contour Plot→Nodal Solu 选项，在结果显示窗口依次选择 Nodal Solution→DOF Solution→X-component of displacement 选项，单击 OK 按钮，可以看到加载 3s 时的变形，然后采用相同方法，看到一个周期内卸载、反向加载和卸载的变形分布，如图 5.1.4 所示。

2）应力分布

采用同样方法，可以看到一个周期内不同时刻米泽斯应力分布，如图 5.1.5 所示。

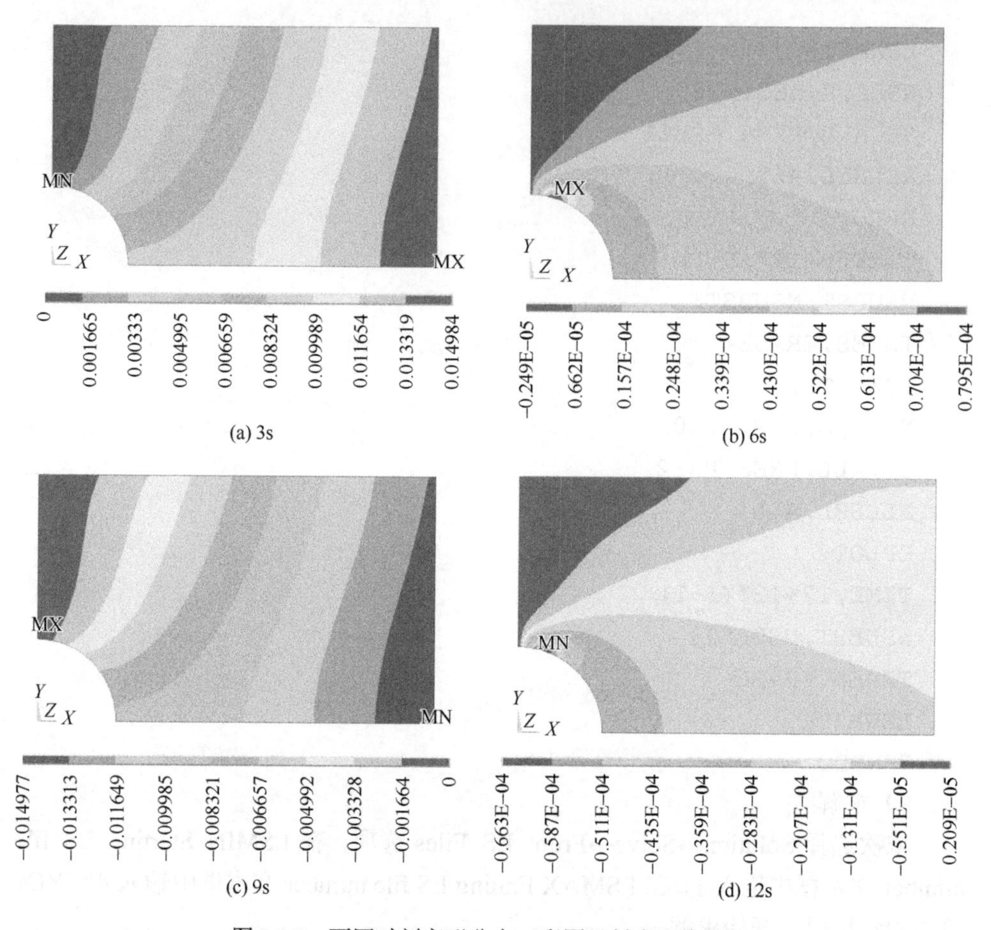

(a) 3s　(b) 6s　(c) 9s　(d) 12s

图 5.1.4　不同时刻变形分布（彩图见封底二维码）

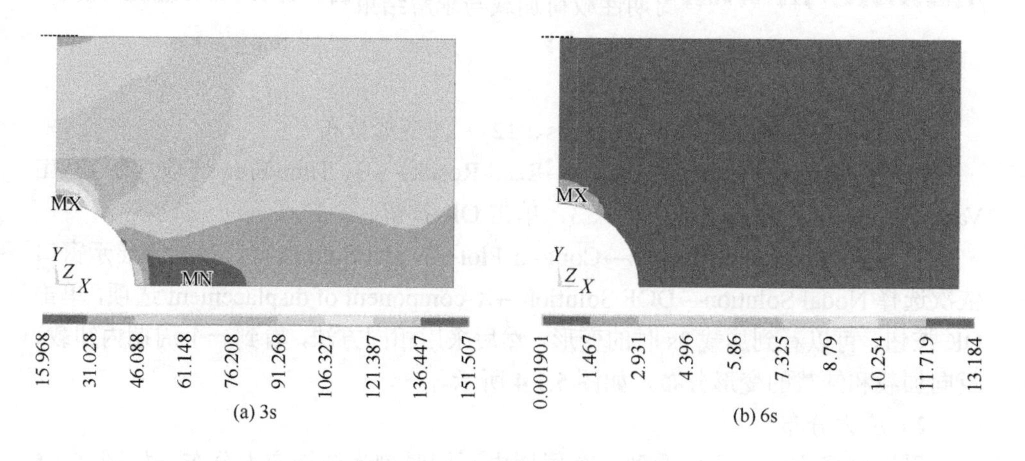

(a) 3s　(b) 6s

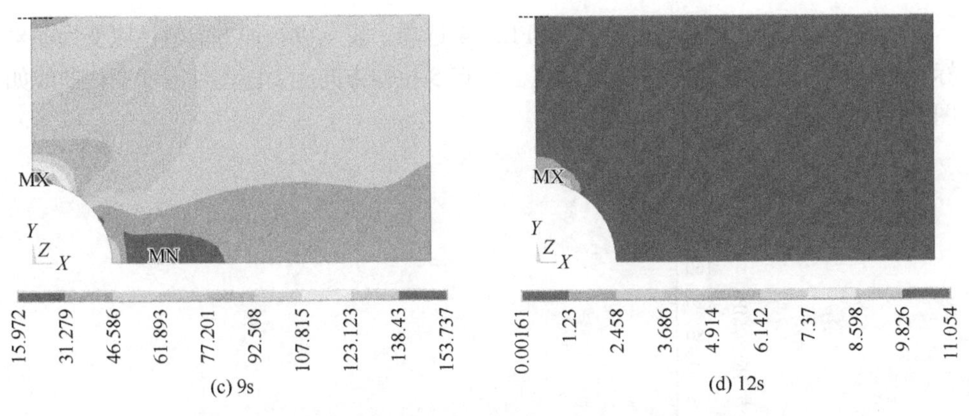

(c) 9s　(d) 12s

图 5.1.5　不同时刻米泽斯应力分布（彩图见封底二维码）

3）应力、应变时间历程曲线显示

（1）依次选择 TimeHist Postproc→Variable Viewer 选项，单击 按钮，在 Result Item 列表框中选择 Von Mises Stress 选项，单击 OK 按钮，在 Node for Data 文本框中输入 5（或者选中应力集中部位节点，如图 5.1.3 所示），单击 OK 按钮；单击 按钮，在 Result Item 列表框中选择 X-component of stress 选项，单击 OK 按钮，在 Node for Data 文本框中输入 5，单击 OK 按钮；单击 按钮，在 Result Item 列表框中选择 X-component of plastic strain 选项，单击 OK 按钮，在 Node for Data 文本框中输入 5，单击 OK 按钮；完成等效应力、拉伸方向应力和拉伸方向塑性应变随时间变化曲线。

（2）在 X-Axis 选项组处选择 Time 选项，表示以时间为横坐标，选中 SEQV_2 选项，单击绘制曲线按钮 ，节点 5 米泽斯等效应力随时间变化曲线如图 5.1.6 所示。

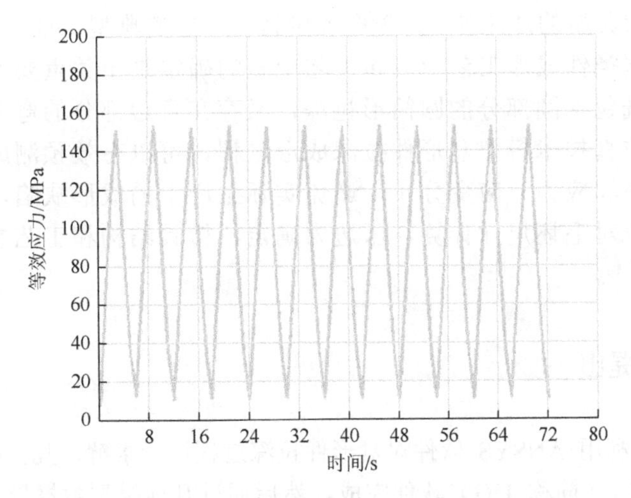

图 5.1.6　节点 5 米泽斯等效应力随时间变化曲线

（3）在 X-Axis 选项组处选择 EPPLX_4 选项，表示以拉伸方向塑性应变为横坐标，选中 SX_3，单击绘制曲线按钮，节点 5 拉伸方向应力随塑性应变变化曲线如图 5.1.7 所示。

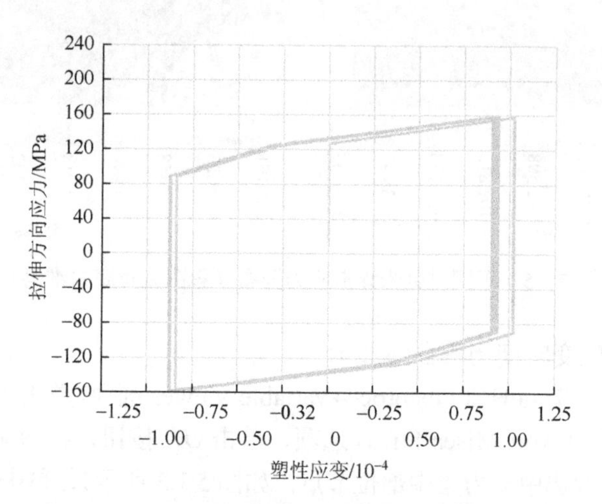

图 5.1.7　节点 5 拉伸方向应力随塑性应变变化曲线

5.2　盒形件拉深过程求解实例

在板料成形领域，拉深是最重要、最常用的成形方法，而盒形件广泛应用于电子部件和汽车部件中。在实际生产中拉深件多为非轴对称形状，而盒形件是典型的非轴对称形的拉深件，变形较为复杂。另外，盒形件也是金属薄板拉深成形中较为典型的冲压件，其变形规律具有一定的典型特征。研究盒形件的成形规律对这类件成形工艺参数和工艺步骤的确定是至关重要的。但是盒形件拉深过程既包括圆部分的圆筒形拉深，又存在直边部分的弯曲和拉延，因此借助数值仿真技术模拟盒形件拉深成形过程，可以有效预测成形过程中材料的流动趋势和应力、应变分布，避免实际生产中的成形缺陷，预测与消除起皱和拉裂，对毛坯尺寸计算、压边力确定、模具结构和工艺参数优化等具有重要意义。

5.2.1　问题提出

本节主要利用 ANSYS 软件对盒形件拉深过程进行求解，几何模型构建采用 Unigraphics NX（简称 UG）软件完成，然后通过几何模型数据导出和导入实现

ANSYS 软件几何模型建立。计算用板料为某牌号不锈钢，板料厚度为 2mm，力学性能如下：密度为 7850kg/m^3，弹性模量为 200GPa，泊松比为 0.3，屈服强度为 200MPa，剪切强度为 1.5GPa。模具与压边圈材料均设定为刚性体，密度为 7850kg/m^3，弹性模量为 203GPa，泊松比为 0.3（此时模具材料为刚性体，所以不影响板料变形过程求解，如果设定为弹塑性体，则需要选择弹性模量比板料更大的材料）。加载条件为凸模下行，最大行程为 47mm，压边设定为刚性压边，压边力为 100N。板料几何尺寸为 200mm×200mm×2mm，凸、凹模单面间隙为 2.2mm，凸模外轮廓尺寸为 100mm×100mm×50mm，凹模内轮廓尺寸通过间隙确定，凸、凹模所有圆角均设定为 6mm。盒形件为对称模型，取 1/4 模型进行分析，利用 UG 软件建立的三维 1/4 模型如图 5.2.1 所示。分析中由于设定凸凹模、压边圈均为刚性体，为减少单元数目，提高求解效率，将各刚性体厚度均设定为 2mm。

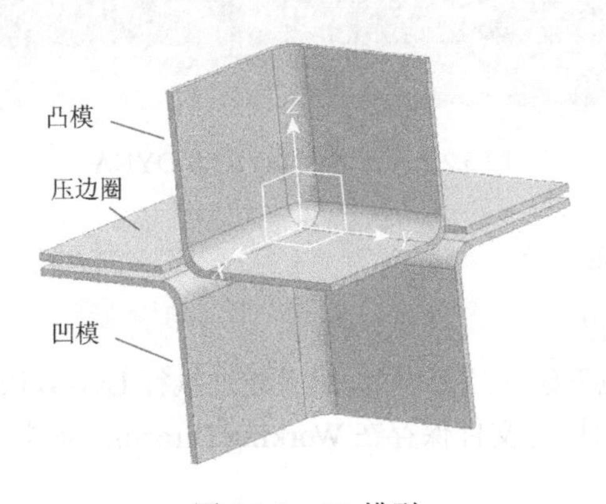

图 5.2.1　1/4 模型

5.2.2　ANSYS 软件求解

盒形件拉深过程属于板料非线性大变形求解，因此利用 ANSYS LS-DYNA 模块进行求解。

1. *启动* ANSYS LS-DYNA

在 ANSYS Launcher 10.0 界面依次选择 License→ANSYS LS-DYNA→File Management 选项，在 Working Directory 项中设置工作目录，然后单击 Run 按钮，即可以进入 ANSYS LS-DYNA 的操作界面，如图 5.2.2 所示。

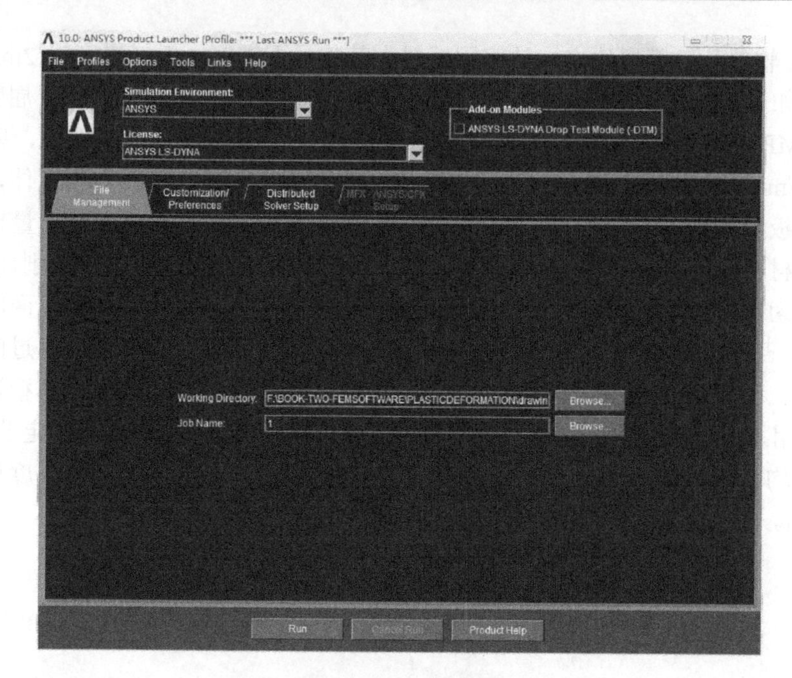

图 5.2.2　启动 ANSYS LS-DYNA

2. 几何模型构建

1）几何模型导出

在 UG 软件环境下建立几何模型，然后通过执行 UG→File→Export→Parasolid 命令导出 x_t 格式文件，将文件保存在 Working Directory 项中，文件名为 model. x_t（不能是中文）。

2）几何模型导入

在 ANSYS LS-DYNA 操作界面，依次选择 File→Import→PARA 选项，然后选中 model. x_t，在 Geometry Type 下拉列表框中选择 Solids Only 选项，单击 OK 按钮，完成几何模型导入。

3）几何模型显示

依次选择 PlotCtrls→Best Quality Image→Create Best Quality 选项，单击 OK 按钮，创建最优模型图；依次选择 PlotCtrls→Best Quality Image→Reset to Previous→Plot→Replot 选项，完成几何模型显示。

4）几何模型修正

模型中有可能存在多余的点、线、面，需要进行清除和修正，依次选择 Preprocessor→Modeling→Delete→Area and Below 选项，单击 Pick All 按钮，对多余的面进行删除，出现错误提示时，单击 Proceed 按钮；依次选择 Preprocessor→

Modeling→Delete→Line and Below 选项，单击 Pick All 按钮，对多余的线进行删除；依次选择 Preprocessor→Modeling→Delete→ Keypoints 选项，单击 Pick All 按钮，对多余的关键点进行删除；依次选择 Preprocessor→Numbering Ctrls→Compress Numbers 选项，在 Label Item to be compressed 下拉列表框中选择 All 选项，单击 OK 按钮，对点、线、面进行重新编号。几何模型导出、导入、修正过程如图 5.2.3 所示。

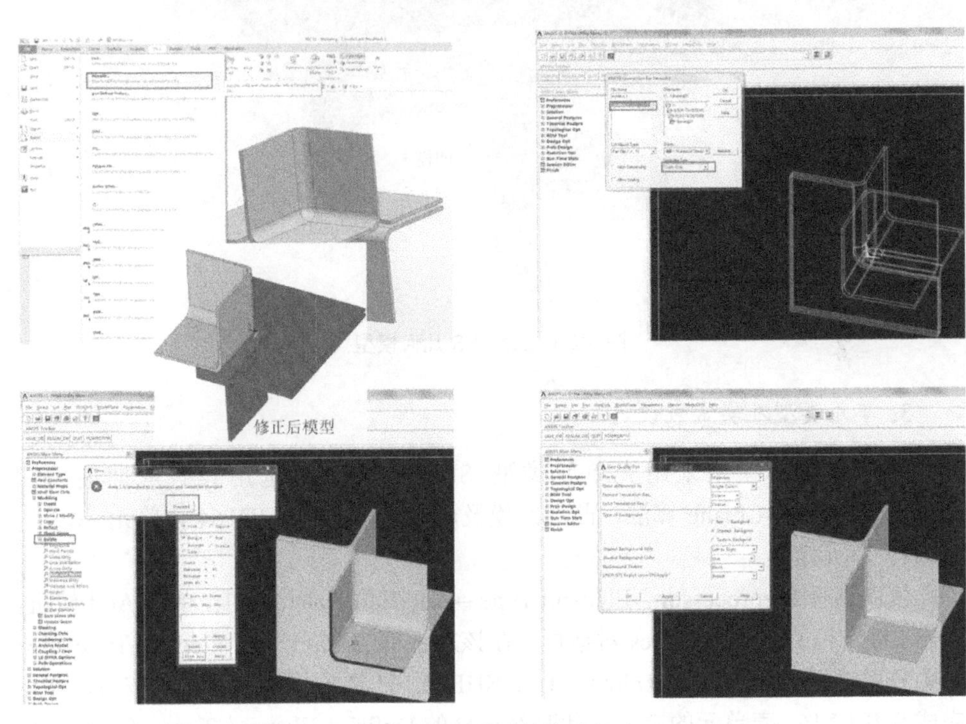

图 5.2.3　模型转换过程

5）坯料几何模型建立

依次选择 Preprocessor→Modeling→Create→Areas→Rectangle→ By Dimensions 选项，在 X1, X2 X-coordinates 文本框内分别输入–0.05, 0.05，在 Y1, Y2 Y-coordinates 文本框内分别输入–0.05, 0.05，单击 OK 按钮，建立过 Z 轴原点的四边形面；然后依次选择 Select→Entities 选项，在 Select Entities 对话框中依次选择 Areas→By Num/Pick→From Full 选项，单击 OK 按钮，输入坯料的面编号 46，单击 OK 按钮，选中坯料面；依次选择 Preprocessor→Modeling→Move/Modify→Areas 选项，单击 Pick All 按钮，然后在 DX, DY, DZ 文本框中分别输入 0, 0, –0.001，单击 OK 按钮，将坯料移动到压边圈和凹模凸缘中间部位。依次选择 Select→Everything 选项，激活所有元素。建立的几何模型如图 5.2.4 所示。

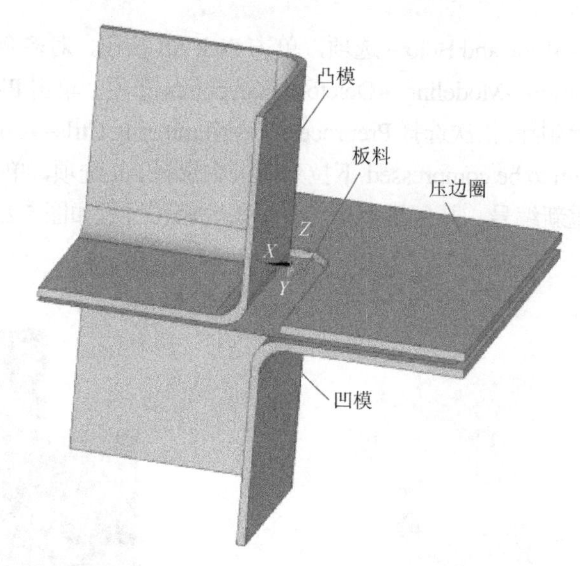

图 5.2.4　ANSYS 几何模型

3. 单元类型及实常数设定

本例中板料模型采用壳单元类型 SHELL163，且选用具有弯曲能力的 Belytschko-Wong-Chiang 算法，凸、凹模及压边圈采用 SOLID164 体单元。

1）单元定义

依次选择 Preprocessor→Element Type→Add/Edit/Delete 选项，单击 Add 按钮，弹出 Library of Element Types 对话框。在该对话框的 Library of Element Type 列表框中分别选择 LS-DYNA Explicit、Thin SHELL163 选项，单击 Apply 按钮，即可完成 SHELL163 壳单元的定义，此时对话框的 Defined Element Types（已定义单元类型）列表框中会出现上述定义的单元。采用相同方法，定义 SOLID164 实体。

2）单元类型选择

在 Element Types 对话框中选择 SHELL163 选项，然后单击 Options 按钮，弹出 SHELL163 单元类型选项，在 Element Formulation 列表框中选择 Belytschko-Wong 选项，依次单击 OK 按钮、Close 按钮。

3）实常数设置

依次选择 Preprocessor→Real Constants 选项，弹出 Real Constants 对话框，单击 Add 按钮，弹出 Element Type for Real Constants 对话框，选中 SHELL163 选项，单击 OK 按钮，弹出 Real Constant Set Number 1，for SHELL163 对话框，在 Real Constant Set No.文本框中输入 1，单击 OK 按钮，在 SHRF、NIP 文本框中分别输入 5/6、3（厚度方向积分点数为 3），在 T1 文本框中输入 0.002（板料厚度），依次单击 OK 按钮、Close 按钮，完成壳单元实常数设置。

4）厚度控制设定

依次选择 Preprocessor→Shell Elem Ctrls 选项，在 Shell Thickness Change Options 下拉列表框中选择 Thickness Change 选项，单击 OK 按钮，完成壳单元厚度控制设定。

4. 材料属性设定

1）板料材料属性

依次选择 Preprocessor→Material Props→Material Models 选项，在 Material Models Available 列表框中依次选择 LS-DYNA→Nonlinear→ Inelastic→Isotropic Hardening→Bilinear Isotropic 选项，弹出 Bilinear Isotropic Properties for Material Number 1（双线性各向同性材料）对话框，依次输入板料的密度、泊松比、屈服强度及剪切模量（硬化阶段斜率），如图 5.2.5 所示。

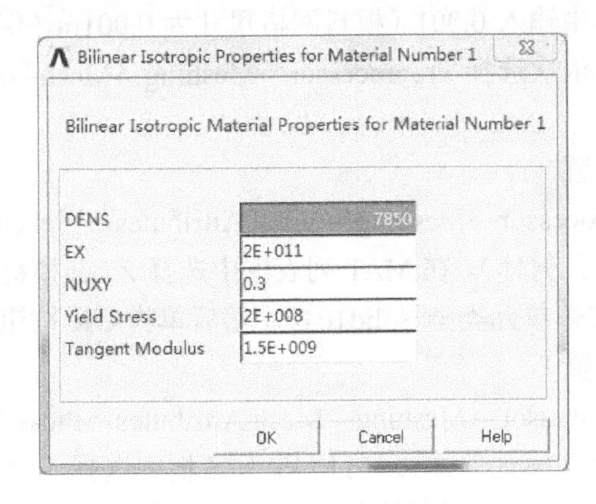

图 5.2.5　板料材料属性

2）凸模材料属性

在 Define Material Model Behavior 窗口，选择 Material→New Model 选项，单击 OK 按钮。选择 Material Model Number 选项，在 Material Models Available 列表框中依次选择 LS-DYNA→Rigid Material 选项，依次输入凸模材料参数，在 Translation Construction Parameter 列表框中选择 X and Y disps（凸模在 X 和 Y 方向不发生移动）选项，在 Rotational Construction Parameter 列表框中选择 All rotations（凸模不发生转动）选项，单击 OK 按钮，完成凸模材料属性设置。

3）凹模及压边圈材料属性

在 Define Material Model Behavior 窗口，单击 New 按钮，在 Material Models Available 列表框中依次选择 LS-DYNA→Rigid Material 选项，依次输入凹模材料参数，在 Translation Construction Parameter 列表框中选择 All disps（凹模在所有

方向不发生移动）选项，在 Rotational Construction Parameter 列表框中选择 All rotations（凹模不发生转动）选项，单击 OK 按钮，完成凹模材料属性设置。采用与凸模材料属性设定的类似方法完成压边圈材料属性设定。

5. 网格划分

1）板料属性设置

依次选择 Preprocessor→Meshing→Mesh Attributes→Picked Areas 选项，弹出 Area Attributes 对话框，输入 46（或者选择板料面），单击 OK 按钮，在 MAT 列表框中选择 1（板料材料模型），在 REAL 列表框中选择 1（板料实常数），在 TYPE 列表框中选择 1（壳单元模型），然后单击 OK 按钮。

2）板料网格划分

依次选择 Preprocessor→Meshing→Size Cntrls→Manual Size→ Global→Size 选项，在 SIZE 文本框中输入 0.001（板料网格尺寸为 0.001m，保证在厚度方向上存在至少两层网格）。依次选择 Preprocessor→Meshing→Mesh→Areas→Free 选项，完成网格划分。

3）凸模属性设置

依次选择 Preprocessor→Meshing→Mesh Attributes→Picked Volumes 选项，输入 1（或者选择凸模几何体）。在 MAT 列表框中选择 2（凸模材料模型），在 TYPE 列表框中选择 2（实体单元类型 Solid164），然后单击 OK 按钮。

4）凹模属性设置

依次选择 Preprocessor→Meshing→Mesh Attributes→Picked Volumes 选项，输入编号 3（或者选择凹模几何体）。在 MAT 列表框中选择 3（凹模材料模型），在 TYPE 列表框中选择 2（实体单元类型 Solid164），然后单击 OK 按钮。

5）压边圈属性设置

依次选择 Preprocessor→Meshing→Mesh Attributes→Picked Volumes 选项，输入编号 2（或者选择压边圈几何体）。在 MAT 列表框中选择 4（压边圈材料模型），在 TYPE 列表框中选择 2（实体单元类型 Solid164），然后单击 OK 按钮。

6）凸模、凹模及压边圈网格划分

（1）依次选择 Preprocessor→Meshing→Size Cntrls→Manual Size→Global→Size 选项，在 SIZE 文本框中输入 0.005（凸模、凹模及压边圈网格尺寸为 0.005m）。

（2）依次选择 Select→Entities 选项，在 Select Entities 对话框中依次选择 Areas→By Num/Pick→From Full 选项，选择 From Full 单选按钮，单击 OK 按钮，选择 Min,Max,Inc 单选按钮，输入 15, 17, 1，单击 OK 按钮。

（3）依次选择 Select→Entities 选项，在 Select Entities 对话框中依次选择

Areas→By Num/Pick→From Full 选项，选择 Also Select 单选按钮，单击 OK 按钮，选择 List of Items 单选按钮，输入 10，单击 OK 按钮。

（4）依次选择 Select→Entities 选项，在 Select Entities 对话框中依次选择 Areas→By Num/Pick→From Full 选项，选择 Also Select 单选按钮，单击 OK 按钮，选择 Min,Max,Inc 单选按钮，输入 39, 42, 1，单击 OK 按钮，完成凸模外圆角和凹模内圆角面选择（这些圆弧面和板料接触，需要细分单元）。

（5）依次选择 Preprocessor→Meshing→Size Cntrls→Manual Size→ Areas→Picked Areas 选项，单击 Pick All 按钮，在 SIZE 文本框中输入 0.002（凸模外圆角及凹模内圆角网格尺寸为 0.002m），单击 OK 按钮，依次选择 Select→Everything 选项，激活所有元素。

（6）依次选择 Preprocessor→Meshing→Mesh→Volumes→Free 选项，单击 Pick All 按钮，完成凸模、凹模及压边圈网格划分，如图 5.2.6 所示。

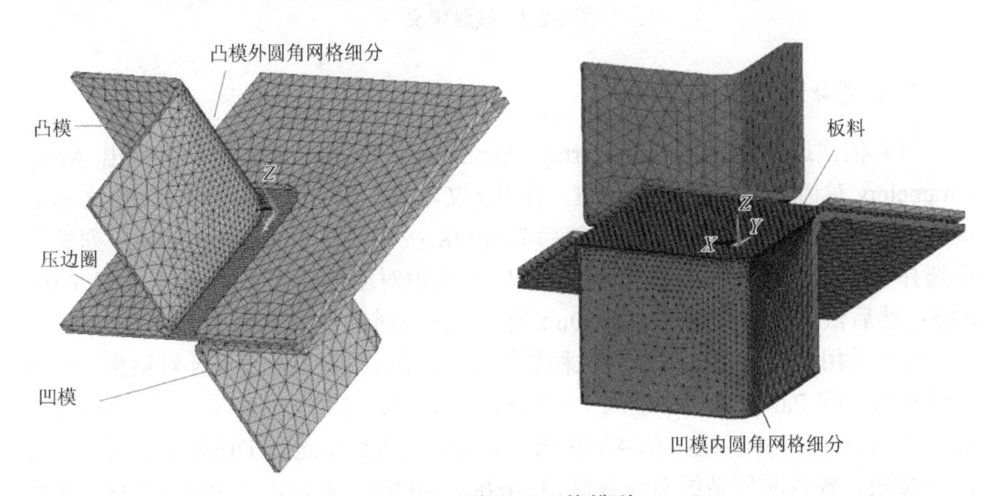

图 5.2.6 有限元网格模型

6. 接触定义

（1）依次选择 Preprocessor→LS-DYNA Options→Parts Options 选项，弹出 Parts Data Written for LS-DYNA 对话框，选择 Create all parts 选项，单击 OK 按钮，选择 File→Close 选项关闭文件，创建部件完成，共有四个部件，分别是板料（编号 1）、凸模（编号 2）、压边圈（编号 3）和凹模（编号 4）。

（2）依次选择 Preprocessor→LS-DYNA Options→Contact→Define Contact 选项，在 Contact Type 列表框中依次选择 Single Surface、Automatic（ASSC）选项，在 Static Friction Coefficient 和 Dynamic Friction Coefficient 文本框中分别输入 0.05、0.05，单击 OK 按钮，完成摩擦接触设置，如图 5.2.7 所示。

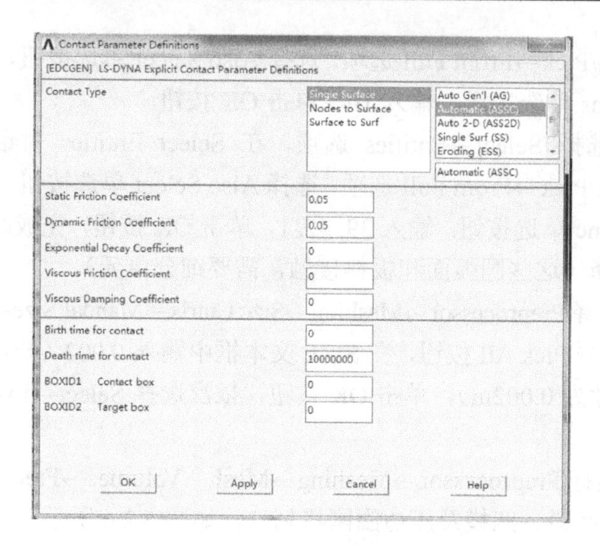

图 5.2.7　接触定义

7. 载荷数组定义

（1）依次选择 Parameters→Array Parameters→Define/Edit 选项，弹出 Array Parameters 对话框，单击 Add 按钮，在 Par 文本框中输入 TIME，在 L,J,K 文本框中输入 6, 1, 1（时间加载步数），然后单击 OK 按钮，在 Array Parameters 列表框中选择 TIME 选项，单击 Edit 按钮，输入时间数组对应数值 0, 0.01, 0.02, 0.03, 0.04, 0.05；然后依次选择 File→Apply/Quit 选项，完成时间数组定义。

（2）采用类似方法完成凸模位移数组设定。在 Array Parameters 对话框，单击 Add 按钮，在 Par 文本框中输入 DIEDIS，在 L,J,K 文本框中输入 6（时间加载步数），然后单击 OK 按钮，在 Array Parameters 列表框中选择 DIEDIS 选项，单击 Edit 按钮，输入时间数组对应数值 0, −0.006, −0.012, −0.018, −0.024, −0.03；然后依次选择 File→Apply/Quit 选项，完成凸模位移数组定义。

（3）采用类似方法完成压边圈压边力数组定义。在 Array Parameters 对话框，单击 Add 按钮，在 Par 文本框中输入 BHFC，在 L,J,K 文本框中输入 6（时间加载步数），然后单击 OK 按钮，在 Array Parameters 列表框中选择 BHFC 选项，单击 Edit 按钮，输入时间数组对应数值 0, −100, −100, −100, −100, −100；然后依次选择 File→Apply/Quit 选项，完成压边圈压边力数组定义。

8. 边界条件加载

1）对称边界条件位移约束

本模型是 1/4 模型，因而需要在对称轴上加载位移约束载荷。

（1）依次选择 Select→Entities 选项，在弹出的 Select Entities 对话框中依次选择 Areas→By Num/Pick→From Full 选项，单击 OK 按钮，输入 46（或者选取板料面），单击 OK 按钮，完成板料面的选择。

（2）依次选择 Select→Entities 选项，在弹出的 Select Entities 对话框中依次选择 Nodes→Attached to 选项，选择 Areas,All 单选按钮，然后单击 OK 按钮，选中属于板料面的所有节点。

（3）依次选择 Select→Entities 选项，在弹出的 Select Entities 对话框中选择 Nodes 和 By Location 选项，选择 Y coordinates 选项，在 Min,Max 文本框中输入 0.05，选择 Reselect 单选按钮，单击 OK 按钮，选中 *Y* 对称轴上的节点。

（4）依次选择 Preprocessor→LS-DYNA Options→Constraints→ Apply→On Nodes 选项，单击 Pick All 按钮，弹出 Apply U, ROT on Nodes 对话框，在 Lab2 DOFs to be constrained 列表框内选择 UY 选项，在 VALUE Displacement value 文本框内输入 0，单击 OK 按钮，完成 *Y* 对称轴位移约束。

（5）依次选择 Select→Everything 选项，激活所有元素，重复步骤（1）和（2）操作，选出坯料上节点。选择 Select→Entities 选项，在弹出的 Select Entities 对话框中依次选择 Nodes 和 By Location 选项，选择 X coordinates 选项，在 Min,Max 文本框中输入 0.05，选择 Reselect 单选按钮，单击 OK 按钮，选中 *X* 对称轴上的节点。

（6）依次选择 Preprocessor→LS-DYNA Options→Constraints→ Apply→On Nodes 选项，单击 Pick All 按钮，弹出 Apply U, ROT on Nodes 对话框，在 Lab2 DOFs to be constrained 列表框内选择 UX 选项，在 VALUE Displacement value 文本框内输入 0，单击 OK 按钮，完成 *X* 对称轴位移约束。对称边界条件位移约束加载完成，依次选择 Select→Everything 选项，激活所有元素。

2）凸模加载位移载荷数组

依次选择 Solution→Loading Options→Specify loads 选项，在 Load Options 列表框中选择 Add loads 选项，在 Load Labels 列表框中选择 RBUZ（为刚性体加载 *Z* 方向的位移）选项，在 Component name or PART numbers 列表框中选择 2（凸模的 PART 编号）选项，在 Parameter name for time value 列表框中选择 TIME（时间数组，相当于横坐标）选项，在 Parameter name for data value 列表框中选择 DIEDIS（凸模位移数组，相当于纵坐标）选项，完成凸模位移加载。

3）压边圈压边力加载

依次选择 Solution→Loading Options→Specify loads 选项，在 Load Options 列表框中选择 Add loads 选项，在 Load Labels 列表框中选择 RBFZ（为刚性体加载 *Z* 方向的力）选项，在 Component name or PART numbers 列表框中选择 3（压边圈的 PART 编号）选项，在 Parameter name for time value 列表框中选择 TIME（时间

数组，相当于横坐标）选项，在 Parameter name for data value 列表框中选择 BHFC（压边力数组，相当于纵坐标）选项，完成压边力加载。

9. 求解设定及计算

（1）依次选择 Solution→Analysis Options→Energy Options 选项，弹出 Energy Options 对话框，所有参数选择 On 选项，完成能量控制选择。

（2）依次选择 Solution→Analysis Options→Hourglass Ctrls→ Global 选项，单击 OK 按钮，完成沙漏控制设定。

（3）依次选择 Solution→Time Controls→Solution Times 选项，弹出 Solution Time for LS-DYNA Explicit 对话框，在 TIME 文本框中输入 0.05（求解时间），单击 OK 按钮，完成求解时间设置。

（4）依次选择 Solution→Output Controls→Output File Types 选项，弹出 Specify Output File Types for LS-DYNA Solver 对话框，在 File options 列表框中选择 Add 选项，在 Produce output for 列表框中选择 ANSYS and LS-DYNA 选项，然后单击 OK 按钮。

（5）依次选择 Solution→Output Controls→File Output Freq→ Number of Steps 选项，在 EDRST 文本框中输入 20（求解步数），在 EDHTIME 文本框中输入 100（求解子步数）。

（6）依次选择 Select→Everything 选项，然后依次选择 Solution→ Solve 选项，开始求解。

10. 后处理

1）选择板料单元

依次选择 Select→Entities 选项，然后依次选择 Elements→By Attributes→Material num→From Full 选项，在 Min,Max,Inc 文本框中输入 1，单击 OK 按钮，选中板料单元，查看板料变形结果（模具是刚性体）。

2）选择最终求解步

依次选择 General Postproc→Read Results→Last step 选项，查看最终变形的所有计算结果。

3）查看变形结果

依次选择 General Postproc→Plot Results→Contour Plot→Nodal Solu 选项，在结果显示窗口依次选择 Nodal Solution→DOF Solution→Z-component of Displacement 选项，在 Scale Factor 列表框中选择 True Scale 选项，可以看到板料 Z 方向位移；然后采用相同方法查看米泽斯等效应力、总的米泽斯等效应变和米泽斯塑性应变等，如图 5.2.8 所示。

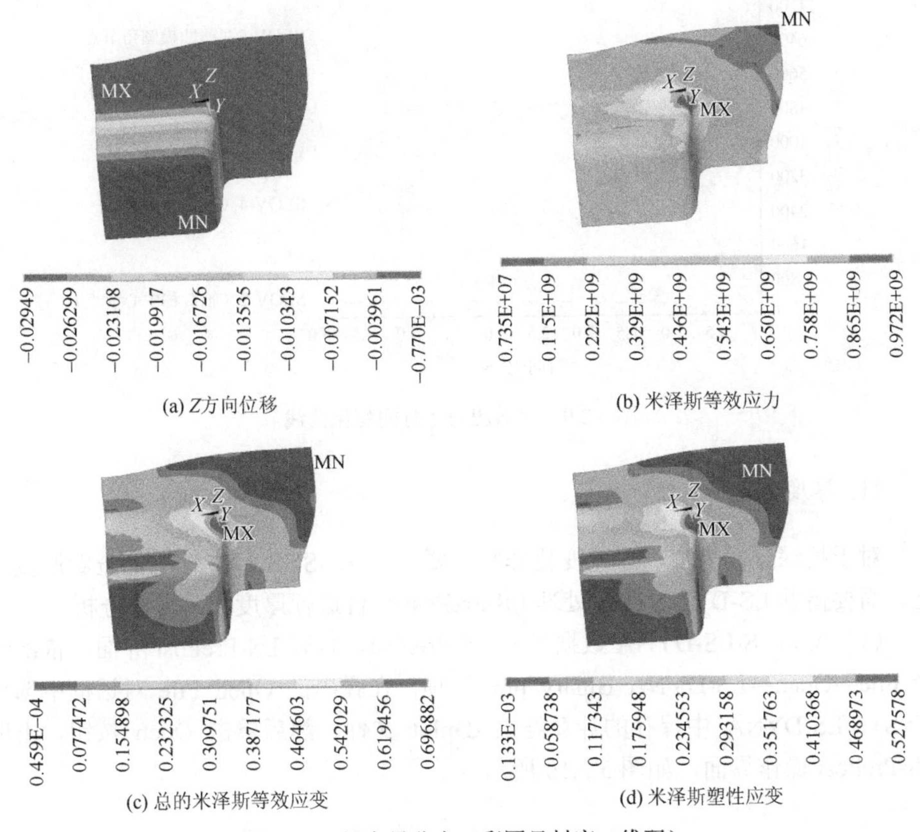

(a) Z方向位移　　(b) 米泽斯等效应力

(c) 总的米泽斯等效应变　　(d) 米泽斯塑性应变

图 5.2.8　场变量分布（彩图见封底二维码）

4）时间历史曲线查看

（1）依次选择 TimeHist Postproc→Variable Viewer 选项，单击按钮，在 Result Item 列表框中选择 Von Mises Stress 选项，单击 OK 按钮，在 Node for Data 文本框中输入 102（板料轴对称中心节点编号），单击 OK 按钮；单击按钮，在 Result Item 列表框中选择 Von Mises Stress 选项，单击 OK 按钮，在 Node for Data 文本框中输入 5300（凸凹模圆角部位节点编号），单击 OK 按钮；单击按钮，在 Result Item 列表框中选择 Von Mises Stress 选项，单击 OK 按钮，在 Node for Data 文本框中输入 1（边部节点），单击 OK 按钮；完成不同位置米泽斯等效应力随时间变化曲线。

（2）在 X-Axis 选项组处选择 Time 选项，表示以时间为横坐标，选择 SEQV_2、SEQV_3、SEQV_4 选项，单击绘制曲线按钮，不同位置米泽斯等效应力随时间变化曲线如图 5.2.9 所示（可以通过操作将软件绘制曲线数据输出）。

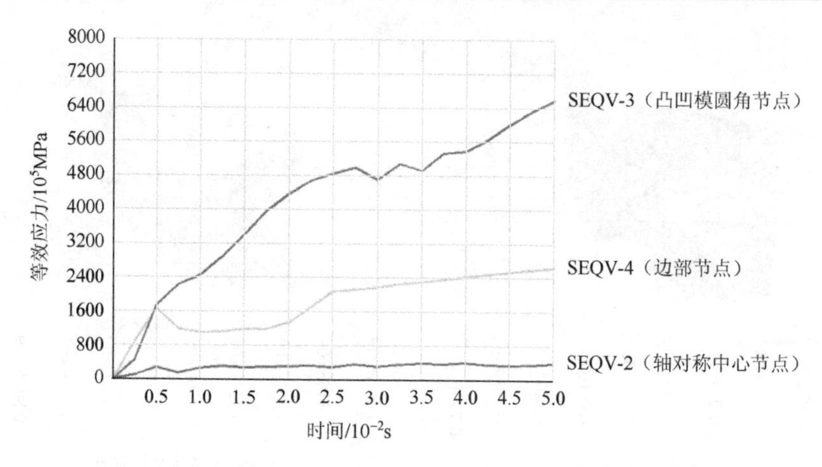

图 5.2.9　等效应力随时间变化曲线

11. 厚度变化

对于拉深过程来说，厚度变化非常重要，而 ANSYS 后处理不能查看厚度变化，需要借助 LS-DYNA 的后处理 LS-PrePost 平台进行厚度和减薄率分析。

（1）ANSYS/LS-DYNA 数据导入 LS-PrePost。打开 LS-PrePost 界面，依次选择 File→Open→LS-DYNA Binary plot 选项，在弹出的 Open File 对话框中选择 ANSYS/LS-DYNA 中保存的计算结果 d3plot 文件，然后单击 Open 按钮，出现 LS-PrePost 操作界面，如图 5.2.10 所示。

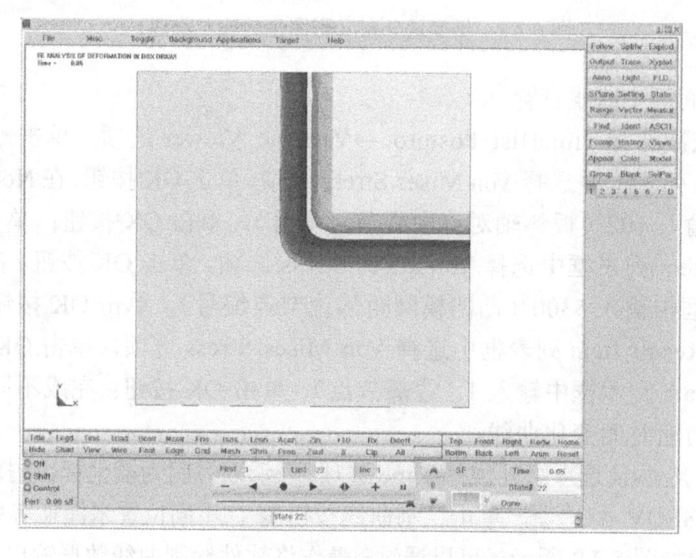

图 5.2.10　LS-PrePost 操作界面

（2）右侧主菜单上 SelPar 菜单为部件选择菜单，此菜单用于选择显示模型的特定部件或包含某种单元类型的部件，选择 Shell 复选框，表示选中壳单元类型；右侧 Part ID 菜单可提供显示的壳单元模型中所有的部件列表，可以按住 Ctrl 键，单击部件选项，选择哪些部件用于显示，哪些部件不显示。本节主要研究板料，所以选中板料的 Part ID，只显示板料。

（3）选择 Fcomp 菜单，可以显示各种计算结果，本节仅对厚度进行分析。在 Misc 选项中选择 shell thickness 选项，显示板料厚度分布，选择%thickness reduction 选项，显示减薄率，如图 5.2.11 所示。可见金属变形过程中的转移和流动使得凸模圆角减薄严重，凹模圆角厚度较大，因此拉裂发生在凸模圆角部位，起皱多发生在凸缘部位。

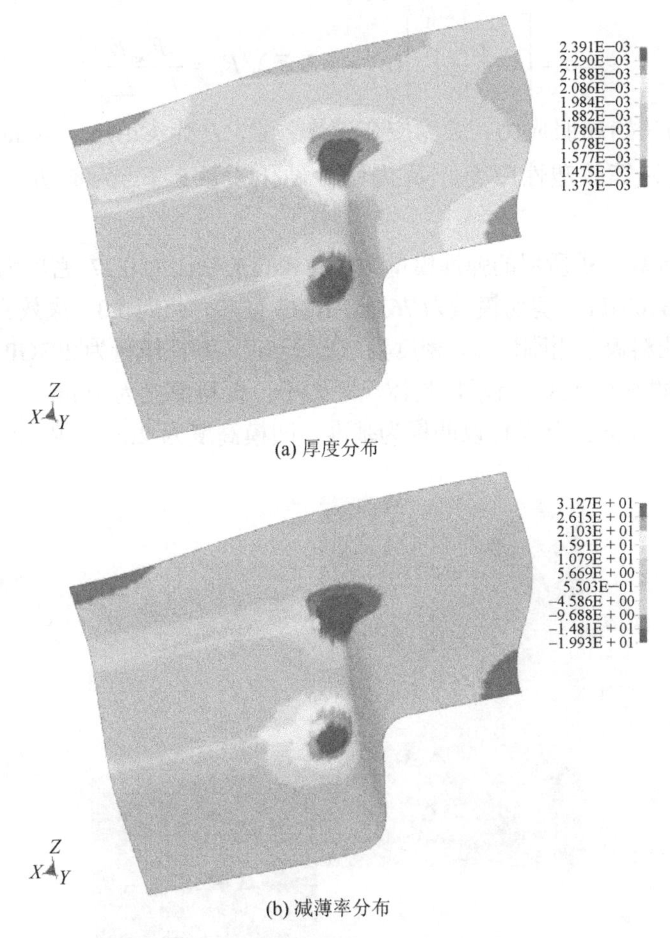

(a) 厚度分布

(b) 减薄率分布

图 5.2.11　厚度和减薄率分布（彩图见封底二维码）

5.3　板料冲孔过程求解实例

冲孔作为板料冲压成形工艺中的分离工序之一，广泛应用于工业领域。有限元法在冲裁过程断面质量状况评估、形状误差预测、尺寸精度预测等方面具有较大优势，能够有效优化冲裁工艺和冲裁间隙。

5.3.1　问题提出

本节利用 ANSYS 软件进行圆孔冲裁，计算用材料为 1018 高锰低碳渗透钢。采用式（5.3.1）所示的塑性动态硬化模型[2]：

$$\sigma=\left[1+\left(\frac{\dot{\varepsilon}}{C}\right)^{\frac{1}{P}}\right](\sigma_0+\beta E_{\mathrm{P}}\overline{\varepsilon}_{\mathrm{p}}),\ E_{\mathrm{P}}=\frac{E_{\tan}E}{E-E_{\tan}} \tag{5.3.1}$$

式中，σ_0为初始屈服应力；$\dot{\varepsilon}$为应变速率；C、P 为 Cowper-Symonds 应变速率参数；$\overline{\varepsilon}_{\mathrm{p}}$为等效塑性应变；$E_{\mathrm{P}}$为塑性硬化模量；$E_{\tan}$为剪切模量；$E$为弹性模量。

该钢种计算分析所用的弹性模量为 200GPa，泊松比为 0.27，密度为 7865kg/m^3，屈服强度为 310MPa，剪切模量为 763MPa，C 为 40，P 为 5.0，失效应变为 0.75。凸、凹模及压料板采用刚性体，密度为 7850kg/m^3，弹性模量为 203GPa，泊松比为 0.3。几何模型如图 5.3.1 所示，具体尺寸如下：板料厚度为 1mm，半径为 5mm；双边间隙为 0.1mm，落料件以凹模为基准；凹模高度为 2mm，内径为 3mm，外

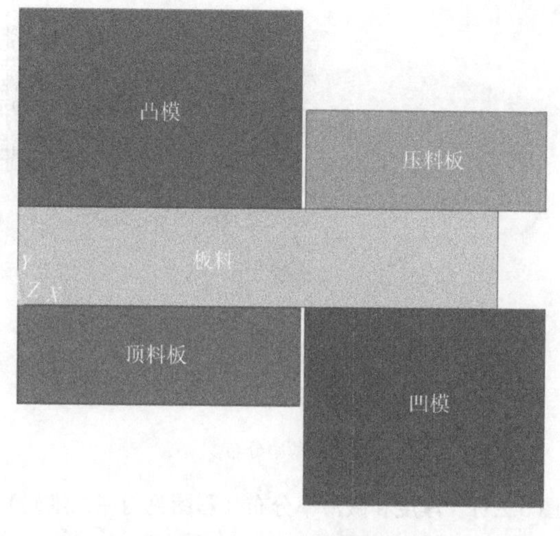

图 5.3.1　几何模型

径为 5.5mm；凸模高度为 2mm，外径为 2.95mm；压料板厚度为 1mm，内径为 3mm，外径为 5.5mm。

5.3.2　ANSYS 软件求解

1. 启动 ANSYS/LS-DYNA

在 ANSYS Launcher 10.0 界面依次选择 License→ANSYS LS-DYNA→File Management 选项，在 Working Directory 项中设置工作目录，然后单击 Run 按钮，即进入 ANSYS LS-DYNA 的操作界面。

2. 单元类型定义

（1）依次选择 Preprocessor→Element Type→Add/Edit/Delete 选项，单击 Add 按钮，弹出 Library of Element Types 对话框。在该对话框的 Library of Element Type 列表框中分别选择 LS-DYNA Explicit、2D Solid 162 选项，单击 OK 按钮，完成 PLANE162 实体单元的定义，此时对话框的 Defined Element Types 列表框中会出现上述定义的单元。

（2）单击 Element Types 对话框中的 Options 按钮，会弹出 PLANE162 element type options 对话框。在该对话框的 Stress/strain options 列表框中选择 Axisymmetric（简化为轴对称问题）选项，在 Material Continum 列表框中选择 Lagrangian（拉格朗日算法）选项，单击 OK 按钮，确认对单元算法的选择，单击 Close 按钮，关闭 Element Types 对话框。

3. 材料属性设定

本例所用板料采用可考虑塑性失效的弹塑性材料模型，模具部分（凸模、凹模、压料板、顶料板）则定义为刚性材料模型。为方便后续创建部件 PART，需要定义 5 种材料模型。

1）板料材料属性定义

依次选择 Preprocessor→Material Props→Material Models 选项，在 Define Material Model Behavior 窗口的 Material Models Available 列表框中选择相应的材料类型。依次选择 LS-DYNA→Nonlinear→Inelastic→Kinematic Hardening→Plastic Kinematic（随动硬化材料模型）选项。在 Plastic Kinematic Properties for Material Number 1 对话框中输入相应的参数，如图 5.3.2 所示。然后单击 OK 按钮，完成对板料材料属性定义。

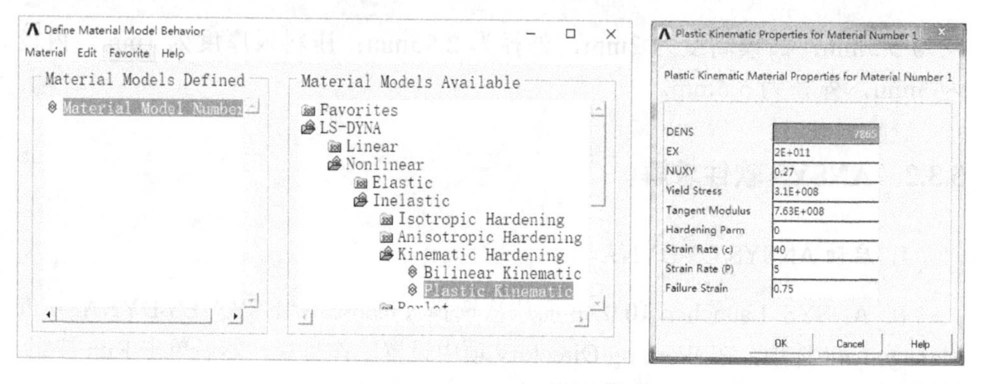

图 5.3.2　板料材料属性定义

2）凸模材料属性定义

在 Define Material Model Behavior 窗口中依次选择 Material→New Model 选项，在弹出的 Define Material ID 对话框中单击 OK 按钮，确认默认材料编号的定义（编号 2）。在 Material Models Available 列表框中依次选择 LS-DYNA→Rigid Material 选项，依次输入凸模材料参数，密度为 7850kg/m³，弹性模量为 203GPa，泊松比为 0.3。在 Translation Construction Parameter 列表框中选择 Z and X disps（凸模在 *Z* 和 *X* 方向不发生移动）选项，在 Rotational Construction Parameter 列表框中选择 All rotations（凸模不发生转动）选项，单击 OK 按钮，完成凸模材料属性定义。

3）凹模材料属性定义

在 Define Material Model Behavior 窗口单击 New 按钮，在弹出的 Define Material ID 对话框中单击 OK 按钮，确认默认材料编号的定义（编号 3）。然后在 Material Models Available 列表框中依次选择 LS-DYNA→Rigid Material 选项，依次输入凹模材料参数，密度为 7850kg/m³，弹性模量为 203GPa，泊松比为 0.3。在 Translation Construction Parameter 列表框中选择 All disps（凹模线性位移固定）选项，在 Rotational Construction Parameter 列表框中选择 All rotations（凹模不发生转动）选项，单击 OK 按钮，完成凹模材料属性定义。采用与凹模材料属性定义的类似方法完成压边圈材料属性定义。

4）压料板材料属性定义

采用与凹模相同的方法完成压料板材料属性定义，材料编号为 4；采用与凸模相同的方法完成压料板材料属性定义，材料编号为 5。

4. 几何模型构建

（1）依次选择 Preprocessor→Modeling→Create→Areas→Rectangle→By Dimensions

选项，弹出 Create Rectangle by Dimensions 对话框，在 X1,X2 X-coordinates 文本框中分别输入 0, 0.005，在 Y1,Y2 Y-coordinates 文本框中分别输入 0, 0.001，然后单击 OK 按钮，完成板料几何模型构建。

（2）重复以上创建矩形面操作，弹出 Create Rectangle by Dimensions 对话框，在 X1,X2 X-coordinates 文本框中分别输入 0, 0.00295，在 Y1,Y2 Y-coordinates 文本框中分别输入 0.001, 0.003，单击 OK 按钮，完成凸模几何模型构建。重复以上操作，完成凹模几何模型构建，其中 X1,X2 X-coordinates 文本框中输入 0.003, 0.0055，Y1,Y2 Y-coordinates 文本框中输入–0.002, 0，单击 OK 按钮。重复以上操作，完成压料板几何模型构建，其中 X1,X2 X-coordinates 文本框中输入 0.003, 0.0055，Y1,Y2 Y-coordinates 文本框中输入 0.001, 0.002，单击 OK 按钮。重复以上操作，完成顶料板几何模型构建，其中 X1,X2 X-coordinates 文本框中输入 0, 0.00295，Y1,Y2 Y-coordinates 文本框中输入–0.001, 0，单击 OK 按钮。

5. 网格划分

1）板料网格划分

（1）依次选择 Select→Entities 选项，依次选择 Areas→By Num/Pick→From Full 选项，选择 From Full 单选按钮，单击 OK 按钮，弹出 Area Attributes 对话框，然后输入 1（或者选择板料几何面），单击 OK 按钮，选出板料面。

（2）依次选择 Preprocessor→Meshing→Mesh Attributes→Picked Areas 选项，弹出 Area Attributes 对话框，单击 Pick All 按钮，在 MAT 列表框中选择 1（板料材料模型），在 TYPE 列表框中选择 1（实体单元 PLANE162），单击 OK 按钮，完成属性赋予。

（3）依次选择 Preprocessor→Meshing→Size Cntrls→ManualSize→Areas→Picked Areas 选项，单击 Pick All 按钮，在 SIZE 文本框中输入 0.0001（单元边长）。

（4）依次选择 Preprocessor→Meshing→Mesh→Areas→Mapped→3or4 sided 选项，单击 Pick All 按钮，完成板料模型网格划分，依次选择 Select→Everything 选项，激活所有元素。

2）凸模网格划分

（1）依次选择 Select→Entities 选项，依次选择 Areas→By Num/Pick→From Full 选项，选择 From Full 单选按钮，单击 OK 按钮，弹出 Area Attributes 对话框，然后输入 2（或者选择凸模几何面），单击 OK 按钮。

（2）依次选择 Preprocessor→Meshing→Mesh Attributes→Picked Areas 选项，弹出 Area Attributes 对话框，单击 Pick All 按钮，在 MAT 列表框中选择 2（凸模材料模型），在 TYPE 列表框中选择 1（实体单元 PLANE162），单击 OK 按钮，完成属性赋予。

（3）采用与板料单元边长设定和网格划分相同的方法，完成凸模网格划分，凸模网格单元边长设定为 0.0002m。依次选择 Select→Everything 选项，激活所有元素。

3）凹模、压料板及顶料板网格划分

采用与板料网格划分相同的方法完成凹模、压料板及顶料板网格划分［步骤顺序采用板料网格划分中的步骤（1）～（4）］。划分过程中注意：凹模单元类型为 1，材料模型编号为 3，单元边长为 0.0002m；压料板单元类型为 1，材料模型编号为 4，单元边长为 0.0002m；顶料板单元类型为 1，材料模型编号为 5，单元边长为 0.0002m；每一个几何模型网格划分后，切记依次选择 Select→Everything 选项，激活所有元素。

4）主变形区网格细分

（1）依次选择 Select→Entities 选项，选择 Nodes 和 By Location 选项，选择 X coordinates 选项，在 Min,Max 文本框中输入 0.0028, 0.0032，选择 From Full 单选按钮，单击 Apply 按钮，选中 X 方向坐标为 0.0028～0.0032m 的所有节点。然后选择 Y coordinates 选项，在 Min,Max 文本框中输入 0, 0.001，选择 Reselect 选项，在原来节点坐标范围基础上进一步选出 Y 方向坐标为 0～0.001 的节点。

（2）依次选择 Plot→Nodes 选项，可以看到激活的节点范围，然后依次选择 Preprocessor→Meshing→Modify Mesh→Refine At→Nodes 选项，单击 Pick All 按钮，弹出 Refine Mesh at Nodes 对话框，在 LEVEL 下拉列表框中选择 1(Minimal)，在 Advanced options 选项组中选择 Yes 选项，单击 OK 按钮，弹出 Refine mesh at nodes advanced options 对话框，在 DEPTH 文本框中输入 1，在 POST 下拉列表框中选择 Smooth 选项，取消选择 RETAIN 选项，单击 Apply 按钮，完成主变形区局部网格细分。依次选择 Select→Everything 选项，激活所有元素。网格划分完成，有限元网格模型如图 5.3.3 所示。

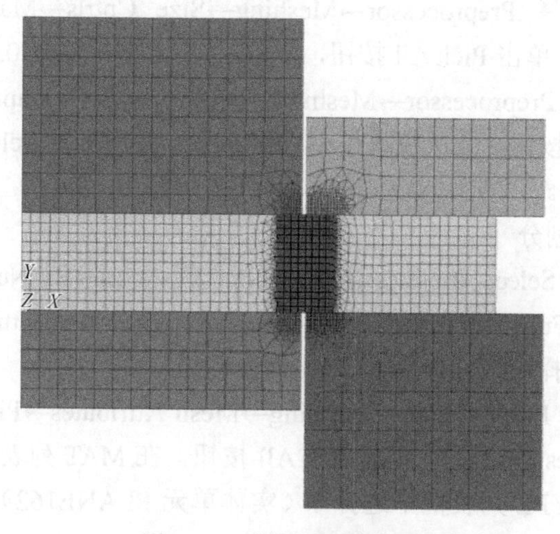

图 5.3.3　有限元网格模型

6. 接触定义

（1）依次选择 Preprocessor→LS-DYNA Options→Parts Options 选项，弹出 Parts Data Written for LS-DYNA 对话框，选择 Create all parts 选项，关闭 Parts Data Written for LS-DYNA 对话框，创建部件完成，共有 5 个部件，部件编号分别是板料（编号 1）、凸模（编号 2）、凹模（编号 4）、压料板（编号 3）和顶料板（编号 5）。

（2）依次选择 Preprocessor→LS-DYNA Options→Contact→define Contact 选项，在 Contact Type 列表框中依次选择 Single surface、Auto 2-D(ASS2D)选项，单击 OK 按钮，完成摩擦接触设置。

7. 载荷数组定义

（1）依次选择 Parameters→Array Parameters→Define/Edit 选项，弹出 Array Parameters 对话框，单击 Add 按钮，在 Par 文本框中输入 TIME，在 L,J,K 文本框中输入 2, 1, 1（时间加载步数），然后单击 OK 按钮，在 Array Parameters 列表框中选择 TIME 选项，单击 Edit 按钮，输入时间数组对应数值 0, 0.01；然后依次选择 File→Apply/Quit 选项，完成时间数组定义。

（2）采用类似方法完成凸模位移数组设定，在 Array Parameters 对话框中单击 Add 按钮，在 Par 文本框中输入 DIEDIS，在 L,J,K 文本框中输入 2, 1, 1（时间加载步数），然后单击 OK 按钮，在 Array Parameters 列表框中选择 DIEDIS 选项，单击 Edit 按钮，输入时间数组对应数值 0, –0.001；然后依次选择 File→Apply/Quit 选项，完成凸模位移数组定义。

8. 对称及边界条件加载

本模型是二维简化模型，因而在中心节点上加载位移约束载荷，中心节点位移只能沿 Y 方向移动，而不能沿 X 方向移动。

1）约束加载

（1）依次选择 Select→Entities 选项，在弹出的 Select Entities 对话框中选择 Nodes 和 By Location 选项，选择 Y coordinates 选项，在 Min,Max 文本框中输入 0, 0.001，选择 From Full 单选按钮，单击 Apply 按钮，然后选择 X coordinates 选项，在 Min,Max 文本框中输入 0，选择 Reselect 选项，单击 OK 按钮，完成板料中心轴节点的选择。

（2）依次选择 Preprocessor→LS-DYNA Options→Constraints→Apply→On Nodes 选项，单击 Pick All 按钮，弹出 Apply U, ROT on Nodes 对话框，在 Lab2 DOFs to be constrained 列表框内选择 UX 选项，在 VALUE Displacement value 文本框内输入 0，单击 OK 按钮，完成中心轴速度约束。依次选择 Select→ Everything 选项，激活所有元素。

2）凸模加载位移载荷数组

依次选择 Solution→Loading Options→Specify loads 选项，在 Load Options 列表框中选择 Add loads 选项，在 Load Labels 列表框中选择 RBUY（为刚性体加载 Y 方向的位移）选项，在 Component name or PART numbers 列表框中选择 2（凸模的 PART 编号）选项，在 Parameter name for time value 列表框中选择 TIME（时间数组，相当于横坐标）选项，在 Parameter name for data value 列表框中选择 DIEDIS（凸模位移数组，相当于纵坐标）选项，完成凸模位移加载。

9. 求解设定及计算

（1）依次选择 Solution→Analysis Options→Energy Options 选项，弹出 Energy Options 对话框，所有参数选择 On 选项，完成能量控制选择。

（2）依次选择 Solution→Analysis Options→Hourglass Ctrls→ Global 选项，单击 OK 按钮，完成沙漏控制设定。

（3）依次选择 Solution→Time Controls→Solution Times 选项，弹出求解时间对话框，在 TIME 文本框中输入 0.01，单击 OK 按钮，完成求解时间设置。

（4）依次选择 Solution→Output Controls→Output File Types 选项，弹出求输出文件设置对话框，在 File options 列表框中选择 Add 选项，在 Produce output for 列表框中选择 ANSYS and LS-DYNA 选项，然后单击 OK 按钮。

（5）依次选择 Solution→Output Controls→File Output Freq→ Number of Steps 选项，在 EDRST 文本框中输入 10（求解步数），在 EDHTIME 文本框中输入 20（求解子步数）。

（6）依次选择 Select→Everything 选项，然后依次选择 Solution→Solve 选项，开始求解。

10. 后处理

1）选择板料单元

依次选择 Select→Entities 选项，然后依次选择 Elements、By Attributes、Material num 选项，在 Min,Max,Inc 文本框中输入 1，单击 OK 按钮，选中板料单元，查看板料变形结果（模具是刚性体）。

2）查看不同时刻变形的所有计算结果

（1）依次选择 General Postproc→Read Results→By Time/Freq 选项，在 TIME 文本框中输入 0.0005，单击 OK 按钮。

（2）依次选择 Plot Results→Contour Plot→Nodal Solu 选项，在结果显示窗口依次选择 Nodal Solution→Plastic Strain→von Mises plastic strain 选项，可以看到冲裁进行到 0.0005s 时的塑性等效应变，采用相同的方法查看 0.005s 和 0.01s 的塑性等效应变，如图 5.3.4 所示。

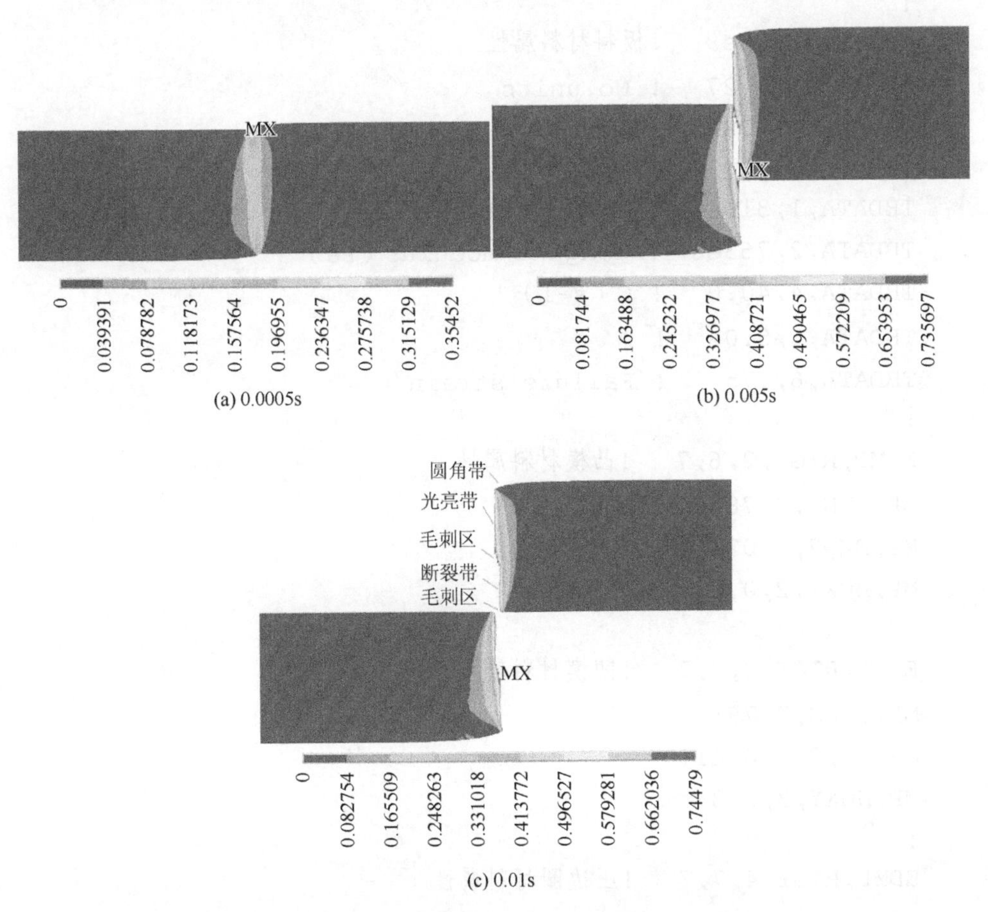

图 5.3.4　不同时刻塑性等效应变（彩图见封底二维码）

5.3.3　APDL 命令

```
/TITLE,FE ANALYSIS OF DEFORMATION IN BLANKING
/PREP7
ET,1,PLANE162
!*
```

```
KEYOPT,1,3,1
KEYOPT,1,5,0
!*
KEYOPT,1,2,1
!
MP,ex,1,200e9    !板料材料属性
MP,nuxy,1,.27    ! No units
MP,dens,1,7865   ! kg/m3
TB,PLAW,,,,1
TBDATA,1,310e6   ! Yield stress (Pa)
TBDATA,2,763e6   ! Tangent modulus (Pa)
TBDATA,4,40.0    ! C (s-1)
TBDATA,5,5.0     ! P
TBDATA,6,.75     ! Failure strain
!
EDMP,RIGI,2,6,7   !凸模材料属性
MP,DENS,2,7850
MP,EX,2,2.03E11
MP,NUXY,2,0.3
!
EDMP,RIGI,3,7,7   !凹模材料属性
MP,DENS,3,7850
MP,EX,3,2.03E11
MP,NUXY,3,0.3
!
EDMP,RIGI,4,7,7   !压边圈材料属性
MP,DENS,4,7850
MP,EX,4,2.03E11
MP,NUXY,4,0.3
!
EDMP,RIGI,5,6,7   !顶料板材料属性
MP,DENS,5,7850
MP,EX,5,2.03E11
MP,NUXY,5,0.3
!
```

```
RECTNG,0,0.005,0,0.001,     ! 板料模型
RECTNG,0,0.00295,0.001,0.003, ! 凸模模型
RECTNG,0.003,0.0055,-0.002,0, ! 凹模模型
RECTNG,0.003,0.0055,0.001,0.002, ! 压料板模型
RECTNG,0,0.00295,-0.001,0,      !顶料板模型
!
ASEL,,,,1                  !坯料网格划分
AATT,1,0,1,0,
AESIZE,ALL,0.0001,,,,,,,,1
MESHKY,1
AMESH,ALL
ALLSEL,ALL
!
ASEL,,,,2                  !凸模网格划分
AATT,2,0,1,0
AESIZE,ALL,0.0002,,,,,,,,1
MESHKY,1
AMESH,ALL
ALLSEL,ALL
!
ASEL,,,,3                  !凹模网格划分
AATT,3,0,1,0,
AESIZE,ALL,0.0002,,,,,,,,1
MESHKY,1
AMESH,ALL
ALLSEL,ALL
!
ASEL,,,,4              !压料板网格划分
AATT,4,0,1,0,
AESIZE,ALL,0.0002,,,,,,,,1
MESHKY,1
AMESH,ALL
ALLSEL,ALL
!
ASEL,,,,5              !顶料板网格划分
```

```
AATT,5,0,1,0,
AESIZE,ALL,0.0002,,,,,,,,1
MESHKY,1
AMESH,ALL
ALLSEL,ALL
!
NSEL,S,LOC,X,0.0028,0.0032  !板料位于凸、凹模间隙部位网格细分
NSEL,R,LOC,Y,0,0.001
NPLOT
NREFINE,ALL,,,3,1,1,1
!
EDPART,CREATE                    !部件创建
EDCGEN,ASS2D,,,0,0,0,0,0,,,,,0,10000000,0,0   !接触设定
!
*DIM,TIME,ARRAY,2,1,1,,,        !时间数组设置
*SET,TIME(2,1,1),0.01
!
*DIM,DIEDIS,ARRAY,2,1,1,,,        !凸模运动数组设置
*SET,DIEDIS(2,1,1),-0.001
!
SAVE
/SOL
NSEL,S,LOC,Y,0,0.001
NSEL,R,LOC,X,0
NPLOT
D,ALL,,0,,,,UX,,,,,
ALLSEL,ALL
EDLOAD,ADD,RBUY,0,      2,TIME,DIEDIS,0,,,,,
EDLOAD,ADD,RBUY,0,      5,TIME,DIEDIS,0,,,,,
EDENERGY,1,1,1,1
EDHGLS,0.1
TIME,0.01,
EDOPT,ADD,blank,BOTH
EDRST,10,
EDHTIME,20,
```

```
EDDUMP,1,
!*
ALLSEL,ALL
SOLVE
FINISH
```

5.4 小　　结

带孔薄板拉伸过程是比较经典的弹塑性力学问题，通过数值模拟求解带孔薄板拉伸过程可以直观解释应力集中现象、圣维南原理、平面应力问题等，因此是弹塑性力学 CAE 数值分析教程中的首选案例。当然，在实际工程问题分析中，结构件受力状态除了单一方向加载，反复加载、卸载是结构件疲劳时效的一种常见受力状态。针对反复加载情况，采用有限元分析的时候需要考虑时间效应，变形过程反复加载的工程问题分析与温度场分析一样，通过改变不同时间步长内的边界加载条件而实现。

冲裁和拉深是冲压工艺的基础工序，拉深件的质量问题主要是起皱和拉裂，而 ANSYS 软件的 LS-DYNA 模块完全可以分析这种缺陷。相比筒形件来说，盒形件拉深需要转移的材料更多，变形更为不均匀，有限元数值模拟时建模和边界条件更为复杂。对于几何模型复杂的工程问题，通常需要采用 CAD 系统进行建模，建模时需要考虑全局坐标一致。我记得攻读硕士研究生学位时(2003～2006 年)，一个同学采用 MSC.Marc 软件进行盒形件拉深过程分析，花费了大约一年半。当时我正在尝试用 MSC.Marc、SuperForm、DEFORM 等软件求解叶片锻造过程大塑性变形问题，总是求解不收敛，也觉盒形件拉深确实挺复杂。现在回头想想，利用有限元法求解大塑性变形问题确实有难度，毕竟大塑性变形下网格畸变严重。另外，如果时间步长、接触及边界条件对收敛性影响复杂，即使一个小小的不当设置也会导致迭代求解发散。冲裁过程是工件和坯料分离的过程，求解材料在塑性变形过程裂纹萌芽、扩展以及断裂的问题都需要设定材料的失效准则，采用的失效准则模型通常由拉伸试验得到，而模型构建得准确与否直接影响有限元最后的求解精度。因此，影响塑性变形过程有限元求解精度的不仅仅是边界条件及算法，更为重要的是材料的本构方程。

参 考 文 献

[1] 阚前华，谭长建，张娟，等. ANSYS 高级工程应用实例分析与二次开发[M]. 北京：电子工业出版社，2006.

[2] American ANSYS Company. ANSYS-Help：Release 10.0 Documentation for ANSYS，ANSYS LS-DYNA User's Guide[M]. Pittsburgh：ASNSYS Company， 2007.

第 6 章　塑性加工过程耦合场有限元求解

耦合场分析是指考虑了两个或多个工程物理场之间相互作用的分析。金属塑性加工过程中耦合场分析的工程应用主要有温度非均匀变化引起的热–应力分析、电磁加热的感应加热分析、温塑性变形下的热–变形分析、温度变形引起的热–力–组织分析等。本章主要讲述两种类型的热–力耦合场分析案例：一种为热–应力耦合；另一种为变形–热耦合。

6.1　热–应力耦合 ANSYS 分析

温度变化的不均匀会导致变形的产生，变形的不均匀会影响零部件的形状和尺寸精度。另外，变形不均匀引起的严重内应力甚至会导致试样开裂，有限元数值模拟方法在分析热处理过程特别是淬火过程中的变形和残余应力方面有着广泛应用。耦合场分析的过程依赖于所耦合的物理场，耦合场分析方法大致可分为两类：顺序耦合法和直接耦合法。顺序耦合法分为间接法和物理环境法。间接法比较适合分析单向顺序耦合的情况；物理环境法可以在物理环境之间迅速切换，适合分析多个物理分析间双向或迭代耦合的情况。直接耦合法通常在一个时间步长内将需要求解的多场相互作用同时进行迭代求解，当多场相互作用之间表现出高度非线性时，直接耦合法比较便捷和有利。

6.1.1　板坯冷却过程热–应力求解

1. 问题描述

本节利用 ANSYS 中顺序耦合法分析在不同冷却速度条件下冷却后板坯表面的变形和应力分布。计算所用板坯几何模型尺寸为 200mm×200mm×10mm，试样初始温度为 1000℃，计算中设置的加热过程对流换热系数如下：上表面为 1500W/(m^2·K)，下表面为 800W/(m^2·K)，侧表面为 500W/(m^2·K)。板料的导热系数和比热容随温度的变化曲线如图 4.2.2 所示。板料的密度为 7810kg/m^3，结构分析用弹性模量为 9×10^4MPa，屈服强度为 500MPa，剪切模量为 900MPa，泊松比为

0.3，线膨胀系数为 $1.06\times10^{-5}℃^{-1}$；为了简化求解模型，建立试样的 1/4 模型进行分析。

2. 求解步骤

1）设置文件名和项目名称

打开 ANSYS Product Launcher 10.0 版本，进入经典界面，依次选择 File→Change Title 选项，输入 FE ANALYSIS OF THERMAL STRESS IN COOLING PROCESSES。

2）温度场求解前处理

（1）求解类型选择。依次选择 Preferences→Thermal 选项，单击 OK 按钮，表示进行热分析。

（2）单元类型选择。依次选择 Preprocessor→Element Type→Add/Edit/Delete 选项，然后单击 Add 按钮，在 Library of Element Types 对话框内依次选择 Thermal Mass、Solid、Brick 20node 90 选项，然后单击 OK 按钮，会显示选中了 SOLID 90 单元类型。单击 Close 按钮，完成单元类型选择。

（3）材料属性定义。①依次选择 Preprocessor→Material Props→Material Models 选项，打开 Define Material Model Behavior 窗口。依次选择 Thermal→Conductivity→Isotropic 选项，单击 Add Temperature 按钮，分别输入 25～1000℃下对应的导热系数，T1、T2 和 T3 的温度分别为 25℃、100℃和 200℃，导热系数均为 41（单击 Graph 按钮可以查看导热系数随温度变化曲线，曲线到模型显示可以依次选择 Plot→Replot 选项），完成导热系数设定，如图 6.1.1 所示。②依次选择 Thermal→Specific Heat 选项，采用与导热系数相同的方法，完成比热容设定，如图 6.1.2 所示；依次选择 Thermal→Density 选项，输入 7810，完成密度设定。关闭 Define Material Model Behavior 窗口。

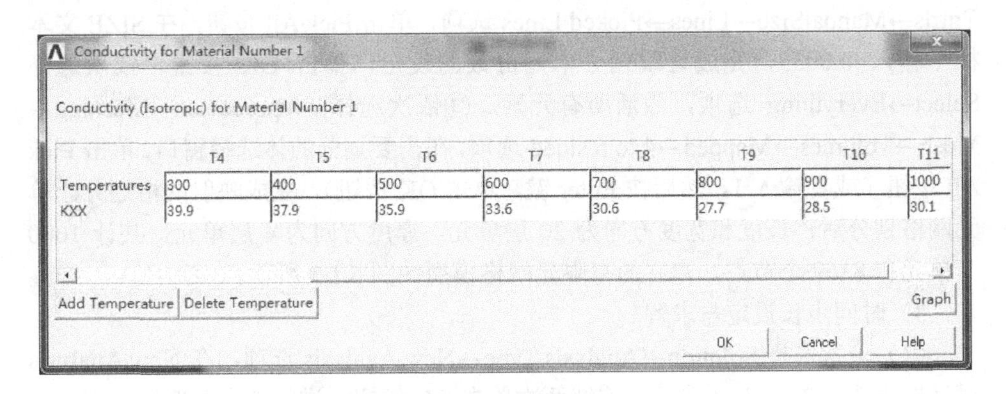

图 6.1.1　导热系数设定

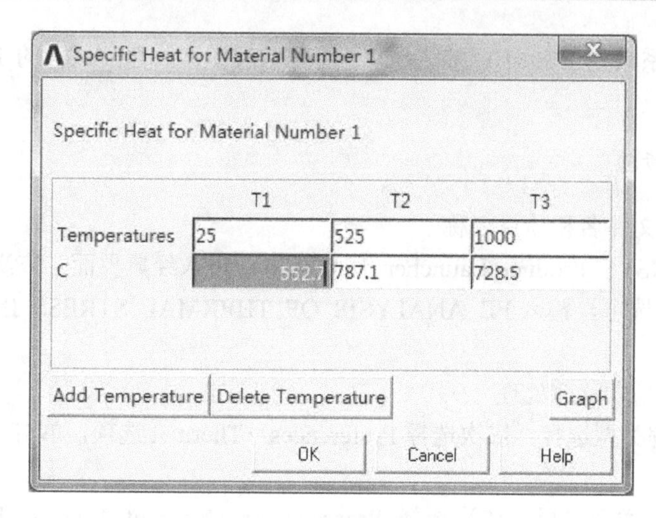

图 6.1.2 比热容设定

（4）几何模型构建。依次选择 Preprocessor→Modeling→Create→Volumes→Block→By Dimensions 选项，在 X1,X2 X-coordinates 文本框中输入 0, 0.1，在 Y1,Y2 Y-coordinates 文本框中输入 0, 0.1，在 Z1,Z2 Z-coordinates 文本框中输入 0, 0.01，单击 OK 按钮，完成几何模型建立。

（5）网格划分。①依次选择 Select→Entities 选项，选择 Lines 和 By Num/Pick 选项，单击 OK 按钮，进行线的选择，选择 Min,Max,Inc 单选按钮，输入 1, 8, 1，单击 OK 按钮；依次选择 Preprocessor→Meshing→Size Cntrls→ManualSize→Lines→Picked Lines 选项，单击 Pick All 按钮，在 SIZE 文本框中输入 0.005，完成直线划分单元份数的设定，单击 OK 按钮。②依次选择 Select→Entities 选项，选择 Lines 和 By Num/Pick 选项，单击 OK 按钮，进行线的选择，选择 Min,Max,Inc 单选按钮，输入 9, 12, 1，单击 OK 按钮；依次选择 Preprocessor→Meshing→Size Cntrls→ManualSize→Lines→Picked Lines 选项，单击 Pick All 按钮，在 SIZE 文本框中输入 0.0025，完成直线划分单元份数的设定，单击 OK 按钮。依次选择 Select→Everything 选项，激活所有元素。③依次选择 Preprocessor→Meshing→Mesh→Volumes→Mapped→4 to 6 sided 选项，在需要划分的体选择窗口，单击 Pick All 按钮（或者输入 1，然后按 Enter 键，单击 OK 按钮），完成映射网格划分。单元网格划分后，长度和宽度方向为 20 层单元，厚度方向为 4 层单元，共计 1600 个单元和 8169 个节点，建立的有限元网格模型如图 6.1.3 所示。

3）时间步长设定与求解

（1）依次选择 Solution→Analysis Type→New Analysis 选项，在 New Analysis 对话框中选择 Transient 选项，连续两次单击 OK 按钮，进行瞬态温度场分析。

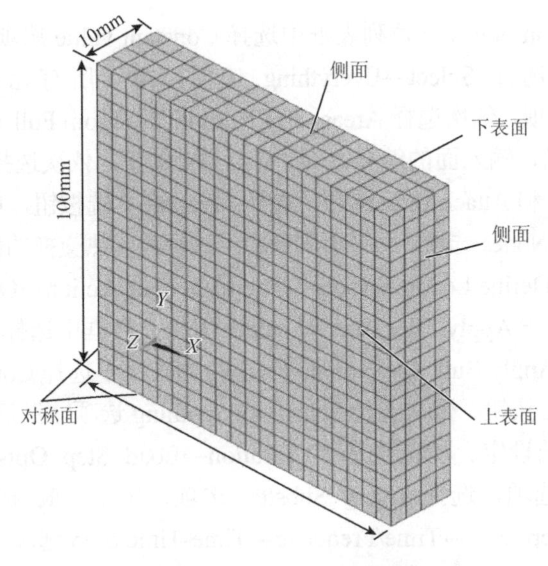

图 6.1.3　有限元网格模型

（2）依次选择 Solution→Define Loads→Settings→Uniform Temp 选项，在 Uniform temperature 文本框中输入 1000，表明试样初始温度为均匀的 1000℃，依次选择 Solution→Define Loads→Settings→Reference Temp 选项，输入摄氏温度与热力学温度的差值 273。

（3）对流换热边界条件设定。①依次选择 Select→Entities 选项，依次选择 Areas→By Num/Pick→From Full 选项，单击 OK 按钮，进行面的选择，输入面的编号 1，单击 OK 按钮（编号 3, 5 的面为对称面，绝热边界不需要设定）；依次选择 Select→Entities 选项，依次选择 Nodes 和 Attached to 选项，选择 Areas,all 单选按钮，单击 OK 按钮，然后依次选择 Plot→Nodes 选项，可以看到选中了进行对流热交换的上表面节点。②依次选择 Solution→Define Loads→Apply→Thermal→Convection→On Nodes 选项，单击 Pick All 按钮，在 Apply Film Coef on nodes 下拉列表框中选择 Constant value 选项，输入 1500，在 Apply Bulk Temp on nodes 下拉列表框中选择 Constant value 选项，输入 30，单击 OK 按钮。依次选择 Select→Everything 选项，激活所有元素。③依次选择 Select→Entities 选项，依次选择 Areas→By Num/Pick→From Full 选项，单击 OK 按钮，进行面的选择，输入面的编号 2，单击 OK 按钮；依次选择 Select→Entities 选项，选择 Nodes 和 Attached to 选项，选择 Areas,all 单选按钮，单击 OK 按钮，然后依次选择 Plot→Nodes 选项，可以看到选中了进行对流热交换的下表面节点。④依次选择 Solution→Define Loads→Apply→Thermal→Convection→On Nodes 选项，单击 Pick All 按钮，在 Apply Film Coef on nodes 下拉列表框中选择 Constant value 选项，输入 800，在

Apply Bulk Temp on nodes 下拉列表框中选择 Constant value 选项，输入 30，单击 OK 按钮。依次选择 Select→Everything 选项，激活所有元素。⑤依次选择 Select→Entities 选项，依次选择 Areas→By Num/Pick→From Full 选项，单击 OK 按钮，进行面的选择，输入面的编号 4, 6，单击 OK 按钮；依次选择 Select→ Entities 选项，选择 Nodes 和 Attached to 选项，选择 Areas,all 单选按钮，单击 OK 按钮，然后依次选择 Plot→Nodes 选项，可以看到选中了进行对流热交换的侧表面节点。⑥依次选择 Solution→Define Loads→Apply→Thermal→Convection→On Nodes 选项，单击 Pick All 按钮，在 Apply Film Coef on nodes 下拉列表框中选择 Constant Value 选项，输入 500，在 Apply Bulk Temp on nodes 下拉列表框中选择 Constant Value 选项，输入 30，单击 OK 按钮。依次选择 Select→Everything 选项，激活所有元素。

（4）时间步长设定。①依次选择 Solution→Load Step Opts→Output Ctrls→DB/Results File 选项，选择 Every Substep 选项，单击 OK 按钮。②依次选择 Solution→Load Step Opts→Time/Frequenc→Time-Time Step 选项，在 Time at end of load step 文本框中输入 60，在 Time step size 文本框中输入 5，选择 Stepped 单选按钮，在 Automatic time stepping 选项组中选择 ON 单选按钮，在 Minimum time step size 文本框中输入 3，在 Maximum time step size 文本框中输入 10，单击 OK 按钮，完成时间步长设定。

（5）求解。依次选择 Solution→Solve→Current LS 选项，单击弹出的/STATUS Command 页面中 File 下面的 Close 按钮，然后单击 OK 按钮，开始计算。计算中出现的紫色曲线围绕青色曲线波动，证明收敛性较好，求解接触后出现 Solution is done！提示框，表示迭代过程收敛，求解结束。

4）温度场后处理

①依次选择 General Postproc→Read Results→By Time/Freq 选项，在 Value of time or freg 文本框中输入 60，单击 OK 按钮。②依次选择 Plot Results→Contour Plot→Nodal Solu 选项，在结果显示窗口依次选择 Nodal Solution→DOF Solution→Nodal Temperature 选项，可以输出 60s 后的温度场分布。③采用同样操作步骤，可以查看 30s 的温度场分布，如图 6.1.4 所示。

5）结构场分析

（1）依次选择 Preprocessor→Element Type→Switch Elem Type 选项，在 Chang element type 下拉列表框中选择 Thermal to Struc 选项，单元类型由 Solid90 转化为 Solid95，而 Solid95 用来进行结构力学分析。

（2）结构场分析用材料属性设置。①依次选择 Preprocessor→Material Props→Material Models→Material Model Number 1 选项，在 Define Material Model Behavior 窗口右侧依次选择 Structural→Linear→Elastic→Isotropic 选项，在 EX 文本框中输入 9e10，在 PRXY 文本框中输入 0.3，单击 OK 按钮。②依次选择 Preprocessor→

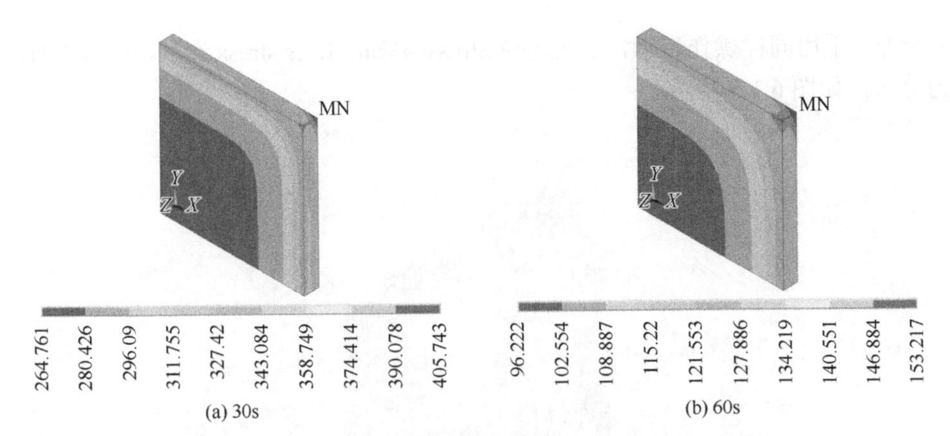

图 6.1.4　不同冷却时间的温度场分布（彩图见封底二维码）

Material Props→Material Models→Material Model Number 1 选项，右侧依次选择 Structural→Density 选项，在 DENS 文本框中输入 7810。③依次选择 Preprocessor→Material Props→Material Models→Material Model Number 1 选项，右侧依次选择 Structural→Thermal Expansion→Secant Coefficient→Isotropic 选项，在 ALPX 文本框中输入 1.06e-5，在 Reference Temperature 文本框中输入 20。④依次选择 Preprocessor→Material Props→ Material Models→Material Model Number 1→Structural→Nonlinear→Inelastic→Rate Independent→Isotropic Hardening Plasticity→Mises Plasticity→Billinear 选项，在 Yield Stss 文本框中输入 5e8，在 Tang Mod 文本框中输入 9e8。单击 OK 按钮，完成材料属性设置。

（3）边界条件加载。依次选择 Select→Entities 选项，选择 Lines 和 By Num/Pick 选项，单击 OK 按钮，进行线的选择，输入线的编号 9，单击 OK 按钮；依次选择 Select→Entities 选项，选择 Nodes 和 Attached to 选项，选择 Lines,all 单选按钮，单击 OK 按钮，然后依次选择 Plot→Nodes 选项，可以看到选中了对称面交界线上的节点。依次选择 Solution→Define Loads→Apply→Structural→Displacement→On Nodes 选项，单击 Pick All 按钮，按住 Shift 键，选择 UX,UY,UZ 选项，在 VALUE 文本框中输入 0，即施加固定约束。

（4）求解。依次选择 Select→Everything 选项，激活所有元素，单击 Save 按钮。依次选择 Solution→Solve→Current LS 选项，进行结构场求解，出现 SOLUTION IS DONE!提示框，表示求解完成。

6）结构场后处理

依次选择 General Postproc→Read Results→Last Set 选项，依次选择 Plot Results→Contour Plot→Nodal Solu 选项，在结果显示窗口依次选择 Nodal Solution→DOF Solution→Displacement vector sum 选项，可以输出冷却后的变形位

移分布。采用同样操作步骤，依次选择 Stress→Von Mises stress 选项，可以查看应力分布，如图 6.1.5 所示。

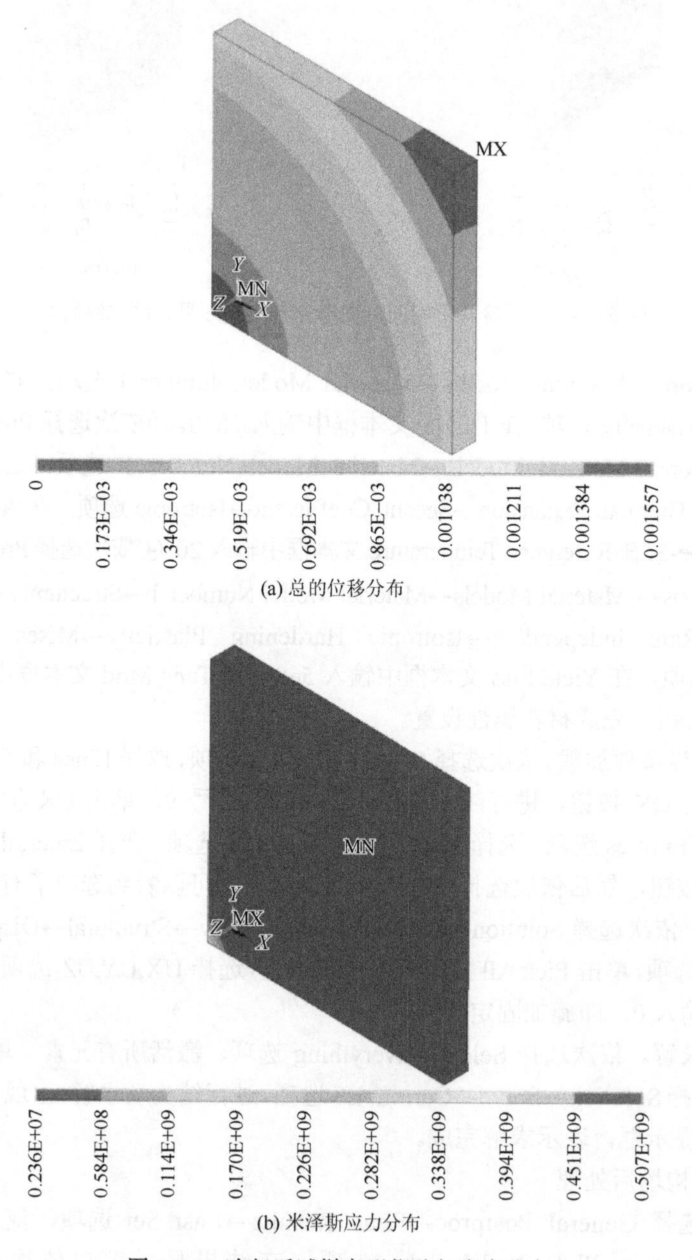

(a) 总的位移分布

(b) 米泽斯应力分布

图 6.1.5 冷却后试样变形位移与应力分布

3. APDL 命令

```
/TITLE,FE ANALYSIS OF THERMAL STRESS COOLING PROCESSES
/COM,Thermal
/PREP7
ET,1,SOLID 90                    !工件单元
!*
mptemp
mptemp,1,25,100,200,300,400,500
mptemp,7,600,700,800,900,1000
mpdata,kxx,1,1,41,41,41,39.9,37.9,35.9
mpdata,kxx,1,7,33.6,30.6,27.7,28.5,30.1   !导热系数随温度变化
!*
mptemp
mptemp,1,25,525,1000
mpdata,c,1,1,552.7,787.1,728.5    !比热容随温度变化
MP,DENS,1,7810                      !密度设定
!*
BLOCK,0,0.1,0,0.1,0,0.01,         !几何尺寸
!
LSEL,,,,1,8,1
LESIZE,ALL,0.005
ALLSEL,ALL
LSEL,,,,9,12,1
LESIZE,ALL,0.005
ALLSEL,ALL
MSHKEY,1
VMESH,1
FINISH
/SOL
!*
ANTYPE,4
!*
TRNOPT,FULL
LUMPM,0
```

```
!*
TUNIF,1200
TOFFSET,273
ASEL,,,,1
NSLA,S,1
SF,ALL,CONV,1500,30
ALLSEL,ALL
ASEL,,,,2
NSLA,S,1
SF,ALL,CONV,800,30
ALLSEL,ALL
ASEL,,,,4,6,2
NSLA,S,1
SF,ALL,CONV,500,30
ALLSEL,ALL
OUTRES,ALL,ALL,
!*
TIME,60
AUTOTS,1
DELTIM,5,3,10,1
KBC,1
!*
TSRES,ERASE
FINISH
/SOL
SOLVE
FINISH
SAVE
/prep7
et,1,95   !struct
MPDATA,EX,1,,9e10
MPDATA,PRXY,1,,0.3
UIMP,1,REFT,,,1200
MPDATA,ALPX,1,,1.06e-5
TB,BISO,1,1,2,
```

```
TBTEMP,0
TBDATA,,5e8,9e8,,,,
/SOLU
LSEL,,,,9
NSLL,S,1
D,ALL,,0,,,,UX,UY,UZ,,,
ALLSEL,ALL
TREF,1200
LDREAD,TEMP,,,,,,RTH
SOLVE
FINISH
```

6.1.2　焊接过程热-应力求解

1. 问题描述

焊接是指通过焊料使两件或多件零件连接在一起的一种工艺，焊接工艺在结构件连接、压力容器封头及筒体间连接等场合应用广泛。焊接过程产生的热分布不仅会影响焊后组织性能分布，而且温度分布不均匀引起的变形不均匀而产生的残余应力会进一步导致焊缝开裂。本节基于耦合单元采用直接耦合法求解 4.4 节描述的焊接过程热-应力问题（仅考虑焊接过程，不考虑焊后冷却过程）。结构分析求解中所用双相不锈钢的力学性能[1]如下：屈服强度为 440MPa，弹性模量为 2.1×10^5MPa，泊松比为 0.3，剪切模量为 2.1×10^4MPa。

2. APDL 命令

利用界面菜单操作实现加载热源移动比较烦琐，所以本节利用循环程序实现焊缝单元激活及加载热源移动，焊接过程温度及热-应力求解 ADPL 命令如下。

```
***********************前处理***********************
/PREP7
/TITLE,3D FE ANALYSIS OF THERMAL-STRESS IN WELDING PROCESSES
/UNITS,SI
!*
ET,1,SOLID 98
ET,2,SOLID 98
!*
```

```
mptemp                                          !定义不锈钢材料
mptemp,1,25,100,300,500,600,800
mptemp,7,1000,1200,1400,2100
mpdata,dens,1,1,7886,7840,7790,7772,7762,7738
mpdata,dens,1,7,7886,7840,7790,7772
mpdata,alpx,1,1,1.84e-6,1.364e-5,1.437e-5,1.705e-5,1.77
 1e-5,1.807e-5
mpdata,alpx,1,7,1.812e-5,1.828e-5,1.837e-5,1.865e-5
mpdata,kxx,1,1,19.2,19.2,23.4,25,24.1,23
mpdata,kxx,1,7,21,19.2,19.2,19.1
mpdata,c,1,1,400,460,545,720,800,895
mpdata,c,1,7,670,700,728,780
mp,reft,1,25                       !参考温度
!
MPTEMP,,,,,,,,                        !力学性能
MPTEMP,1,0
MPDATA,EX,1,,2.1E11
MPDATA,PRXY,1,,0.3
mpdata,murx,1,1
TB,BISO,1,1,2,
TBTEMP,0
TBDATA,,4.5E8,4.5E7,,,,
!
LENGTH=0.1                        !相关参数设定
NLENGTH=25
MAXTEMP=1600
TOTALTIME=5
FTIME=0.2
COOLTIME=600
NSUB1=5                            !焊接过程每单元求解步数
NSUB2=30                           !冷却过程求解步数
!
k,1,0,0,0                             !几何模型建立
k,2,0.1,0,0
k,3,0.2,0,0
```

```
k,4,0,0.004,0
k,5,0.095,0.004,0
k,6,0.105,0.004,0
k,7,0.2,0.004,0
k,8,0.1,0.008/1.732,0
LARC,5,6,8
A,1,2,5,4
A,2,3,7,6
AL,1,3,9
NUMCMP,ALL
VEXT,ALL,,,0,0,LENGTH,1,1,1,
VGLUE,ALL
NUMCMP,ALL
!
VSEL,,,,1,2                                   ! 材料和单元属性赋予
VATT,1,,1,0
ALLSEL,ALL
VSEL,,,,3
VATT,1,,2,0
ALLSEL,ALL
!
LSEL,,,,2,24,2                                 !网格划分设定
LSEL,A,,,15,17,2
LSEL,A,,,23
LESIZE,ALL,,,NLENGTH
ALLSEL,ALL
LSEL,,,,1,13,2
LSEL,A,,,19,21,2
LESIZE,ALL,,,4
ALLSEL,ALL
MSHKEY,0
VMESH,ALL
!
```

***************对焊缝区单元取质心坐标便于循环操作与控制*************

```
*GET,EMAX,ELEM,,NUM,MAX                    !整体单元最大编号获取
```

```
ESEL,S,TYPE,,2                              !焊料单元选取
EPLOT
*GET,ENSE,ELEM,,COUNT,MAX                   !焊料模型单元总数获取
*DIM,ANE,ARRAY,ENSE                        !NE 数组定义,焊料单元编号存放
*DIM,ANEX,ARRAY,ENSE                       ! NE 数组定义,焊料 X 坐标存放
*DIM,ANEY,ARRAY,ENSE                        !NE 数组定义,焊料 Y 坐标存放
*DIM,ANEZ,ARRAY,ENSE                        !NE 数组定义,焊料 Z 坐标存放
*DIM,ANEORDER,ARRAY,ENSE     !单元编号数组定义,按照几何位置排列
MINE=0                                      !初值定义
!焊料区单元进行存储和 XY 坐标提取
  II=0
  *DO,I,1,EMAX
         *IF,ESEL(I),EQ,1,THEN
                II=II+1
                ANE(II)=I
           *ENDIF
       *ENDDO
!
ESEL,NONE
!
*DO,I,1,ENSE
    *IF,ANE(I),NE,0,THEN
       ESEL,A,ELEM,,ANE(I)
      *ENDIF
*ENDDO
EPLOT
*DO,I,1,ENSE
    *GET,ANEY(I),ELEM,ANE(I),CENT,Y
    *GET,ANEX(I),ELEM,ANE(I),CENT,X
    *GET,ANEZ(I),ELEM,ANE(I),CENT,Z
*ENDDO
!
ALLSEL,ALL
EPLOT
```

**********************加载**********************

```
/SOLU
ANTYPE,TRANS                        !瞬态温度场求解
TRNOPT,FULL
LUMPM,0
OUTRES,ALL,all
ESEL,S,TYPE,,1                !不锈钢板单元选择
NSLE,ALL
IC,ALL,TEMP,25
ALLSEL,ALL
TREF,25
NSEL,S,LOC,X,0              !固定端加载,变形求解边界条件
NPLOT
D,ALL,,0,,,,UX,UY,UZ,,,
ALLSEL,ALL
!
ESEL,S,TYPE,,2                !所有焊缝熔体单元冷冻
EKILL,ALL
ALLSEL,ALL
ELENGTH=LENGTH/NLENGTH              !焊接方向单元边长
!
MIN_ELECOOR=0
MAX_ELECOOR=0
TIMINT,0,STRUC    ! 结构为稳态求解
TIMINT,1,THERM    ! 温度为瞬态求解
TIMINT,0,MAG        ! 磁计算为稳态
STIME=0
```

**********************求解**********************

```
*DO,I,1,TOTALTIME/FTIME
    *IF,I,GT,1,THEN
            DDELE,ALL,TEMP          !删除前一步激活单元的温度载荷
    *ENDIF
    ESEL,NONE
    *DO,M,1,ENSE
```

```
            MIN_ELECOOR=(NLENGTH-I)*ELENGTH
            MAX_ELECOOR=(NLENGTH-I+1)*ELENGTH
            *IF,ANEZ(M),GE,MIN_ELECOOR,THEN
                 *IF,ANEZ(M),LE,MAX_ELECOOR,THEN
                      ESEL,A,,,ANE(M)
                      EALIVE,ANE(M)              !激活焊缝单元
                 *ENDIF
              *ENDIF
             *ENDDO
     EPLOT
     NSLE,S                                  !选出激活单元上的节点
     D,ALL,TEMP,MAXTEMP                      !施加温度载荷
     ALLSEL,ALL
     STIME=STIME+FTIME
     TIME,STIME
     NSUBST,NSUB1
     SOLVE
     *ENDDO
     SAVE
```

3. 结果与讨论

本节耦合求解采用直接耦合法，耦合单元选用 Solid 98，该单元是四面体单元，所以网格划分没有 4.4 节中温度场求解的单元网格质量高，如图 6.1.6 所示。

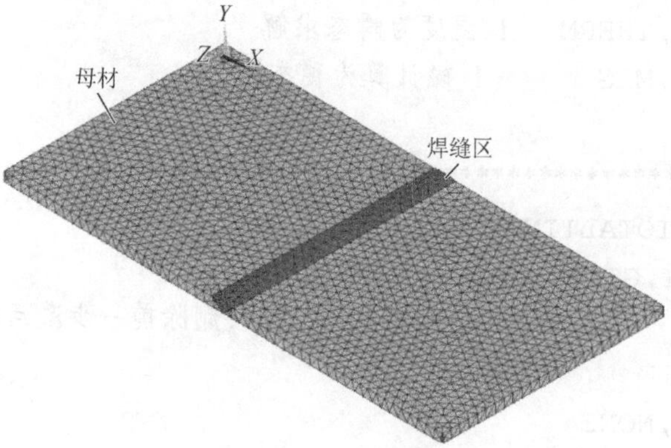

图 6.1.6　网格划分

注：ANSYS 中提供的用于热–结构–电磁直接耦合的单元大部分不具备大变形计算能力，所以对高度非线性问题不易收敛，PLANE13 耦合单元可以用来计算二维条件下的大应变的热–结构耦合场。

焊接过程 1s 和 5s 的温度场分布如图 6.1.7 所示。由图可以看出，不同时刻最高温度均为 1600℃，且最高温度位置发生了变化，实现了焊接方向上热源移动加载。1s 时温度最低值接近无穷小，主要是冷冻区单元被冷冻（杀死），而该区域单元没有初始值，不参与计算但参与温度场分布显示（当然也可以隐藏，见 4.4 节）。当焊接将近结束时，温度最低值为 21.32℃，并且位于热源附近，低于常温（25℃），原因可能是温度振荡（振荡现象详细分析见第 4 章），故而需要对焊缝区及其交接区单元进行网格细化以提高求解精度。

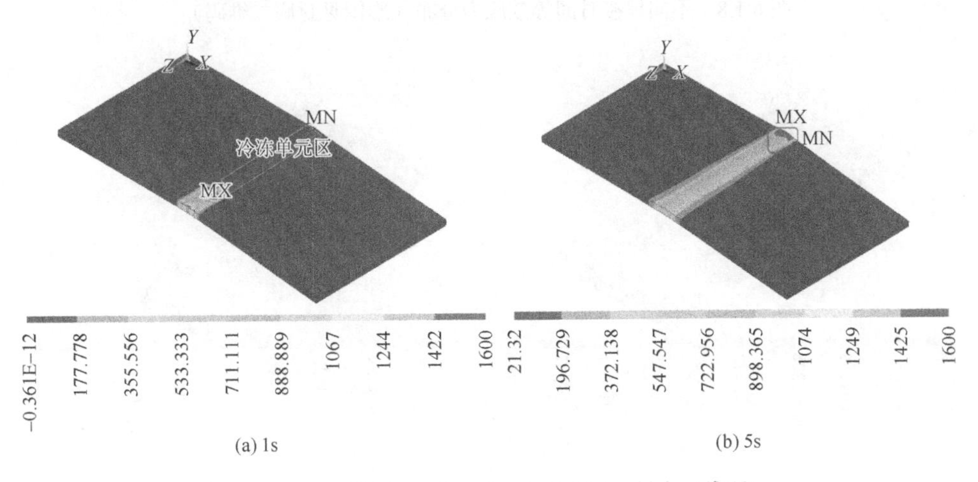

图 6.1.7　不同焊接时间温度分布（彩图见封底二维码）

焊接过程 1s 和 5s 的等效应力分布如图 6.1.8 所示。由图可以看出，随着焊接过程的进行，等效应力逐渐增加。焊接开始时，焊缝区应力显著大于其他区域，应力集中严重。随着焊接过程的进行，整个板料和焊缝区温度升高，温差减小，使其应力梯度减小。焊接结束时焊缝起始点和结束点等效应力较大，焊缝中间区域由于受两侧约束，等效应力较小，等效应力最小值位于母材焊料自由边界区。

焊接过程 1s 和 5s 的变形位移分布如图 6.1.9 所示。由图可以看出，由于板料较薄，焊接过程中局部快速升温引起的温度差使母材变形较大，引起向下拱形。随着焊接过程的进行，变形量逐渐增加，从焊接开始到结束，最大变形位移由 18.6mm 增加至 39.3mm，严重影响焊接板材的尺寸精度。

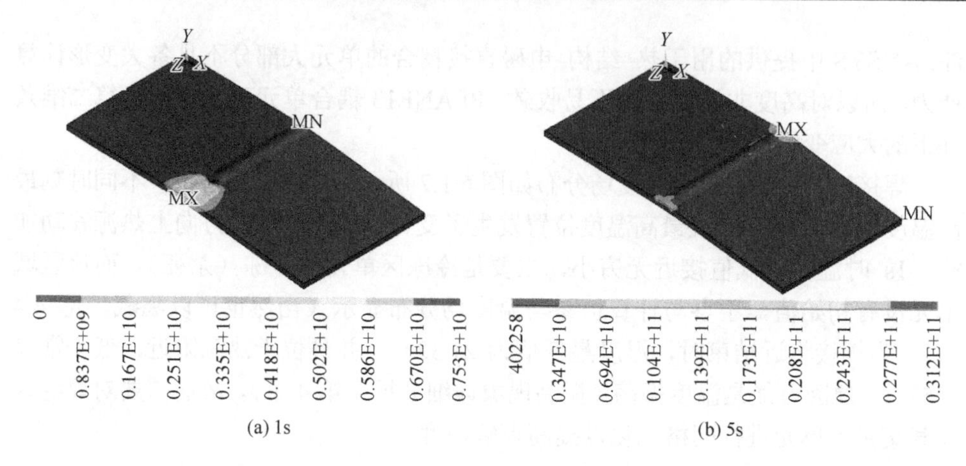

(a) 1s　(b) 5s

图 6.1.8　不同焊接时间等效应力分布（彩图见封底二维码）

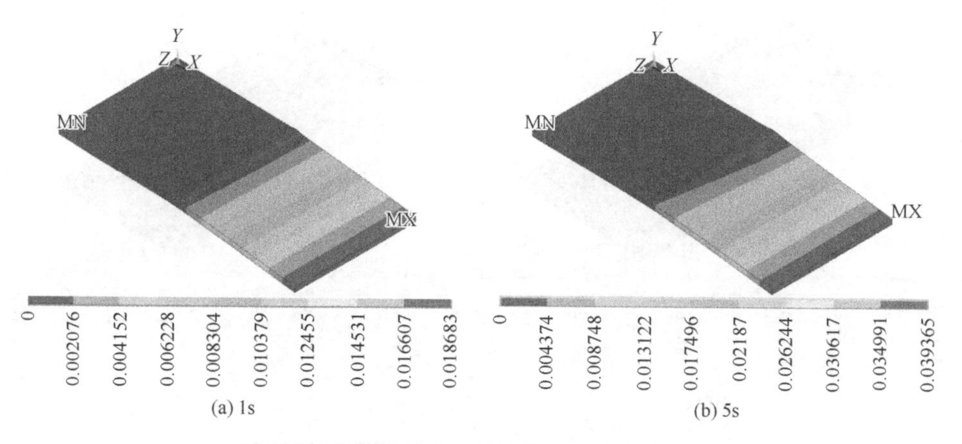

(a) 1s　(b) 5s

图 6.1.9　不同焊接时间变形位移分布（彩图见封底二维码）

6.2　变形–热耦合 DEFORM 分析

6.2.1　镁合金热轧过程变形–温度求解

镁合金作为先进轻质金属结构材料，能满足航空航天、汽车及电子产品轻量化要求，已成为欧美、日本等国家与地区工业应用增长最快的材料之一。由于密排六方晶格结构使其室温塑性变形能力差，镁合金带材通常利用热轧和温轧工艺进行生产。相比于 ANSYS 软件，DEFORM 软件在建模和网格高质量划分方面能力略显不足，但在网格重划分和计算大塑性变形方面具有显著优势，且计算效率较高。DEFORM 软件能够分析金属热加工过程中的温度、接触压力、应力应变、应变速率等分布及载荷变化，优化成形工艺。

1. 问题提出

本节以 AZ31 镁合金为研究对象，基于 DEFORM 软件，利用结构–热耦合有限元法计算镁合金带材热轧过程的温度及变形规律。计算用材料为 AZ31 镁合金，密度为 $1780kg/m^3$，弹性模量为 44.8MPa，泊松比为 0.35，热膨胀系数为 $2.7\times10^{-5}\ K^{-1}$，导热系数为 106W/(m·K)，比热容为 1.19kJ/(kg·K)，辐射率为 0.07，塑性做功热转化因子取 0.9，摩擦因子取 0.25，变形过程求解所用 AZ31 镁合金材料在不同应变速率和温度条件下的本构方程如下[2]：

$$\sigma=(3.24\times10^5/t-406)\varepsilon^{0.016\log(\dot{\varepsilon}/\dot{\varepsilon}_0)+(62.0/t+0.053)}(\dot{\varepsilon}/\dot{\varepsilon}_0)^{-105/t+0.303} \tag{6.2.1}$$

式中，σ 为流动应力（MPa）；t 为无量纲温度；$\dot{\varepsilon}_0$ 为 $1s^{-1}$。

依据不同条件下流动应力数据，构建新的材料库并存储，然后从 DEFORM 材料库中调用。分析用轧辊直径为 200mm，板带长度为 500mm；板带入口厚度为 6mm；压下率为 25%；带材温度为 350℃，轧制速度为 0.1m/s。带材轧制过程宽展可以忽略，将该工程问题简化为平面应变问题。

轧制过程温度求解边界条件主要考虑热辐射、自然对流换热和轧辊与轧件之间的接触换热。轧辊与轧件之间传热机制复杂，接触换热系数受温度、表面粗糙度、轧制压力、材料属性等众多因素影响。本节计算仅考虑轧辊与板带热交换，忽略自然对流换热和热辐射的热损失。在实际生产中，轧辊与轧件热阻换热系数十分复杂，热阻换热系数随轧辊压力的增大而增大。因而，计算时使用轧辊与轧件热阻换热系数 H_{TC}［$kW/(m^2\cdot K)$］与轧辊压力 P_m（MPa）的关系[3]：

$$H_{TC}=0.1133P_m+28.92476 \tag{6.2.2}$$

2. 求解步骤

1）进入主界面

采用 DEFORM 软件 10.2 版本模拟 AZ31 镁合金板带热轧过程。打开 DEFORM-2D 模块，进入 DEFORM 软件操作界面，如图 3.6.2 所示。单击按钮，选择分析工程问题所在工作目录。选择 DEFORM-2D Pre 选项，进入前处理模块。

2）设置模拟控制参数

单击按钮，进入控制界面。几何模型选用平面应变（Plane strain）问题，单位采用国际单位制（SI）（长度默认为 mm，应力默认为 MPa），类型选择拉格朗日增量法（Lagrangian incremental），模型选用变形（Deformation）和热传导（Heat transfer）耦合模型，其他参数均为默认值，具体控制参数设定如图 6.2.1 所示。

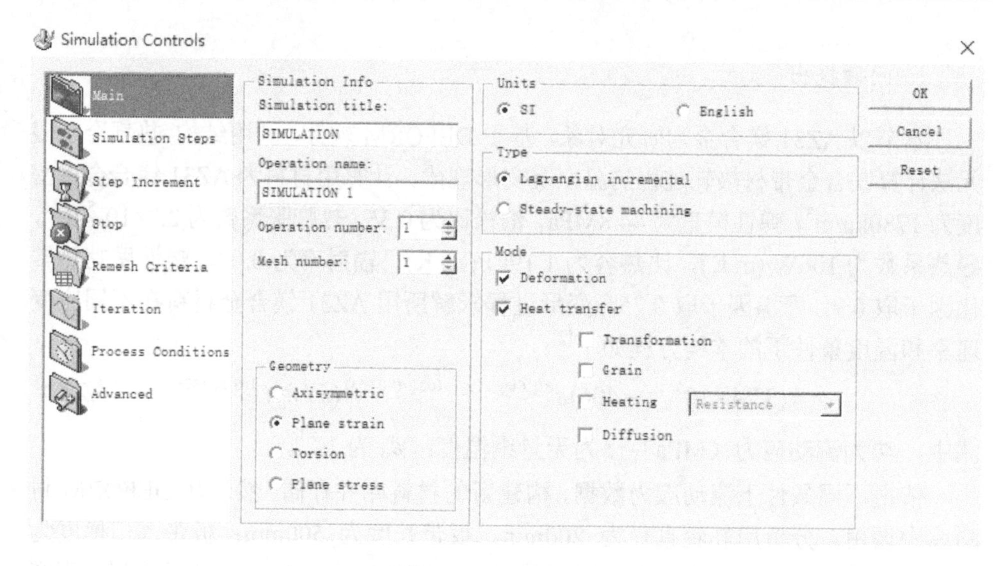

图 6.2.1 控制参数设定

3）几何模型建立

（1）依次选择 Geometry→Primitive 选项，打开模型构建窗口，选择 Bar 选项，然后建立坯料的几何模型，将 Origin point（原始点）设定为 0, 0；将 Width（宽度）和 Height（高度）设定为 500（轧制方向长度）、3（板带入口半厚度），将半径均设定为 0，依次单击 Create 按钮、Close 按钮，坯料几何模型建立完毕。

（2）单击 Insert object 按钮，在模型显示信息窗口出现 Top Die 选项（Top Die 为默认的上模名字，可以直接在 Object 窗口输入 Roller）。单击 Primitive 按钮，选择 Cylinder 选项，输入轧辊参数，原始点为（–50, 102.25），半径为 100，然后依次单击 Create 按钮、Close 按钮，完成轧辊建模。

（3）继续单击 Insert object 按钮，在模型显示信息窗口出现 Bottom Die 选项（修改为 Punch，主要给板带施加初始运动速度），单击 Primitive 按钮，选择 Bar 选项，输入推杆参数，原始点为（501, –4），宽度为 2，高度为 10，然后依次单击 Create 按钮、Close 按钮，完成推杆建模。整个工程问题的几何模型建立完毕，几何模型如图 6.2.2 所示。

4）网格划分

（1）选择模型显示信息窗口的 Workpiece 选项，使其处于激活状态，然后选择操作菜单的 Mesh 选项，再选择 Detailed Settings 选项，在 Number of Elements 文本框中输入 1200，在 Thickness Elements 文本框中输入 6，在 Size Ratio 文本框中输入 1，选择 Mapped mesh generation 复选框，单击 Generate Mesh 按钮，坯料网格划分结束。

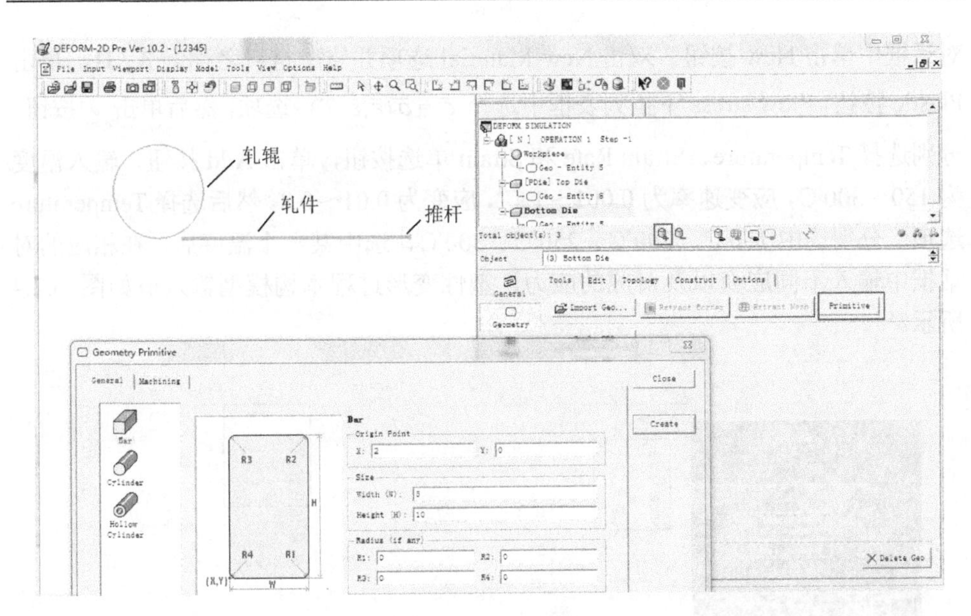

图 6.2.2　几何模型

（2）由于涉及坯料和轧辊之间的热传导，将轧辊也进行网格划分，而推杆是一个计算用初始速度辅助工具，故不划分网格。选择模型显示信息窗口的 Roller 选项，使其处于激活状态，然后选择操作菜单的 Mesh 选项，再选择 Detailed Settings 选项，在 Number of Elements 文本框中输入 1000，在 Thickness Elements 文本框中输入 4，在 Size Ratio 文本框中输入 1，单击 Generate Mesh 按钮，轧辊网格划分结束（不选择 Mapped mesh generation 复选框），有限元网格模型如图 6.2.3 所示。

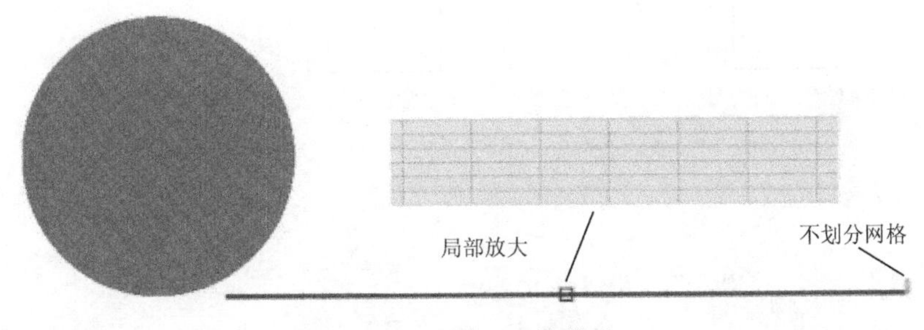

图 6.2.3　有限元网格模型

5）材料属性赋予

本节分析用 AZ31 镁合金需要自行建立本构方程和热物理属性，并存放于材料库；模具选用 H13 钢，从材料库中选择。

（1）选择 Workpiece 选项，依次选择 Input→Material 选项，然后在 Material

对话框中单击 New 按钮，双击 New Material 选项并修改材料名称为 AZ31，单击 Plastic 按钮，Flow stress 下拉列表框中选择 $\bar{\sigma}=\bar{\sigma}(\bar{\varepsilon},\dot{\bar{\varepsilon}},T)$ 选项，然后单击按钮，分别选择 Temperature、Strain Rate 和 Strain 单选按钮，单击 Add 按钮，输入温度为 150～300℃，应变速率为 0.001～1 s^{-1}，应变为 0.01～0.8。然后选择 Temperature 选项，分别选中 150℃、200℃、250℃、300℃，选中某一个温度后，在相应的对话框中输入不同应变以及对应的应力，塑性变形过程本构模型输入值如图 6.2.4 所示。

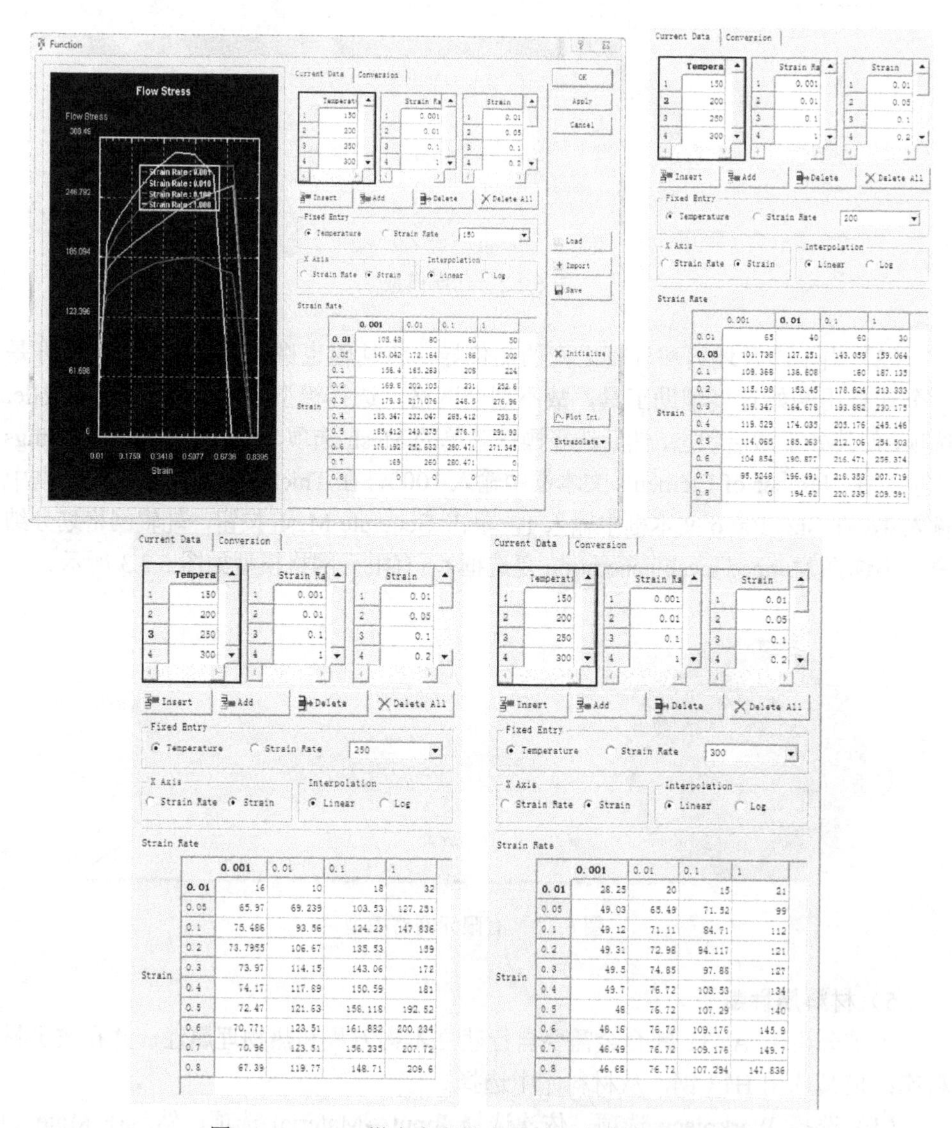

图 6.2.4　AZ31 镁合金塑性变形过程本构模型输入值

（2）单击 Elastic 按钮，分别输入弹性模量、泊松比和热膨胀系数，然后单击 Thermal 按钮，分别输入导热系数、比热容和黑度系数。弹性本构方程和热物性参数设定如图 6.2.5 所示。然后单击 Save in lib 按钮，选择 Hot Forming 选项，单击 OK 按钮，单击 Yes, using standard conversion 按钮，将该材料属性存放于材料库用于直接调用，单击 Close 按钮，完成材料定义与保存。

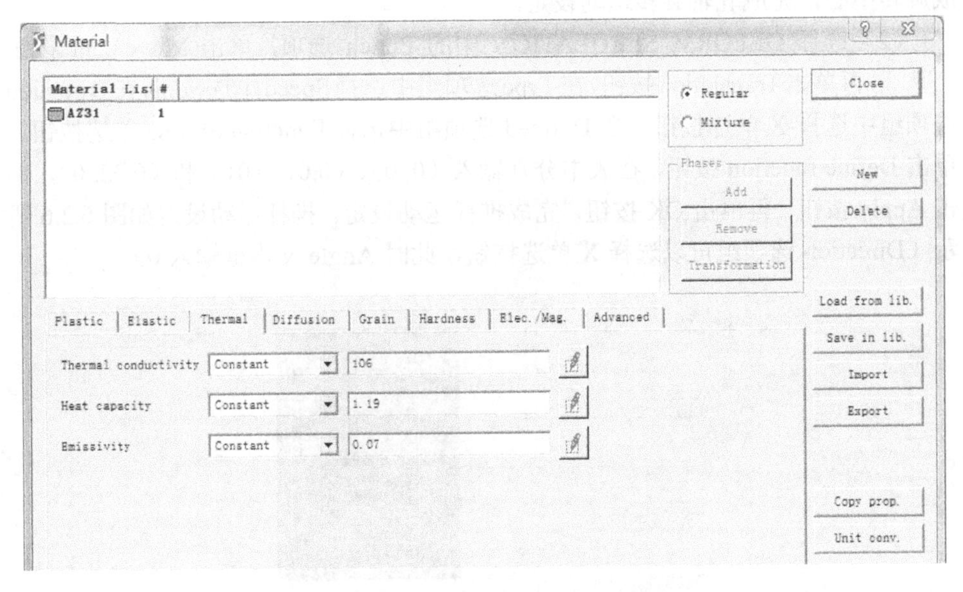

图 6.2.5　弹性本构方程和热物性参数设定

（3）选择 Workpiece 选项，单击 按钮，弹出 Material Library 对话框，然后在 Source 选项组中选择 User 单选按钮，在 Material label 列表框中选择 AZ31 选项，单击 Load 按钮，完成板带 AZ31 材料属性设定。

（4）选择 Roller 选项，单击 按钮，弹出 Material Library 对话框，然后在 Category 列表框中选择 Die_material 选项，在 Material label 列表框中选择 AISI-H-13 选项，单击 Load 按钮，完成模具材料设定。推杆设置为刚性体，且不考虑和板带之间的传热，没有划分网格，也不需要进行材料属性设定。

6）相对接触位置设定

（1）单击标题栏上的 按钮，选择 Interference 选项，在 Positioning object 下拉列表框中选择 1-Workpiece 选项，在 Approach direction 选项组中选择-X 选项，在 Reference 下拉列表框中选择 2-Roller 选项，单击 Apply 按钮，完成板料和轧辊接触位置设定。

（2）在 Positioning object 下拉列表框中选择 3-Punch 选项，在 Approach direction 选项组中选择-X 选项，在 Reference 下拉列表框中选择 1-Workpiece 选项，单击 Apply 按钮，再单击 OK 按钮，完成板料和推料杆接触位置设定。

7）运动设置

（1）选择 DEFORM SIMULATION 中的 Roller 选项，单击 Movement 按钮 ，再单击 Rotation 按钮，在 Type 选项组中选择 Angular velocity 选项，输入–1（轧辊转速为 1rad/s，逆时针为正，顺时针为负）。然后单击 按钮，自动生成旋转中心，完成轧辊旋转运动设定。

（2）选择 DEFORM SIMULATION 中的 Punch 选项，单击 Movement 按钮 ，再单击 Translation 按钮，在 Type 选项组中选择 Speed 单选按钮，在 Direction 选项组中选择-X 单选按钮，在 Defined 选项组中选择 Function of time 单选按钮，单击 Define function 按钮，在表中分别输入（0, 0）、（0.01, 0.01）和（0.02, 0），单击 Apply 按钮，再单击 OK 按钮，完成推杆运动设定。推杆运动设定如图 6.2.6 所示（Direction 选项组可以选择 X 单选按钮，此时 Angle 文本框输入 0）。

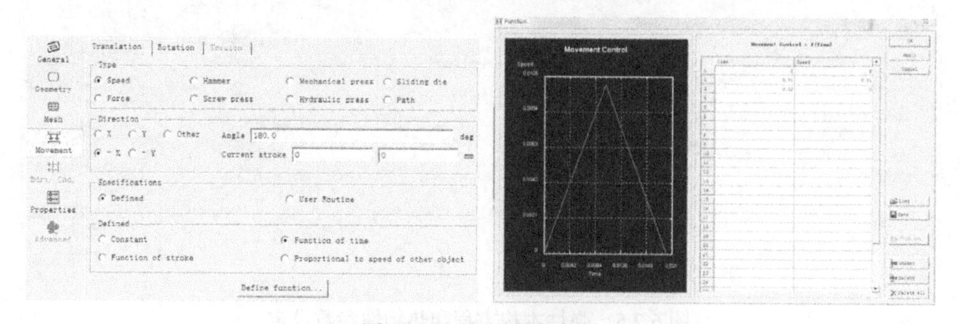

图 6.2.6　推杆运动设定

8）初始条件和对称条件设定

（1）选择 DEFORM SIMULATION 中的 Workpiece 选项，单击 General 按钮 General，单击初始温度设置按钮 Assign temperature...，输入 300，完成板料初始温度设定。采用相同方法设定轧辊初始温度为 20℃。

（2）选择 DEFORM SIMULATION 中的 Workpiece 选项，依次单击 Bdry. Cnd. 按钮→ Velocity 按钮→ 按钮，选取板带中心对称面，如图 6.2.7 所示。然后在 Velocity 文本框中输入 0，选择 Direction 选项组中的 Y 选项，单击 按钮，完成速度对称边界条件设定，如图 6.2.7 所示。

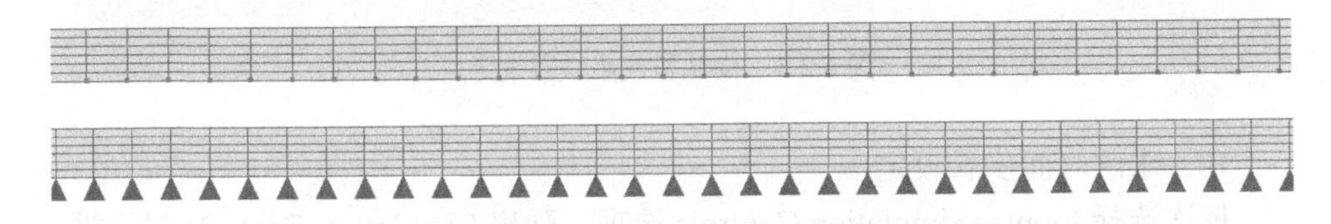

图 6.2.7　速度对称边界条件加载

9）接触设定

（1）单击 Inter-object 按钮，在弹出的 Inter-Object 对话框中单击 Edit... 按钮，弹出 Inter-Object Data Definition 对话框。选择 Deformation 标签，选择 Shear 单选按钮，在 Value 选项组的 Constant 文本框中输入 0.25，完成接触摩擦设定，如图 6.2.8 所示。

（2）选择 Thermal 标签，选择 Function 单选按钮，并选择 f(Pressure)选项（表示换热系数与压力有关）。单击 按钮，在弹出的表中依次输入按照式（6.2.2）换算的不同压力下的换热系数，单击 OK 按钮，完成换热系数设定，如图 6.2.8 所示。

（3）假定推杆与板料之间的摩擦和热交换均为 0，因而不设定数值，单击 按钮，然后单击 General all 按钮，生成接触条件，单击 OK 按钮，完成接触设定。

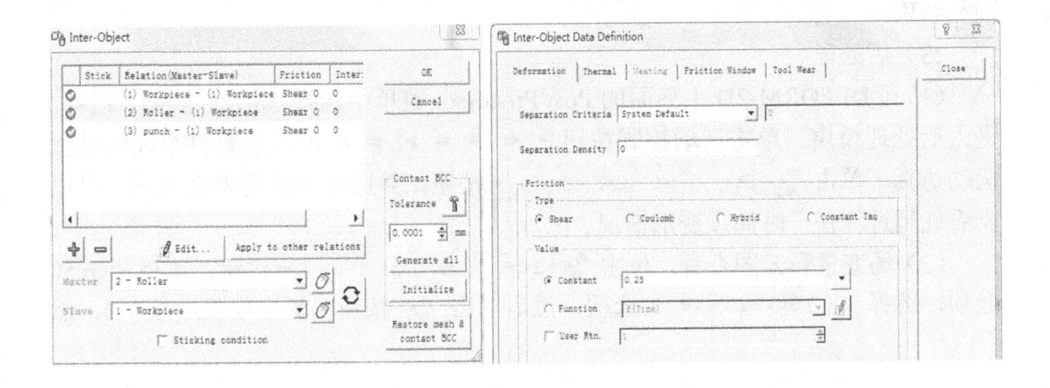

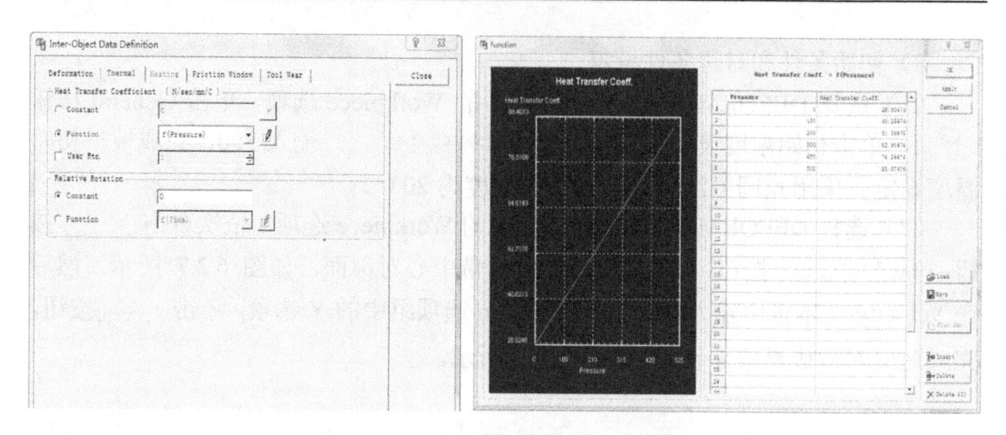

图 6.2.8 接触和换热系数设定

10）求解时间步长设定

依次选择 Input→Simulation Controls 选项，弹出 Simulation Controls 对话框，单击 Step 按钮，在 Number of Simulation Steps 文本框中输入 100，在 Step Increment to Save 文本框中输入 10，在 Primary Die 选项组中选择 2-Roller 单选按钮，在 Solution Step Definition 选项组中选择 With Time Increment 单选按钮，并输入 0.1，完成时间步长设定。

11）生成文件

依次单击工具栏 Save 按钮、Database Generation（数据生成）按钮、Check 按钮，此时会提醒重划分网格项、坯料之间及坯料与推杆之间接触没有设定。如果出现 Database can be generated 提示，则证明可以忽略警告，单击 Generate 按钮，生成文件，单击 Close 按钮，然后单击工具栏 Exit 按钮，退出前处理。

12）求解

单击主界面 Run 按钮，界面弹出 The simulation has been submitted 提示，单击 OK 按钮，可以看到 Message 下面的求解信息。当看到 Message 下面出现 Simulation is completed and stopped at the user specified time step 提示时，表示求解顺利结束。

13）后处理

（1）在 DEFORM-2D 主界面的 Post Processor 菜单中选择 DEFORM-2D Post 选项，进入后处理模块。单击运动控制按钮可以查看整个轧制过程运动仿真。单击 Step -1 (Opr 1) 按钮，并选择下拉列表框选项，可以查看轧制过程任一时间步变形情况。

（2）场变量彩云图查看。单击 Step -1 (Opr 1) 按钮，选择 Step 50 选项，选择 Workpiece 选项，然后单击按钮（界面仅显示板料），然

后选择 [None] 下拉列表框中的 Temperature 选项，可以通过工具栏按钮将板带进行适当缩放、移动和查看。单击按钮，进入 State Variables 窗口，选择 Solid（带实体边界显示）和 Local（板带场变量分布，不考虑轧辊场量分布）复选框，调整显示方式，选择 Shaded 选项，在# of Values 微调按钮中选择 9（将色彩显示条和数字梯度显示条改为 9），然后依次单击 Apply 按钮、Close 按钮，时间步为 50 步时温度场分布如图 6.2.9 所示。

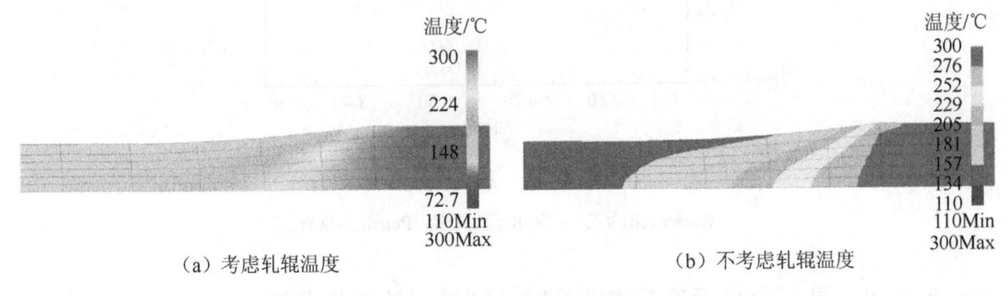

（a）考虑轧辊温度　（b）不考虑轧辊温度

图 6.2.9　温度场分布（彩图见封底二维码）

（3）采用与温度场相同方法可以查看时间步长为 50 步时的等效应力和等效应变分布，如图 6.2.10 所示。

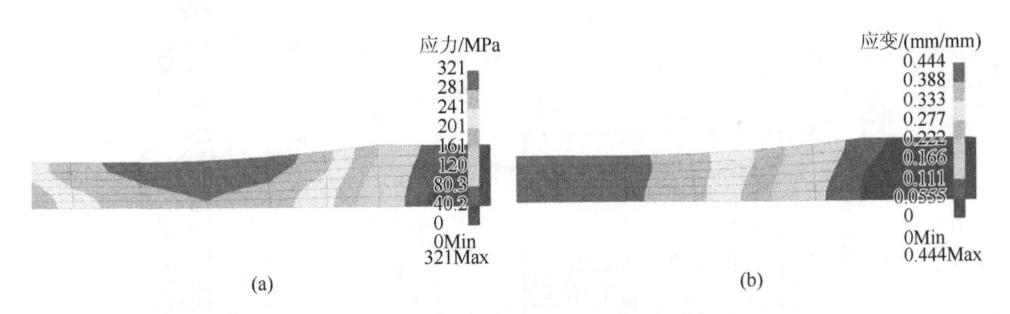

(a)　(b)

图 6.2.10　等效应力和等效应变分布（彩图见封底二维码）

（4）单击按钮，可以进行轧制载荷查看、典型点变量追踪、典型点之间场量分布分析等。单击按钮，在弹出的 Graph(Load-Stroke)窗口选择 Roller RIGID 选项，在 X-axis 选项组选择 Time 单选按钮，在 Y-axis 选项组选择 Y Load 单选按钮，单击 Apply 按钮，完成载荷随着轧制过程进行的变化曲线，如图 6.2.11 所示。可以右击载荷图，然后单击 Export Graph Data 按钮，将数据输出到文件。

（5）时间历程曲线查看。单击按钮，弹出 Point Tracking 窗口，可以在表格中输入追踪点坐标（–37, 3），也可以选取典型点，然后依次单击 Next 按钮、

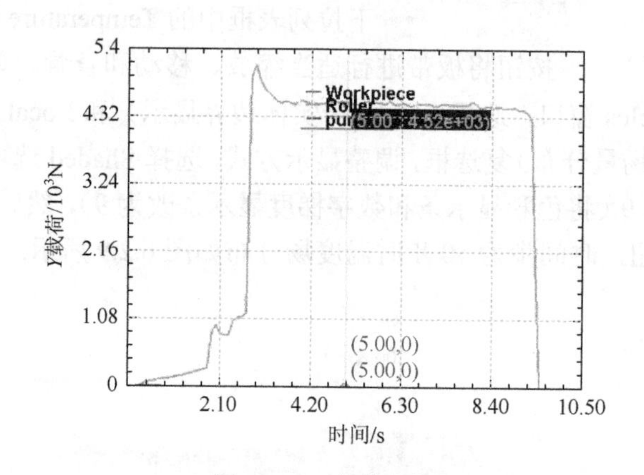

图 6.2.11　载荷变化

Workpiece 为工件；Roller 为轧辊；Punch 为推杆

Finish 按钮，显示窗显示追踪点温度随轧制过程的变化曲线，如图 6.2.12 所示。当然，如果想查看该追踪点其他常变量随轧制过程的变化曲线，可以在 None 下拉列表框中进行相应选择。

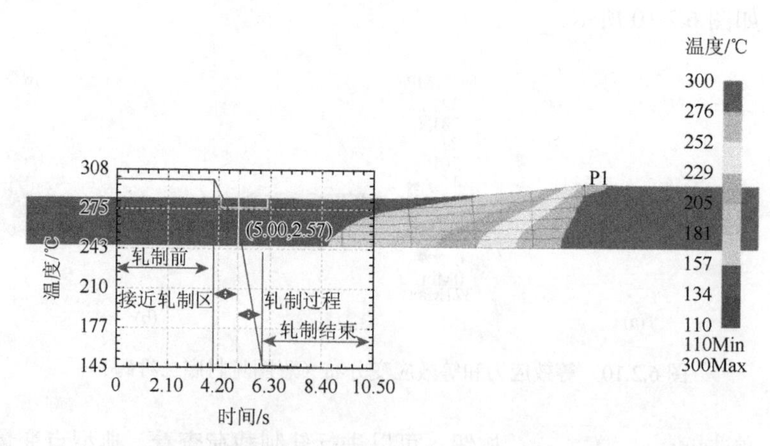

图 6.2.12　追踪点温度随轧制过程的变化曲线（彩图见封底二维码）

（6）场变量沿典型点之间路径分布。单击按钮，在 SV Distribution Between 2 Points 选项组中单击 Straight Line 按钮，输入起始点和终止点的坐标分别为（–37, 3）和（–60, 2），然后单击 Calculated 按钮，可以查看从起始点到终止点沿接触弧长的温度分布，如图 6.2.13 所示。如果想查看其他常变量沿该路径的变化规律，可以在 None 下拉列表框中进行相应选择。

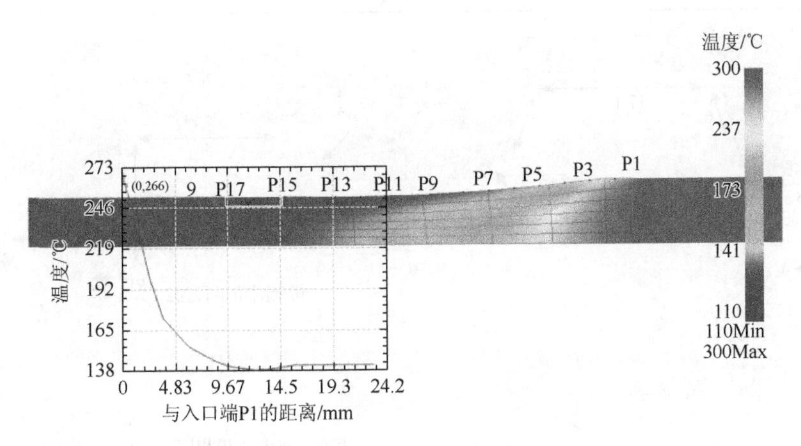

图 6.2.13　温度沿路径分布规律（彩图见封底二维码）

6.2.2　车轮锻造过程变形–温度求解

1. 问题提出

车轮是交通用车辆的重要零部件，运行工况极为复杂、工作条件十分恶劣，因此车轮设计、制造和使用一直是工业研究的主要问题。对于轮毂较矮的普通车轮锻件，一般模锻工步为自由镦粗和终锻，如图 6.2.14 所示。

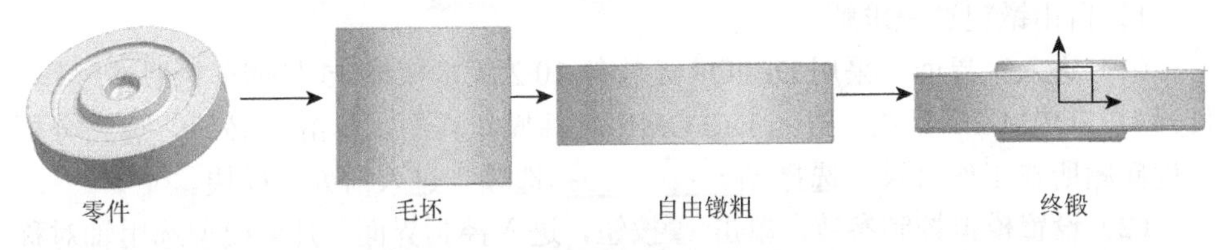

图 6.2.14　零件及锻造工步示意图

该锻件锻造过程可以简化为轴对称问题进行分析，镦粗过程为自由镦粗，终锻过程采用开式模锻，终锻上、下模具尺寸简图如图 6.2.15 所示。分析用材料从 DEFORM 软件自带数据库选取，选定为 45 号钢，初始坯料锻造温度为 1050℃，初始坯料直径为 96mm，高度为 83mm，该车轮属于小型锻件。

2. 求解步骤

45 号钢车轮锻造过程包括两个工步，因此先求解自由镦粗过程（拍扁过程），再求解终锻过程。

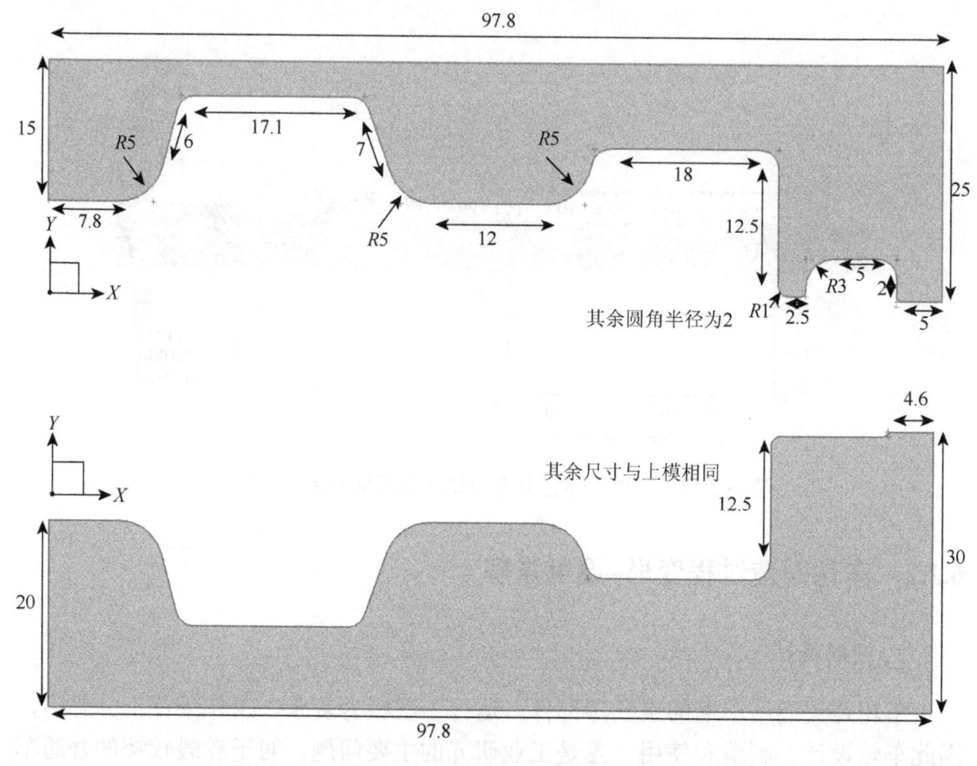

图 6.2.15　终锻上、下模具尺寸简图（单位：mm）

1）自由镦粗过程求解

（1）进入主界面。采用 DEFORM 软件 10.2 版本模拟 45 号钢车轮锻造过程。打开 DEFORM-2D 模块，进入 DEFOMR 软件操作界面。单击按钮，选择分析工程问题所在工作目录。选择 DEFORM-2D Pre 选项，进入前处理模块。

（2）设置模拟控制参数。单击按钮，进入控制界面。几何模型选用轴对称问题，单位采用国际单位制，类型选择拉格朗日增量法，模型选用变形和热传导耦合模型，其他参数均为默认值。

（3）几何模型建立。①依次选择 Geometry→Primitive 选项，打开模型构建窗口，选择 Cylinder 选项，然后建立坯料的几何模型，将 Origin point 设定为（0, 0）；将 Width（宽度）和 Height（高度）设定为 48（坯料半径）、83（坯料高度），将半径均设定为 0，然后依次单击 Create 按钮、Close 按钮，坯料几何模型建立完毕。②单击 Insert object 按钮，然后在模型显示信息窗口出现 Top Die 选项，单击 Primitive 按钮，选择 Cylinder 选项，输入上模参数，原始点为（0, 84），宽度为 80，高度为 10，然后依次单击 Create 按钮、Close 按钮，完成上模建模。

继续单击 Insert object 按钮，然后在模型显示信息窗口出现 Bottom Die 选项(默认的下模名字)，单击 Primitive 按钮，输入下模参数，原始点为（0, –11），宽度为 80，厚度为 10，然后依次单击 Create 按钮、Close 按钮，完成下模建模。

（4）网格划分。①选择模型显示信息窗口的 Workpiece 选项，使其处于激活状态，然后选择菜单操作的 Mesh 选项，再选择 Detailed Settings 选项，在 Number of Elements 文本框中输入 2000，在 Thickness Elements 文本框中输入 50，在 Size Ratio 文本框中输入 1，选择 Mapped mesh generation 复选框，单击 Generate Mesh 按钮，坯料网格划分结束。②采用相同的方法，激活上模 Top Die，在 Number of Elements 文本框中输入 200，在 Thickness Elements 文本框中输入 4，在 Size Ratio 文本框中输入 1，单击 Generate Mesh 按钮，上模网格划分结束，然后对下模划分相同的网格。网格模型如图 6.2.16 所示（为了计算工具与坯料之间的接触换热，尽管上、下模为刚性体，也需要进行网格划分）。

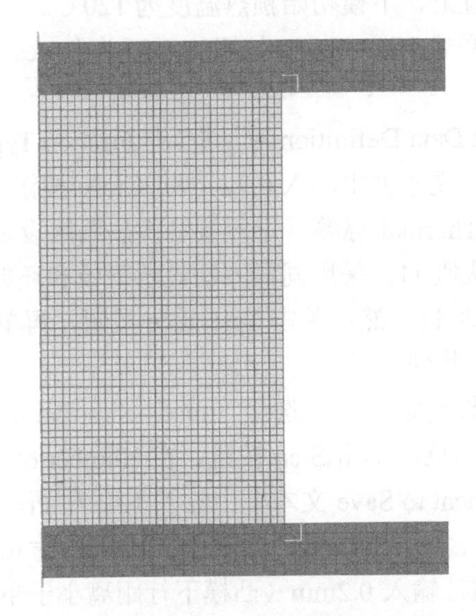

图 6.2.16　网格模型

（5）材料属性赋予。本节分析用坯料 45 号钢从材料库选择，锻造模具 H13 也从材料库中选择。①选择 Workpiece 选项，单击按钮，弹出 Material Library 对话框，在 Category 列表框中选择 Steel 选项，在 Material label 中选择 DIN-C45 选项，单击 Load 按钮，完成坯料材料设定。②选择 Top Die 选项，单击按钮，弹出 Material Library 对话框，然后在 Category 列表框中选择 Die_material 选项，在 Material label 列表框中选择 AISI-H-13 选项，单击 Load 按钮，完成上模材料设定。采用相同方法对下模进行材料选取，材料也为 AISI-H-13。

（6）相对接触位置设定。①单击标题栏上的 按钮，选择 Interference 选项，在 Positioning object 下拉列表框中选择 1-Workpiece 选项，在 Approach direction 选项组中选择-Y 选项，在 Reference 下拉列表框中选择 3-Bottom Die 选项，单击 Apply 按钮，完成坯料和下模接触位置设定。②在 Positioning object 下拉列表框中选择 2-Top Die 选项，在 Approach direction 选项组中选择-Y 选项，在 Reference 下拉列表框中选择 1-Workpiece 选项，单击 Apply 按钮，再单击 OK 按钮，完成上模和坯料接触位置设定。

（7）边界条件加载。①在模型显示信息窗口激活上模 Top Die，然后选择操作菜单的 Movement 按钮，在 Type、Direction、Specifications、Defined 选项组中依次选择 Speed、-Y、Defined、Constant 单选按钮，在 Constant value 文本框中输入 50。完成运动边界条件加载。②在模型显示信息窗口激活坯料 Workpiece 选项，然后单击初始温度设置按钮 Assign temperature... ，输入 1050℃（坯料开锻温度）；采用相同的方法，设置上、下模初始预热温度为 120℃。

（8）接触设定。①单击 Inter-object 按钮 ，再单击 Yes 按钮，弹出 Inter-Object 对话框，选择 (2) Top Die - (1) Workpiece　Shear 0　0 选项，然后单击 Edit 按钮，弹出 Inter-Object Data Definition 对话框，在 Friction Type 列表框中选择 Shear 选项，在 Value Content 文本框中输入 0.7，单击 Close 按钮，完成上模和坯料的接触摩擦设定。②选择 Thermal 标签，进行接触换热系数设定，选择 Forming 单选按钮，系数设定为默认值 11。采用同样方法设定下模和坯料的剪切摩擦因子也为 0.7，接触换热系数也为 11，然后单击 Tolerance 按钮，再单击 Generate all 按钮，接触对生成，单击 OK 按钮。

（9）求解时间步长设定。依次选择 Input→Simulation Controls 选项，弹出 Simulation Controls 对话框，单击 Step 按钮，在 Number of Simulation 文本框中输入 190，在 Step Increment to Save 文本框中输入 10，在 Primary Die 选项组中选择 2-Top Die 单选按钮，在 Solution Step Definition 选项组中选择 With Die Displacement 单选按钮，输入 0.2mm（凸模下行距离小于单元边长的 1/3 为宜），完成时间步长设定。

（10）生成文件。依次单击工具栏 Save 按钮、Database Generation（数据生成）按钮、Check 按钮，此时会提醒重划分网格项、坯料之间接触没有设定，如果出现 Database can be generated 提示，则证明可以忽略警告，单击 Generate 按钮，生成文件，单击 Close 按钮，然后单击 按钮，退出前处理。

（11）求解。单击主界面 Run 按钮，界面弹出 The simulation has been submitted 提示，单击 OK 按钮，可以看到 Message 下面的求解信息。当看到 Message 下面出现 Simulation is completed and stopped at the user specified time step 提示时，表示求解顺利结束。

（12）自由镦粗后热–变形结果。①在 DEFORM-2D 主界面的 Post Processor 菜单中选择 DEFORM-2D Post 选项，进入后处理模块。单击运动控制按钮 可以查看整个轧制过程运动仿真。单击 Step -1 (Opr 1) 按钮，并选择下拉列表框选项，可以查看镦粗过程任一时间步变形情况。②场变量彩云图查看。单击 Step -1 (Opr 1) 按钮，选择 Step 70 选项，选择 Workpiece 选项，然后单击 按钮（界面仅显示坯料），然后选择 None 下拉列表框中的 Temperature 等选项，可以查看自由镦粗后温度、等效应力、等效应变等场变量分布规律，如图 6.2.17 所示。

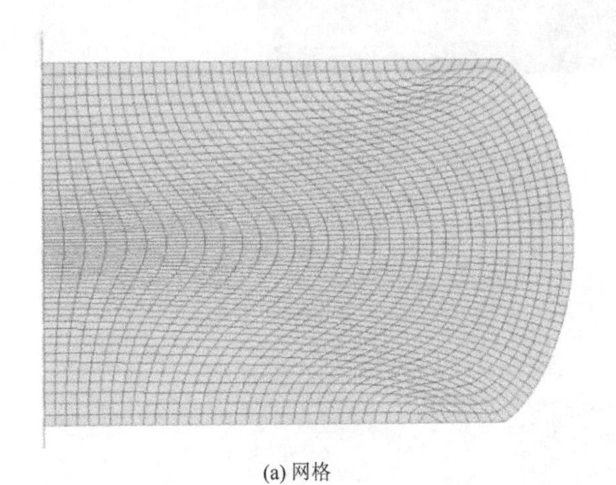

(a) 网格

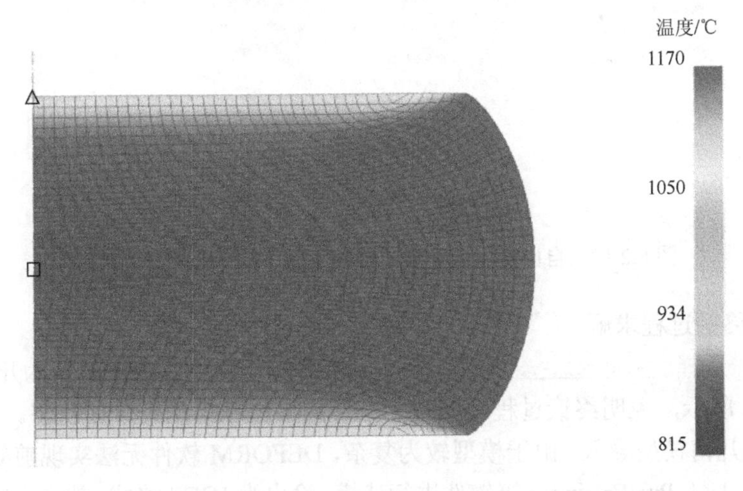

(b) 温度

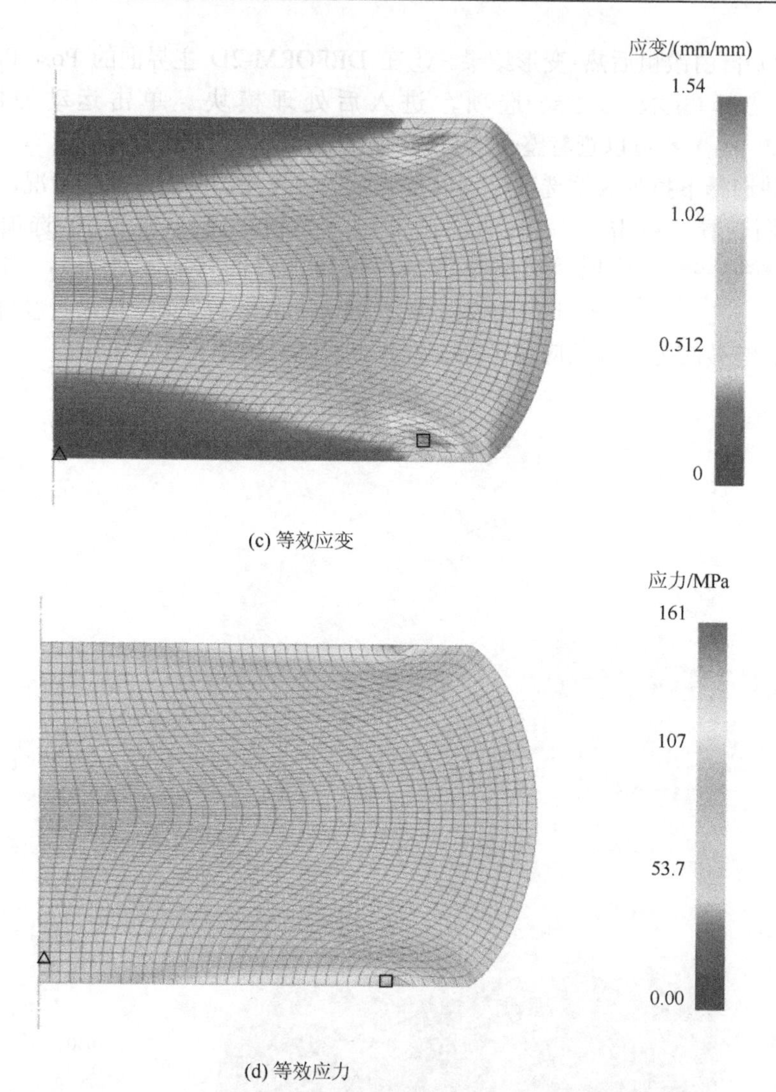

(c) 等效应变

(d) 等效应力

图 6.2.17　自由镦粗后主要场变量分布（彩图见封底二维码）

2）终锻过程求解

（1）选择 DEFORM-2D Pre 选项，进入前处理模块，选择第 190 步为开始步，如图 6.2.18 所示，表明终锻过程坯料初始条件为自由镦粗结束时的状态。

（2）几何模型导入。由于模型较为复杂，DEFORM 软件无法实现前处理建模，需要利用 UG、Pro/Engineer 等软件进行建模，输出为 IGES 格式，然后在 DEFORM 软件中导入。①本节用 UG NX10.0 建立几何模型，在 UG 主界面下的 EXPORT 命令下，找到 IGES 格式文件，输出保存为 Top-Die.igs 和 Bottom-Die.igs 文件。②在 DEFORM 软件中，分别选择 Top-Die 和 Bottom-Die 进行激活，然后单击按钮将上、下模删除。③单击 Insert object 按钮，在模型显示信息窗口出现 Top Die，单击 Import Geo... 按钮，进行凸模几何模型导入，选择 UG NX 导出保存的 Top-Die.igs 文件，将建模软件中绘制的上模几何模型进行导入，采用相同方法导入下模几何模型。几何模型如图 6.2.19 所示。

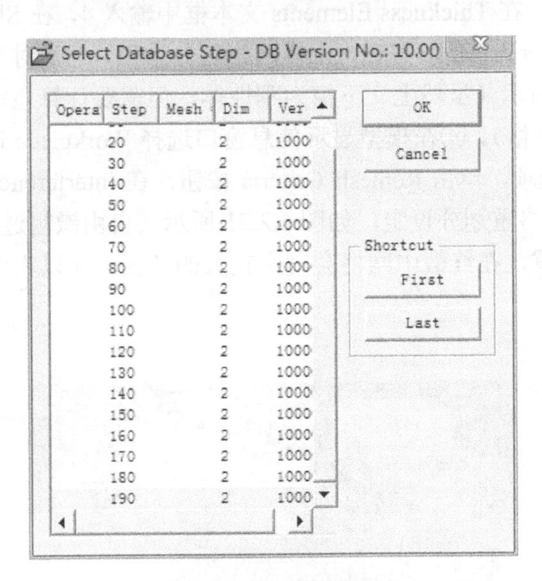

图 6.2.18　计算步选择

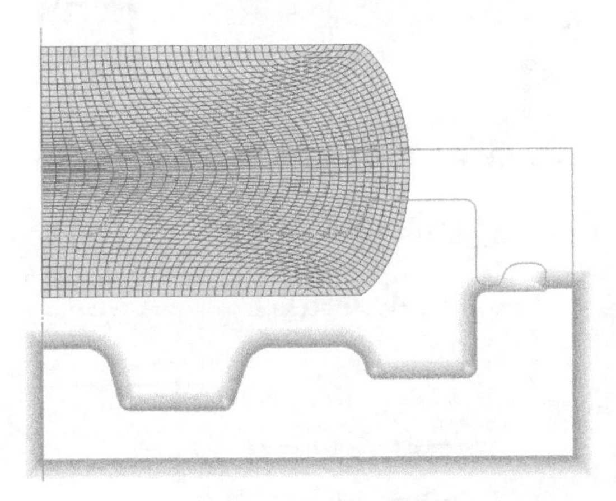

图 6.2.19　几何模型

（3）上、下模相对位置设定及网格划分。①单击标题栏上的按钮，选择 Interference 选项，在 Positioning object 下拉列表框中选择 1-Workpiece 选项，在 Approach direction 选项组中选择-Y 选项，在 Reference 下拉列表框中选择 3-Bottom

Die 选项，单击 Apply 按钮，完成坯料和下模接触位置设定。②在 Positioning object 下拉列表框中选择 2-Top Die 选项，在 Approach direction 选项组中选择-Y 选项，在 Reference 下拉列表框中选择 1-Workpiece 选项，单击 Apply 按钮，再单击 OK 按钮，完成上模和坯料位置设定。③激活上模 Top Die，在 Number of Elements 文本框中输入 2000，在 Thickness Elements 文本框中输入 4，在 Size Ratio 文本框中输入 3，单击 Generate Mesh 按钮，上模网格划分结束，然后对下模划分相同的网格。如图 6.2.20 所示（虽然上、下模为刚性体，但需要计算坯料与模具之间接触换热，需要划分网格）。④在模型显示信息窗口选择 Workpiece 选项，然后选择操作菜单的 Mesh 选项，单击 Remesh Criteria 按钮，在 Interference Depth 文本框中输入 0.2，完成网格重划分设定，如图 6.2.21 所示（自由镦粗过程虽然变形量大，但网格畸变不严重，在终锻中网格会发生较大的畸变，所以需要进行网格重划分设定）。

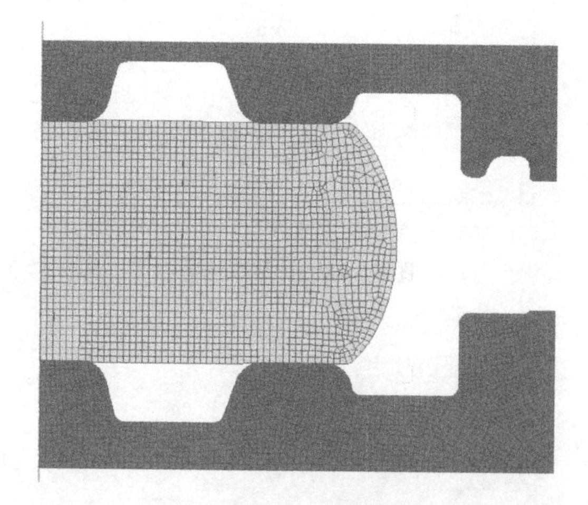

图 6.2.20　网格模型

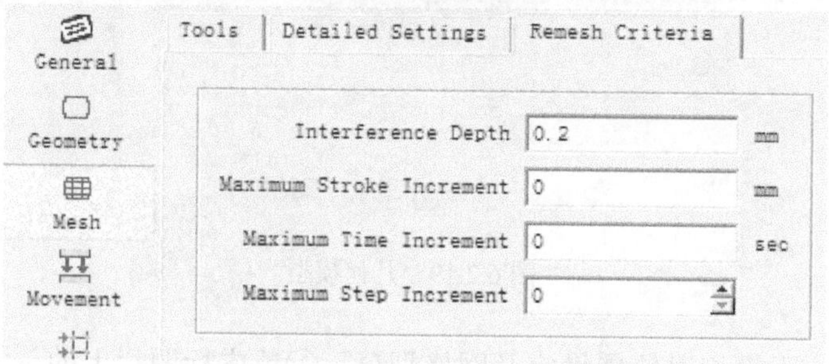

General
Geometry
Mesh
Movement
Tools　Detailed Settings　Remesh Criteria
Interference Depth　0.2　mm
Maximum Stroke Increment　0　mm
Maximum Time Increment　0　sec
Maximum Step Increment　0

图 6.2.21　网格重划分设定

（4）材料属性赋予。锻造模具仍从材料库中选用 H13，选择 Top Die 选项，单击按钮，弹出 Material Library 对话框，然后在 Category 列表框中选择 Die_material 选项，在 Material label 列表框中选择 AISI-H-13 选项，单击 Load 按钮，完成上模材料设定。采用相同方法对下模进行材料选取，材料也为 AISI-H-13。

（5）边界条件加载。①在模型显示信息窗口激活上模 Top Die，然后单击 Movement 按钮，在 Type、Direction、Specifications、Defined 选项组中依次选择 Speed、-Y、Defined、Constant 单选按钮，在 Constant value 文本框中输入 50。完成运动边界条件加载。②在模型显示信息窗口激活坯料 Workpiece，可以看到坯料的温度为 817～1170℃，可见自由镦粗过程中坯料塑性变形做功使坯料温度升高明显，坯料初始温度不需要设定，单击 Assign temperature... 按钮，将上、下模预热温度设定为 150℃。

（6）接触设定。利用自由镦粗过程 1）中步骤（8）描述的接触设定方法，设定摩擦类型为剪切摩擦，工具与坯料之间的摩擦因子为 0.7，接触换热系数为默认值 11，然后单击 Tolerance 按钮，再单击 Generate all 按钮，接触对生成，单击 OK 按钮。

（7）求解时间步长设定。依次选择 Input→Simulation Controls 选项，弹出 Simulation Controls 对话框，单击 Step 按钮，在 Number of Simulation 文本框中输入 495，在 Step Increment to Save 文本框中输入 15，在 Primary Die 选项组中选择 2-Top Die 单选按钮，在 Solution Step Definition 选项组中选择 With Displacement Increment 单选按钮，输入 0.05（凸模下行距离小于单元边长的 1/3 为宜，共下行约 24.8mm），完成时间步长设定。

注：有些时候求解的实际步数可能大于设定步数，原因主要是网格重划分时步数变为负值，所以可靠的方法是对上模行程位移进行限制，依次选择 Input→Stop 选项，然后单击 Die Distance 按钮，在 Reference 1 列表框中选择 2-Top Die 选项，节点编号选择 2129，该节点位于上模最上端边缘位置，在 Reference 2 列表框中选择 3-Bottom Die 选项，节点编号选择 1434，选择 Y distance 选项，输入 55.18（起初两个节点 Y 向距离为 79.97mm，上、下模打靠后需要上模下行约 24.79mm，打靠后两个节点距离为 55.18mm）。

（8）生成文件。依次单击工具栏 Save 按钮、Database Generation（数据生成）按钮、Check 按钮，此时网格界面会出现关于重划分网格项、坯料之间及坯料与推杆之间接触没有设定的提示。如果出现 Database can be generated 提示，则证明可以忽略警告，单击 Generate 按钮，生成文件，单击 Close 按钮，然后单击按钮，退出前处理。

（9）求解。单击主界面 Run 按钮，界面弹出 The simulation has been submitted 提示，单击 OK 按钮，可以看到 Message 下面的求解信息。当看到 Message 下面出现 PROGRAM STOOPED! THE DISTANCE BETWEEN TWO OBJECTS（2 3）-55.18 HAS EXCEEDED THE SPECIFIED LIMIT 55.18 提示时，表示求解完成，步数超出设定步数，但距离满足停止求解要求。

（10）终锻后结果。选择 None 下拉列表框中的各个选项，可以查看终锻后温度、等效应力、等效应变等场变量分布规律，如图 6.2.22 所示。

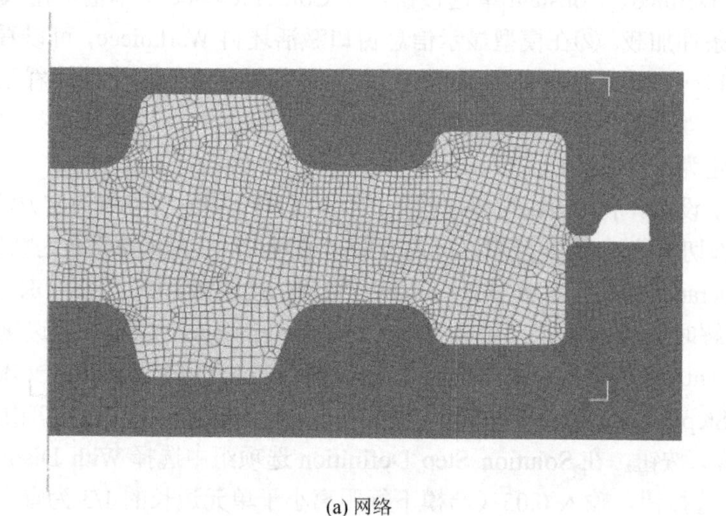

(a) 网络

温度/℃

1190

1030

875

717

(b) 温度

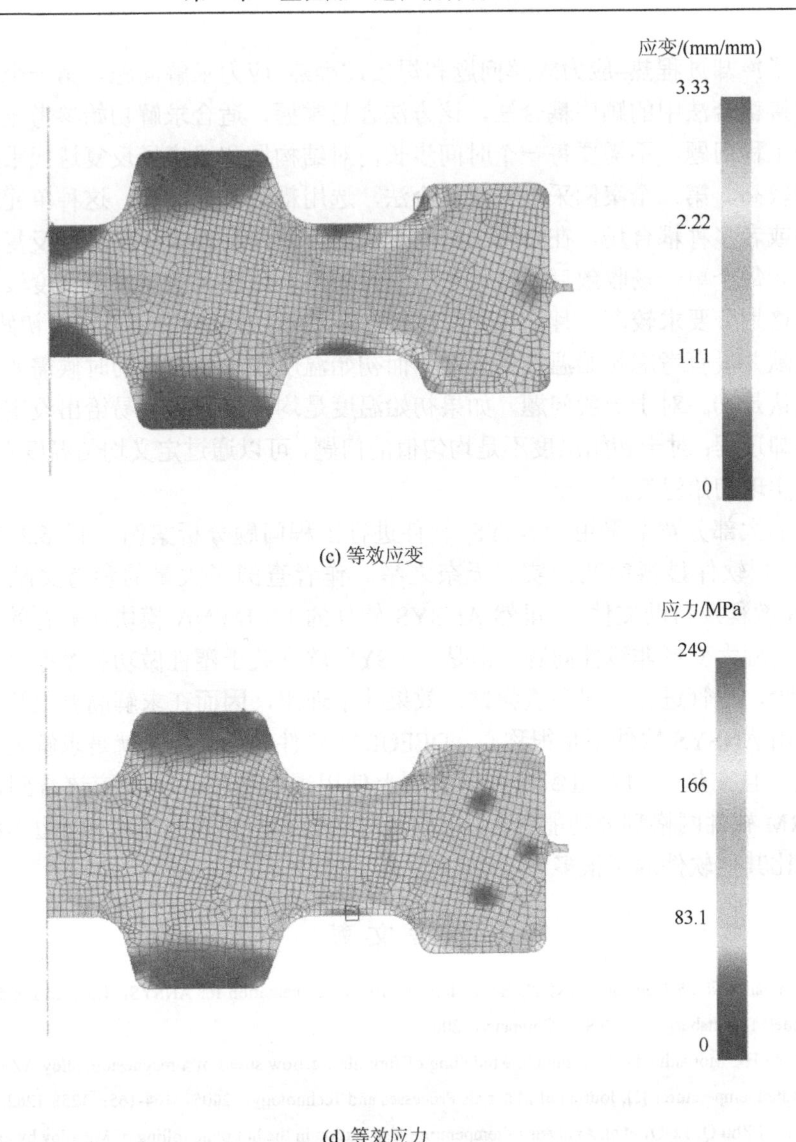

(c) 等效应变

(d) 等效应力

图 6.2.22　终锻后主要场变量分布（彩图见封底二维码）

6.3　小　　结

ANSYS 软件在求解温度场方面确实有一定的优势，在电、磁、热及结构耦合方面功能较为强大。由于 ANSYS 软件可以自由编写 APDL 命令，甚至是 UPFs 程序，所以如果仅仅求解由温度变化引起的热–应力和热–变形问题，采用 ANSYS 软件是一个比较好的选择，这种耦合场求解方法相对比较容易学习和理解。6.1

节分析了冷却过程热–应力求解问题和焊接过程热–应力求解问题。第一个案例采用了间接耦合法中的顺序耦合法，该方法容易掌握，适合求解初始参考温度均匀分布的工程问题，不需要每一个时间步长内对结构场和温度场反复迭代求解，求解效率较高。第二个案例采用直接耦合法，选用耦合单元类型，这种单元能够求解两种或者多种耦合场，在每一个时间步长内会对两种或多种场进行反复迭代求解，直到每个单一场收敛后才进入下一个时间步长分析，虽然求解精度较高，但是对网格划分要求较高，且计算时间较长。在热–应力分析中需要定义初始温度，大多文献并没有考虑初始温度的设定，而初始温度在求解变形的时候需要用到，该值默认是 0。对于一般问题，如果初始温度是均匀值，很容易给出设定值，如板坯冷却过程；对于初始温度不是均匀值的问题，可以通过定义均匀温度（TUNIF 命令）实现初始温度的设定。

本书大部分章节采用 ANSYS 软件进行工程问题分析案例，而 6.2 节采用 DEFORM 软件显得突兀，实属无奈之举。作者查阅了大量的参考文献（包括 ANSYS 教程及帮助文件），虽然 ANSYS 软件的 LS-DYNA 模块能够有效求解塑性加工过程大变形非线性问题，但是 ANSYS 软件关于塑性做功和摩擦生热问题描述较少，尽管进行了很多次尝试，效果并不理想，因而在求解高温大塑性变形问题上用 ANSYS 软件不是很称心。DEFORM 软件的最大优势就是求解大塑性变形问题，且在热、力及组织耦合场求解上使用得心应手。但是应该看到，虽然 DEFORM 软件网格划分功能强大，但前处理建模和网格划分功能（四边形和六面体）相比其他软件弱了很多。

参 考 文 献

[1] American ANSYS Company. ANSYS-Help：Release 10.0 Documentation for ANSYS，Coupled-Field Analysis Guide[M]. Pittsburgh：ASNSYS Company，2007.

[2] Takuda H，Morishita T，Kinoshita T. Modelling of formula for flow stress of a magnesium alloy AZ31 sheet at elevated temperatures [J]. Journal of Materials Processes and Technology，2005，164-165：1258-1262.

[3] Ding Y，Zhu Q，Le Q，et al. Analysis of temperature distribution in the hot plate rolling of Mg alloy by experiment and finite element method [J]. Journal of Materials Processing Technology，2015，225：286-294.